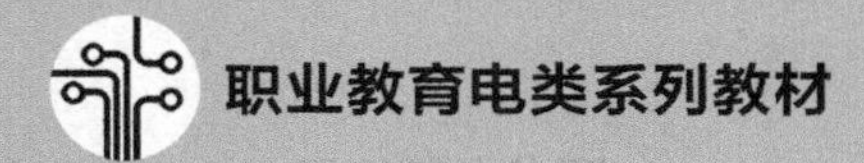

数字电子技术

附微课视频

王磊 曾令琴 / 主编

曾赟 丁燕 黄涛 / 副主编

ELECTRICITY

人民邮电出版社

北京

图书在版编目（CIP）数据

数字电子技术 : 附微课视频 / 王磊，曾令琴主编. -- 北京 : 人民邮电出版社，2022.8
职业教育电类系列教材
ISBN 978-7-115-56915-8

Ⅰ. ①数… Ⅱ. ①王… ②曾… Ⅲ. ①数字电路－电子技术－职业教育－教材 Ⅳ. ①TN79

中国版本图书馆CIP数据核字(2021)第133652号

内 容 提 要

本书是根据计算机专业、电类各专业的教学要求组织编写的。全书内容划分3个模块，包括8个项目，主要内容有：数字逻辑基础、集成逻辑门电路、组合逻辑器件及其应用、触发器、时序逻辑电路器件及其应用、555定时器及其应用、数/模与模/数转换器、可编程逻辑器件。本书的重难点知识配有微课视频。另外，本书还提供了高质量的教学课件、教学大纲、教学计划、教案、能力检测题答案、思考练习题解析、试题库及答案等。全书行文流畅，内容先进，概念清楚，注重实际，目标明确，便于自学。

本书可作为高等职业技术教育的电气、电子、通信、计算机、自动化及机电等专业的数字电子技术课程教材，也可供从事电子技术方面的工程技术人员参考。

◆ 主　　编　王　磊　曾令琴
　副 主 编　曾　赟　丁　燕　黄　涛
　责任编辑　王丽美
　责任印制　焦志炜

◆ 人民邮电出版社出版发行　　北京市丰台区成寿寺路11号
　邮编　100164　　电子邮件　315@ptpress.com.cn
　网址　https://www.ptpress.com.cn
　固安县铭成印刷有限公司印刷

◆ 开本：787×1092　1/16
　印张：16.75　　2022年8月第1版
　字数：394千字　　2025年1月河北第3次印刷

定价：59.80元

读者服务热线：(010)81055256　印装质量热线：(010)81055316
反盗版热线：(010)81055315
广告经营许可证：京东市监广登字20170147号

我国职业教育迈入了提质培优、增值赋能的高质量发展新阶段。在职业教育领域，建设有200多个国家专业教学资源库，遴选了约4 000种职业教育国家规划教材。在这种形式下，为了跟上发展需求，我们组织编写了这本微课版的《数字电子技术》。

数字电子技术目前已经进入人们工作、生活的各个环节和方面，科教兴国战略和人才强国战略的实施代表着我国将发展教育放在社会发展的重要位置上。我们深知，人才培养质量是职业教育的生命线，教育改革，教材先行。

数字信息技术和计算机网络技术已经渗透到教师日常的教学工作中，为了使教学资源更丰富、助学力度更大，我们对《数字电子技术》进行了精心设计，使本书具有以下特色。

1. 内容上保持深入浅出、层次分明、详略得当、重点突出、通俗易懂的风格，降低理论深度、增加应用广度，夯实实践教学环节，充分彰显应用型人才培养模式。

2. 本次修订设计了组合逻辑电路、时序逻辑电路、数/模与模/数转换器和可编程逻辑器件3个教学模块，共包含8个项目，每个项目均设置了以下几个环节。

- 重点知识：把项目中包含的知识要点用思维导图的方式列出，让学习者一目了然。
- 学习目标：对学习者学习各项目时应达到的知识水平和能力水平，以及价值塑造提出了具体要求。
- 项目导入：以与项目名称相对应的工程实例告诉读者本项目在工程上的具体应用。
- 知识链接：对工程实例中包含的数字器件和涉及的知识点，进行详细的介绍和阐述，重点知识后设置了思考练习题，以加深学习者对各项目工程应用的理解。
- 项目小结：对各项目中罗列的知识要点进行概括，加深学习者对各项目知识体系的理解和体会。
- 技能训练：考虑到高职教育目标是为国家培养更多的“工匠”人才，课程教学中设置了理实一体化的环节，即技能训练。每个项目的技能训练都是紧贴项目内容设计的切实可行的训练题目，技能训练环节可使学生真正体会和感受到本项目所要达到的能力目标。
- 能力检测题：为了检测学生对各项目的理解和掌握的程度，设置了检测题环节。

3. 本书配套立体化资源，其中以纸质教材和高质量教学课件作为教学主导，以微课视频作为辅助工具，用详细的检测题答案和思考练习题解析给教师的教和学生的学带来方便。与本书配套的教学资源如下表所示。

序号	资源名称	数量与内容说明
1	教学PPT	10个，1个绪论、8个教学项目、1个技能训练
2	微课视频	117个，对应各项目重点、难点知识，便于学生自学与复习

（续表）

序号	资源名称	数量与内容说明
3	教学大纲	5 页，含课程定位、内容、基本要求、学时分配等
4	教学计划	6 页，含教学任务、内容、要求、学时安排等
5	教案	70 页，课堂教学设计
6	能力检测题答案	35 页，书中 8 个项目的能力检测题参考答案
7	节后思考练习题解析	12 页，书中 8 个项目中所有的思考练习题解析
8	试题库及答案	5 套，与教学内容相对应的试卷及答案

在本书的编写过程中，我们力求彰显应用型人才培养的特色。为此，我们提出了指导性的教学学时建议：完成本书全部教学内容，理论教学 40 学时，实践教学 30 学时，具体安排和分配如下表所示。

模块	项目	项目内容	理论学时	实践学时
模块一 组合逻辑电路	项目一	数字逻辑基础	8	4
	项目二	集成逻辑门电路	6	4
	项目三	组合逻辑器件及其应用	6	4
模块二 时序逻辑电路	项目四	触发器	4	4
	项目五	时序逻辑电路器件及其应用	4	6
	项目六	555 定时器及其应用	4	4
模块三 数/模与模/数转换器和可编程逻辑器件	项目七	数/模与模/数转换器	4	4
	项目八	可编程逻辑器件	4	0
合计			40	30

本书由黄河水利职业技术学院的王磊、曾令琴任主编，黄河水利职业技术学院曾赟、丁燕和贵州轻工职业技术学院黄涛任副主编。全书由曾令琴负责统稿，黄河水利职业技术学院的闫曾负责图文处理工作。

限于编者水平，书中若出现一些不当之处，敬请使用本书的老师和读者提出宝贵意见，以利于本书在下一步修订中改进。

编者

2022 年 1 月

目录

绪论 1

模块一 组合逻辑电路

项目一 数字逻辑基础 5
重点知识 5
学习目标 5
项目导入 6
知识链接 6
1.1 计数制和码制 6
1.1.1 计数制中的两个重要概念 6
1.1.2 常用计数制的特点 7
1.1.3 各种计数制之间的转换 8
1.1.4 代码和编码 10
思考练习题 12
1.2 逻辑代数及逻辑函数的公式化简法 12
1.2.1 逻辑的相关概念与基本的逻辑关系 12
1.2.2 逻辑代数及其基本运算 15
1.2.3 逻辑函数的代数化简法 17
思考练习题 18
1.3 逻辑函数的卡诺图化简法 19
1.3.1 最小项的定义和性质 19
1.3.2 卡诺图表示法 20
1.3.3 卡诺图化简法 21
1.3.4 带有约束项的逻辑函数的化简 22
思考练习题 23
项目小结 23
技能训练 1：认识数字实验器材和工具 ... 24
技能训练 2：认识仿真软件 Multisim 8.0 ... 28
能力检测题 34

项目二 集成逻辑门电路 37
重点知识 37
学习目标 37
项目导入 38
知识链接 39
2.1 电子开关特性 39
2.1.1 理想开关特性 39
2.1.2 半导体二极管的开关特性 39
2.1.3 晶体管的开关特性 40
2.1.4 MOS 管的开关特性 40
思考练习题 41
2.2 常用逻辑门 41
2.2.1 基本逻辑门 41
2.2.2 复合逻辑门 43
思考练习题 44
2.3 集成逻辑门 44
2.3.1 TTL 逻辑门 45
2.3.2 CMOS 逻辑门 53
思考练习题 56
2.4 集成逻辑门使用中的问题 56
2.4.1 接口问题 56
2.4.2 抗干扰措施 59
思考练习题 60
项目小结 60
技能训练 1：基本逻辑门的功能测试 61
技能训练 2：集成逻辑门的参数测试 63

能力检测题......65

项目三 组合逻辑器件及其应用......68
重点知识......68
学习目标......68
项目导入......69
知识链接......69
3.1 组合逻辑电路的分析......69
3.1.1 组合逻辑电路的功能描述......70
3.1.2 组合逻辑电路的分析方法......70
思考练习题......73
3.2 组合逻辑电路的设计......73
3.2.1 组合逻辑电路的设计步骤......73
3.2.2 组合逻辑电路的设计方法......73
思考练习题......76
3.3 编码器......76
3.3.1 普通编码器......76
3.3.2 优先编码器......78
思考练习题......81
3.4 译码器......81
3.4.1 变量译码器......81
3.4.2 显示译码器......85
3.4.3 译码器的应用......88
思考练习题......90
3.5 数据选择器和数值比较器......90
3.5.1 数据选择器的说明......90
3.5.2 集成数据选择器......91
3.5.3 数据选择器的应用举例......91
3.5.4 一位数值比较器......93
3.5.5 集成数值比较器......93
思考练习题......94
3.6 组合逻辑电路的竞争现象与冒险现象......94
3.6.1 竞争现象......94
3.6.2 冒险现象......94
3.6.3 消除冒险现象的方法......95
思考练习题......96
项目小结......96
技能训练 1：探究数码显示电路......96
技能训练 2：Multisim8.0 组合逻辑电路仿真......99
能力检测题......104

模块二 时序逻辑电路

项目四 触发器......109
重点知识......109
学习目标......109
项目导入......110
知识链接......110
4.1 基本 RS 触发器......110
4.1.1 基本 RS 触发器的结构组成......111
4.1.2 基本 RS 触发器的工作原理......111
4.1.3 基本 RS 触发器的动作特点......112
4.1.4 基本 RS 触发器的功能描述......112
思考练习题......113
4.2 钟控 RS 触发器......113
4.2.1 钟控 RS 触发器的结构组成......113
4.2.2 钟控 RS 触发器的工作原理......113
4.2.3 钟控 RS 触发器的动作特点......114
4.2.4 钟控 RS 触发器的功能描述......114
思考练习题......116
4.3 主从型 JK 触发器......116
4.3.1 主从型 JK 触发器的结构组成......116
4.3.2 主从型 JK 触发器的工作原理......117
4.3.3 主从型 JK 触发器的动作特点......117
4.3.4 主从型 JK 触发器的功能描述......117
思考练习题......118
4.4 维持阻塞 D 触发器......119
4.4.1 维持阻塞D触发器的结构组成......119
4.4.2 维持阻塞D触发器的工作原理......119
4.4.3 维持阻塞 D 触发器的动作特点......120

4.4.4 维持阻塞 D 触发器的功能描述 120
思考练习题 121
4.5 T 触发器和 T′触发器 121
4.5.1 T 触发器 121
4.5.2 T′ 触发器 121
思考练习题 122
4.6 集成触发器 122
4.6.1 集成 RS 触发器 122
4.6.2 集成 JK 触发器 122
4.6.3 集成 D 触发器 123
思考练习题 124
项目小结 125
技能训练 1：集成触发器的功能测试 125
技能训练 2：Multisim8.0 触发器电路仿真 127
能力检测题 129

项目五 时序逻辑电路器件及其应用 . 133
重点知识 133
学习目标 133
项目导入 134
知识链接 135
5.1 时序逻辑电路的分析 135
5.1.1 时序逻辑电路的分析步骤 135
5.1.2 时序逻辑电路的分析方法 135
思考练习题 137
5.2 计数器 137
5.2.1 二进制计数器 138
5.2.2 十进制计数器 140
5.2.3 集成计数器及其应用 142
思考练习题 147
5.3 寄存器 147
5.3.1 数码寄存器 147
5.3.2 移位寄存器 148
5.3.3 集成双向移位寄存器 149
5.3.4 移位寄存器的应用 150
思考练习题 153
项目小结 153
技能训练 1：计数器的应用 153
技能训练 2：移位寄存器的应用 156
技能训练 3：应用 Multisim8.0 探究计数器、寄存器 160
能力检测题 166

项目六 555 定时器及其应用 169
重点知识 169
学习目标 169
项目导入 170
知识链接 170
6.1 555 定时器的结构原理 170
6.1.1 555 定时器的特点和封装形式 ... 171
6.1.2 555 定时器的结构组成 171
6.1.3 555 定时器的工作原理 172
6.1.4 TTL 型和 CMOS 型 555 定时器的性能比较 173
思考练习题 174
6.2 单稳态触发电路 175
6.2.1 555 定时器构成的单稳态触发器 175
6.2.2 单稳态触发器的应用 177
思考练习题 178
6.3 多谐振荡器 178
6.3.1 555 定时器构成的多谐振荡器 ... 178
6.3.2 多谐振荡器工作原理 179
6.3.3 多谐振荡器的主要参数 179
6.3.4 多谐振荡器的应用 180
思考练习题 181
6.4 施密特触发器 181
6.4.1 555 定时器构成的施密特触发器 181
6.4.2 施密特触发器的主要参数 182
6.4.3 施密特触发器的应用 182
思考练习题 183
项目小结 183
技能训练 1：555 定时器及其应用 184
技能训练 2：Multisim 8.0 555 定时器电路仿真 185

能力检测题 187

模块三　数/模与模/数转换器和可编程逻辑器件

项目七　数/模与模/数转换器 191
重点知识 191
学习目标 191
项目导入 192
知识链接 193
7.1　数/模转换器（DAC）..................193
7.1.1　DAC 的结构组成和功能 193
7.1.2　DAC 的转换特性 193
7.1.3　DAC 的主要技术指标 194
7.1.4　DAC 的转换原理 195
7.1.5　集成 DAC 197
思考练习题 199
7.2　模/数转换器（ADC）..................200
7.2.1　ADC 的基本概念和转换原理....200
7.2.2　ADC 的主要技术指标 202
7.2.3　逐次比较型 ADC 203
7.2.4　双积分型 ADC 204
7.2.5　集成 ADC 205
思考练习题 208
项目小结 208
技能训练 1：A/D 与 D/A 转换电路的探究 208
技能训练 2：应用 Multisim 8.0 仿真 DAC ...210
能力检测题 212
项目八　可编程逻辑器件 215
重点知识 215
学习目标 215
项目导入 216
知识链接 217
8.1　可编程只读存储器（PROM）....218
8.1.1　ROM 的电路组成和功能 218
8.1.2　PROM 的结构组成和工作原理...219
8.1.3　ROM 的分类 221
8.1.4　PROM 的应用 223
思考练习题 226
8.2　可编程逻辑阵列（PLA）..........226
8.2.1　PLA 的结构组成 226
8.2.2　PLA 的主要特点 226
8.2.3　PLA 的应用 227
思考练习题 228
8.3　可编程阵列逻辑（PAL）..........228
8.3.1　PAL 的结构原理 228
8.3.2　PAL 的主要特点 229
8.3.3　PAL 的输出形式和用途 230
思考练习题 230
8.4　通用阵列逻辑（GAL）.............230
8.4.1　GAL 的结构特点 231
8.4.2　GAL 的优点和工作模式 232
思考练习题 232
8.5　高密度可编程逻辑器件（HDPLD）......232
8.5.1　可擦除可编程逻辑器件（EPLD）......233
8.5.2　复杂可编程逻辑器件（CPLD）......234
8.5.3　现场可编程门阵列（FPGA）...235
思考练习题 236
项目小结 236
项目拓展：关于可编程逻辑器件在数字电路实验中的作用 236
能力检测题 237
附　录 239
附录 A　常用集成电路型号及其引脚排列图 239
附录 B　集成电路型号及其功能——按型号索引 247
参考文献 259

绪论

作为当前发展最快的科学技术之一，数字电子技术的应用越来越广泛，特别是现阶段，数字电子技术的高效运用与发展不仅使得全球信息化进程得到发展，还极大促进了科技进步和经济的飞速发展。在我国各行各业中，数字电子技术的应用领域不断扩大，受到的关注度也越来越高。

0-1 数字电子技术课程简介

1．数字电子技术的发展历史

0-2 数字电子技术的发展

数字电子技术的发展历史与模拟电子技术一样，经历了20世纪40年代的电子管时期（第1台电子管数字计算机诞生）、50年代的晶体管时期（286至486型晶体管数字计算机问世）和60年代的小型集成电路时期（中小规模集成电路数字计算机研制成功）等几个阶段，但其发展比模拟电子技术更快。从20世纪60年代开始，数字集成电路就以双极型晶体管工艺制成了小规模逻辑器件，随后发展到中规模逻辑器件（TTL逻辑门）；1971年世界上第一台微处理器在美国硅谷诞生，开创了微型计算机的新时代。随着微处理器的出现，数字集成电路的性能和发展产生了一个质的飞跃。硬件方面，逻辑元件采用大规模和超大规模集成电路；软件方面，出现了数据库管理系统、网络管理系统和面向对象的语言等。

作为当前社会发展最快的学科，数字电子技术在我国各行各业有着广泛的应用，数字电子技术在电子设备及工业生产中所占的比重也越来越大，其应用的范围涉及各个领域，特别是计算机的应用和发展，将数字电子技术推向了新的高峰。这对人们的生产、生活产生了重要的影响，使人们的日常生活得到了质的改变，例如人们感受较深的网络电视和数字宽带网络、数字电视机顶盒、遥控器、遥控无人机、数字音响、银行存储卡、DVD数字播放器，数字开关电路、数字相机、手机以及汽车驾驶电子系统等。数字电子技术的发展水平和应用规模，已经成为衡量一个国家技术进步和工业发展水平的重要标志。

2．数字电子技术的发展趋势

随着信息化时代的到来，数字电子技术已经成为未来社会经济发展的主要力量。信息技术的不断更新，现代电子产品以前所未有的速度进行更新换代，这些都要求数字电子技术不断探索和创新。在创新技术上，数字电子技术已经表现出惊人的潜力。目前，半导体工艺水平已经达到深亚微米级别，集成电路芯片正以千兆位的高度集成化运作。这种情况下，数字电子技术注定会越来越向着更集成的方向发展，片上系统（SOC）必将成为未来集成电路技术的发展趋势，而数字电子技术在电子设计自动化基础上的广泛采用，也必将带来信息时代的突破性成果。数字电子技术的发展和壮大，使数字电子技术成为新电子时代的支柱性技术，在全球信息化进程中逐渐占领了主导地位。

3．数字电路和模拟电路的区别

模拟电路是对模拟信号进行处理和传输的电子电路。模拟信号在时间和幅值上是连续和不间断的，例如温度、声音、电压、电流等，模拟信号可用图 0.1（a）表示。显然，真实的世界是模拟的，模拟信号虽然可以用精确的值表示事物，但它难以保存和度量，而且易受噪声的干扰。

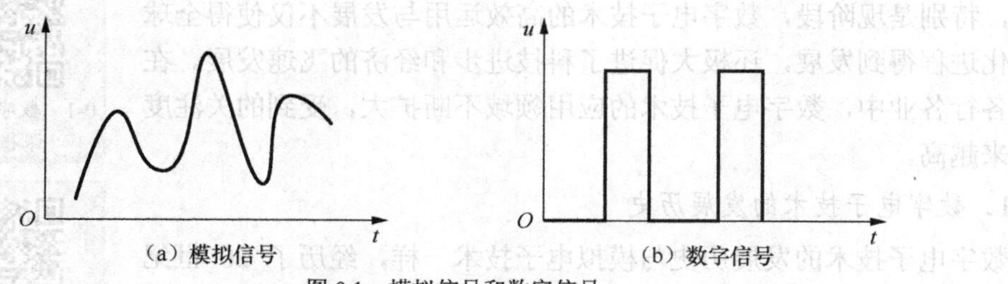

（a）模拟信号　　（b）数字信号

图 0.1　模拟信号和数字信号

数字电路是对数字信号进行处理和传输的电子电路。数字信号在时间和幅值上是离散的，如图 0.1（b）所示。例如开关的通、断，电压的高、低，电流的有、无都可以用二进制数字信号表示。显然，数字信号在时间上离散，只在某些时刻有定义；在数值上离散，变量只能是 0 和 1。显然，二进制数字信号，既能进行算术运算，又能方便地进行与、或、非、判断、比较、处理等逻辑运算，因此极其适合于运算、比较、存储、传输、控制、决策等应用。

4．数字电路的特点

（1）数字电路的基本工作信号是用 0 和 1 表示的二进制数字信号，在电路上反映为高电平和低电平。

（2）数字电路中的晶体管均处于开关状态，因此抗干扰能力强、精度高。

（3）结构简单、体积小、功耗低、容易制造，是数字电路的突出优点。

（4）数字电路具有“逻辑思维”能力，能对输入信号进行各种算术运算、逻辑运算和逻辑判断，因此数字电路也称作数字逻辑电路。

（5）数字电路集成度高，功能实现容易，便于集成及系列化生产，且通用性强。

0-3　数字电路的特点、分类及应用

5．数字电路的分类

（1）数字电路按照功能的不同可分为组合逻辑电路和时序逻辑电路两大类。

① 组合逻辑电路：电路的输出信号只与当时的输入信号有关，与电路原来的状态无关，即组合逻辑电路不具有记忆性。

② 时序逻辑电路：电路的输出不仅与当时的输入信号有关，还与电路原来的状态有关，

即时序逻辑电路具有记忆性。

（2）按照数字电路的集成规模，数字电路可分为小规模数字集成电路（SSI）、中规模数字集成电路（MSI）、大规模数字集成电路（LSI）、超大规模数字集成电路（VLSI）、特大规模数字集成电路（ULSI）和巨大规模数字集成电路（GSI）。

6．数字电子技术的学习方法

“数字电子技术”课程是在具有电工技术基础（或电路基础）和已经认识二极管、三极管的基础上开设的。如无上述基础，应考虑先自学一下电路基础及二极管、三极管的结构组成和应用，之后再学习数字电子技术更容易入门。

按照本书内容的安排，建议学习中掌握以下方法。

（1）逻辑代数是分析和设计数字电路的重要工具，应深刻理解其中的诸多概念，熟练掌握逻辑函数的公式化简法和卡诺图化简法。

（2）逻辑门电路是数字电路的最基本单元，学习中应理解各种逻辑门的功能，重点掌握由逻辑门构成的各种数字集成电路的逻辑功能、外部特性及典型应用，对数字集成电路的内部结构和工作原理不必过于深究。

（3）学习中应深刻理解组合逻辑电路和时序逻辑电路的分析步骤，掌握基本分析方法。

（4）数字电子技术是一门实践性很强的科学技术，应重视习题、基础实验和综合实训等实践性环节。

（5）学习数字电子技术的过程中，注意培养和提高查阅有关技术资料和数字集成电路产品手册的能力。

0-4 数字电子技术课程的学习方法

模块一

组合逻辑电路

组合逻辑电路是数字电路的重要分支。其显著特点：电路任意时刻的输出仅取决于该时刻的输入。组合逻辑电路的基础知识是数字逻辑基础，在工程实际中的具体应用是各种组合逻辑器件，其基本单元是逻辑门。

项目一　数字逻辑基础

重点知识

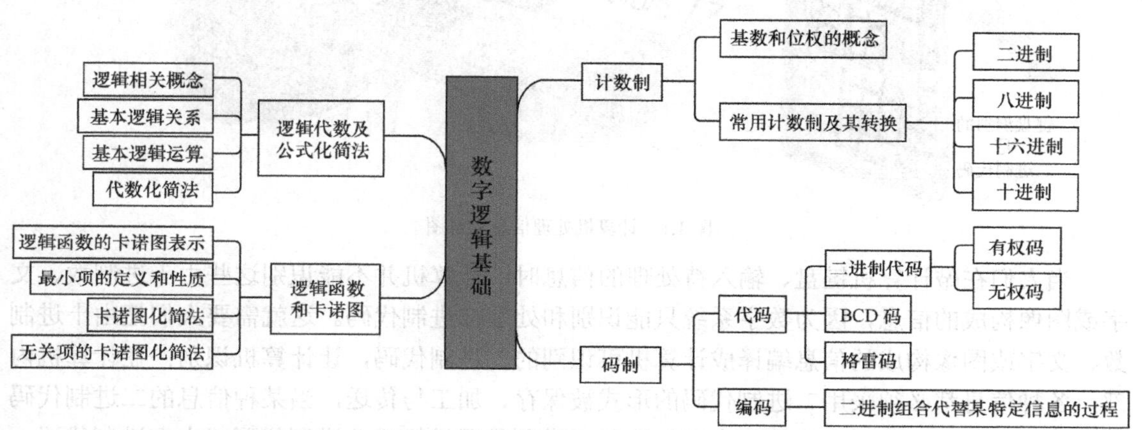

“数字逻辑基础”是组合逻辑电路的基础知识，其中的计数制和码制是数字信息技术中的重要概念；逻辑函数及其化简与数字电路的设计方案密不可分；逻辑代数则是分析和设计数字逻辑电路时使用的主要数学工具。

学习目标

知识目标

1. 了解计数制，理解计数制中的两个重要概念，掌握常用计数制之间的转换方法。
2. 了解码制，理解有权码和无权码的概念，掌握常用BCD码、格雷码的特点。
3. 了解数字电路的常用公式和基本定理、定律，掌握其应用。
4. 理解最小项的概念，掌握逻辑函数的公式化简法和卡诺图化简法。

能力目标

1. 具有按位权展开求和把任意进制数转换为十进制数的能力，以及把十进制数转换为二进制数、八进制数、十六进制数的能力。
2. 具有辨识有权码和无权码的能力以及各种码制之间的转换能力。
3. 具有应用最小项概念以及用卡诺图表示逻辑函数的能力。

素养目标

通过学习本章知识，塑造严谨的科学态度，培养自身作为工程技术人员必须具备的、坚持不懈的学习精神。

| 项目导入 |

数字逻辑电路本身是一种处理离散信息的系统。这些离散的信息可能是二进制数、字符或其他特定信息的二进制代码。常用的计算机就是典型的数字系统，计算机最重要的功能是处理信息，如数值、文字、符号、语言、图形和图像等。计算机处理信息示意图如图 1.1 所示。

图 1.1　计算机处理信息示意图

当人们在敲计算机键盘、输入待处理的信息时，计算机并不能识别这些由十进制数、文字或图像构成的信息，因为数字系统只能识别和处理二进制代码。这就需要人们把由十进制数、文字或图像构成的信息编译成计算机可识别的二进制代码，让计算机识别；在计算机内部，各种信息都必须采用二进制代码的形式被保存、加工与传送，当某种信息的二进制代码太长不易读写时，还需在计算机内部把这些二进制代码转换成八进制代码或十六进制代码。

人们若要从显示屏读取这些由计算机处理过的信息时，由于并不熟悉二进制代码，所以必须把编译的二进制代码应用译码技术还原为人们所熟悉的十进制数、文字或图像后，再在计算机显示屏上显示出来。其中，计数制和码制是编码和译码的重要环节。

数字电子技术中，逻辑代数是分析和设计数字电路的重要工具，也是研究数字系统逻辑设计的基础理论。例如设计一个数字电路时，方案可能有多种，哪种方案最好？当然是在具有同样功能的基础上，选择电路结构最简单、元器件数最少的设计方案，因为它是最经济的。本项目中逻辑函数的化简，就是解决这类实用问题的基础知识。

本项目在介绍逻辑代数的基本概念、公式、定理、定律的基础上，详细阐述逻辑函数常用的表达式、真值表、逻辑图和卡诺图 4 种表示方式，重点讲解逻辑函数的公式化简法和卡诺图化简法。

| 知识链接 |

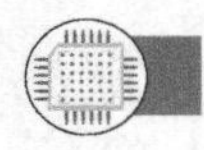

1.1　计数制和码制

1-1　计数制中的两个重要概念

1.1.1　计数制中的两个重要概念

1．基数

各种进位计数制中，数码的集合称为基，计数制中用到的数码个数称为基数。

例如：二进制中用到的数码仅有 0 和 1，则二进制的基数是 2；八进制中用到的数码有 0～7，因此八进制的基数是 8；十进制中用到的数码是 0～9，所以十进制的基数是 10；十六进制中用到的数码是 0～9 及 A～F，则十六进制的基数就是 16。

2．位权

任何一种计数制的多位数中，处在某一位上的“1”所表示的数值大小，称为该位的位权。

例如：十进制数 $(2368)_{10}=2\times10^3+3\times10^2+6\times10^1+8\times10^0$。

显然，处在千位上的“2”表示 $2\times10^3=2000$；处在百位上的“3”表示 $3\times10^2=300$；处在十位上的“6”表示 $6\times10^1=60$；处在个位上的“8”表示 $8\times10^0=8$。

所以，各位上的数码与 10 的幂相乘表示该位数的实际代表值。因此，十进制数各位的位权是 10 的幂。

又例如：二进制数 $(11011)_2=1\times2^4+1\times2^3+0\times2^2+1\times2^1+1\times2^0$。

其中各位 2 的幂代表二进制数码该位上的位权。如 2^4 等于十进制数 16，2^3 等于十进制数 8，2^2 等于十进制数 4，2^1 等于十进制数 2，2^0 等于十进制数 1。

所以，位权的第二种解释：数码所表示的数值等于该数码本身乘以一个与它所在数位有关的常数，而各数位上固定的常数显然是各种计数制中基数的幂，称作各位的权，简称“位权”。

1-2 常用计数制的特点

1.1.2 常用计数制的特点

由数字符号构成且表示物理量大小的数字和数字组合称为数码。多位数码中每一位的构成方法，以及从低位到高位的进制规则，称为计数制，简称“数制”。

人们在生产和生活中，创造了各种不同的计数进制规则。例如，60 秒为 1 分钟和 60 分钟为 1 小时，用的是六十进制计数规则；1 星期有 7 天，是七进制计数规则；1 年有 12 个月，是十二进制计数规则……

为什么把十进制、二进制、八进制和十六进制作为常用计数制？

日常生活中，人们最为熟悉的是十进制计数制，但目前并没有具有 10 种状态的开关器件来表示一个十进制数。数字电路中的电子开关只有“开”和“关”两种状态，可分别用一位二进制数 1 和 0 来表示。因二进制电路设计简单、运算可靠、逻辑性强，机器容易识别，数字电路中各种数据通常都用二进制代码形式进行表示、存储、处理和传送；但计算机技术中，当敲入键盘的十进制数较大或特定信息较复杂时，转换为二进制代码时就会位数太多，从而造成机器的读和写相当麻烦，且容易出错，所以，人们又常采用八进制或十六进制来读、写二进制数。几种常用的计数制特点对比如下。

1．十进制的特点

① 十进制的基数是 10。

② 十进制数的每一位必定是 0、1、2、3、4、5、6、7、8、9 十个数码中的一个。

③ 低位数和相邻高位数之间的进位关系是“逢十进一”。

④ 同样的数字在不同的数位上代表的值各不相同，各位的位权是 10 的幂。

2．二进制的特点

① 二进制的基数是 2。

② 二进制数的每一位必定是 0 或 1 两个数码中的一个。

③ 低位数和相邻高位数之间的进位关系是“逢二进一”。

④ 同一个数字符号在不同的数位上代表的位权各不相同，各位的位权是 2 的幂。

3．八进制的特点

① 八进制的基数是 8。

② 八进制数的每一位必定是 0、1、2、3、4、5、6、7 八个数码中的一个。

③ 低位数和相邻高位数之间的进位关系是“逢八进一”。

④ 同一个数字符号在不同的数位上代表的位权各不相同，各位的位权是 8 的幂。

4．十六进制的特点

① 十六进制计数的基数是 16。

② 十六进制数的每一位必定是 0、1、2、3、4、5、6、7、8、9、A、B、C、D、E、F 十六个数码中的一个。

③ 低位数和相邻高位数之间的进位关系是“逢十六进一”。

④ 同一个数字符号在不同的数位上代表的位权各不相同，各位的位权是 16 的幂。

1-3　计数制之间的转换方法

1.1.3　各种计数制之间的转换

1．各种进制数转换为十进制数的方法

由前面的例子可知，一个二进制数（11011）$_2$ 转换为十进制数时可用按位权展开求和的方法实现，即：（11011）$_2$ $=1\times2^4+1\times2^3+0\times2^2+1\times2^1+1\times2^0=16+8+2+1=$（27）$_{10}$。

八进制数和十六进制数转换为十进制数时，也可按照上述方法实现。

例如：八进制数转换为十进制数时，（57）$_8$ $=5\times8^1+7\times8^0=40+7=$（47）$_{10}$。

十六进制数转换为十进制数时，（2F）$_{16}$ $=2\times16^1+15\times16^0=32+15=$（47）$_{10}$。

可见，各种进制数转换为十进制数的方法相同，均可用按位权展开求和的方法来实现转换。

2．十进制数转换为其他进制数的方法

(1) 十进制数转换为二进制数的方法

当我们用计算机解决实际问题时，由于计算机识别的是二进制代码，因此必须把一个十进制数或特定信息转换为相应二进制数。

【例 1.1】将十进制数（47）$_{10}$ 转换为二进制数。

【解】十进制数转换为二进制数时，整数部分的转换采用除 2 取余法，如下所示：

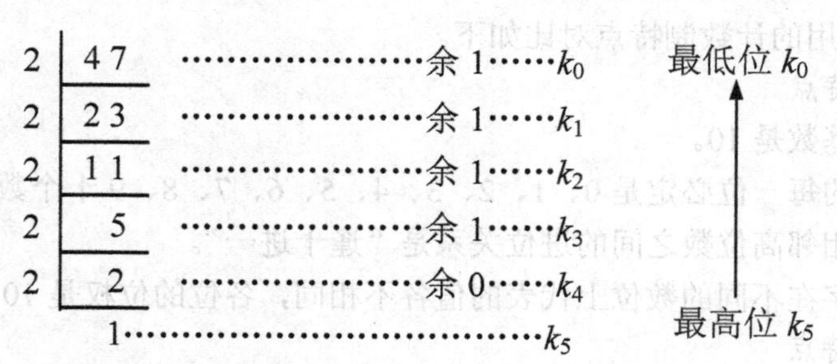

即：（47）$_{10}$ =（$k_5\,k_4\,k_3\,k_2\,k_1\,k_0$）$_2$ =（101111）$_2$

显然，转换的过程中，把待转换的十进制整数用 2 连除，直到无法再除为止，且每除一次记下余数 1 或 0，再把每次所得余数从后向前排列，就可得到所对应的二进制整数。

【例 1.2】将十进制小数（0.125）$_{10}$转换为二进制小数。

【解】十进制小数转换为二进制小数时，采用乘 2 取整法，方法如下所示：

0.125×2=0.25…………取积的整数部分 0，余数 0.25

0.25×2=0.5……………取积的整数部分 0，余数 0.5

0.5×2=1………………取积的整数部分 1，余数 0

即：（0.125）$_{10}$=（0.001）$_2$。

转换的过程就是首先让十进制数中的小数乘以 2，所得的积的整数为小数点后第一位；保留积的小数部分继续乘 2，所得的积的整数为小数点后第二位，即取各次乘 2 之后的整数部分为二进制各位的小数，保留下来的小数部分再继续乘 2……以此类推，直到小数部分等于 0 或达到所需精度为止。

（2）十进制数转换为八进制数和十六进制数

若要将十进制数转换为八进制数或是十六进制数，也可以采用基数乘除法，但较为麻烦。如果将十进制数转换成相应的二进制数，再由二进制数转换成八进制数和十六进制数就容易多了。下面举例说明这种方法。

【例 1.3】把二进制数（101111）$_2$转换成八进制数和十六进制数。

【解】二进制数转换成八进制数的方法是：整数部分从小数点向左数，每 3 位二进制数码为一组，最后不足 3 位补 0，读出 3 位二进制数对应的十进制数值，就是整数部分转换的八进制数；小数部分从小数点向右数，也是每 3 位二进制数码为一组，最后不足 3 位补 0，读出 3 位二进制数对应的十进制数值，就是小数部分转换的八进制数值。

即：（101111）$_2$=（57）$_8$，可用按位权展开求和的方法验证转换结果是否正确。

验证：（57）$_8$ $=5\times8^1+7\times8^0=40+7=$（47）$_{10}$，结果正确。读者也可用基数乘除法进行验证。

二进制数转换成十六进制数的方法是：整数部分从小数点向左数，每 4 位二进制数码为一组，最后不足 4 位补 0，读出 4 位二进制数对应的十进制数值，就是整数部分转换的十六进制数；小数部分从小数点向右数，也是每 4 位二进制数码为一组，最后不足 4 位补 0，读出 4 位二进制数对应的十进制数值，就是小数部分转换的十六进制数值。

即：（00101111）$_2$ =（2F）$_{16}$，仍用按位权展开求和的方法验证转换结果是否正确。

验证：（2F）$_{16}$ $=2\times16^1+15\times16^0=32+15=$（47）$_{10}$，结果正确。

在数字信息技术中，人们通常认为，八进制数和十六进制数只是二进制数的一种特定的表示形式，表 1-1 给出了少量二进制数、八进制数、十六进制数和十进制数的对应关系。

表 1-1　二进制数、八进制数、十六进制数和十进制数的对应关系

十进制数	二进制数	八进制数	十六进制数
0	0000	0	0
1	0001	1	1
2	0010	2	2
3	0011	3	3
4	0100	4	4
5	0101	5	5
6	0110	6	6

（续表）

十进制数	二进制数	八进制数	十六进制数
7	0111	7	7
8	1000	10	8
9	1001	11	9
10	1010	12	A
11	1011	13	B
12	1100	14	C
13	1101	15	D
14	1110	16	E
15	1111	17	F

1.1.4 代码和编码

1-4 码制及相关概念

不同数码不仅可以表示不同数量的大小，还能用来表示不同的事物。用数码表示不同事物时，数码本身没有数量大小的含义，只是表示不同事物的代号而已，这时我们把这些数码称之为代码。例如，运动员在参加比赛时，身上往往带有一个表明身份的编码，这些编码显然没有数量的含义，仅仅表示不同的运动员。

1．二进制代码

在数字系统的典型应用计算机中，所有信息都是用二进制代码进行存储、计算和处理的，因此二进制代码是计算机的语言。实际生产和生活中的信息形式多种多样，最常见的是文字、声音、图片等。要用计算机来处理这些信息，就需先把这些信息转化为 0 和 1 的数据形式，指定二进制数码的某一组合去代表某个特定信息的过程称为编码。

例如，英文大写字符 A 的二进制代码为 01000001，英文小写字符 a 的二进制代码为 01100001。当在计算机中输入英文大写字符 A 时，计算机内部就会马上找到 01000001 这个代码地址；在计算机中输入英文小写字符 a 时，计算机内部又会马上找到 01100001 代码地址，地址调出后随之会对它们进行相应的处理。

图片和声音的编码比较复杂。例如图的编码，图中的每一个点，既有位置代码，又有颜色代码，黑白图的颜色用 2 位代码就可表示，而真彩色图的颜色则要用 24 位代码表示。

二进制只有 0 和 1 两个数码，如果用 n 位二进制数去组合代码，就会有 2^n 种不同组合的代码，可代表 2^n 种不同的信息。由一定位数的二进制数按一定的规则排列起来表示特定的对象为编码，各种代码形成时所遵循的编码规则称为码制。

2．BCD 码

1-5 BCD 码

用 4 位二进制数组成一组代码来表示 0～9 十个数字时，这种代码称为 Binary Coded Decimal 码，简称“BCD 码”。

BCD 码是专门用二进制数组合表示十进制数的一种方法，因此也常称之为二-十进制码或二-十进制 BCD 码。BCD 码具有二进制数的形式，以满足数字信息处理技术的要求，又具有十进制数的特点，即只有 10 种有效状态。在某些情况下，计算机可以直接对这种形式的 BCD 码进行数学运算。用 4 位二进制数表示 1 位十进制数时，所编成的代码有 $2^4=16$ 种组合状态，而 1 位十进制数只有 0～9 十个数码。因此，从

16 个组合中任选出 10 个组合表示十进制数的代码，方案显然有很多种。实际应用中，按照使用方便与否，人们选择出其中真正有价值的、常用的几种二−十进制 BCD 码，如表 1-2 所示。

表 1-2　常用的几种二－十进制 BCD 码

十进制数	代码种类			
	8421 码	2421 码	5421 码	余 3 码
0	0000	0000	0000	0011
1	0001	0001	0001	0100
2	0010	0010	0010	0101
3	0011	0011	0011	0110
4	0100	0100	0100	0111
5	0101	1011	1000	1000
6	0110	1100	1001	1001
7	0111	1101	1010	1010
8	1000	1110	1011	1011
9	1001	1111	1100	1100
10	1010 非法	冗余码	冗余码	冗余码
11	1011 非法			
12	1100 非法			
13	1101 非法			
14	1110 非法			
15	1111 非法			
位权	$2^3 2^2 2^1 2^0$	$2^1 2^2 2^1 2^0$	$2^{5/2} 2^2 2^1 2^0$	无权

从表 1-2 中可看出，8421 码的位权从高位到低位分别为 $2^3=8$、$2^2=4$、$2^1=2$、$2^0=1$，因此而得名。8421 码是一种恒权码，是有权码中用得最多的一种。

2421 码和 5421 码是有权码中的另外 2 种恒权码。其中 2421 码的特点是代码中的 0 和 9、1 和 8、2 和 7、3 和 6、4 和 5 的代码互为反码（即各位取反所得为反码）。

余 3 码组成的 4 位二进制数，正好比它代表的十进制数多余 3，故而称为余 3 码。在余 3 码中，0 和 9、1 和 8、2 和 7、3 和 6、4 和 5 也互为反码。余 3 码不能由各位二进制数的权值来决定它所代表的十进制数，因此属于无权码，或者说属于一种变权码。

以上 4 种 BCD 码只对应十进制的 0～9 的数值，剩余代码为无效码，无效码也称为冗余码，在十进制代码中属于非法码。

3．格雷码

格雷码又叫循环二进制码或反射二进制码，与余 3 码一样属于无权码。格雷码采用绝对编码方式，属于可靠性代码。最常用的 4 位循环格雷码如表 1-3 所示，表中列出了典型格雷码与十进制数、二进制代码的比较。

1-6　格雷码

表 1-3　典型格雷码与十进制数、二进制代码的比较

十进制数	二进制代码	格雷码
0	0000	0000
1	0001	0001
2	0010	0011
3	0011	0010

（续表）

十进制数	二进制代码	格雷码
4	0100	0110
5	0101	0111
6	0110	0101
7	0111	0100
8	1000	1100
9	1001	1101
10	1010	1111
11	1011	1110
12	1100	1010
13	1101	1011
14	1110	1001
15	1111	1000

观察表 1-3 可知格雷码的特点是：相邻两个代码之间仅有一位不同，其余各位均相同。计数电路按格雷码计数时，每次状态更新仅有一位代码发生变化，从而减少了出错的可能性。格雷码不仅相邻两个代码之间仅有一位的取值不同，而且首、尾两个代码也仅有一位不同，构成一个“循环”，故而也称为循环码。此外，格雷码还具有“反射性”，如 0 和 15、1 和 14、2 和 13、……、7 和 8 都只有一位不同，故而格雷码又称为反射码。表 1-3 所示的典型格雷码是一种具有反射特性和循环特性的单步自补码，它的循环特性和单步特性消除了随机取数时出现重大误差的可能，它的反射、自补特性使得求反非常方便。

格雷码是由贝尔实验室的费兰克·格雷（Frank Gray）在 20 世纪 40 年代提出的，用来在使用 PCM 方法传送信号时避免出错，并于 1953 年 3 月 17 日取得美国专利。

注意：格雷码的编码方式不是唯一的，我们讨论的是其中最常用的一种。PCM 是数字通信的编码方式之一。

思考练习题

1. 什么是数字信号？什么是模拟信号？
2. 和模拟电路相比，数字电路有哪些特点？
3. 在数字电路中为什么要采用二进制？它有哪些优点？
4. 二进制代码和 BCD 码有何区别？
5. 格雷码有什么特点？为什么说它是可靠性代码？
6. $(37.25)_{10}=(\quad)_2=(\quad)_8=(\quad)_{16}$

1.2 逻辑代数及逻辑函数的公式化简法

1-7 逻辑的相关概念

1.2.1 逻辑的相关概念与基本的逻辑关系

1．逻辑的相关概念

（1）逻辑

逻辑思维的规律和规则，也是事情的因果规律。逻辑推理中的已知条件和结论都是可以判断真假的命题。例如，日常生活中我们会遇到很多结果完全对立而又互相依存的事件，如一件事的“是”与“非”，某传言的“真”与“假”，电压的“高”和“低”，信号的“有”和“无”，开关的“通”和“断”，“工作”和“休息”，“灯亮”和“灯灭”，等等，这些事件的发生与结果之间总是遵循着一定的规律。灯之所以“亮”，是因为灯与电源相“通”了；灯之所以“灭”，因为灯与电源之间“断”了。电源的“通”和“断”是因，电灯的“亮”与“灭”是果，客观世界事物的发展和变化通常都具有一定的因果关系。如果我们把电源“接通”用“1”表示，则电源“断开”就是“0”；灯“亮”用“1”表示，灯“灭”就是“0”。这种由二值变量所构成的因果关系就是人们所说的“逻辑”关系。

（2）正逻辑和负逻辑

在二值变量的逻辑关系中，如果把“是”“真”“高”“有”“通”用“1”表示，把“非”“假”“低”“无”“断”用“0”表示，就是“正逻辑”的表示方法；反之为负逻辑。实用数字电子技术中常用正逻辑表达事物，因此在本书中，如无特别说明，均采用正逻辑。

2．基本的逻辑关系

在自然界和工程实际中，人们遇到的逻辑问题可谓是千变万化，但仔细观察和认真分析后，却发现它们都可以用 3 种基本的逻辑关系综合出来。这 3 种基本的逻辑关系就是**与**逻辑、**或**逻辑和**非**逻辑。

1-8　与逻辑的概念

（1）与逻辑

当某一事件发生的所有条件都满足时，事件必然发生；至少有一个条件不满足时，事件绝不会发生。这种逻辑关系称为与逻辑关系。

在图 1.2 中，我们以灯是否亮作为事件发生的结果，以开关是否闭合作为事件发生的条件时，可以得到下面的结论：当有一个或一个以上的开关处于“断开”状态时，灯 F 就不会亮；只有所有的开关都处于“闭合”状态时，灯 F 才会亮。如果定义开关“闭合”为“1”，开关“断开”为“0”；灯“亮”为“1”，灯“灭”为“0”，则可得到开关和灯之间的逻辑对应关系，把这种关系用表格形式列出即为真值表，如表 1-4 所示。

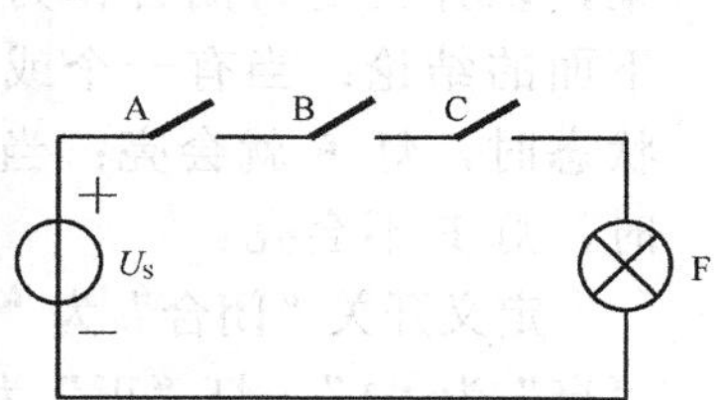

图 1.2　与逻辑说明

表 1-4　与逻辑真值表

A	B	C	F
0	0	0	0
0	0	1	0
0	1	0	0
0	1	1	0
1	0	0	0
1	0	1	0
1	1	0	0
1	1	1	1

显然，真值表是将输入逻辑变量的所有可能取值与相应的输出变量函数值排列在一起组成的表格。真值表 1-4 中的 A、B、C 是逻辑关系中的输入变量，F 是逻辑关系中的输出变量，由真值表 1-4 中输入变量与输出变量之间的对应关系可看出，与逻辑具有的功能是：输入变

量有“0”，输出变量必为“0”；输入变量全部为“1”时，输出变量才为“1”。

由表 1-4 我们还可看出真值表具有如下特点。

① 唯一性。

② 输入变量的取值按自然二进制递增顺序排列。

③ 一个输入变量有“0”和“1”两种取值；两个输入变量有 00、01、10、11 四种取值；表 1-4 中有 A、B、C 三个输入变量，因此就有了表中 8 种取值组合，以此类推，n 个输入变量就会有 2^n 个不同的取值组合。

如果把 A、B、C 定义为输入逻辑变量，取值是“0”或“1”；F 为输出逻辑变量，取值是“0”或“1”，则 F 是 A、B、C 的逻辑函数。与逻辑的因果关系可用逻辑函数表示，即：

$$F=A\cdot B\cdot C \tag{1.1}$$

式中，“·”是与逻辑运算符，因为该运算符类似普通代数的乘号，因此又把与逻辑称为逻辑乘，与逻辑在逻辑运算中优先级别最高。在不发生混淆的条件下，与逻辑运算符可以略写。

1-9 或逻辑的概念

（2）或逻辑

当某一事件发生的所有条件中至少有一个条件满足时，事件必然发生；当全部条件都不满足时，事件绝不会发生。这种逻辑关系称为或逻辑关系。

在图 1.3 中，当我们以灯是否亮作为事件发生的结果，以开关是否闭合作为事件发生的条件时，可以得到下面的结论：当有一个或一个以上的开关处于“闭合”状态时，灯 F 就会亮；当所有开关都处于“断开”状态时，灯 F 不会亮。

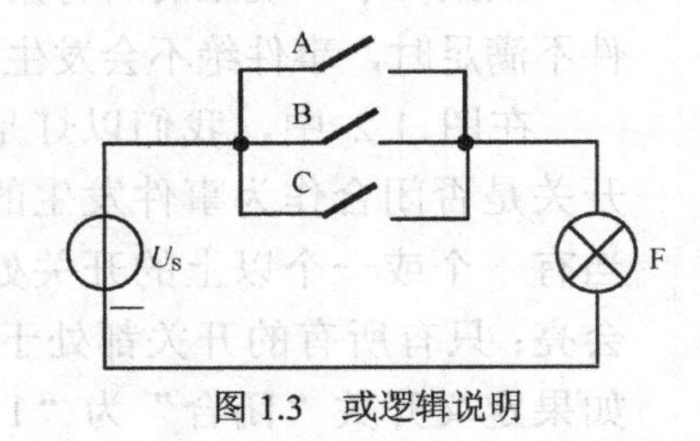

图 1.3 或逻辑说明

定义开关“闭合”为“1”，开关“断开”为“0”；灯“亮”为“1”，灯“灭”为“0”时，可得到开关和灯之间的逻辑对应关系，即或逻辑真值表，如表 1-5 所示。

表 1-5 或逻辑真值表

A	B	C	F
0	0	0	0
0	0	1	1
0	1	0	1
0	1	1	1
1	0	0	1
1	0	1	1
1	1	0	1
1	1	1	1

由真值表 1-5 可看出，或逻辑的功能是：输入变量有“1”，输出变量必为“1”；当输入变量全部为“0”时，输出变量才为“0”。

或逻辑同样可以用逻辑函数进行表达：

$$F=A+B+C \tag{1.2}$$

1-10　非逻辑的概念

式中，F 是输出变量，A、B、C 是输入变量。由于式中的或运算符“＋”类似普通代数中的加号，因此或逻辑又常被人们称作**逻辑加**。

3．非逻辑

当某一事件相关的条件不满足时，事件必然发生；当条件都满足时，事件绝不会发生。这种逻辑关系称为非逻辑关系。

我们仍以灯是否亮作为事件发生的结果，以开关是否闭合作为事件发生的条件。在图 1.4 所示电路中很容易看出：开关处于“断开”状态时，灯 F 亮；开关处于“闭合”状态时，灯 F 被短路但不会亮。如果定义开关“闭合”为“1”，开关“断开”为“0”；灯“亮”为“1”，灯“灭”为“0”，则可得到开关和灯之间的逻辑对应关系，即非逻辑真值表，如表 1-6 所示。

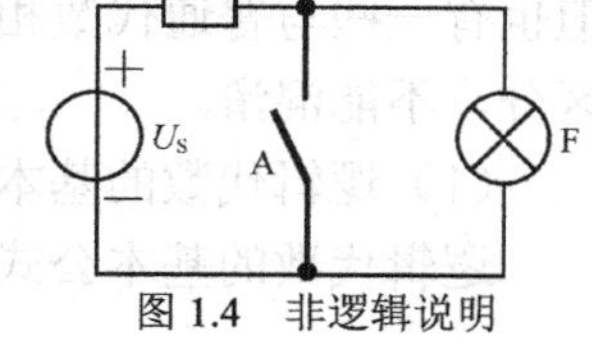

图 1.4　非逻辑说明

表 1-6　**非逻辑真值表**

A	F
1	0
0	1

由真值表 1-6 可看出，非逻辑只有一个输入变量、一个输出变量，非逻辑的功能可概括为：输入为“0”，输出为“1”；输入为“1”，输出为“0”。

非逻辑关系也可以用下面的逻辑函数表示，即：

$$F = \overline{A} \tag{1.3}$$

式中，输入变量 A 上方的横杠表示逻辑“非”运算符，也可理解为“取反”。

1.2.2　逻辑代数及其基本运算

1-11　关于逻辑代数

1．逻辑代数

逻辑代数是一种用于描述客观事物逻辑关系的数学方法，由英国数学家乔治·布尔在19世纪中叶提出，因而又称作布尔代数。20世纪30年代，美国人克劳德·艾尔伍德·香农把布尔代数运用于开关电路中，使之很快成为分析和综合应用开关电路的重要数学工具，从此人们又把逻辑代数称为开关代数。

逻辑代数不同于普通代数，它具有一套完整的运算规则，包括公理、定理和定律。逻辑代数和普通代数的相同点是都用英文字母表示变量；不同点是普通代数的变量取值非常多，而逻辑代数的变量的取值范围只有“0”和“1”，没有第三种可能，因此称为**二值逻辑变量**。二值逻辑变量要比普通代数变量简单得多。

重点理解：二值逻辑变量“0”和“1”，没有数值上的大小、正负之分，二值逻辑变量表示的是事物相互对立而又联系着的两个方面，即表示的是“状态”。

逻辑代数中，参与逻辑运算的变量叫逻辑变量，用字母 A、B、C、…表示。每个变量的取值非“0”即“1”，“0”和“1”不表示数的大小，而是代表两种不同的逻辑状态。逻辑代数式中，逻辑变量是因，逻辑函数是果。若在逻辑代数表达式 Y=F（A，B）中，对逻辑变量的任意一组取值，Y 都有唯一的值与之对应，则称 Y 为逻辑函数。

逻辑代数是分析和设计逻辑电路的数学基础。借助逻辑代数，能分析给定逻辑电路的逻辑功能，并用逻辑函数描述它。利用逻辑代数还能将复杂的逻辑代数式化简，从而得到较简单的逻辑电路。

2. 逻辑代数的基本公式、定律和规则

逻辑代数的基本公式、定律和规则，是分析、设计逻辑电路，化简和变换逻辑函数表达式的重要工具。逻辑代数的基本公式和定律虽然都具有它们各自的特性，但也有一些与普通代数相似。在运用这些基本公式和定律时，必须严格区分，不能混淆。

1-12 基本公式和基本定律

（1）逻辑代数的基本公式

逻辑代数的基本公式可概括到表 1-7 中。

表 1-7 逻辑代数的基本公式

常量之间的关系		常量与变量之间的关系	
$0\cdot0=0$	$0+0=0$	$A+0=A$	$A+A=A$
$0\cdot1=0$	$0+1=1$	$A+1=1$	$A\cdot A=A$
$1\cdot0=0$	$1+0=1$	$A\cdot0=0$	上述 2 式又称同一律
$1\cdot1=1$	$1+1=1$	$A\cdot1=A$	$A+\overline{A}=1$
$\overline{0}=1$	$\overline{1}=0$	上述 4 式又称 0-1 律	$A\cdot\overline{A}=0$

注：0-1 律是指变量与“0”或“1”相与或者相或的规律；同一律是指变量与变量自身相与或者相或以后的规律。

（2）逻辑代数常用的基本定律

① 与普通代数相似的基本定律。逻辑代数中，与普通代数相似的基本定律有交换律、结合律和分配律，把它们列于表 1-8 中。

表 1-8 交换律、结合律、分配律

基本定律	公式
交换律	$A+B=B+A$
	$AB=BA$
结合律	$(A+B)+C=A+(B+C)$
	$(AB)C=A(BC)$
分配律	$A(B+C)=AB+AC$
	$A+BC=(A+B)(A+C)$

注：分配律中的第 2 条是普通代数没有的，运用时应注意这一点。

② 特殊的定律。普通代数中没有的定律是逻辑代数中的特殊定律，包括：

摩根定律（又称反演律） $\overline{AB}=\overline{A}+\overline{B}$ $\overline{A+B}=\overline{A}\cdot\overline{B}$

非非律（又称还原律） $\overline{\overline{A}}=A$

1-13 运算规则

（3）逻辑代数的运算规则

① 代入规则：将一个逻辑等式所有出现某一逻辑变量的位置都以一个逻辑函数表达式代替，则等式仍成立。

代入规则的理论依据：任何一个逻辑函数也和任何一个逻辑变量一样，只有“0”和“1”

两种取值。

代入规则在推导公式中用处很大。因为将已知等式中某一变量用任意一个函数代替后，就得到了新的等式，从而扩大了等式的应用范围。

例如，已知$\overline{A\cdot B}=\overline{A}+\overline{B}$，若用$G=A\cdot C$代替等式中的A，根据代入规则，有：

$$\overline{A\cdot C\cdot B}=\overline{A\cdot C}+\overline{B}=\overline{A}+\overline{C}+\overline{B}$$

等式仍然成立。

② 反演规则：将函数Y中所有的“·”换成“+”，“+”换成“·”，再将原变量换成反变量，反变量换成原变量，并将“1”换成“0”，“0”换成“1”，那么得到的逻辑函数表达式就是Y的反函数$\overline{Y}$。

反演规则的意义在于，利用它可以比较容易地求出一个逻辑函数的反函数。

例如：

$$F=\overline{A}\cdot\overline{B}+C\cdot D+0$$

则

$$\overline{F}=\overline{\overline{A}\cdot\overline{B}+C\cdot D+0}=(A+B)\cdot(\overline{C}+\overline{D})\cdot 1$$

又如

$$F=A+\overline{B+\overline{C}+\overline{D+\overline{E}}}$$

则

$$\overline{F}=\overline{A+\overline{B+\overline{C}+\overline{D+\overline{E}}}}=\overline{A}\cdot\overline{\overline{B}\cdot C\cdot\overline{\overline{D}\cdot E}}$$

利用摩根定律也可以求反函数，事实上摩根定律是反演规则的一个特例。

例如，用摩根定律求F＝AB＋CD的反函数。

利用摩根定律：$\overline{F}=\overline{AB}+\overline{CD}=\overline{ABCD}=\overline{A}+\overline{B}+\overline{C}+\overline{D}$

注意：运用反演规则时，要特别强调运算符号的优先顺序——先算括号内，再算与项，最后算或项；规则中的反变量换成原变量，原变量变换成反变量只对单个变量有效，而对于与非、或非等运算的长非号则保持不变。

③ 对偶规则：对于任意一个逻辑函数表达式Y，如果将式中所有的“·”换成“+”，“+”换成“·”，将“0”换成“1”，“1”换成“0”这样就得到一个新的逻辑函数表达式Y′，则Y′和Y互为对偶式。

对偶规则的意义在于：可使需要证明和记忆的公式减少一半，且为函数的形式变换和简化带来方便。

注意：利用对偶规则求一个表达式的对偶式时，同样要注意运算符号的优先顺序。

1.2.3 逻辑函数的代数化简法

1-14 逻辑函数的代数化简法

设计任何一个数字电路，根据要求的逻辑功能，总要先列出相应的逻辑函数表达式，再根据逻辑函数表达式去构建相应的逻辑电路。而同一功能的逻辑函数表达式可繁可简，繁则电路结构复杂，简则电路结构简单。因此，逻辑函数的化简直接关系到我们所设计的数字电路的复杂程度以及性能指标。只有设计出最简洁的逻辑电路，才能最大限度地节省元器件、优化生产工艺、降低成本、提高系统可靠性，同时提高产品在市场上的竞争力。

1．逻辑函数化简的标准

不同形式的逻辑函数表达式有不同的最简形式，而这些逻辑函数表达式的繁简程度又相差较大，但大多都可以根据最简与或式变换得到。最简与或式的标准是：

（1）逻辑函数表达式中的乘积项（与项）个数最少；

（2）每个乘积项中的变量数最少。

2. 代数化简法

代数化简法就是应用逻辑代数的公式、定律和规则对已设计出的逻辑函数进行逻辑化简的工作。逻辑函数代数化简最常用的方法如下。

（1）并项法

利用同一律公式 $B+\overline{B}=1$ 将两项合并为一项，消去一个变量。

【例 1.4】化简逻辑函数 $F=AB+AC+A\overline{B}\overline{C}$。

【解】 $F=AB+AC+A\overline{B}\overline{C}=A(B+C)+A\overline{B+C}=A[(B+C)+\overline{B+C}]=A$

（2）吸收法

利用公式 $A+AB=A(1+B)=A$，将多余项 AB 吸收掉。

【例 1.5】化简逻辑函数 $F=AB+A\overline{C}+A\overline{BC}$。

【解】显然第 3 个或项是多余项，应吸收掉，即：

$$F=AB+A\overline{C}+A\overline{BC}=AB+A\overline{C}(1+\overline{B})=AB+A\overline{C}$$

（3）消去法

利用公式 $A+\overline{A}B=A+B$，消去与项 $\overline{A}B$ 中的多余因子 $\overline{A}$。

【例 1.6】化简逻辑函数 $F=AB+\overline{A}C+\overline{B}C$。

【解】 $F=AB+\overline{A}C+\overline{B}C=AB+C\overline{A}\,\overline{B}=AB+C$

（4）配项法

利用公式 $A+\overline{A}=1$，将某一项配因子 $A+\overline{A}$，然后将一项拆为两项，再与其他项合并化简。

【例 1.7】化简逻辑函数 $F=AB+\overline{A}C+BC$。

【解】

$$\begin{aligned}F&=AB+\overline{A}C+BC\\&=AB+\overline{A}C+ABC+\overline{A}BC\\&=AB(1+C)+\overline{A}C(1+B)\\&=AB+\overline{A}C\end{aligned}$$

代数化简法简单方便，对逻辑函数中的变量个数没有限制，较适用于变量较多、较复杂的逻辑函数的化简。采用代数法化简逻辑函数时，所用的具体方法并不是唯一的，最后的表示形式也可能稍有不同，需要熟练掌握和灵活运用逻辑代数的基本公式、定律和规则，而且还需具备一定的化简技巧。代数化简法不易判断所化简的逻辑函数是否已经达到最简与或式。学习者只有通过个人的练习来积累经验，做到熟能生巧，争取较好地掌握逻辑函数的代数化简法。

思考练习题

1. 3 种基本逻辑关系是哪些？写出它们的逻辑函数表达式。
2. 逻辑代数的基本定律有哪些？它们在逻辑函数化简中有什么作用？
3. 最简与或式的标准是什么？化简逻辑函数有什么实际意义？
4. 用代数化简法化简逻辑函数 $Y=ABC+\overline{A}+\overline{B}+\overline{C}$。

1.3　逻辑函数的卡诺图化简法

1-15　最小项的概念

1.3.1　最小项的定义和性质

1．最小项的定义

在 n 个变量的逻辑函数中，若与项中包含了全部变量，并且每个变量在该与项中或以原变量或以反变量仅出现一次，则该与项就定义为逻辑函数的最小项。n 个变量的全部最小项共有 2^n 个。

2．最小项的性质

最小项是逻辑函数中的一个重要概念。为了书写方便，用 m 表示最小项，其下标为最小项的编号。编号的方法：最小项中的原变量取“1”，反变量取“0”，则最小项取值为一组二进制数，其对应的十进制数就是该最小项的编号。例如，3 变量最小项中的 $A\overline{B}\,\overline{C}$ 对应的变量取值为 100，对应的十进制数是 4，因此该最小项为 m_5，其余最小项以此类推。

由此可知 2 变量最多能构成 2^2 个最小项，即：$m_0=00$，$m_1=01$，$m_2=10$，$m_3=11$。

3 变量的最小项表如表 1-9 所示。

表 1-9　　3 变量的最小项表

A　B　C	最小项	最小项编号
0　0　0	$\overline{A}\,\overline{B}\,\overline{C}$	m_0
0　0　1	$\overline{A}\,\overline{B}C$	m_1
0　1　0	$\overline{A}B\overline{C}$	m_2
0　1　1	$\overline{A}BC$	m_3
1　0　0	$A\overline{B}\,\overline{C}$	m_4
1　0　1	$A\overline{B}C$	m_5
1　1　0	$AB\overline{C}$	m_6
1　1　1	ABC	m_7

4 变量最多可构成 2^4 个最小项，如表 1-10 所示。

表 1-10　　4 变量的小项表

A　B　C　D	最小项	最小项编号
0　0　0　0	$\overline{A}\,\overline{B}\,\overline{C}\,\overline{D}$	m_0
0　0　0　1	$\overline{A}\,\overline{B}\,\overline{C}D$	m_1
0　0　1　0	$\overline{A}\,\overline{B}C\overline{D}$	m_2
0　0　1　1	$\overline{A}\,\overline{B}CD$	m_3
0　1　0　0	$\overline{A}B\overline{C}\,\overline{D}$	m_4
0　1　0　1	$\overline{A}B\overline{C}D$	m_5
0　1　1　0	$\overline{A}BC\overline{D}$	m_6
0　1　1　1	$\overline{A}BCD$	m_7

（续表）

A B C D	最小项	最小项编号
1 0 0 0	$A\overline{B}\overline{C}\overline{D}$	m_8
1 0 0 1	$A\overline{B}\overline{C}D$	m_9
1 0 1 0	$A\overline{B}C\overline{D}$	m_{10}
1 0 1 1	$A\overline{B}CD$	m_{11}
1 1 0 0	$AB\overline{C}\overline{D}$	m_{12}
1 1 0 1	$AB\overline{C}D$	m_{13}
1 1 1 0	$ABC\overline{D}$	m_{14}
1 1 1 1	$ABCD$	m_{15}

由以上各最小项表可看出最小项的性质如下。

（1）对于任意一个最小项，只有一组变量取值使它的值为“1”，而其余变量取值均使它的值为“0”。

（2）不同的最小项，使它的值为“1”的那组变量取值也不同。

（3）对于变量的任意一组取值，任意两个最小项的乘积为“0”。

（4）对于变量的任意一组取值，全体最小项的和为“1”。

1.3.2 卡诺图表示法

1-16 逻辑函数的卡诺图表示法

1．表示最小项的卡诺图

卡诺图是一种平面方格阵列图，它将最小项按相邻原则排列到小方格内。卡诺图的相邻原则：任意两个几何位置相邻的最小项之间，只允许有一个变量的取值不同。

图 1.5 所示是 2 变量、3 变量和 4 变量的卡诺图。

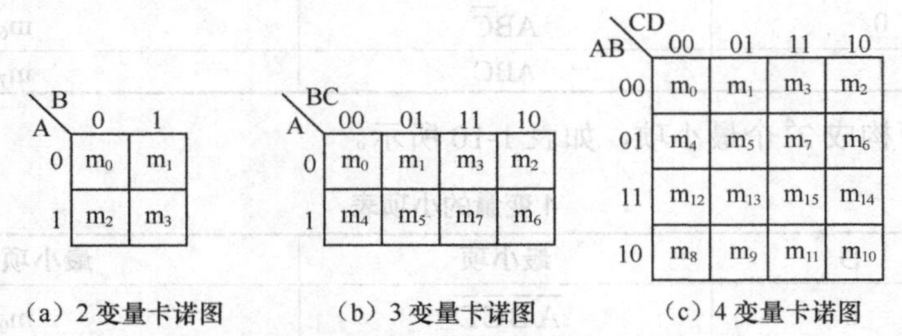

图 1.5　2 变量、3 变量、4 变量的卡诺图

由图 1.5 不难看出，相邻行（列）之间的变量组合中，仅有一个变量不同，同一行（列）两端的小方格中，也是仅有一个变量不同，即同一行（列）两端的小方格具有几何位置相邻的特点。例如 3 变量卡诺图中的横向变量 BC、4 变量卡诺图中的纵向变量 AB 和横向变量 CD 均按格雷码顺序排列，从而保证了最小项在卡诺图中的循环相邻性和相邻原则，即同一行最左边方格与最右边方格相邻，同一列的最上方和最下方的方格也相邻，排列顺序均为 00→01→11→10。

对于 5 变量及以上的卡诺图，由于较复杂，在逻辑函数的化简中极少使用，因此不再介绍。

2．用卡诺图表示逻辑函数

用卡诺图表示逻辑函数时，将函数中出现的最小项，在对应卡诺图方格中填入“1”，没有的项填“0”（或不填），所得图形即为该函数的卡诺图。

【例 1.8】用卡诺图表示逻辑函数 $F=AB+A\overline{C}+A\overline{B}\overline{C}$。

【解】方法：第 1 个或项 AB 在 3 变量中包含 110 和 111 两个最小项，找出对应的方格，将“1”填入其中，第 2 个或项 $A\overline{C}$ 在 3 变量中包含 110 和 100 两个最小项，其中 110 已经填入了“1”，只需在 100 对应的方格中填入“1”即可，第 3 个或项 $A\overline{B}\overline{C}$ 代表的最小项是 100，前面已经填入“1”，所以，此逻辑函数用卡诺图表示如图 1.6 所示。

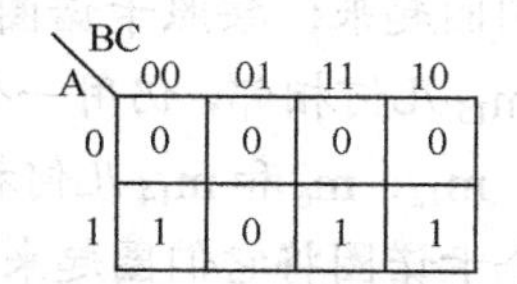

图 1.6　例 1.8 的逻辑函数卡诺图

【例 1.9】画出逻辑函数 $F=\sum m(0,3,4,6,7,12,14,15)$ 的卡诺图。

【解】该逻辑函数表达式已直接给出包含的所有最小项，因此直接按照各最小项的位置在方格内填写“1”即可，如图 1.7 所示。

AB \ CD	00	01	11	10
00	1		1	
01	1		1	1
11	1		1	1
10				

图 1.7　例 1.9 的逻辑函数卡诺图

根据逻辑函数的与或表达式直接画出逻辑函数的卡诺图，省去了将与或逻辑式化为标准与或表达式的过程，填卡诺图方便、省时、效率高，但是，填写最小项时要细心，多做练习，熟练掌握这一方法。

1.3.3　卡诺图化简法

1-17　逻辑函数的卡诺图化简法

用卡诺图化简逻辑函数，其原理是利用卡诺图的循环相邻性，对相邻最小项进行合并，消去互非的变量，从而达到化简的目的。

1．合并最小项的规律

2 个相邻的最小项合并，可以消去 1 个互非的变量；4 个相邻的最小项合并，可以消去 2 个互非的变量；8 个相邻的最小项合并，可以消去 3 个互非的变量。即把 2^n 个相邻最小项合并，可以消去 n 个变量。

2．卡诺图化简法的步骤

（1）根据变量的数目，画出相应方格数的卡诺图。

（2）根据逻辑函数表达式，把所有最小项“1”填入卡诺图中。

（3）用卡诺圈把相邻最小项圈住进行合并，合并时应遵照如下规则。

① 每个卡诺圈只能包含 2^n 个相邻最小项，即只能圈住 1、2、4、8、…个相邻最小项。

② 为了充分化简，1 方格可以重复圈在不同的卡诺圈中，但在新的卡诺圈中必须有未被圈过的至少 1 方格，否则该卡诺圈多余。

③ 为避免画多余卡诺圈，应首先圈独立的 1 方格，再圈仅有两个相邻的 1 方格，然后再圈 4 个、8 个相邻的 1 方格。

④ 卡诺圈尽量大，这样消去的变量就越多，与门输入端的数目就越少。

（4）根据所圈的卡诺圈，消除圈内全部互非的变量，每一个圈作为一个与项，将各与项相或，即为化简后的最简与或表达式。

3．应用卡诺图化简逻辑函数

【例 1.10】化简例 1.9 中的逻辑函数 F = ∑m（0，3，4，6，7，12，14，15）。

【解】此逻辑函数的卡诺图填写在前面已经完成，如图 1.7 所示。

观察卡诺图中为 1 的最小项中，m_0 和 m_4 几何相邻，可用一个卡诺圈将它们圈起来；m_3 和 m_7 几何相邻，也用一个卡诺圈把它们圈起来；按照卡诺圈最大化原则，还可找出 m_6、m_7、m_{14} 和 m_{15} 几何相邻，仍用一个卡诺圈把它们圈起来；卡诺图中还有 m_4、m_{12}、m_6 和 m_{14} 几何相邻，可用两个半圈（循环相邻）构成一个卡诺圈将它们圈起来，如图 1.8 所示。

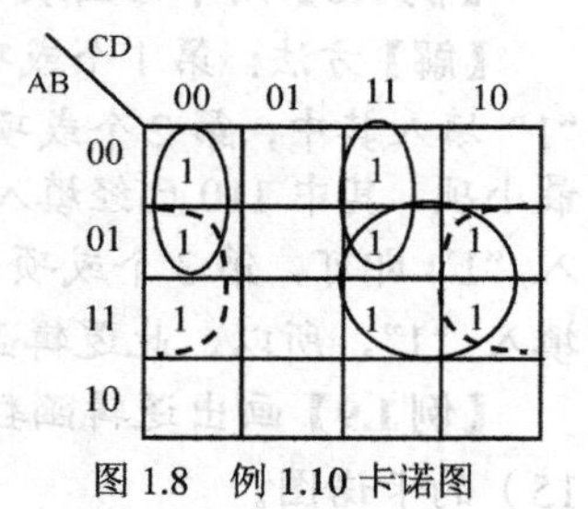

图 1.8　例 1.10 卡诺图

卡诺图中，左上卡诺圈中只有变量 B 是互非的，所以 B 被消去，保留其余 3 个变量 $\overline{A}\,\overline{C}\,\overline{D}$，右上卡诺圈中也是只有变量 B 互非，因此消去 B 后保留其余 3 个变量 $\overline{A}CD$，即卡诺圈圈住 $2^1=2$ 个最小项时，可消去 1 个互非的变量；4 个最小项的卡诺圈中变量 A 和 D 互非，因此消去 A 和 D 后保留其余两个变量 BC；2 个半圈构成的循环相邻的卡诺圈中，变量 A 和 C 互非，所以 A 和 C 被消去，保留其余两个变量 $B\overline{D}$，可见，卡诺圈圈住 $2^2=4$ 个最小项时，可消去 2 个互非的变量；以此类推，若圈住 2^n 个最小项时，就可消去 n 个互非的变量。

例 1.10 化简结果为：$F=\overline{A}\,\overline{C}\,\overline{D}+\overline{A}CD+BC+B\overline{D}$。

【例 1.11】用卡诺图化简逻辑函数 $F=A\overline{B}\,\overline{C}D+ABC\overline{D}+A\overline{B}+A\overline{D}+A\overline{B}C$。

【解】将函数 $F=A\overline{B}\,\overline{C}D+AB\overline{C}\,\overline{D}+A\overline{B}+A\overline{D}+A\overline{B}C$ 填入卡诺图中：填写 $A\overline{B}\,\overline{C}D$ 时，找出 AB 为 10 的行和 CD 为 01 的列，在它们交叉点对应的小方格内填"1"，填写 $AB\overline{C}\,\overline{D}$ 时，找出 AB 为 11 的行和 CD 为 00 的列，在它们交叉点对应的小方格内填"1"，填写 $A\overline{B}$ 时找出 AB = 10 的行，在每个小方格内填入"1"；填写 $A\overline{D}$ 时找出 A = 1 的行和 D = 0 的列，在它们交叉点对应的小方格内填入"1"；填写 $A\overline{B}C$ 时找出 AB = 10 的行，再找出 C = 1 的列，在它们交叉点对应的小方格内填入"1"；然后按合并原则用卡诺圈圈项化简，如图 1.9 所示。

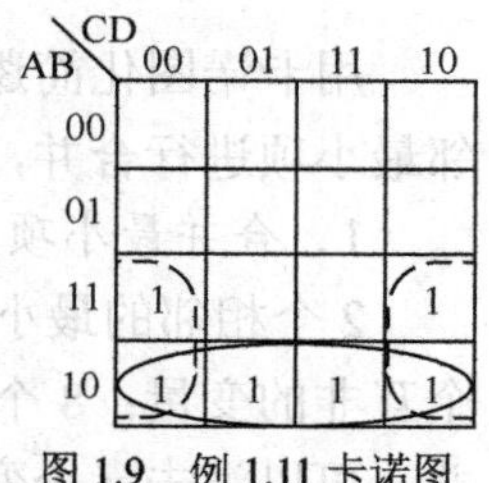

图 1.9　例 1.11 卡诺图

本例中 4 个最小项的卡诺圈只有 2 个，每 1 个卡诺圈均可消去两个互非的变量，因此化简结果为：$F=A\overline{B}+A\overline{D}$。

1.3.4　带有约束项的逻辑函数的化简

1-18　带有约束项的逻辑函数的化简

与逻辑函数无关的最小项称为约束项，有时又称为禁止项、无关项、随意项。

1．约束项以及处理方法

在实际的逻辑问题中，变量的某些取值组合不允许出现，或者是变量之间具有一定的制约关系，如 8421 码中，1010～1111 这 6 个代码是不允许出现的，是受到约束的，因此称为约束项。又如连动互锁开关系统中，几个开关的状态互相排斥，只要其中一个开关闭合时，其余开关必须断开。这种系统中 2 个以上开关同时闭合的情况客观上不存在，这样的开关组合称为随意项。约束项和随意项都是一种不会在逻辑函数中出现的最小项。

约束项的处理是任意的，可以认为是"1"，也可以认为是"0"。什么情况下把约束项视为"1"，什么情况下把约束项视为"0"呢？

2．约束项在化简中的应用

对于含有约束项的逻辑函数的化简，需考虑约束项。由于约束项对最终的逻辑结果不产生影响，因此在化简的过程中，当约束项对函数化简有利时，便认为它是“1”；如果对化简无作用，就视为“0”。约束项在卡诺图中填写时一般用×表示。

【例 1.12】用卡诺图化简 F=Σm（1，3，5，7，9）+Σd（10，11，12，13，14，15），其中Σd（10，11，12，13，14，15）表示约束项。

【解】先画出此函数的卡诺图。利用约束项化简时，将 m_{11}、m_{13}、m_{15} 对应的方格看作“1”，m_{10}、m_{12}、m_{14} 看作“0”，只需圈一个具有 8 个最小项的卡诺圈即可，如图 1.10 所示，合并后消去 3 个互非的变量，可得最简函数为：F=D。

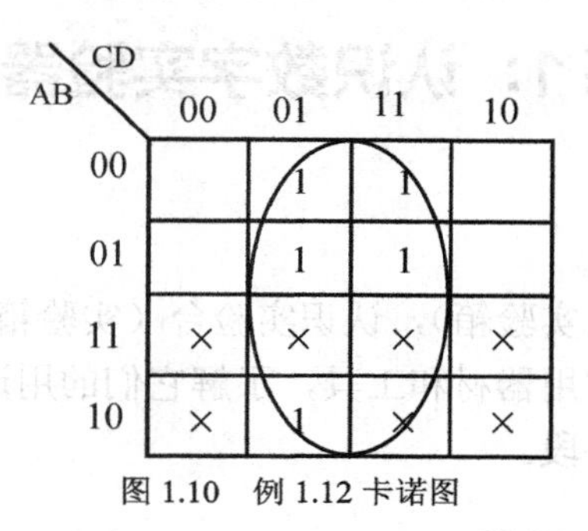

图 1.10　例 1.12 卡诺图

注意：利用约束项化简的过程中，尽量不要将不需要的约束项画入圈内，否则得不到函数的最简形式。

在利用卡诺圈合并最小项时，有两种情况容易被疏忽：一是卡诺图中 4 个角上的最小项是可以合并的；二是一开始就画大圈，然后画小圈，而圈完后又不做最后检查，仅挑出不包含任何新的最小项的圈并划掉，这样得出的与或表达式就不是最简的。

思考练习题

1. 什么是最小项？5 变量的逻辑函数有多少个最小项？
2. 什么是相邻最小项？相邻最小项有哪些特性？
3. 试说明根据与或表达式直接填卡诺图的方法。
4. 用卡诺图化简逻辑函数时，一个卡诺圈能否圈住 6 个 1 方格？为什么？

项目小结

1. 由数字符号构成且表示物理量大小的数字和数字组合称为数码。多位数码中每一位的构成方法，以及从低位到高位的进制规则，称为计数制，简称“数制”。人们熟悉的是十进制，数字电路中常用的计数制是二进制。

2. 为了读取方便，计算机常采用八进制和十六进制。当任意进制数转换为十进制数时，应采用按位权展开求和的方法；十进制数转换为任意进制数时应采用基数乘除法。

3. 将一定位数的数码按一定的规则排列起来表示特定信息的对象，称为代码或编码。将形成这种代码所遵循的规则称为码制。

4. 码制中分有权码和无权码，有权码包括 8421 码、5421 码和 2421 码等几种 BCD 码（属恒权码）；无权码包括余 3 码和格雷码。

5. 仅有“0”和“1”两种取值的变量称为逻辑变量。按照逻辑变量的因果关系构成的逻辑代数式中，逻辑变量、逻辑函数都与数字量无关。基本的逻辑关系中有与逻辑、或逻辑和非逻辑。

6. 逻辑代数构成了数字系统的设计基础，是分析数字系统的重要数学工具。借助逻辑代数，能分析已知逻辑电路的逻辑功能；利用逻辑代数，还能将复杂的逻辑函数表达式化简，从而得到较简单的逻辑电路。

7. 逻辑代数中的基本公式、基本定律和重要规则，是逻辑函数化简的重要依据。

8. 逻辑函数化简的方法有代数化简法和卡诺图化简法。

| 技能训练 1：认识数字实验器材和工具 |

一、训练要求

1. 了解数字电路实验台（实验箱），认识实验台（实验箱）的面板布置。
2. 认识数字电路实验的常用器材和工具，了解它们的用途及其基本使用方法。
3. 了解数字电路的实训手段。

二、训练涉及的设备和工具

1．数字电路实验设备简介

本技能训练主要用到的设备是数字电路实验台或数字电路实验箱，我国有多个教学仪器生产商生产，其产品多样，功能也存在差异，各校选用的类型也各不相同。图 1.11 所示为数字电路实验设备示例。

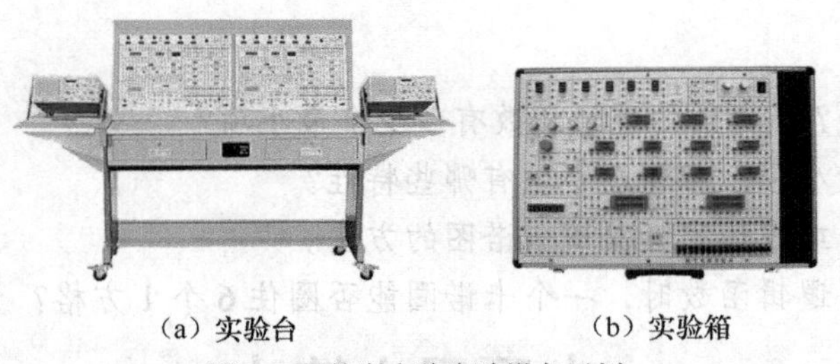

（a）实验台　　（b）实验箱

图 1.11　数字电路实验设备示例

虽然各学校的数字电路实验设备并不统一，但其基本设置和功能相差不多。下面我们以浙江天煌科技实业有限公司生产的 THD-1 型数字电路实验箱为例，介绍数字电路实验设备的基本设置和功能。THD-1 型数字电路实验箱的面板布置如图 1.12 所示。

（1）面板采用 2mm 厚印制电路板制成，正面印有连线、字符等；反面是相应的印制线路及有关元器件等；面板左上方是实验箱的电源总开关。

（2）面板下方中部偏右是直流电源区，可提供±5V/0.5A 和±15V/0.5A 的稳压电压源共 4 路，其均有相应的发光二极管（LED）指示以及短路保护自动恢复功能，其中＋5V 电源具有短路报警、指示功能。电源区还设有“地”端。

（3）面板的下方有单次脉冲源区，可向实验箱的使用者提供正、负输出单次脉冲。实验时，在接通＋5V 电源后，每按一次单次脉冲按键，就会在输出口（Pulse Output）送出一个负、正单次脉冲信号，并由发光二极管显示“L”和“H”，用以指示负脉冲和正脉冲。

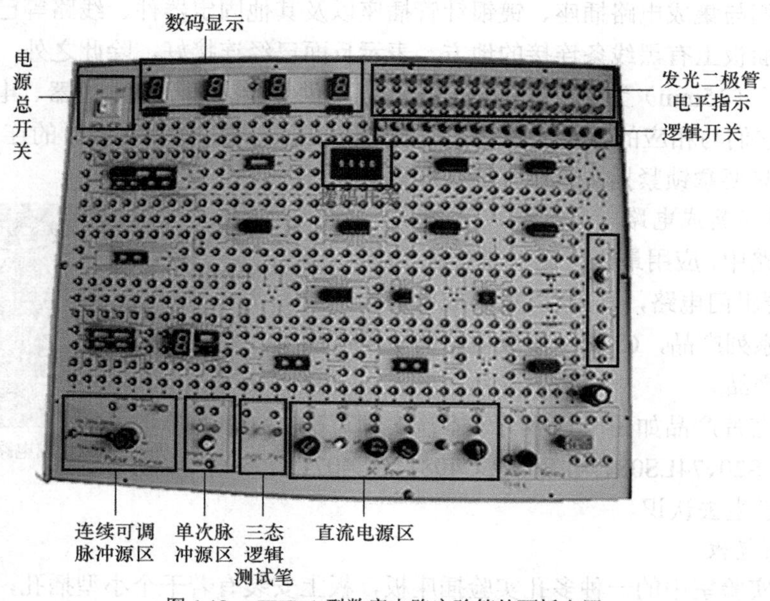

图 1.12　THD-1 型数字电路实验箱的面板布置

面板下方的连续可调的方波脉冲源区，在接通＋5V 电源后，在输出口（Pulse Source）将输出连续的、幅度为 3.5V 的方波脉冲信号，其输出频率范围波段开关（Free Rang）的位置由一组频率 1Hz、1kHz、20kHz 决定，通过频率细调多圈电位器对输出频率进行细调。

（4）三态逻辑测试笔的电源 V_{CC} 接通＋5V 电源，将被测的逻辑电平信号通过连接线插在输入口（Input），3 个发光二极管即可显示被测信号逻辑电平的高低：高电平为红色发光二极管亮，低电平为绿色发光二极管亮，高阻态或电平处于不高不低的值时黄色发光二极管亮。

需要注意的是，实验箱设置有参考“地”电平输出口，所以不适合测-5V 和-15V 的电平。

（5）拨码开关。4 组 BCD 码十进制拨码开关组位于实验箱面板的上部中间区域。每一位的显示窗指示出 0～9 的二-十进制 BCD 码，每按动一次“＋”键或“-”键，将顺次地进行加 1 计数或减 1 计数。若将某位拨码开关的输出端连接在数码显示管的输入口 A、B、C、D 处，当接通＋5V 电源时，数码管点亮，显示出与拨码开关所指示一致的数字。

（6）电平指示。15 个发光二极管显示器及其电平输入插口（Input of Logic Level and Display），在接通＋5V 电源后，当输入口接高电平时，所对应的发光二极管点亮；输入口接低电平时，所对应的发光二极管则不亮。

（7）逻辑开关。15 个逻辑开关（Logic Switch）及相应的开关电平输出插口（Output of Switch Level），在接通＋5V 电源后，当开关向上拨、指向 H 时，输出口呈高电平，相应的发光二极管点亮；当开关向下拨、指向 L 时，输出口呈低电平，相应的发光二极管不亮。

（8）数码显示。面板的上部左边所设置的是 4 位 7 段 LED 数码管，数码管下方的集成块是 BCD 码十进制译码电路。

（9）开放实验区。数字电路实验箱面板安装有高性能双列直插式集成电路插座17个（包括8P插座2只、14P插座1只、16P插座5只、18P插座2只、20P插座1只、24P插座1只、28P插座1只和40P插座1只等）；还安装有400多个高可靠性的自锁紧式、防转、叠插式插座，它们与集成电路插座、镀银针管插座以及其他固定器件、线路等已在印制电路板面连接好，正面板上有黑线条连接的地方，表示反面已经连接好。除此之外，面板上还设有200多根镀银长（15mm）紫铜针管插座，这些插座供实验时插小型电位器、电阻、电容等分立元件之用，它们与相应的锁紧插座已在印制电路板面连通，作为实验时的连接点、测试点。实验接线时，只要拿锁紧插头线相互连接即可。

2．认识数字集成电路

在数字电路中，应用最为广泛的是TTL逻辑门电路和CMOS逻辑门电路，其中TTL集成电路的主流产品是74LS系列产品，CMOS集成电路的主流产品是CC40系列产品。

图1.13　集成电路芯片产品

集成电路芯片产品如图1.13所示。本次实训可准备74LS00、74LS20、74LS08、74LS04、CC4081、CC4071和CC4011让学生去认识。

3．认识面包板

面包板是实验室中的一种多孔实验插座板，板上安装有若干个小型插孔，在进行数字电路实验时，根据电路连接的要求，可以在相应的插孔中插入导线或集成芯片的引脚等。常见最小单元面包板分上、中、下3部分，如图1.14所示。

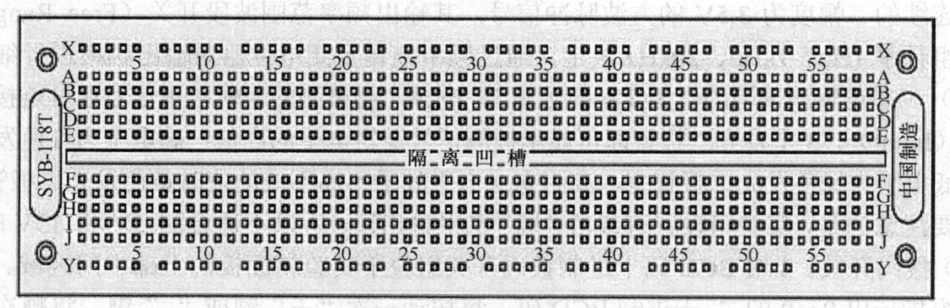

图1.14　面包板示意图

由面包板示意图可看出，面包板的上面和下面一般是由一行（或两行）的小型插孔构成的窄条X和Y，窄条的左边和右边各3组（每组5个小型插孔）相互连通，中间4组相互连通。面包板的中间部分是由一条隔离凹槽和上、下各5行的插孔构成的条：每5个插孔（A、B、C、D、E或F、G、H、I、J）为一组，被面包板内部的一条金属簧片所接通，但竖列与竖列方孔之间是相互绝缘的，凹槽上、下部分不连通。

实验时，通常使用中间部分组成的小单元，隔离凹槽部分用来搭接集成芯片的主体部分，上、下两行窄条取一行作为电源插孔，另一行作为接地插孔。需注意上、下两行窄条X和Y之间没有电气连接。

在搭接数字电路时，当电路规模较大，需要多个凹槽和窄条组成较大的面包板时，需按照两窄一宽的原则使用，两个窄条的第一行一般和地线连接，第二行和电源相连。由于集成芯片电源一般在上面、接地在下面，因此有助于将集成芯片的电源引脚和上面第二行窄条相连，接地引脚和下面的窄条第一行相连，而集成芯片的两列引脚一般跨接在凹槽上。

4．认识单芯硬导线

单芯硬导线产品如图 1.15 所示。

图 1.15　单芯硬导线产品

为配合面包板，通常采用直径为 0.5mm 或 0.6mm 的单芯塑料包皮硬导线。截取导线时，要将剪刀口稍微斜放着截取，使导线断面呈尖头，以便于插入面包板插孔中；截取的长度必须适当，导线两端绝缘皮通常以剥去 2～4mm 为宜。

另外，整齐的布线极为重要，布线整齐不但便于检查和更换器件，线路的可靠性也更高。布线的顺序通常是先接电源线和地线，再把闲置的输入端通过一只 1～10kΩ 的电阻接电源正极或接地，然后再接输入线、输出线及控制线。

单芯硬导线有多种颜色供选择，实验中我们通常用红色导线接电源、黑色导线接地，其他颜色的导线分别接输入线、输出线及控制线，这样在连接复杂电路时便于检查和排除故障。

5．常用工具

进行数字电路实验时常常会用到镊子、剥线钳和剪刀等工具，如图 1.16 所示。

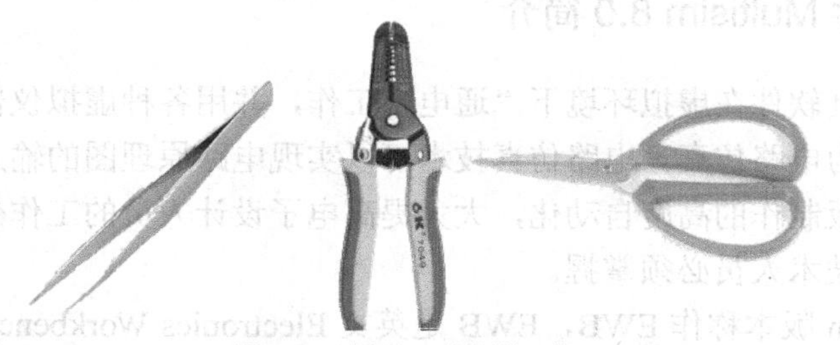

图 1.16　镊子、剥线钳、剪刀

（1）镊子。数字电路中，常常用镊子把双列直插式集成芯片不太直的引脚向内弯好，使其两排间距离恰好为 7.5mm。另外，在数字实验电路布线密集时，镊子对嵌线和拆线是很有用的。这时要求镊子的钳口为尖的，弹性适中。

（2）剥线钳。剥线钳是专用的剥塑料包皮的工具，将待剥表皮的导线插入剥线钳中与导线粗细相当的孔位中，夹紧钳柄，拉出导线，即可剥掉塑料表皮。

（3）剪刀。剪刀可用于截取导线、修剪元器件的引脚等。

三、技能训练步骤

1. 先让学生观察数字电路实验室的布置以及实验室注意事项。

2. 每两位学生分为 1 组，观察实验台（实验箱）的面板布置。
3. 教师讲解实验台（实验箱）面板上各部分的用途和功能。
4. 教师拿出面包板实物，并将其用法讲解给学生听。
5. 教师向学生演示如何使用数字电路实验的常用工具。
6. 进行实验总结。

四、数字电路实验设备使用时的注意事项

使用数字电路实验设备时，应注意以下几点。

（1）使用前应先检查各电源是否正常。

（2）接线前务必熟悉实验面板上各元器件的功能、参数及接线位置。

（3）实验前必须先断开电源总开关，严禁带电接线和插拔集成芯片。

（4）接线完毕并检查无误后，再插入相应集成电路芯片，才可通电。

（5）实验时实验面板要保持整洁，不可随意放置杂物，特别是导电的工具和多余的导线等，以免发生短路故障。

（6）实验完毕，应及时关闭各电源开关，并及时清理实验面板，整理好连接线并放置在规定的位置。

在进行数字电路实验时，除了掌握实验原理、元器件的性能和使用规则以及测试仪器的操作方法外，还必须掌握数字电路的实验方法和逻辑电路的测试方法，只有运用正确的方法进行电路调试或逻辑参数的测试，才能够获得较为满意的实验结果。

| 技能训练 2：认识仿真软件 Multisim 8.0 |

一、仿真软件 Multisim 8.0 简介

利用计算机仿真软件在虚拟环境下“通电”工作，并用各种虚拟仪器进行测量，对电路进行分析的方法称为电路仿真。电路仿真技术可以实现电路原理图的输入、实际电路的仿真分析以及印制电路板制作的高度自动化，大大提高电子设计人员的工作效率，因此，电路仿真技术是电子工程技术人员必须掌握。

早期的 Multisim 版本称作 EWB，EWB 是英文 Electronics Workbench 的缩写，意为电子工作平台。电子工作平台的器件库中有几千种常用元器件，可供用户和仿真实验人员任意调用，且界面直观、操作简单。

随着电子技术的飞速发展，Multisim 仿真软件也在不断地推陈出新，新版本不但继承了早期版本的优点，而且功能和操作方法上也有了较大改进，极大地扩充了元件数据库，特别是大量新增的与现实元件对应的元件模型，增强了仿真电路的实用性。目前 Multisim 仿真软件已经出现了 Multisim10、Multisim12、Multisim14、Multisim16 版本，虽然版本众多，但我们向学习者推荐使用的是由加拿大 Interactive Image Technologies 公司推出的 Multisim 8.0 电路仿真软件，虽然它较 Multisim10、Multisim12、Multisim14、Multisim16 版本早，但功能与它们相差不多，稳定性和兼容性较好，实用性最好。

二、Multisim 8.0 的操作界面

Multisim 8.0 与其他应用程序一样，有一个标准的操作界面，主要由主菜单、系统工具栏、设计工具栏、主元器件库、虚拟电路工作窗口、仿真开关、虚拟仪器库及使用元器件型号清单 8 个基本部分组成，如图 1.17 所示。

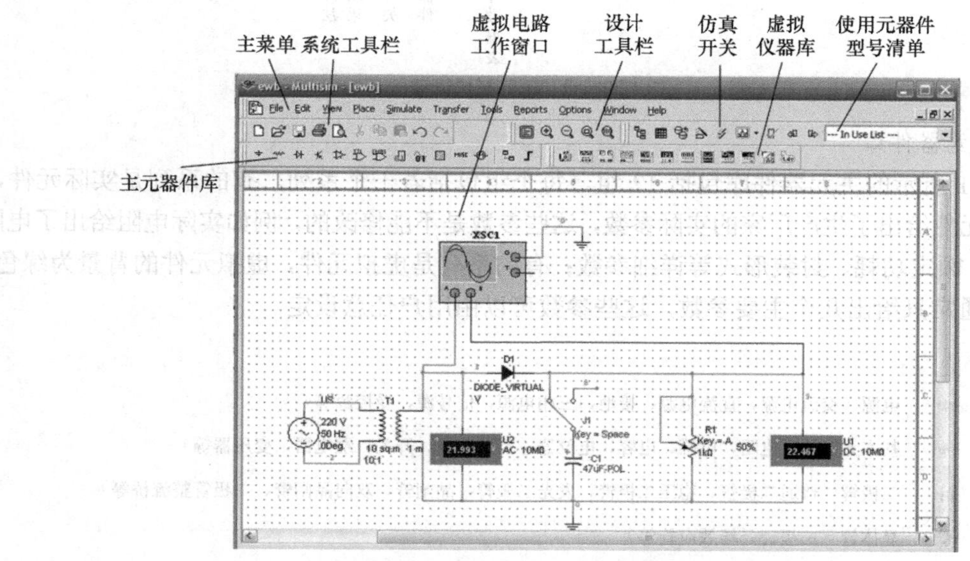

图 1.17 Multisim 8.0 操作界面

显然，Multisim 8.0 主界面是以图形为主的，采用菜单、工具栏和快捷键相结合的方式，具有一般 Windows 应用软件的界面风格，用户可以根据自己的习惯和熟悉程度，通过对各部分的操作实现电路图的输入、编辑，并根据需要对电路进行相应的观测和分析。此外，用户还可以通过菜单或工具栏改变主窗口的视图内容。

1．主菜单

Multisim 8.0 的主菜单如图 1.18 所示。

文件 编辑 视图 放置 仿真 转换 工具 报告 选择 窗口 帮助

File Edit View Place Simulate Transfer Tools Reports Options Window Help

图 1.18 主菜单

主菜单条上有 11 项：File（文件）、Edit（编辑）、View（视图）、Place（放置）、Simulate（仿真）、Transfer（转换）、Tools（工具）、Reports（报告）、Options（选择）、Window（窗口）、Help（帮助）。每一项都包含一些命令和选项，其中文件和编辑两个菜单功能与 Word 类似，其他菜单均为 EWB 的功能。主菜单的下拉菜单中，有许多常用功能都设置有快捷方式放在界面上，例如设计工具、元件库、虚拟仪器库、运行开关等。

2．系统工具栏和设计工具栏

Multisim 8.0 的系统工具栏和 Windows 中 Word 的系统工具栏相似，如图 1.19 所示。

图 1.19 系统工具栏

设计工具栏快捷键如图 1.20 所示。

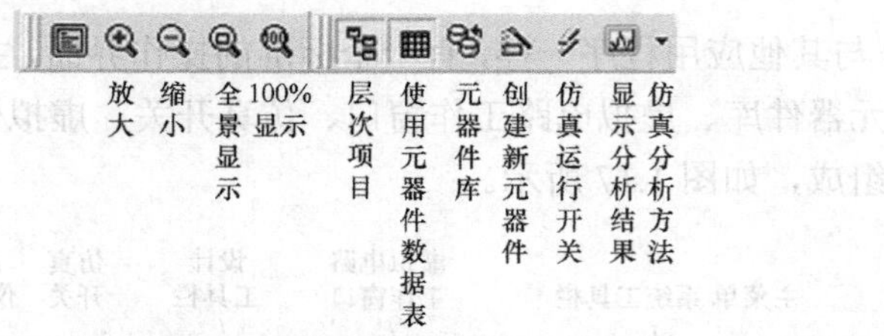

图 1.20　设计工具栏快捷键

3．主元器件库

图 1.21 所示的主元器件库包括 12 组，每个组包括若干个系列。有的系列是实际元件，这些实际元件给出了生产厂家的实际参数，这些参数是不能修改的，例如实际电阻给出了电阻值、公差、额定功耗、封装形式等详细参数；有的系列是虚拟元件，虚拟元件的背景为绿色。虚拟元件通常只给出几个主要参数，这些参数可以由用户任意设定。

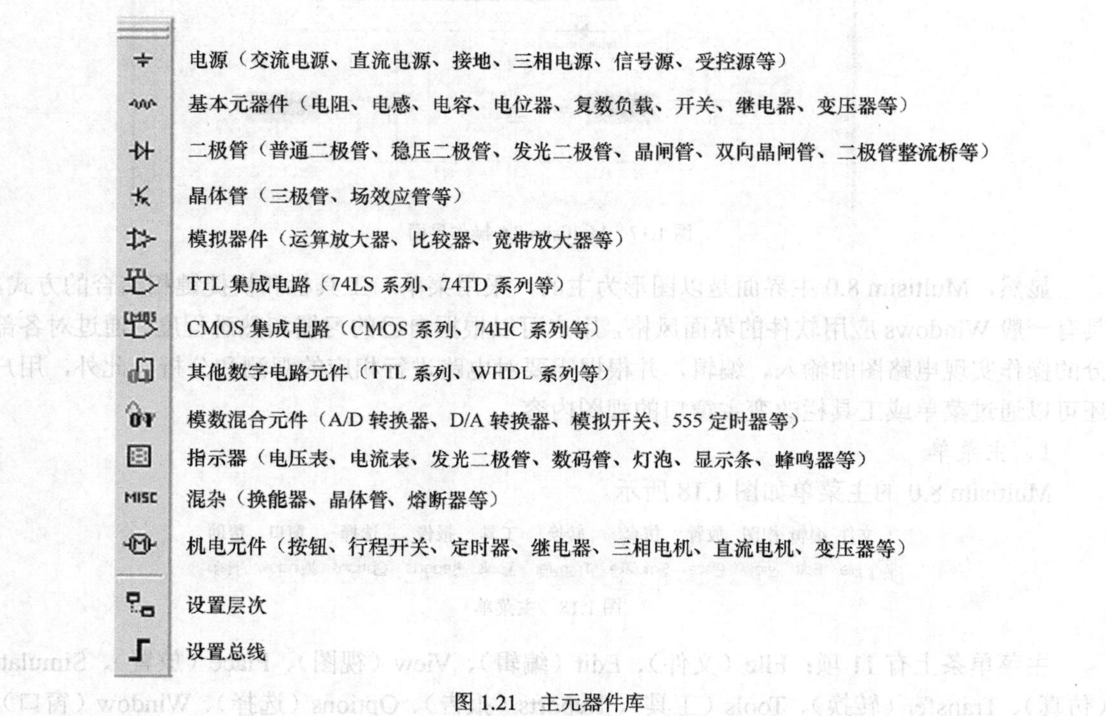

图 1.21　主元器件库

例如：单击窗口上主元器件库的“电源”图标，出现图 1.22 所示的电源库；单击主元器件库上的“基本元器件”图标，出现图 1.23 所示的各种基本元器件库；单击主元器件库上的“二极管”图标，出现图 1.24 所示的二极管库；元器件库中还有晶体管库、模拟器件库、TTL 集成电路库和 CMOS 集成电路库等。

4．虚拟仪器库

Multisim 8.0 的虚拟仪器库共有 11 类虚拟仪器，各种仪器的功能如图 1.25 所示。如果开始打开软件时虚拟仪器库不在桌面，可用鼠标右键单击操作界面上方空白处，即可出现一个仪器库菜单，当选择其中的“Instruments”时，就可把常用虚拟仪器库调出在桌面上。这样，当建立电路需要某种仪器时，只需用鼠标左键单击虚拟仪器库中相应的仪器图标，然后拖曳到工作区合适的位置即可。在 EWB 电路仿真软件中，虚拟仪器的使用方法基本上与实际仪器仪表类似，连接虚拟电路时，其输入和输出端子与实际电路的连接方法相同。

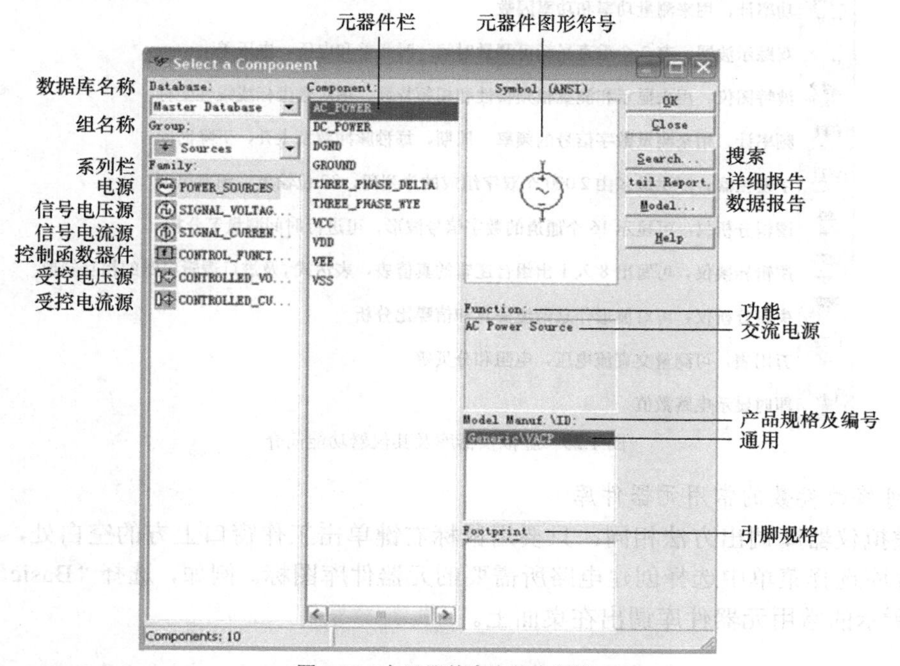

图 1.22 主元器件库中的电源库

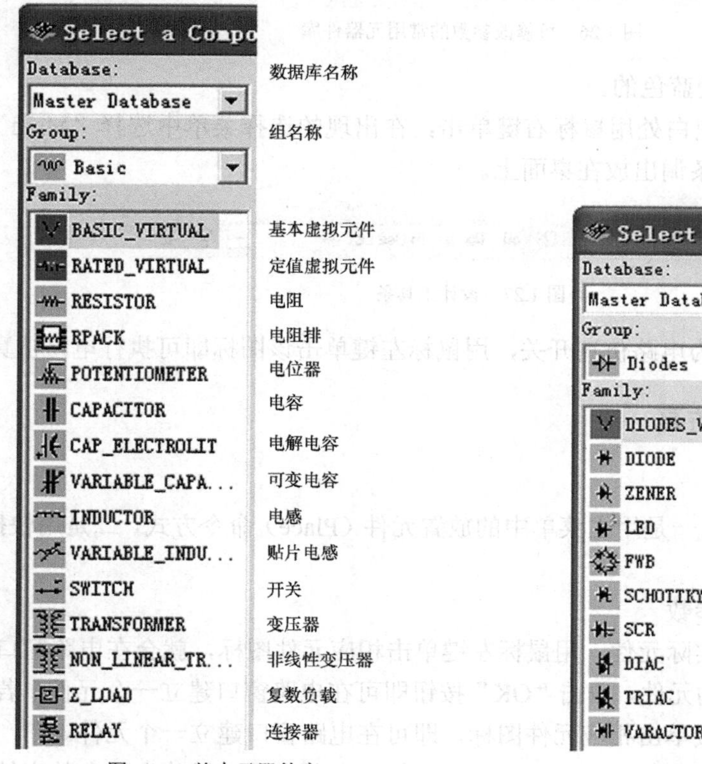

图 1.23 基本元器件库

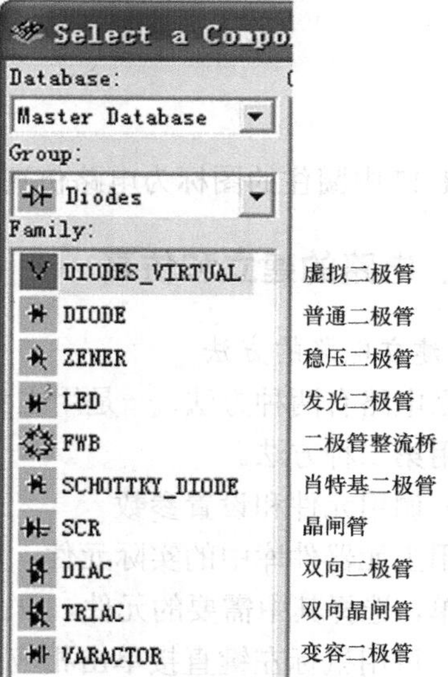

图 1.24 二极管库

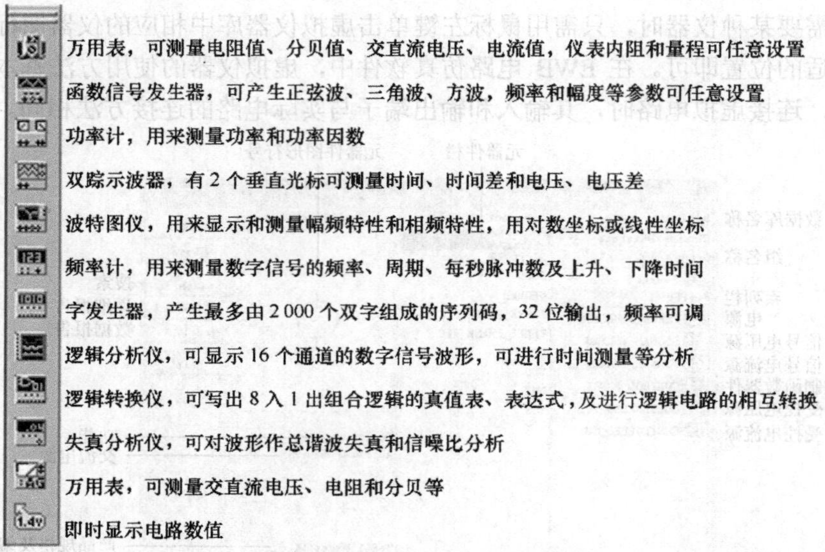

万用表，可测量电阻值、分贝值、交直流电压、电流值，仪表内阻和量程可任意设置

函数信号发生器，可产生正弦波、三角波、方波，频率和幅度等参数可任意设置

功率计，用来测量功率和功率因数

双踪示波器，有 2 个垂直光标可测量时间、时间差和电压、电压差

波特图仪，用来显示和测量幅频特性和相频特性，用对数坐标或线性坐标

频率计，用来测量数字信号的频率、周期、每秒脉冲数及上升、下降时间

字发生器，产生最多由 2 000 个双字组成的序列码，32 位输出，频率可调

逻辑分析仪，可显示 16 个通道的数字信号波形，可进行时间测量等分析

逻辑转换仪，可写出 8 入 1 出组合逻辑的真值表、表达式，及进行逻辑电路的相互转换

失真分析仪，可对波形作总谐波失真和信噪比分析

万用表，可测量交直流电压、电阻和分贝等

即时显示电路数值

图 1.25　虚拟仪器库及其仪器功能简介

5．可修改参数的常用元器件库

与虚拟仪器库调出方法相同，只要用鼠标右键单击工作窗口上方的空白处，就可在出现的器件库选择菜单中选择创建电路所需要的元器件库图标。例如，选择“Basic”，即可把图 1.26 所示的常用元器件库调出在桌面上。

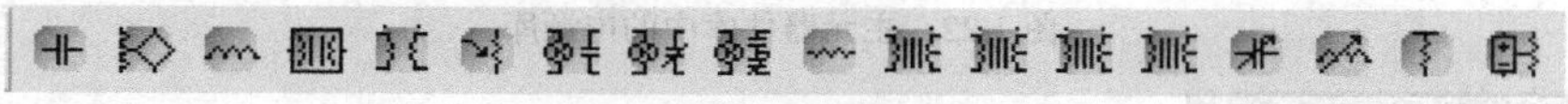

图 1.26　可修改参数的常用元器件库

可修改参数的元器件是蓝色的。

如果在操作界面上方空白处用鼠标右键单击，在出现的选择菜单中选择“Main”，就可把图 1.27 所示的设计工具条调出放在桌面上。

图 1.27　设计工具条

图 1.27 中圈住的图标为电路仿真开关，用鼠标左键单击该图标即可执行电路仿真。

三、电路的建立和仿真

1．建立电路的方法

建立电路有两种方法，一是用主菜单中的放置元件（Place）命令方式，二是用快捷方式，通常选用第二种方法。

（1）调用元件和设置参数

若用主元器件库中的实际元件，用鼠标左键单击相应元件图标，就会在电路窗口中出现一个菜单，选择其中需要的元件，单击“OK”按钮即可在电路窗口建立一个元件；若用虚拟元件库，可用鼠标左键直接单击相应元件图标，即可在电路窗口建立一个元件。

元件调出及建立后，用鼠标左键按住可拖曳元件至合适位置，元件上的参数字符也可用鼠标左键按住拖曳至任意位置。若要显示元件参数，则用鼠标左键双击元件，即可出现一个参数对话框，用户可以在对话框中修改元件参数（实际元件的参数一般不可修改）。若用鼠标右键单击元件图，即可显示一个可以对元件进行复制、剪切、旋转、改变颜色、改变字形和尺寸以及编辑符号的对话框。

（2）调用虚拟仪器及设置

在虚拟仪器库中用左键单击所需仪器按钮后，就可以拖曳该仪器至操作窗口合适的位置。用鼠标左键双击该仪器，会出现一个仪器的面板图，在仪器面板图上用户可以选择测量项目和设置量程等。用鼠标右键单击仪器图，则可显示一个可以对仪器图进行复制、剪切、旋转、改变颜色、改变字形和尺寸的对话框。

（3）连线

自动连线时，用鼠标左键单击要连线的其中一个端子，然后将鼠标指针移至连线的另一个端子，单击鼠标左键即可完成两个端子之间的连线；手动连线时，先单击连线中的一个端子，然后按住鼠标左键按照需要的连线路径走，在拐弯处单击鼠标左键，并按住鼠标左键，直到连接至另一个端子后单击鼠标左键结束。用鼠标双击连线，出现一个对话框，如图 1.28 所示。

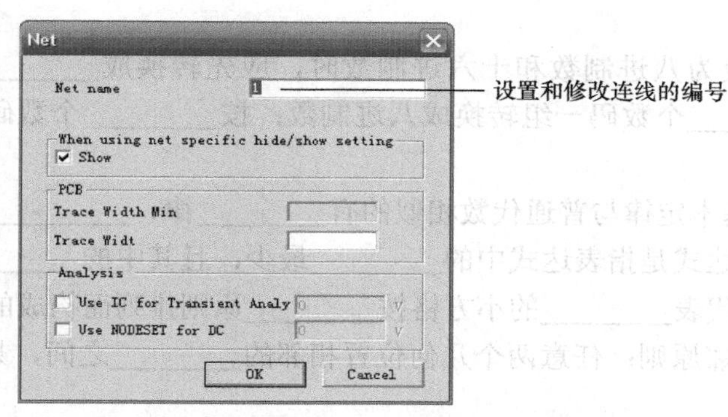

图 1.28　设置和修改连线编号的对话框

在此对话框中可以设置和修改连线的编号。用鼠标右键单击连线，在弹出的菜单上可以对连线进行删除或者改变连线颜色。

2．电路仿真的方法

进行电路仿真时，用鼠标左键单击窗口界面上方的仿真开关，然后双击仪器，就可以显示仪器面板图，从仪器面板图上可以观察动态波形或读数。在仿真运行时电路参数不可改变，若需改变电路参数，可再单击一次仿真开关停止仿真，之后再对参数进行修改。

Multisim 8.0 提供的分析方法有 15 种，用鼠标左键单击设计工具栏中的分析方法图标，即可显示分析方法菜单，如图 1.29 所示。

在电路仿真中，菜单中的分析方法可根据需要自行选择。

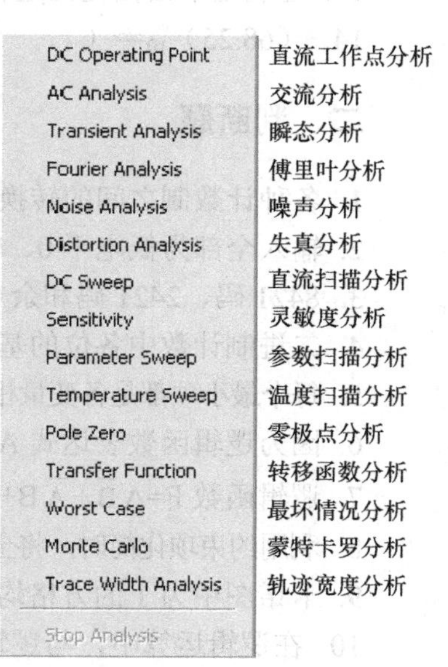

图 1.29　分析方法菜单

能力检测题

一、填空题

1. 由二值变量所构成的因果关系称为________关系。能够反映和处理________关系的数学工具称为逻辑代数。

2. 在正逻辑的约定下，“1”表示________电平，“0”表示________电平。

3. 数字电路中，输入信号和输出信号之间的关系是________关系，最基本的________关系是________逻辑、________逻辑和________逻辑。

4. 用来表示各种计数制数码个数的数称为________，同一数码在不同数位所代表的位权不同。十进制计数各位的________是10，位权是________。

5.________BCD码和________码是有权码；________码和________码是无权码。

6. 任意进制数转换为十进制数时，均采用________的方法。

7. 十进制整数转换成二进制数时采用________法；十进制小数转换成二进制数时采用________法。

8. 十进制数转换为八进制数和十六进制数时，应先转换成________制数，再根据转换的数，按照________个数码一组转换成八进制数；按________个数码一组转换成十六进制________数。

9. 逻辑代数的基本定律与普通代数相似的有________律、________律和________律。

10. 最简与或表达式是指表达式中的________最少，且其中的________也最少。

11. 卡诺图是将代表________的小方格按________原则排列而构成的方块图。

12. 卡诺图的相邻原则：任意两个几何位置相邻的________之间，只允许________的取值不同。

13. 在利用卡诺图化简逻辑函数时，约束项可以根据需要当作________或________。

14. $(68.25)_{10}=(\quad\quad)_{2}=(\quad\quad)_{8}=(\quad\quad)_{16}$。

二、判断题

1. 各种计数制之间的转换，均可用按位权展开求和的方法实现。（　）

2. 输入全部为低电平0、输出也为低电平0时，必是与逻辑关系。（　）

3. 8421码、2421码和余3码都属于有权码。（　）

4. 二进制计数中各位的基是2，不同数位的位权是10的幂。（　）

5. 每个最小项都是各变量相“与”构成的，即n个变量的最小项含有n个因子。（　）

6. 因为逻辑函数表达式A+B+AB=A+B成立，所以AB=0成立。（　）

7. 逻辑函数$F=A\overline{B}+\overline{A}B+\overline{B}C+B\overline{C}$已是最简与或表达式。（　）

8. 利用约束项化简时，将全部约束项都画入卡诺图，可得到函数的最简形式。（　）

9. 卡诺图中为1的方格均表示逻辑函数的一个最小项。（　）

10. 在逻辑运算中，与逻辑运算的符号级别最高。（　）

三、选择题

1. 下面属于有权码的是（　　）。

A. 格雷码　　B. 余 3 码　　C. 8421 码　　D. 无法判断

2. 十进制数 100 对应的二进制数为（　　）。

A. 1011110　　B. 1100010　　C. 1100100　　D. 11000100

3. 和逻辑式 $\overline{AB}$ 表示不同逻辑关系的逻辑式是（　　）。

A. $\overline{A}+\overline{B}$　　B. $\overline{A}\cdot\overline{B}$　　C. $\overline{A}\cdot B+\overline{B}$　　D. $A\overline{B}+\overline{A}$

4. 数字电路中机器识别和常用的计数制是（　　）。

A. 二进制　　B. 八进制　　C. 十进制　　D. 十六进制

5. 以下表达式中符合逻辑运算法则的是（　　）。

A. $C\cdot C=C^2$　　B. $1+1=10$　　C. $0<1$　　D. $A+1=1$

6. 在逻辑函数 F＝ABC＋D 的真值表中，F＝0 的状态共有（　　）个。

A. 2　　B. 4　　C. 7　　D. 9

7. 逻辑函数中的或逻辑和它对应的逻辑代数运算关系为（　　）。

A. 逻辑加　　B. 逻辑减　　C. 逻辑乘　　D. 逻辑非

8. 逻辑变量的取值为 1 时可以表示（　　）。

A. 开关的闭合　　B. 电位的低　　C. 假　　D. 电流的无

9. 对最小项 $A\overline{B}C\overline{D}$，下面各最小项是它的相邻最小项的是（　　）。

A. $ABC\overline{D}$　　B. $AB\overline{C}D$　　C. $AB\overline{CD}$　　D. $\overline{A}BCD$

10. 以下不属于 5421 码的是（　　）。

A. 1001　　B. 1011　　C. 1000　　D. 1110

四、简答题

1. 逻辑代数与普通代数有何异同？
2. 什么是最小项？最小项具有什么性质？
3. 数字电路中为什么采用十进制计数制？为什么也常采用十六进制？
4. 在我们所介绍的代码范围内，哪些属于有权码？哪些属于无权码？
5. 逻辑函数化简的目的和意义是什么？

五、分析计算题

1. 用代数法化简下列逻辑函数。

① $F=(A+\overline{B})C+\overline{A}B$

② $F=A\overline{C}+\overline{A}B+BC$

③ $F=\overline{A}\,\overline{B}C+\overline{A}BC+AB\overline{C}+\overline{A}\,\overline{B}\,\overline{C}+ABC$

④ $F=A\overline{B}+B\overline{C}D+\overline{C}\,\overline{D}+AB\overline{C}+A\overline{C}D$

2. 用卡诺图化简下列逻辑函数。

① $F=\Sigma m(3,4,5,10,11,12)+\Sigma d(1,2,13)$

② $F(A,B,C,D)=\sum m(1,2,3,5,6,7,8,9,12,13)$

③ $F(A,B,C,D)=\sum m(0,1,6,7,8,12,14,15)$

④ $F(A,B,C,D)=\sum m(0,1,5,7,8,14,15)+\sum d(3,9,12)$

3. 完成下列计数制之间的转换。

① $(365)_{10}=(\qquad)_2=(\qquad)_8=(\qquad)_{16}$

② $(11101.1)_2=(\qquad)_{10}=(\qquad)_8=(\qquad)_{16}$

③ $(57.625)_{10}=(\qquad)_8=(\qquad)_{16}$

4. 完成下列计数制与码制之间的转换。

① $(47)_{10}=(\qquad)_{\text{余3码}}=(\qquad)_{\text{8421码}}$

② $(3D)_{16}=(\qquad)_{\text{格雷码}}$

③ $(25.25)_{10}=(\qquad)_{\text{8421码}}=(\qquad)_{\text{2421码}}=(\qquad)_8$

项目二 集成逻辑门电路

重点知识

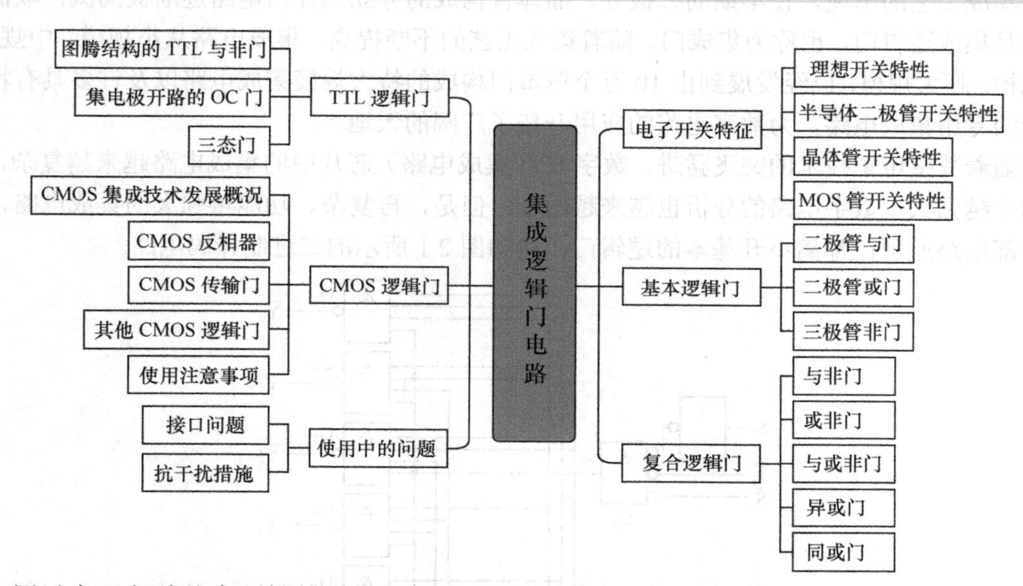

用以实现各种基本逻辑关系的电子电路称为逻辑门电路。逻辑门（Logic Gates）是构成组合逻辑电路的基本单元。

学习目标

知识目标

1. 了解二极管、晶体管和 MOS 管的开关特性，理解它们的静态特性和动态特性。
2. 了解由分立元件构成的基本逻辑门、复合逻辑门，理解它们的逻辑功能。
3. 理解 TTL 与非门、集电极开路 OC 门以及三态门的工作原理，掌握它们的外特性及其用途。
4. 了解 CMOS 逻辑门的使用注意事项，熟悉并掌握其工作特点。

能力目标

1. 熟悉集成电路芯片实验时的安装方法，具有在芯片插座上正确插拔集成芯片的能力。
2. 掌握 TTL、CMOS 逻辑门的功能测试方法，具有对集成逻辑门功能测试的能力。

素养目标

塑造正确的人生观、价值观和世界观，养成迎难而上、不畏艰苦、踏实肯干、团结协作、识大体、顾大局的优秀品格。

项目导入

逻辑门是集成电路芯片上的基本组件。简单的逻辑门可由二极管、晶体管或MOS管（场效应管）组成。基本的逻辑门包括与门、或门和非门，当二值逻辑信号通过逻辑门时，便会产生“1”和“0”的二进制输出信号，从而实现逻辑运算。当基本逻辑门组合使用时，又会构成复合逻辑门，以实现更为复杂的逻辑运算。

在最初的数字逻辑电路中，逻辑电路都是由若干个分立的半导体器件和电阻连接而成的，由于分立元件的逻辑门元件和连线的焊接工艺比较复杂，若要用这样的门电路去构成大规模数字电路，显然是不可能的。

集成工艺的出现，使早期的二极管、晶体管构成的分立元件门电路逐渐被淘汰，取而代之的是集成逻辑门，也称为集成门。随着集成工艺的不断提高，集成电路从小规模、中规模、大规模、超大规模，已经发展到由10万个逻辑门构成的特大规模集成电路以及许多具有特定功能的专用集成电路，为数字电路的应用开拓了广阔的天地。

随着数字电子技术的突飞猛进，数字IC（集成电路）芯片中的集成电路越来越复杂，功能越来越强大，数字电路的分析也越来越困难。但是，再复杂、功能再强大的集成电路，究其内部电路原理，都离不开基本的逻辑门，例如图2.1所示的二进制译码电路。

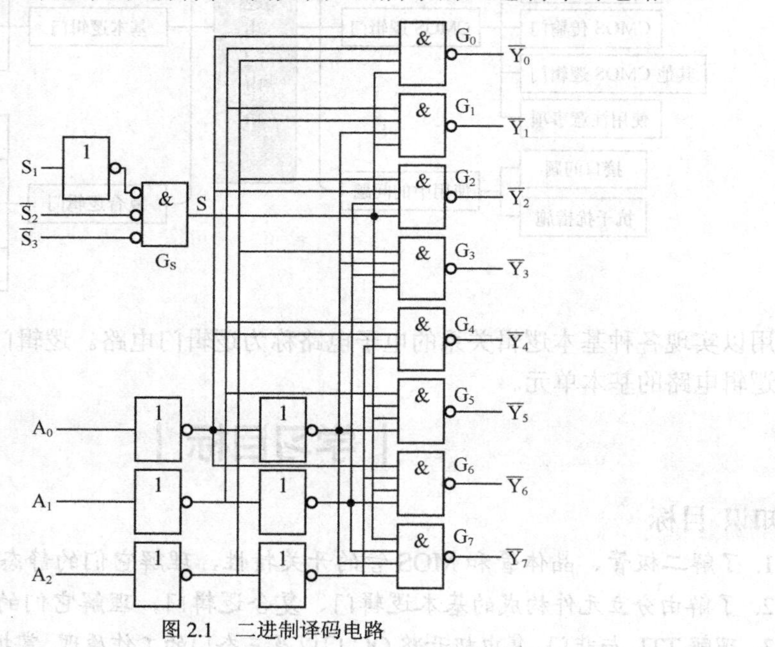

图2.1　二进制译码电路

一个二进制译码电路中，就包含了8个与非门、7个非门和一个与门。实际应用技术中的多数表决器电路、抢答器电路、判奇电路、判偶电路、频率计电路等，无不包含大量的逻辑门。常用的逻辑门有与门、或门、非门、与非门、或非门、与或非门、异或门、同或门等。

学习集成逻辑门的目的并不是去设计它们，而是要深刻理解集成逻辑门的外特性以及它们的功能和用途。只有充分理解各种逻辑门电路的功能及外特性，掌握了集成逻辑门的使用方法和外部连线技能，才能够在工程实际的应用电路中正确选择、检测和连接符合电路功能要求的逻辑门。学习集成逻辑门电路，对每一个从事电子技术的工程技术人员来讲都十分必要。

| 知识链接 |

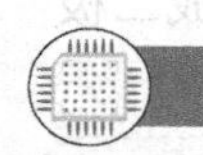

2.1 电子开关特性

电子开关是利用电子电路以及电子器件实现电路通断的运行单元，至少包括一个可控的电子驱动器件。电子开关是靠信号控制的，特点是体积小、开关转换速度快、易于控制和使用寿命长。电子开关广泛应用于各种电子电路，尤其在数字逻辑电路的接通、断开和转换中起着重要的作用，成为构成数字电路不可缺少的功能器件。

2-1　理想开关特性

2.1.1　理想开关特性

理想开关的通与断动作是在瞬间完成的。理想开关的特性根据图 2.2 可描述如下。

（1）在开关 S 断开时，开关两端点间呈现的等效电阻 $R_{KOFF}=\infty$，开关两端的电压无论多大，通过开关的电流 $i_{OFF}=0$。

（2）理想开关闭合时，因开关两端点间呈现的电阻 $R_{KON}=0$，因此，无论流过开关的电流有多大，开关两端的电压 $U_K=0$。

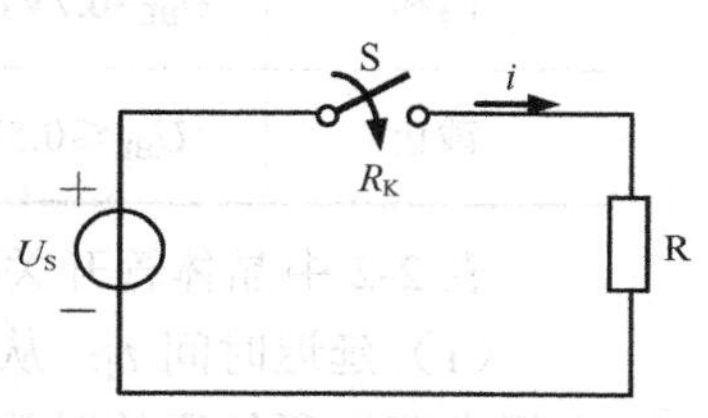

图 2.2　理想开关特性

理想开关的特性是不受其他因素（如温度等）的影响。但在客观世界中，理想开关是不存在的。

工程实际中，乒乓开关、继电器、接触器等电气元件的静态特性十分接近理想开关。但它们的动态特性很差，根本无法满足数字电路 1s 内开关几百万次乃至千万次通断的需要。

2-2　二极管的开关特性

2.1.2　半导体二极管的开关特性

当半导体二极管在数字电路中作为开关使用时，稳态情况下，二极管正向导通时相当于开关闭合，但导通的二极管两端仍存在导通管压降；二极管反向截止时相当于开关断开，只是二极管中仍存在反向饱和电流。显然，二极管的静态特性不如机械开关。

半导体二极管的动态特性是指在大信号作用下，由导通到截止或由截止到导通时呈现的开关特性。如果设半导体二极管是理想二极管，当它作开关使用时，由导通到截止或由截止到导通都是在瞬间完成的，没有过渡过程，即理想二极管的动态特性是完美的。

实际半导体二极管的开关条件和特点如表 2-1 所示。

表 2-1　　半导体二极管的开关条件及特点

工作状态	电压条件	特点	开关时间
导通	U_d=0.7V（硅管）	$r_d\to 0$，$I_d\to\infty$ 相当于开关接通	开通时间 t_{on} 极短，可忽略
	U_d=0.3V（锗管）		
截止	$U_d\leqslant$0.5V（硅管）	$r_d\to\infty$，$I_d\to 0$ 相当于开关断开	关断时间也称作反向恢复时间，用 t_{off} 表示，t_{off} 较长
	$U_d\leqslant$0.1V（锗管）		

注：u_d 为二极管的导通电压，I_d 为二极管的导通电流。

二极管的关断时间是影响二极管开关速度的主要原因，是二极管开关特性的重要参数。

实际应用中，二极管的开关速度还是相当快的，硅开关二极管的反向恢复时间只有几纳秒，即使是锗开关二极管，也不过几百纳秒。但是，当输入信号的频率过高时，极有可能造成二极管双向导通而失去单向导电性。因此在高频应用时，需考虑二极管的反向恢复时间。

2.1.3 晶体管的开关特性

2-3 晶体管的开关特性

在脉冲与数字电路中，在大幅度信号作用下，双极型晶体管 BJT 交替工作于截止区和饱和区，可作为开关元件使用。作为开关元件使用的晶体管，其主要工作状态不是截止就是饱和，其放大状态只是作为截止和饱和之间极其短暂的过渡状态。晶体管的开关条件及特点如表 2-2 所示。

表 2-2　晶体管开关条件及特点（以 NPN 硅管为例）

工作状态	电压、电流条件	特点	开关时间
饱和	$U_{BE}=0.7V$，$I_B \geqslant I_{CS}/\beta$	集电结和发射结均正偏，$U_{CES} \leqslant 0.3V$ $I_C=I_{CS}$，相当于开关接通	开通时间 $t_{on}=t_d+t_r$
截止	$U_{BE} \leqslant 0.5V$，$I_B \approx 0$	集电结和发射结均反偏，$U_{CE} \approx V_{CC}$ $I_C \approx 0$，相当于开关断开	关断时间 $t_{off}=t_s+t_f$

表 2-2 中晶体管开关时间的定义如下。

（1）延迟时间 t_d：从输入信号发生正向跃变到集电极电流上升到 $0.1I_{CS}$（I_{CS} 表示最大集电极电流）所经历的时间。

（2）上升时间 t_r：集电极电流从 $0.1I_{CS}$ 增大到 $0.9I_{CS}$ 所经历的时间。

（3）存储时间 t_s：从输入信号发生负向跃变到集电极电流降到 $0.9I_{CS}$ 所经历的时间，晶体管饱和深度越深，t_s 越长。

（4）下降时间 t_f：集电极电流从 $0.9I_{CS}$ 下降到 $0.1I_{CS}$ 所经历的时间。

可见，当晶体管处于饱和状态时，相当于一个闭合的开关，输入信号可以通过；当晶体管处于截止状态时，相当一个断开的开关，输入信号无法通过。

与半导体二极管类似，晶体管的开关时间一般也在纳秒数量级，接近理想开关的特性，但是若工作在高频段，使用时也必须考虑其动态特性的影响。

2-4 MOS 管的开关特性

2.1.4 MOS 管的开关特性

MOS 管是一种集成度高、功耗低、制作工艺简单的半导体器件。MOS 管的开关条件及特点如表 2-3 所示。

表 2-3　MOS 管的开关条件及特点

工作状态	电压条件	特点	开关时间
导通	$U_{GS}>U_T$，$U_{GD}>U_T$	r_{ds} 小，I_d 较大，沟道开通，工作于线性区，相当于开关接通	MOS 管本身开关时间较短，但由于极间电容的存在导致其开关速度低于晶体管
截止	$U_{GS}<U_T$，$U_{GD}<U_T$	$r_{ds} \to \infty$，$I_d \to 0$，$U_{DS}=U_{DD}$，工作于夹断区，相当于开关断开	

由表 2-3 可看出，MOS 管漏极和源极之间的电阻 r_{DS} 随着栅源间电压 U_{GS} 的增大，由大变小，漏极电流 i_D 随之逐渐增加，输出电压 U_{DS} 却不断下降，MOS 管的工作状态从截止区经过恒流区最后进入可变电阻区。在可变电阻区，r_{DS} 的大小受输入电压 U_{GS} 的控制。也就是说，MOS 管即便在导通时，其内阻 r_{DS} 至少也要有 1kΩ 左右，这个阻值有时是不能忽略的。

通过上述学习可知，只要选择合理的外部电路参数，就可以使半导体二极管、晶体管和 MOS 管工作在“开”态或“关”态，在电路中起开关作用。

思考练习题

1. 二极管的开关条件是什么？其导通和截止的特点是什么？
2. 晶体管工作在数字电路中时作什么元件使用？工作时的状态如何？
3. MOS 管的导通条件和截止条件是什么？各有何特点？

2.2 常用逻辑门

目前，电子工业飞速发展，集成电路日新月异，分立元件的门电路几乎都被集成门电路所取代。但是，为了更好地理解和掌握集成逻辑门的工作原理和逻辑功能，我们仍用分立元件的门电路剖析基本逻辑门的电路组成及逻辑功能。

2.2.1 基本逻辑门

2-5 二极管与门

基本的逻辑门电路是由二极管与电阻构成的与门、或门，晶体管和电阻构成的非门组成的。

1．二极管与门

能够实现与逻辑运算的电子电路称为与门。其原理电路如图 2.3（a）所示。

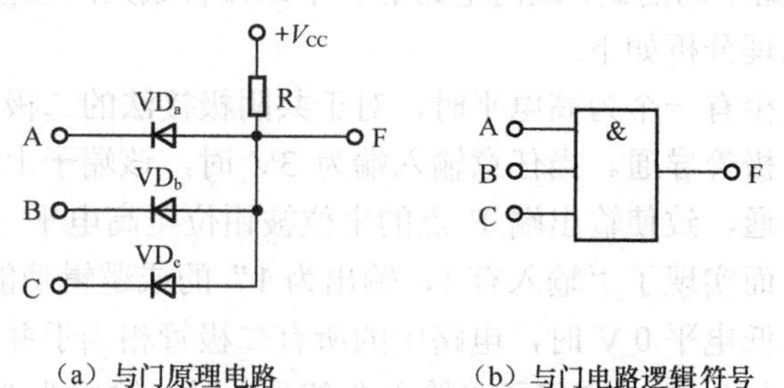

（a）与门原理电路　　（b）与门电路逻辑符号

图 2.3 与门原理电路及其逻辑符号

电路中的 A、B、C 是与门电路的 3 个信号输入端，输入信号只有高电平 3V 和低电平 0V 两种取值，与门电路中的电源 V_{CC} 取＋5V。实际问题分析中，各种逻辑门的功能都是确定和已知的。因此，数字电路图中通常不用原理电路表示逻辑门，而是采用逻辑符号来表示相应的逻辑门，如图 2.3（b）所示的与门电路逻辑符号。

“门”就是一种开关，当满足一定的条件时，“门”才能打开，允许信号通过；条件不满足时，“门”就关闭，信号不能通过。因此，门电路实际上就是逻辑开关电路。与门电路的工作原理分析如下。

（1）当输入端中至少有一个为低电平“0”时，对于共阳极接法的二极管，由于V_{CC}高于输入端电位，必然有二极管导通。设A端为0V时，二极管VD_a阴极电位最低，因此VD_a首先快速导通，使输出端F点的电位钳位至低电平“0”，则其他二极管无论是高电平还是低电平，相对于F点都将处于反向截止状态。这一结果符合“输入有0时，输出为0”的与逻辑关系。

（2）当电路中所有输入端的电位全部为高电平3V时，各二极管相当于并联，由于正偏二极管全部导通，输出端F的电位被钳位在高电平3V上，这一结果也和“输入全1时，输出为1”的与逻辑相符。

可见，与门电路的逻辑功能完全符合与逻辑关系：“有0出0，全1出1”。一个与门，其输入端至少有两个，但输出端只能是一个。

2-6 二极管或门

2．二极管或门

图2.4（a）是或门原理电路，和分析与门电路一样，设电路中的二极管为理想二极管。

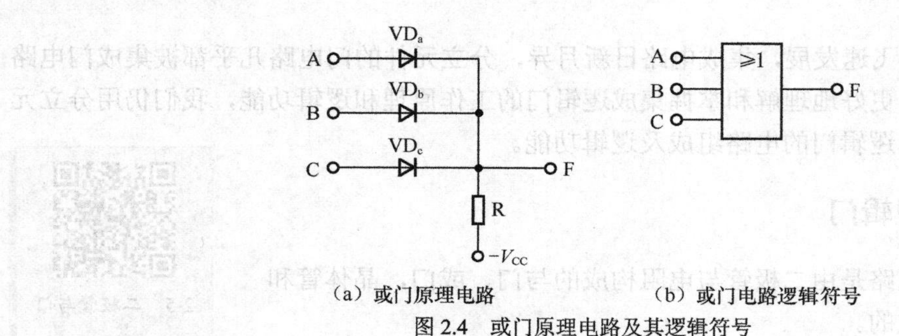

（a）或门原理电路　　（b）或门电路逻辑符号

图2.4　或门原理电路及其逻辑符号

3个输入信号A、B、C只有高电平3V和低电平0V两种取值，限流电阻仍接在电源与输出端之间。和与门电路不同的是，或门电路的3个二极管成共阴极接法，电源$-V_{CC}=-5V$。

或门电路的工作原理分析如下。

（1）当输入端中至少有一个为高电平时，对于共阴极接法的二极管，由于电源电位低于输入端电位，必然有二极管导通。当任意输入端为3V时，该端子上连接的二极管就会因其阳极电位最高而迅速导通，致使输出端F点的电位被钳位至高电平3V，其他二极管由于反偏而处于截止状态，从而实现了“输入有1，输出为1”的或逻辑功能。

（2）当输入端均为低电平0 V时，电路中的所有二极管相当于并联而全部导通，输出端F点的电位被钳位至低电平0V，实现了“输入全部是0时，输出为0”的或逻辑功能。

一个或门的输入端至少有两个，输出端只有一个。数字电路图中的或门电路逻辑符号如图2.4（b）所示。

2-7 三极管非门

3．三极管非门（又称反相器）

图2.5所示的由双极型三极管构成的反相器电路实际上就是一个非门。图中A是非门电路的输入端，F是非门电路的输出端。图2.5（b）所示为非门电路的逻辑符号。

仍设非门电路输入信号的两种取值分别为低电平0V和高电平3V。其工作原理分析如下。

（1）当输入端 A 为高电平 3V 时，三极管饱和导通，$i_C R_C \approx +V_{CC}$，输出端 F 点的电位约等于 0V，实现了“输入为 1，输出为 0”的非逻辑功能。

（2）当输入端 A 为低电平 0V 时，三极管截止，输出端 F 点的电位约等于$+V_{CC}$，实现了“输入为 0，输出为 1”的非逻辑功能。

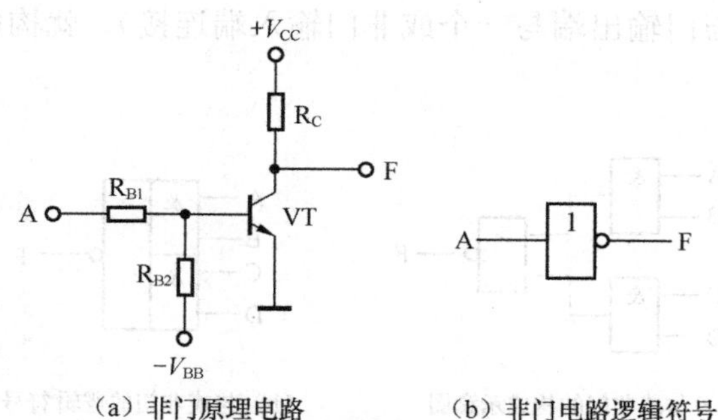

（a）非门原理电路　　（b）非门电路逻辑符号

图 2.5　非门原理电路及其逻辑符号

显然，非门电路的输入和输出关系取高电平为“1”、低电平为“0”时，即可得到和非逻辑真值表完全相同的功能。在图 2.5（b）中的非门电路逻辑符号中，方框图右边的小圆圈表示“非”的含义。一个非门只能有一个输入端和一个输出端。

2.2.2　复合逻辑门

2-8　复合逻辑门

与门、或门和非门是最基本的常用逻辑门，当几个基本逻辑门组合在一起时，就会产生具有不同功能的复合门。

1．与非门

一个与门的输出端和一个非门的输入端连接，就构成了一个与非门，如图 2.6（a）所示。

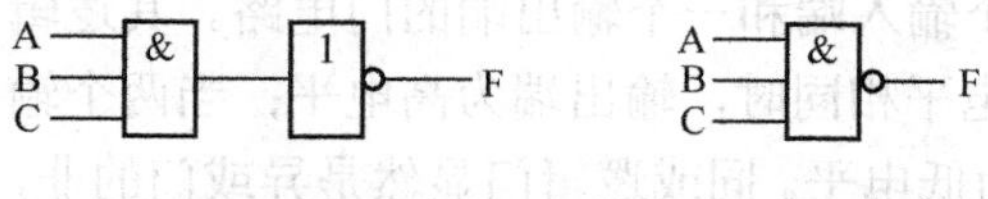

（a）与非门的构成示意图　　（b）与非门的逻辑符号

图 2.6　与非门的构成示意图及其逻辑符号

与非门在数字电子技术中应用最为普遍，其逻辑功能可描述为：当输入端中有一个或一个以上输入低电平时，输出端为高电平；当输入端全部为高电平时，输出为低电平。显然，与非门是与逻辑的非运算，逻辑功能可概括为“有 0 出 1，全 1 出 0”。与非门的逻辑符号如图 2.6（b）所示。

2．或非门

一个或门的输出端和一个非门的输入端连接，即构成一个或非门，如图 2.7（a）所示。

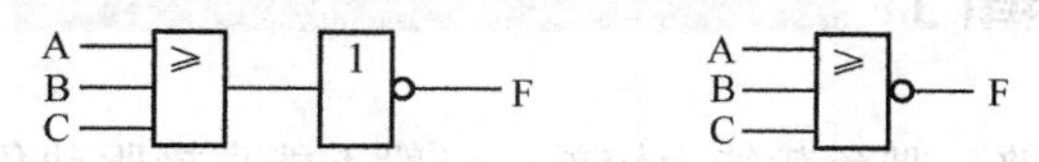

（a）或非门的构成示意图　　（b）或非门的逻辑符号

图 2.7　或非门的构成示意图及其逻辑符号

或非门的逻辑功能是：当输入端中有一个或一个以上输入高电平时，输出端为低电平；

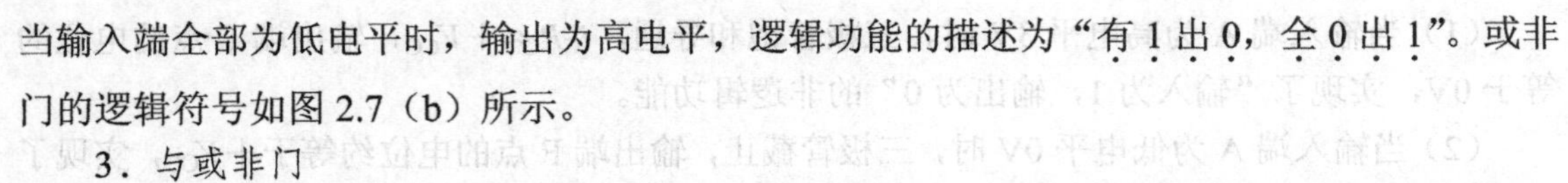

当输入端全部为低电平时，输出为高电平，逻辑功能的描述为“有1出0，全0出1”。或非门的逻辑符号如图2.7（b）所示。

3．与或非门

两个或两个以上的与门输出端分别和一个或门的输入端相连接，或门的输出端和一个非门的输入端连接（即与门输出端与一个或非门输入端连接），就构成了一个与或非门，如图2.8所示。

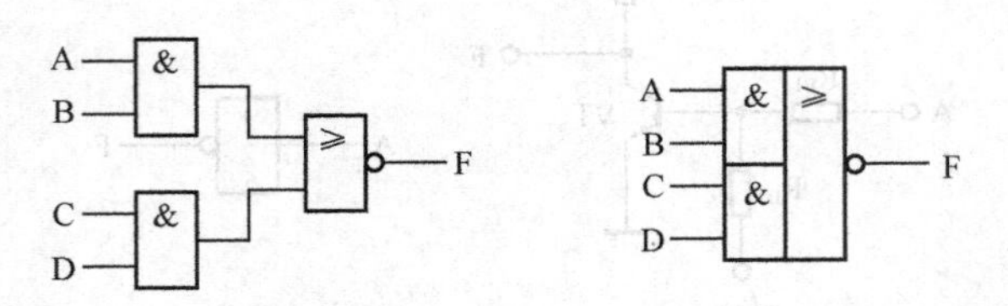

（a）与或非门的构成示意图　　（b）与或非门的逻辑符号

图2.8　与或非门的构成及其逻辑符号

与或非门的逻辑功能是：当各与门的输入端中都有一个或者一个以上输入低电平时，输出端为高电平；当至少有一个与门的输入端全部为高电平时，输出为低电平。与或非门的逻辑符号如图2.8（b）所示。

4．异或门

异或门是一种只有两个输入端和一个输出端的门电路。其逻辑功能是：当两个输入端的逻辑电平相同时，输出端为低电平；当两个输入端的逻辑电平相异时，输出为高电平。这种逻辑功能可简述为“相异出1，相同出0”。异或门的逻辑符号如图2.9所示。

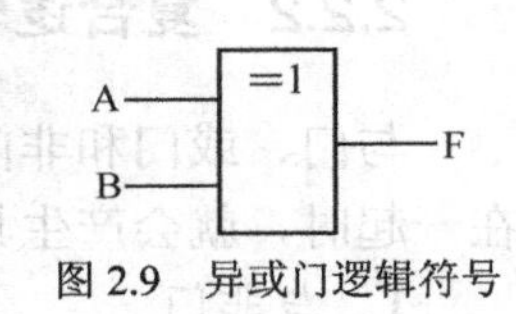

图2.9　异或门逻辑符号

5．同或门

同或门也是一种有两个输入端和一个输出端的门电路。其逻辑功能是：当两个输入端的电平相同时，输出端为高电平；当两个输入端的电平相异时，输出为低电平。同或逻辑门显然是异或门的非，同或门的逻辑功能可简述为“相同出1，相异出0”。同或门的逻辑符号如图2.10所示。

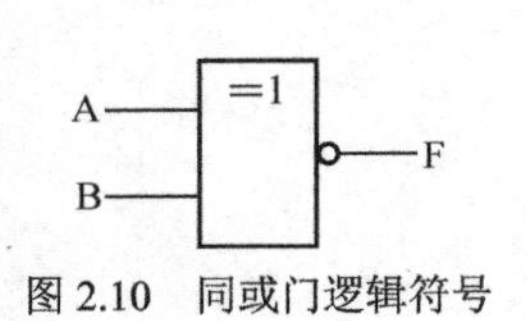

图2.10　同或门逻辑符号

思考练习题

1. 常用的逻辑门都有哪些？
2. 说一下异或门和同或门的区别和联系。

2.3　集成逻辑门

分立元件的逻辑门电路，带负载能力较差，一般不能直接驱动负载电路，而且连线和焊点太多，造成电路体积庞大，使得电路的可靠性变差。为了提高电路的带负载能力和工作可靠性，人们研制出了各种数字集成逻辑门。

2.3.1 TTL 逻辑门

2-9 TTL 集成逻辑门的结构形式

2-10 典型 TTL 与非门

TTL 是“晶体管-晶体管-逻辑电路”的简称。TTL 集成电路相继生产的产品有 74（标准）、74H（高速）、74S（肖特基）和 74LS（低功耗肖特基）4 个系列。其中 74LS 系列产品具有最佳的综合性能，是 TTL 集成电路的主流，也是应用最广泛的系列。

1．图腾结构的 TTL 与非门

在所有的集成电路中，与非门的应用最为普遍。典型的 TTL 与非门电路如图 2.11（a）所示，图 2.11（b）是它的逻辑符号。

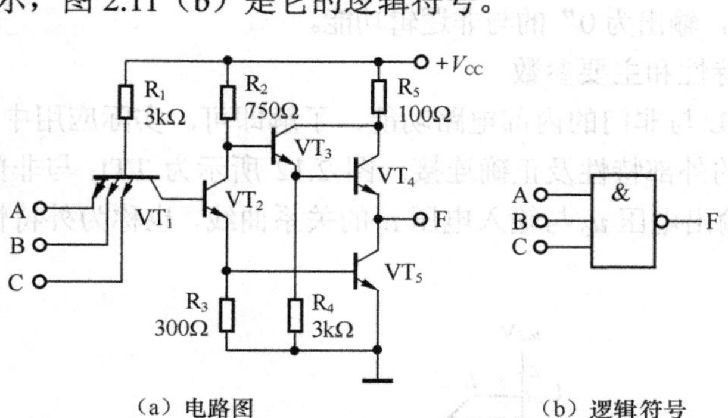

（a）电路图　　（b）逻辑符号

图 2.11　TTL 与非门的电路图及其逻辑符号

（1）图腾结构的 TTL 与非门的结构组成

可以看出，图腾结构的 TTL 与非门内部电路由以下 3 部分组成。

① 输入级。其由多发射极晶体管 VT_1 和电阻 R_1 组成。所谓多发射极晶体管，就是由多个晶体管的集电极和基极分别并接在一起，而发射极作为逻辑门的输入端。多个发射极的发射结可看作多个钳位二极管，其作用是限制输入端可能出现的负极性干扰脉冲。VT_1 的引入，不但加快了晶体管 VT_2 储存电荷的消散，提高了 TTL 与非门的工作速度，而且实现了与逻辑功能。

② 中间级。中间级又称为倒相级，由电阻 R_2、R_3 和三极管 VT_2 组成。中间级的作用是从 VT_2 的集电极和发射极同时输出两个相位相反的信号，作为输出级中 VT_3 和 VT_5 的驱动信号，同时控制输出级的 VT_4、VT_5 工作在截然相反的两个状态，以满足输出级互补工作的要求。VT_2 还可将前级电流放大以供给 VT_5 足够的基极电流。

③ 输出级。输出级由晶体管 VT_3、VT_4 和 VT_5 和电阻 R_4、R_5 组成推挽式互补输出电路，这种输出级的连接形式又称为图腾结构。当 VT_5 导通时，VT_4 截止；VT_5 截止时，VT_4 导通。图腾结构的与非门无论是何开关状态，总有一个管子处于截止状态，因此降低了静态损耗，而且推挽式输出级非常有利于增强电路的负载能力，还可提高电路的开关速度。

（2）图腾结构与非门的原理分析

① 当输入信号中至少有一个为低电平 0.3V 时，低电平所对应的 PN 结导通，VT_1 的基极电位被固定在 1V（0.3V+0.7V）上，而由“地”经 VT_5 发射结、VT_2 发射结、VT_1 的集电极，得到 VT_1 的集电极电位为 0.7+0.7=1.4（V），VT_1 的集电结处于反偏而无法导通，因而导致 VT_2、VT_5 截止。由于 VT_2 截止，所以其集电极电位约等于集电极电源电位+5V。这个+5V 电位可使 VT_3、VT_4 导通并处于深度饱和状态。因 R_2 和 I_{B3} 都很小，均可忽略不计，所以与非门输出端 F 点的电位：

$$V_F = V_{CC} - I_{B3}R_2 - U_{BE3} - U_{BE4} \approx 5 - 0 - 0.7 - 0.7 = 3.6\text{（V）}$$

显然，电路在这种情况下实现了“输入有 0，输出为 1”的与非逻辑功能。

② 当输入信号全部为高电平 3.6V 时，VT_1 的基极电位被钳制在 2.1V，而 VT_1 的集电极电位为 1.4V，显然 VT_1 处于“倒置”工作状态，此时集电结作为发射结使用。倒置情况下，VT_1 可向 VT_2 基极提供较大的电流，使得 VT_2 和 VT_5 均处于深度饱和状态。从另一方面来看，电源经 R_1、VT_1 集电结向 VT_2 提供足够的基极电流，使 VT_2 饱和导通。VT_2 的发射极电流在电阻 R_3 上产生的压降又为 VT_5 提供足够的基极电流，使 VT_5 管饱和导通，从而使与非门输出端 F 点的电位等于 VT_5 的饱和输出值，即：V_F=0.3V。TTL 与非门在输入全部为高电平时，输出为低电平，符合与非门“输入全 1，输出为 0”的与非逻辑功能。

（3）与非门的外特性和主要参数

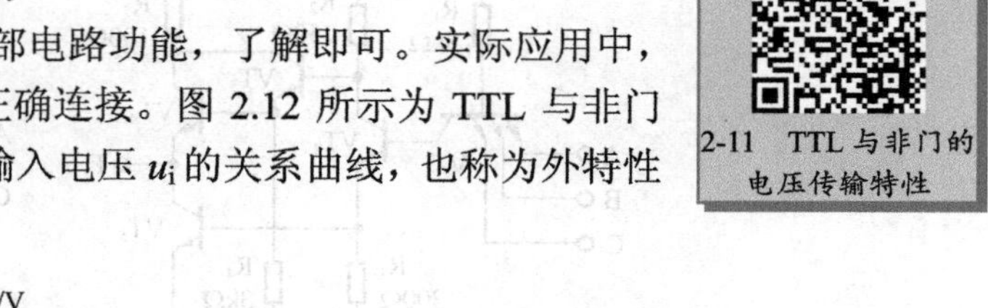

2-11　TTL 与非门的电压传输特性

前面介绍的是 TTL 与非门的内部电路功能，了解即可。实际应用中，更重要的是集成电路的外部特性及正确连接。图 2.12 所示为 TTL 与非门的电压传输特性，即输出电压 u_o 与输入电压 u_i 的关系曲线，也称为外特性曲线。

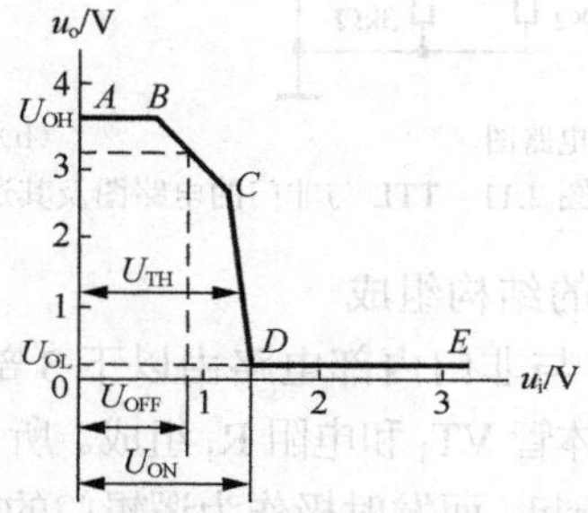

图 2.12　TTL 与非门的电压传输特性

① TTL 与非门的外特性。在外特性曲线的 *AB* 段，u_i 很小，因 VT_2、VT_5 截止，与非门工作在截止区的关门状态，关门状态下，对应的 $u_o = U_{OH}$；在 *B* 点，VT_2 开始导通；*BC* 段是 VT_2 导通、VT_5 截止的线性区，此区域上对应 $0.9U_{OH}$ 时的输入电压通常小于 1V；在 *C* 点处，VT_5 开始导通；*CD* 段为 VT_2、VT_5 都导通的转折区；*D* 点对应输出的开门电平 U_{ON} 值；*DE* 段对应 VT_2、VT_5 都饱和的区域，与非门处于开门状态。

需要指出的是，TTL 与非门电压传输特性中的参数，均是在符合一定条件下测试的典型值，测试时电路连接一般应遵守的原则是：不用的输入端悬空（悬空端子为高电平“1”）或接高电平；输出高电平为关门状态时不能带负载；输出低电平为开门状态时，与非门的输出端应接规定的灌电流负载。

② 几个主要参数。下面结合 TTL 与非门的电压传输特性介绍几个参数。

输出高电平 U_{OH}：是被测与非门 1 个输入端接地、其余输入端开路时，输出端的电压值。一般 74 系列的 TTL 与非门输出高电平的典型值为 3.6 V。（产品规格为＞3V）

输出低电平 U_{OL}：是被测与非门 1 个输入端接 1.8V、其余输入端开路、负载接 380Ω 的等效电阻时，输出端的电压值。输出低电平 U_{OL} 典型值为 0.3 V。（产品规格为＜0.35V）

关门电平 U_{OFF}：在保证输出为额定高电平的条件下，允许的最大输入低电平的数值。即输出为 $0.9U_{OH}$ 时，所对应的输入电压值，关门电平 U_{OFF} 的典型值为 1V。（产品规格为≥0.8V）

开门电平 U_{ON}：在保证输出电压 u_o=0.35V 的低电平的条件下，允许的最小输入高电平的数值。开门电平 U_{ON} 的典型值为 1.4 V。（产品规格为≤1.8V）

阈值电压 U_{TH}：电压传输特性转折区中点所对应的输入电压值。阈值电压是 VT_5 导通和截止的分界线，也是输出高、低电平的分界线，所以也称为门槛电压。一般 TTL 与非门的阈值电压 U_{TH} 典型值约为 1.4V。

噪声容限 U_N：噪声容限也称为抗干扰能力。它反映了与非门电路在多大的干扰电压下仍能正常工作的能力。高、低电平的噪声容限 U_{NH} 和 U_{NL} 值越大，电路的抗干扰能力越强。

扇出系数 N_0：门电路的输出端允许下一级接同类门电路的数目称为扇出系数。扇出系数反映了与非门的最大负载能力。N_0 值越大，表明与非门电路的带负载能力越强。（产品规格为 4～8）。

（4）TTL 与非门集成芯片

常用的 TTL 与非门集成芯片有四 2 输入的 74LS00、双 4 输入的与非门 74LS20、8 输入的与非门 74LS30 等。典型芯片引脚排列如图 2.13 所示。

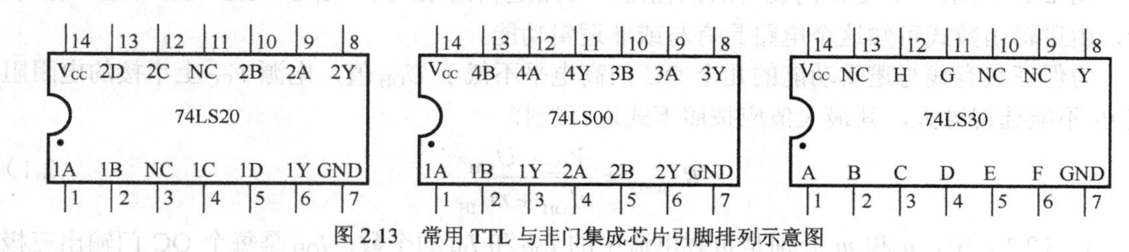

图 2.13　常用 TTL 与非门集成芯片引脚排列示意图

除上述与非门集成芯片外，实际应用中还有很多其他的与非门集成电路，如 3 输入、12 输入、13 输入的与非门集成芯片等。

2．集电极开路的 OC 门

2-12　集电极开路的 OC 门

图腾结构的 TTL 与非门存在使用的局限性。首先，其输出端不能并联使用。若两个 TTL 与非门的输出端一个高电平一个低电平，当它们并联后必然会有一个很大的电流由输出为逻辑高电平的与非门流向输出为逻辑低电平的与非门，从而将门电路烧毁。而且，输出端也呈现不高不低的电平，不能实现应有的逻辑功能。

其次，在采用图腾结构的 TTL 与非门电路中，电源一经确定（通常规定为 5V），输出的高电平也就固定了，因而无法满足不同输出高电平的需要。

集电极开路的 OC 门就是为克服以上局限性而设计的一种 TTL 逻辑门电路，如图 2.14 所示。

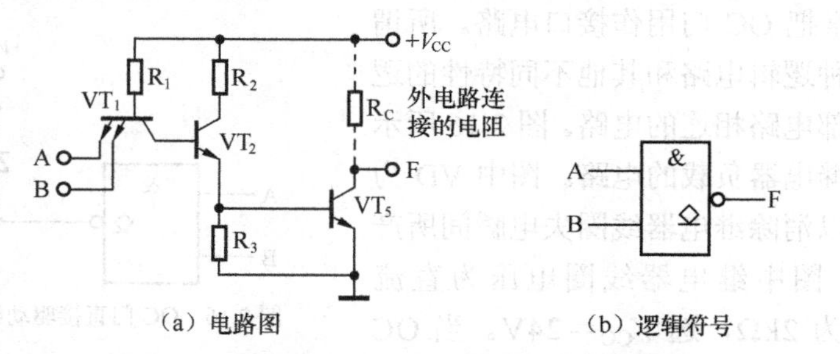

图 2.14　集电极开路的 OC 门的电路图及其逻辑符号

集电极开路的OC门与图腾结构的TTL与非门的主要区别有以下两点。

（1）没有VT_3和VT_4组成的射极跟随器。VT_5的集电极是开路的，应用时应将VT_5的集电极经外接电阻R_C接到电源V_{CC}和输出端之间，这时可实现与非逻辑功能。

（2）典型TTL与非门电路的输出是图腾结构的推挽输出，输出电阻很小，不允许将两个或两个以上的普通TTL与非门电路的输出端直接连接在一起。但是OC门的输出端就可以直接并接在一起，从而实现线与的逻辑功能，如图2.15所示。

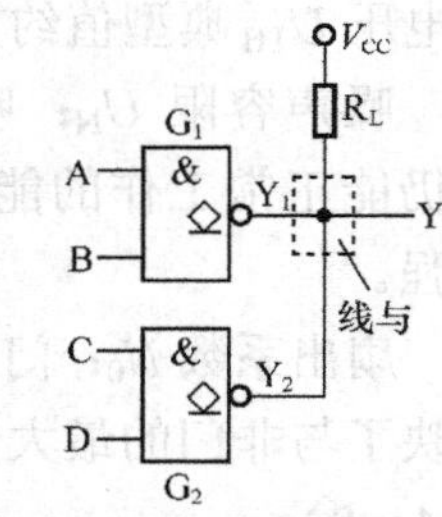

图2.15　两个OC门的线与

图2.15中，当A、B同时为高电平时，Y_1才能为低电平，当C、D同时为高电平时，Y_2才能为低电平。将Y_1和Y_2两条输出线直接接在一起，只要Y_1和Y_2中有一个为低电平，输出Y就是低电平。只有Y_1和Y_2同时为高电平时，Y才能是高电平，显然，$Y=Y_1\cdot Y_2$。Y和Y_1、Y_2之间的这种连接方式称为**线与**，在逻辑图中用虚线方框表示。

图2.15所示两个OC门线与后的输出，可用逻辑函数式$Y=Y_1\cdot Y_2=\overline{AB}\cdot\overline{CD}=\overline{AB+CD}$表示，由逻辑函数式可知这个电路具有与或非逻辑功能。

为保证具有线与逻辑功能的几个OC门高电平不低于U_{OH}值，电源V_{CC}上串接的电阻阻值R_L不能选得过大，其最大值应按照下式进行选择

$$R_{L(max)}=\frac{V_{CC}-U_{OH}}{nI_{OH}+mI_{IH}} \tag{2.1}$$

式（2.1）中，n和m分别是负载电流中的I_{OH}和I_{IH}的个数；I_{OH}是每个OC门输出三极管截止时的灌电流，I_{IH}是负载门每个输入端的高电平输入电流。

当线与的OC门中只有一个导通时，负载电流将全部流入导通的那个OC门，因此R_L又不能选得过小，以确保流入导通OC门的电流不至于超过最大允许的负载电流I_{LM}。R_L最小值应按照下式进行选择

$$R_{L(min)}=\frac{V_{CC}-U_{OL}}{I_{LM}-m'I_{IL}} \tag{2.2}$$

式（2.2）中，U_{OL}是规定的输出低电平，m'是负载门的个数（如果负载门为或非门，则m'是输入端数），I_{IL}是每个负载门输入端的低电平输入电流。

最后选定的R_L值应介于上述两个公式规定的最大值和最小值之间。

除了与非门和反相器以外，与门、或门、或非门等都可以做成集电极开路的输出结构，而且外接负载电阻的计算方法与上述方法相同。

工程实际中常把OC门用作接口电路。所谓接口，就是将一种逻辑电路和其他不同特性的逻辑电路或其他外部电路相连的电路。图2.16所示是用OC门驱动继电器负载的电路。图中VD为续流二极管，用以消除继电器线圈失电瞬间所产生的反电动势；图中继电器线圈电压为直流24V，线圈电阻为2kΩ，选V_{CC}=24V。当OC

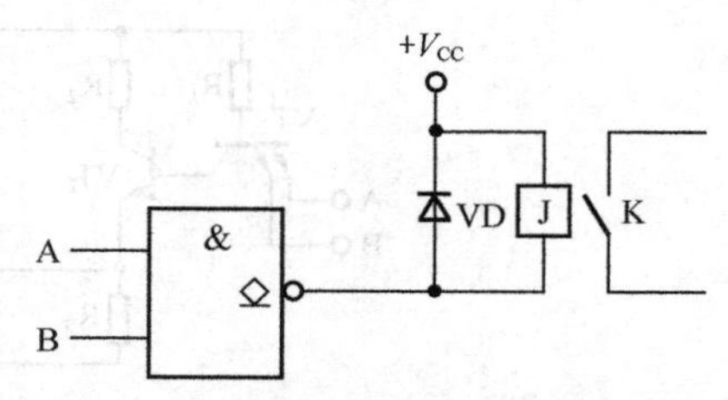

图2.16　OC门直接驱动继电器负载的电路

门输出低电平时，电流为 12mA，继电器线圈通电，其常开触点 K 闭合；当 OC 门输出高电平时，继电器线圈断电，常开触点 K 断开。

OC 门还可以实现电平转换，如图 2.17 所示。

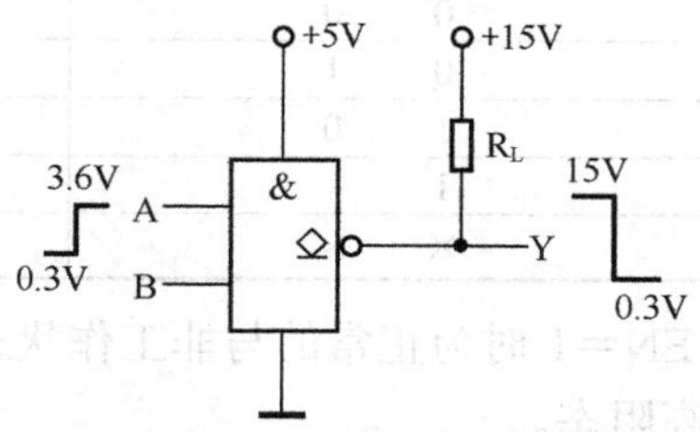

图 2.17　用 OC 门实现电平转换的电路

OC 门的集电极输出未连接外部设备时为悬空状态，因此，在集电极连接一个上拉电阻 R_L。R_L 的另一端连接到需要转换电平的电源电压，这样集电极输出电平即为要转换的电平。

注意：电平转换电路的输出是有电压、电流要求的，用 OC 门转换电平时应注意这一点。电路中各设备的电压、电流值以及电源的选择都必须符合要求。

OC 门集成芯片型号也很多，如四 2 输入的 OC 门 74LS01、3 输入的 OC 门 74LS12、双 4 输入的 OC 门 74LS22 等。

2-13　三态门

3．三态门

图腾结构的 TTL 与非门有两个输出状态，即“0”或“1”。这两个状态都是低阻输出。三态门电路的输出除具有高、低电平两个状态外，还有高阻输出的第三态。

所谓高阻状态，是一种悬浮状态。此状态下测电阻，阻值为无穷大，测电压，为 0V，但不是接地，因为悬空，所以测电流为 0A。即高阻态下三态门的输出端相当于和其他电路断开。

三态门的内部电路组成如图 2.18（a）所示，逻辑符号如图 2.18（b）和（c）所示。

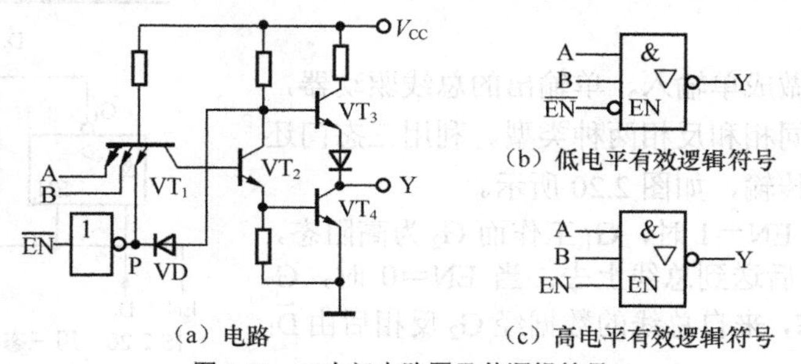

（a）电路　（b）低电平有效逻辑符号　（c）高电平有效逻辑符号

图 2.18　三态门电路图及其逻辑符号

三态门是在普通 TTL 与非门电路的基础上增加一个控制电路构成的。如果控制电路由一级反相器和一个钳位二极管构成，为低电平有效；若控制电路由两级反相器和一个钳位二极管构成，则为高电平有效。

以图 2.18（a）所示低电平有效的控制电路为例来说明三态门的控制原理。

当 $\overline{EN}=0$ 时，二极管 VD 截止，此时三态门相当于普通的 TTL 与非门。当 $\overline{EN}=1$ 时，多发射极晶体管 VT_1 饱和，VT_2、VT_4 截止，同时二极管 VD 导通，使 VT_3 同时截止。这时从外往输出端看去，电路输出端呈现高阻状态。

低电平有效的三态门，其逻辑功能真值表如表 2-4 所示。

表 2-4　　　　低电平有效的三态门逻辑功能真值表

使能端 $\overline{EN}$	数据输入端 A	B	输出端 Y
0	0	0	1
0	0	1	1
0	1	0	1
0	1	1	0
1	×	×	高阻态

控制端高电平有效，即指 EN=1 时为正常的与非工作状态；而当 EN=0 时，高电平有效的控制端三态门电路输出为高阻态。

三态门在计算机系统中得到了广泛的应用，其中一个重要用途是实现总线传输。

计算机系统中为了减少各个单元电路之间连线的数目，希望能在同一条传输线上分时传递若干个门电路的输出信号。三态门的输出可以直接连到公共总线（BUS）上，如图 2.19 所示。

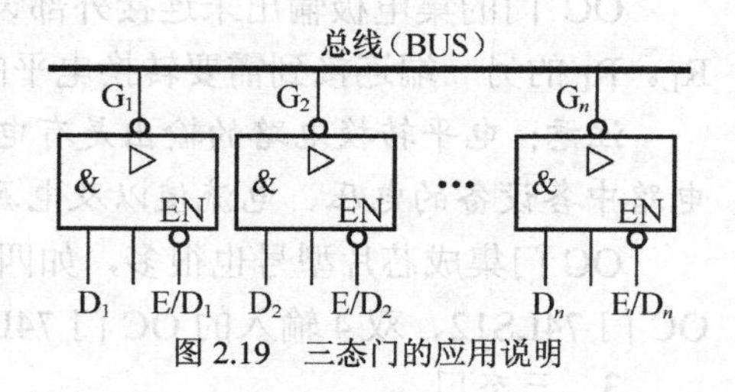

图 2.19　三态门的应用说明

接在总线上的设备应分时工作，即任何时刻只允许一个三态门选通，以便共享总线而不引起总线“冲突”。图 2.19 中，G_1、G_2、…、G_n 均为三态门，只要在工作时控制各个三态门的门控端 EN 轮流等于 1，而且任何时候仅有一个等于 1，就可以把各个三态门的输出信号轮流送到公共传输总线上而互不干扰，这种连接方式称为总线结构。

总线结构中处于禁止态的三态门，由于输出呈现高阻态，可视为与总线脱离。利用这种分时传送原理，可以实现多组三态门挂在同一总线上进行数据传送。计算机和数字控制系统中广泛采用总路线结构，既节省了大量的机内连线，又便于控制。

三态门还可以做成单输入、单输出的总线驱动器，并且输入与输出有同相和反相两种类型。利用三态门还能实现数据的双向传输，如图 2.20 所示。

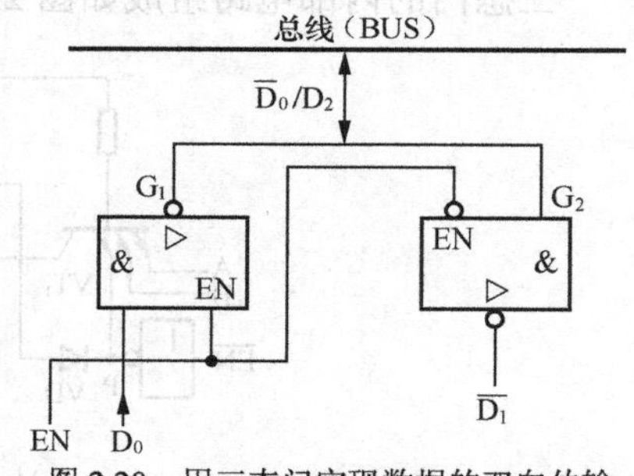

图 2.20　用三态门实现数据的双向传输

图 2.20 中，当 EN=1 时，G_1 工作而 G_2 为高阻态，数据 D_0 经 G_1 反相后送到总线上去；当 EN=0 时，G_2 工作而 G_1 为高阻态，来自总线的数据经 G_2 反相后由 $\overline{D_1}$ 送出。

工程实际中，经常将多个双向三态传输器集成在一个芯片内，使用起来十分方便，如 74HCT640 等。常用的集成的三态门芯片还有 74125、74126、74240、74251、74365、74366、74367 等。

4．TTL 集成电路的改进

TTL 是应用最早、技术比较成熟的集成电路，曾作为集成电路的主流产品而被广泛应用。随着集成电路的发展，要求集成电路的每个单元电路都应具有结构简单、功耗低的特点，而由于 TTL 集成电路不能满足上述条件，因此逐渐被 CMOS 集成电路取代，从而退出了主导地位。但是，TTL 技术在整个数字集成电路设计领域中的历史地位和影响，又使得数字系统设计技术

2-14　TTL 集成电路的改进系列

仍不断地对 TTL 集成电路进行改进，前后相继研制出了一些改进型 TTL 集成电路。

（1）74H 系列

最早的 TTL 集成电路是 74 系列，后来出现了改进型的 74H 系列，由于其较 74 系列速度高，因此又被称为高速系列。74H 系列在电路结构上主要采取了两项改进措施：一是在输出级采用了达林顿结构，这种结构进一步减小了门电路输出高电平时的输出电阻，从而提高了对负载电容的充电速度；二是将所有电阻的阻值降低了几乎一半，电阻的减小不仅缩短了电路中各结点电位的上升时间和下降时间，也加速了三极管的开关过程，因此，74H 系列门电路的平均传输延迟时间比 74 系列门电路缩短了一半，通常在 10ns 以内。

（2）74L 系列

74H 系列虽然速度提高了，但功耗反而增加了，因此又研发出了 74L 系列集成电路，使功耗降低了很多，但是工作速度又比 74H 系列有所下降。为了解决功耗和速度之间的矛盾，又推出了低功耗、高速的 74S 系列。

（3）74S 系列

74S 系列使用了抗饱和的肖特基晶体三极管。这种三极管由普通双极型三极管和肖特基势垒二极管组合而成：制作时将肖特基晶体三极管的基极铝引线连接至肖特基势垒二极管的阳极，由肖特基势垒二极管的阴极延伸到三极管的 N 型集电区半导体引线上。由于肖特基势垒二极管的开启电压很低，只有 0.3～0.4V，所以当肖特基晶体三极管的集电结进入正向偏置以后，肖特基势垒二极管首先导通，并将集电结的正向电压钳位在 0.3～0.4V。此后，从基极流入的过驱动电流从肖特基势垒二极管流走，从而有效地制止了三极管进入深度饱和状态，使集成电路的工作速度和功耗均得到了改善。

74S00 与非门就是 TTL 肖特基集成电路的应用实例。74S00 不仅采取了肖特基结构，还在电路中引进了有源泄放电路，进一步改善了门电路的电压传输特性，更加接近理想开关特性。

（4）74LS 系列

为了获得更小的延迟时间和更小的功耗，在兼顾功耗与速度两个方面的基础上开发出了低功耗肖特基系列集成电路，简称“74LS 系列”。

74LS 门电路为降低功耗，大幅度降低了集成电路内部各个电阻的阻值，同时将 R_5 原来接地的一端改接到输出端，改进后的功耗仅为 74 系列的 1/5、74H 系列的 1/10。为了缩短传输延迟时间，提高开关工作速度，在采用抗饱和肖特基晶体三极管的基础上又进一步改进，使得其传输延迟时间只有 74 系列的 1/5、74S 系列的 1/3，因此又重新被广泛应用于中、小规模集成电路中。

（5）74AS 和 74ALS 系列

随着集成电路的发展，TTL 技术进一步改进，生产出 74AS 系列的集成电路，速度较 74 系列提高了两倍，功耗与 74S 系列相当。而后面推出的 74ALS 系列集成电路的速度较 74AS 系列又有提高，功耗也进一步降低。

（6）74F 系列

74F 系列集成电路的速度和功耗在 74AS 和 74ALS 系列之间，广泛应用于速度要求较高的 TTL 集成电路中。

砷化镓是继锗和硅之后发展起来的新一代半导体材料。由于砷化镓器件中载流子的迁移率非常高，因而其工作速度比硅器件快得多，并且具有功耗低和抗辐射等特点，目前已经成为光纤通信、移动通信以及全球定位系统等应用技术中的首选集成电路器件。

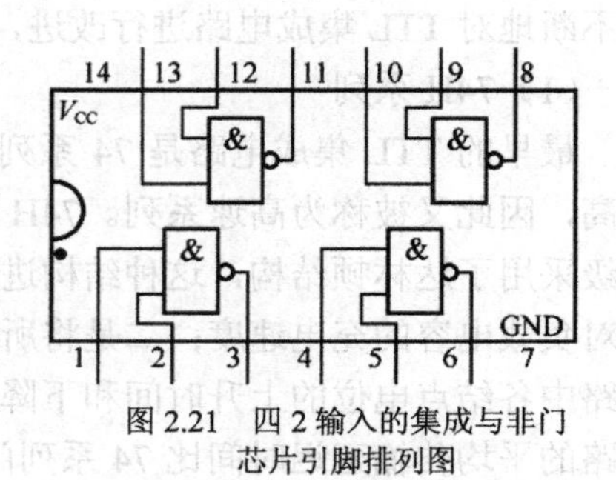

图 2.21 四 2 输入的集成与非门芯片引脚排列图

不同系列的 TTL 器件当中，只要器件型号的后几位数码相同，则它们的逻辑功能、外形尺寸、引脚排列就完全一样，例如 7400、74S00、74LS00 都是四 2 输入的集成与非门芯片，采用的都是 14 个引脚的双列直插式封装，而且输入端、输出端、电源及地端引脚位置都是相同的，芯片内部与非门的引脚排列如图 2.21 所示。

5．TTL 逻辑门的使用注意事项

2-15 TTL 逻辑门的使用注意事项

（1）电源

① 74LS 系列 TTL 逻辑门电路的典型电源电压为＋5V（±0.25V），超出此范围可能造成电路工作的紊乱。电源的正极和地不能接反，电源电压的极限参数为 7V。TTL 集成电路存在尖峰电流，需要良好接地，并且要求电源内阻尽可能小。为防止外来干扰信号通过电源进入电路，常在电源输入端接入 10～100μF 的低频滤波电容，每隔 5～10 个集成电路在电源和地之间接入一个 0.01～0.1μF 的高频滤波电容。

② 数字逻辑电路和强电控制电路要分别接地，避免强电控制电路在地线上产生干扰。

③ 在电源接通时，严禁插拔集成电路，因为电流的冲击可能造成集成芯片的永久性损坏。

（2）闲置输入端

TTL 集成电路芯片的输入端不能直接与高于＋5V 和低于－0.5V 的低内阻电源连接，否则将损坏芯片。闲置输入端应根据逻辑功能的要求连接，以不改变电路逻辑状态及工作稳定为原则。

① TTL 集成电路芯片的输入端为与逻辑关系时（包括与门、与非门），多余的输入端可以悬空，但不能带开路长线，或通过一只 1～10kΩ 的电阻接电源正极，在前级驱动能力允许时，也可并接到一个已被使用的高输入端上。

② TTL 逻辑门输入端为或逻辑关系时（包括或门、或非门），闲置的输入端可以接低电平或直接接地，在前级驱动能力允许时，也可并接到一个已被使用的低输入端上。

③ 对于与或非门中不使用的与门，该与门至少有一个输入端接地。

（3）输出端

① 输出端不允许直接接电源或直接接地，否则可能使输出级的管子因电流过大而损坏，输出端可通过上拉电阻与电源正极相连，使输出高电平提升。输出电流应小于产品手册上规定的最大值。

② 具有图腾结构的几个 TTL 与非门输出端不能直接并联。

③ 集电极开路的集成芯片输出端可以并联使用以实现线与，其公共输出端和电源正极之间应接负载电阻。集电极开路的集成门可驱动大电流负载，实现电平转换。

④ 电路的输出端接容性负载时，应在电容之前接限流大电阻（≥2.7kΩ），避免出现在开机的瞬间，较大的冲击电流烧坏电路。

除此之外，还要注意在对 TTL 集成芯片进行焊接时，应选用 45W 以下的电烙铁，最好用中性焊剂，所用设备应接地良好。

2.3.2 CMOS 逻辑门

1．CMOS 集成技术的发展概况

CMOS 逻辑门是在 TTL 电路之后出现的一种应用广泛的数字集成器件。按照器件结构的不同形式，CMOS 逻辑门电路可以分为 NMOS、PMOS 和 CMOS 3 种。由于制造工艺的不断改进，CMOS 逻辑门电路已经成为占主导地位的逻辑器件，其工作速度已经赶上甚至超过 TTL 电路，其功耗和抗干扰能力则远远优于 TTL 电路。因此，几乎所有的超大规模存储器以及可编程逻辑器件（PLD）都采用 CMOS 工艺制造，且费用较低。

早期生产的 CMOS 逻辑门电路为 4000 系列，后来发展为 4000B 系列，其工作速度较慢，与 TTL 不兼容，负载能力也不强，但功耗低，工作电压范围宽，抗干扰能力强。随后出现了高速 CMOS 器件 74HC 和 74HCT 系列，与 4000B 相比，工作速度快，带负载能力强，且与 TTL 兼容，可与 TTL 器件交换使用。另一种新型 CMOS 系列是 74VHC 和 74VHCT 系列，其工作速度达到了 74HC 和 74HCT 系列的两倍。对于 54 系列产品，其引脚编号及逻辑功能与 74 系列基本相同，所不同的是 54 系列是军用产品，适用的温度范围更宽，测试和筛选标准更严格。

便携式平板电脑、数字相机、手机等设备不断发展，要求使用体积小、功耗低、电池耗电量小的半导体器件，因此先后推出了低电压 CMOS 器件 74LVC 系列以及超低电压 CMOS 器件 74AUC 系列，并且半导体制造工艺使它们的成本更低、速度更快，同时大多数低电压器件的输入/输出电平可以与 5V 电源的 CMOS 或 TTL 电平兼容。不同的 CMOS 系列器件对电源电压要求不一样。

CMOS 集成技术是数字逻辑电路的主流工艺技术，目前国产的 CMOS 数字集成电路主要有 4000 系列和高速系列，其中高速系列主要包含 CC54HC/CC74HC 和 CC54HCT/CC74HCT 两个子系列。对于 CMOS 集成电路，我们主要介绍 CMOS 反相器和 CMOS 传输门。

2-16 CMOS 反相器和传输门

2．CMOS 反相器

CMOS 反相器的电路组成如图 2.22 所示。图中增强型 NMOS 管 VT_1 是工作管，PMOS 管 VT_2 是负载管，两管的漏极 D_1 和 D_2 接在一起作为电路的输出端，两管的栅极 G_1 和 G_2 接在一起作为电路的输入端，VT_1 的源极 S_1 与其衬底相连并接地，VT_2 的源极 S_2 与其衬底相连并接电源 V_{DD}。

CMOS 反相器的工作原理分析如下。

如果要使电路中的绝缘栅型场效应管形成导电沟道，VT_1 的栅源电压必须大于开启电压 U_T 的值，VT_2 的栅源电压必须低于开启电压 U_T 的值，所以，为使电路正常工作，电源电压 V_{DD} 必须大于两管开启电压 U_T 的绝对值之和。

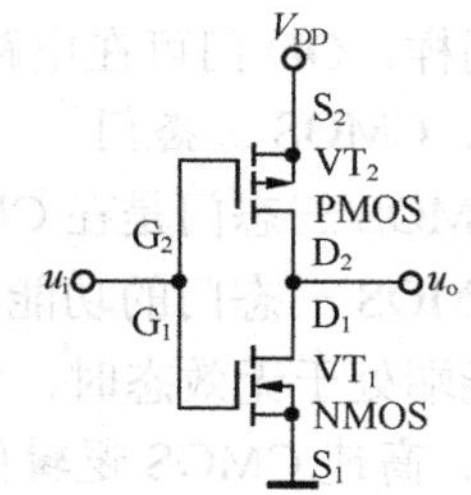

图 2.22 CMOS 反相器的电路组成

当输入电压 u_i 为低电平时，NMOS 管 VT_1 的栅源电压小于开启电压，不能形成导电沟道，VT_1 截止，S_1 和 D_1 之间呈现很大的电阻；PMOS 管 VT_2 的栅源电压大于开启电压，能够形成导电沟道，VT_2 导通，S_2

和 D_2 之间呈现较小的电阻，电路的输出约为高电平 V_{DD}。这一过程实现了“输入为 0，输出为 1”。

当输入电压 u_i 为高电平 V_{DD} 时，NMOS 管 VT_1 的栅源电压大于开启电压，形成导电沟道，VT_1 导通，S_1 和 D_1 之间呈现较小的电阻；PMOS 管 VT_2 的栅源电压为 0V，不满足形成导电沟道的条件，VT_2 截止，S_2 和 D_2 之间呈现很大的电阻，电路的输出为低电平。这一过程实现了“输入为 1，输出为 0”。

显然，CMOS 反相器电路的输出和输入之间满足非逻辑关系，所以该电路是非门。

稳态时，由于 VT_1 和 VT_2 中必然有一个管子是截止的，所以电源向电路提供的电流极小，电路的功率损耗很低，被称为微功耗电路。

CMOS 反相器由于电路中的 NMOS 管和 PMOS 管特性对称，因此具有很好的电压传输特性，其阈值电压 $U_{TH}\approx V_{DD}/2$，所以噪声容限很高，约为 $V_{DD}/2$。

3．CMOS 传输门

CMOS 传输门的电路组成由一个 PMOS 管 VT_P 和一个 NMOS 管 VT_N 并联构成，如图 2.23 所示。

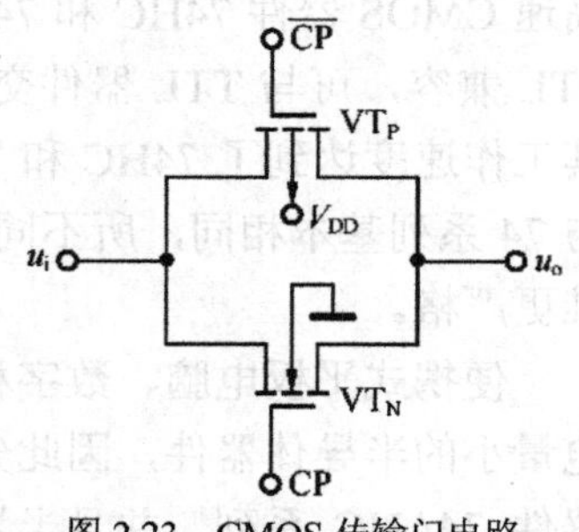

图 2.23　CMOS 传输门电路

传输门电路中两个增强型 NMOS 管的源极相接，作为电路的输入端，两管漏极相连作为电路的输出端。两管的栅极作为电路的控制端，分别与互为相反的控制电压端 CP 和 $\overline{CP}$ 相连。另外，PMOS 管的衬底接 U_{DD}，NMOS 管的衬底与地相接。

CMOS 传输门的工作原理分析如下。

当控制端 CP 为高电平“1”时，$\overline{CP}$ 为低电平“0”，传输门导通，数据可以从输入端传输到输出端，也可以从输出端传输到输入端，实现数据的双向传输。当控制端 CP 为低电平“0”，$\overline{CP}$ 为高电平“1”时，传输门截止，禁止传输数据。

由于传输门中两个 MOS 管的结构对称，源、漏极可以互换，实现双向传输，因此又被称为双向模拟电子开关。

传输门不但可以实现数据的双向传输，经改进后也可以组成单向传输数据的传输门，利用单向传输门可以构成传送数据的总线；当传输门的控制信号由一个非门的输入和输出来提供时，又可构成一个模拟开关，其电路和原理在此不加论述。

4．漏极开路的 OD 门

与 TTL 集成 OC 门类似，该电路是具有与非功能的特殊与非门，具有线与逻辑功能。而且，当输出低电平小于 0.5V 时，它可吸收 50mA 的灌电流。同样，OD 门可在电路中用作电平转换。

2-17　其他 CMOS 逻辑门

5．CMOS 三态门

CMOS 三态门是在 CMOS 反相器的基础上串接了 PMOS 管 VT_{P2} 和 NMOS 管 VT_{N2} 组成的。CMOS 三态门的功能与 TTL 三态门功能类似，当使能端有效时，它相当于一个反相器；当使能端处于无效态时，它的输出对地和对电源 V_{DD} 都呈高阻态。

6．高速 CMOS 逻辑门

与 TTL74 系列逻辑门相比，CMOS4000 系列电路虽然集成度高、抗干扰能力强且低功耗，但由于 MOS 管存在较大的极间电容和较小的漏极电流，因此造成它的开关速度较低，带负载能力差，使其使用范围受到较大限制。

为了提高CMOS逻辑门的开关速度，人们设法减少MOS管的导电沟道长度和缩小MOS管的几何尺寸，以减小MOS管的极间电容；为了提高CMOS逻辑门的负载能力，研制过程中采用缩短MOS管的导电沟道长度和加大导电沟道宽度的方法来提高漏极电流。这些措施使得高速CMOS逻辑门的平均传输延迟时间达到了小于10ns/门。目前主要有CC54HC/CC74HC和CC54HCT/CC74HCT两个子系列，它们的逻辑功能、外引脚排列与同型号的TTL电路相同。

工程实际应用中，高速CMOS逻辑门CC54HC/CC74HC子系列的工作电压为2～6V，输入电平特性与CMOS4000系列相仿；当CC54HC/CC74HC子系列的电源电压取5V时，输出高、低电平与TTL电路兼容。高速CMOS逻辑门CC54HCT/CC74HCT子系列型号中的T表示与TTL电路兼容，其电源电压为4.5～5.5V，输入电平与LSTTL系列逻辑门相同。

7．CMOS逻辑门的特点及使用注意事项

（1）CMOS逻辑门电路的特点

2-18 CMOS逻辑门的特点

和TTL逻辑门相比，CMOS逻辑门的特点如下：

① CMOS电路的集成度高，更适合于实现大规模、超大规模集成电路；

② CMOS电路由于存在较大的极间电容，因此开关速度较TTL电路低；

③ CMOS电路的功耗比TTL电路小得多，当电源电压为5V时，门电路的静态功耗小于2.5～5μW，中规模集成电路的功耗也不会超过100μW；

④ CMOS电路的带负载能力较TTL电路差；

⑤ CMOS电路的电源电压允许范围较大，CMOS4000系列的电源电压在3～15V，高速CMOS（HCMOS）集成电路的电源电压为2～6V，电路电源电压的选择十分方便；

⑥ CMOS电路的噪声容限最大可达电源电压的45%，最小不低于电源电压的30%，而且随着电压的提高而增大，因此抗干扰能力强，适合在特殊环境下工作。

（2）CMOS逻辑门电路的使用注意事项

2-19 CMOS逻辑门的使用注意事项

① 电源电压。

a.CMOS 集成电路的电源电压极性不能接反，否则会造成电路永久性失效。

b.CC4000系列的电源电压可在3～15V的范围内选择，但最大不允许超过极限值18V。电源电压选择得越高，电压的抗干扰能力就越强。为防止通过电源引入干扰信号，应根据具体情况对电源进行去耦和滤波。

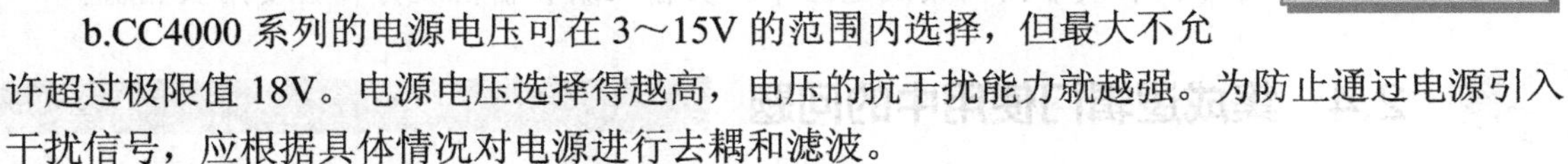

c.高速CMOS集成电路中的HC系列电源电压可在2～6V范围内选择，HCT系列的电源电压在4.5～5.5V范围内选择，最大不得超过7V的极限值。

d.CMOS集成电路应在静电屏蔽下运输和存放。调试电路板时，开机先接通电路板电源，后开信号源电源；关机时先关信号源电源，后断开电路板电源。严禁带电从插座上拔插器件。

② 闲置输入端的处理。

a. CMOS集成电路闲置不用的输入端不能悬空。

b.与门和与非门闲置输入端应接高电平；或门和或非门的闲置输入端应接地。

c. 通常闲置输入端不宜与使用输入端并联使用，因为并联使用会增大输入电容，使开关速度进一步下降。但在工作速度要求不高的情况下，有时也允许输入端并联使用。

（3）输出端的连接

① 同一芯片上的CMOS逻辑门，在输入相同时，输出端可以并联使用（目的是增大驱动能力），否则，输出端不允许并联使用。

② 由于电路的输出级一般为CMOS反相器结构，因此输出端不允许直接与电源或地端直接相连，否则会造成输出级的MOS管因过电流而损坏。

③ 当CMOS集成电路输出端与大容量负载相连时，为保证管子不因大电流而烧损，应在输出端和电容之间串接一个限流电阻。

（4）其他注意事项

① CMOS集成电路容易受静电感应而击穿，在使用和存放时应注意静电屏蔽，焊接时电烙铁必须可靠接地，必要时可将电源插头拔下，利用电烙铁的余热焊接。

② CMOS集成电路在存放和运输时，应选择导电容器或金属容器放置。

③ 组装、调试CMOS集成电路时，应使所有仪器仪表处于良好接地状态。

CMOS集成电路虽然出现较晚，但发展很快，更便于向大规模集成电路发展。其主要缺点是工作速度较低。但近些年来，人们一直在寻求提高其开关速度的方法，从电路结构和制造工艺上不断改进CMOS集成电路，使得CMOS集成电路的工作速度得到了较大提高。

思考练习题

1. 为什么说74LS系列TTL与非门输入端的以下4种接法都属于“1”？

（1）输入端悬空。

（2）输入端电压大于2.7V。

（3）输入端接输出为高电平3V的同类与非门。

（4）输入端经15kΩ接地。

2. 在将与非门、或非门、异或门和同或门作非门使用时，它们的输入端应如何连接？

3. 试说明集电极开路的OC门的逻辑功能及其特点和用途。

4. 试说明三态门的逻辑功能及其特点和用途。

5. 在CMOS与非门和或非门的集成电路中，其输入级和输出级为什么要用反相器？

2.4 集成逻辑门使用中的问题

集成逻辑门在具体的应用中，器件的主要技术参数有传输延迟时间、功耗、噪声容限、带负载能力等，根据这些参数可以正确地选用一种器件或两种器件混用。下面对使用中不同门电路之间的接口技术、门电路与负载之间的匹配等几个实际问题进行讨论。

2.4.1 接口问题

在数字电路或系统的设计中，往往由于工作速度或者功耗指标的要求，需要将多种逻辑器件混合使用，例如TTL和CMOS两种器件都要使用；驱动集成电路本身驱动不了的大电流及大功率负载；用来切断干扰源通道，增强抗干扰能力；等等。由于不同的器件其电压和电流参数也各不相同，所以需要采用接口电路。接口电路有系统接口和器件之间的接口两类，我们只讨论几种用于器件之间的简单接口。

接口问题一般需要考虑下面3个条件。

① 驱动器件必须能对负载器件提供灌电流的最大值。

② 驱动器件必须对负载器件提供足够大的拉电流。

③ 驱动器件的输出电压必须处在负载器件要求的输入电压范围内，包括高、低电压值。

上述条件中，①和②属于门电路的扇出系数问题，取决于各种逻辑门的带负载能力；③则属于电压兼容性问题。其余如噪声容限、输入和输出电容以及开关速度等参数在某些设计中也必须予以考虑。

下面分别就 CMOS 逻辑门驱动 TTL 逻辑门或者相反的两种情况的接口问题进行分析。

2-20　TTL 门和 CMOS 门之间的驱动问题

1．CMOS4000 系列驱动 TTL 逻辑门

当 CMOS4000 系列和 TTL 逻辑门的电源电压相等时，则 CMOS4000 系列可直接驱动 TTL 逻辑门，不需另加接口电路，仅按电流大小计算出扇出系数即可。

图 2.24 表示两种 CMOS4000 系列驱动 TTL 逻辑门的简单电路。

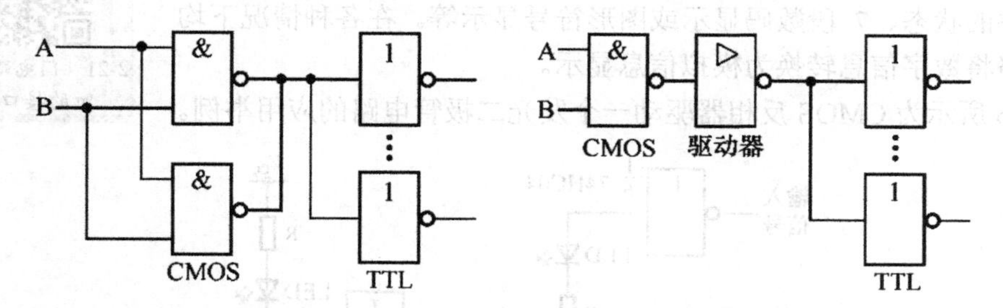

（a）并联使用提高灌电流负载　　（b）用 CMOS 逻辑门驱动器驱动 TTL 逻辑门电路

图 2.24　CMOS4000 系列驱动 TTL 逻辑门电路

图 2.24（a）所示是将同一芯片上的多个 CMOS 与非门并联使用，以增大输出电流，从而满足 TTL 电路输入低电平、大电流的需求。同理，为增大输出电流，同一芯片上的多个 CMOS 或非门、多个非门同样可采取这种方法获得输出较大电流，以推动 TTL 电路。

图 2.24（b）所示是在 CMOS 逻辑门电路输出端及 TTL 逻辑门电路输入端之间接入一个 CMOS 驱动器，以此来增大 CMOS 逻辑门电路的输出电流。

当高速 CMOS 逻辑门和 TTL 负载门的电源电压相同时，如 CC74HC 和 CC74HCT 系列，这时 CMOS 逻辑门电路的输出端可直接与 TTL 逻辑门电路输入端相连，也能满足 TTL 逻辑门电路输入电流的要求。

【例 2.1】已知 74HC00 与非门电路用来驱动一个基本的 TTL 反相器和 6 个 74LS 门电路。试计算此时的 CMOS 逻辑门电路是否过载。

【解】① 查相关手册得接口参数如下：一个基本的 TTL 逻辑门电路，$I_{IL}=1.6\text{mA}$，6 个 74LS 门的输入电流 $I_{IL}=6\times0.4=2.4$（mA）。总的输入电流 $I_{IL(total)}=1.6+2.4=4$（mA）。

② 因 74HC00 门电路的 $I_{OL}=I_{IL}=4\text{mA}$，所驱动的 TTL 逻辑门电路并未过载。因此，该 74HC00 与非门可直接与 TTL 负载门相连。

2．TTL 逻辑门驱动 CMOS 逻辑门

当 TTL 逻辑门驱动 CMOS 逻辑门时，TTL 为驱动器件，CMOS 为负载器件。由手册可知，当 TTL 输入为低电平时，它的输出电压参数与 HCCMOS 系列的输入电压参数是不兼容的。例如，LSTTL 系列的 $V_{OH(min)}=2.7V$，而 HCCMOS 系列的 $V_{IH(min)}=3.5V$。为了克服这一矛盾，应在 TTL 逻辑门电路的输出端和 CMOS 逻辑门电路的输入端之间接一个上拉电阻 R_P，电路连接情况如图 2.25 所示。

由图 2.25 可知，将上拉电阻 R_p 接到 V_{DD} 可将 TTL 逻辑门电路的输出高电平电压升到约 5V，上拉电阻的值取决于负载器件的数目以及 TTL 和 CMOS 的电流参数。

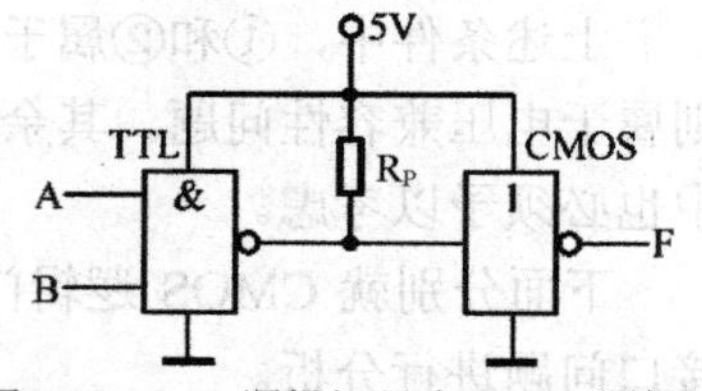

图 2.25　TTL 逻辑门驱动 CMOS 逻辑门

当 TTL 门驱动 HCTCMOS 系列时，由于电压参数兼容，因此不需另加接口电路。基于这一情况，在数字电路设计中，也常用 HCTCMOS 当作接口器件，以免除上拉电阻。

3．门电路带负载时的接口电路

（1）用门电路直接驱动显示器件

2-21　门电路带负载时的接口电路

在数字电路中，往往需要用发光二极管来显示信息的传输，如简单的逻辑器件的状态、7 段数码显示或图形符号显示等。在各种情况下均需接口电路将数字信息转换为模拟信息显示。

图 2.26 所示为 CMOS 反相器驱动一个发光二极管电路的应用举例。

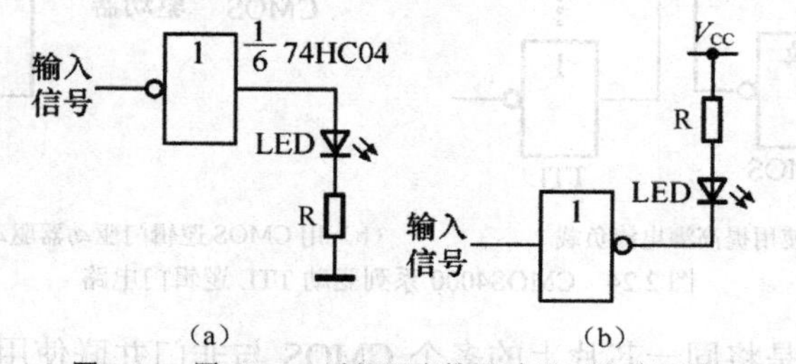

图 2.26　用 CMOS 反相器直接驱动显示器件图例

图 2.26（a）中，让 CMOS 反相器 74HC04 的输入端与一个发光二极管 LED 的阳极相连，LED 的阴极上串接了一限流电阻 R 以保护 LED，限流电阻的另一端与地相接；图 2.26（b）则是在 CMOS 反相器的输出端连接 LED 的阴极，让 LED 的阳极与限流电阻相接，限流电阻的另一端与电源相连。

图 2.26 中限流电阻的大小可分别按下面两种情况来计算：当图 2.26（a）中门电路的输入为低电平时，输出为高电平，于是

$$R=\frac{V_{OH}-V_F}{I_D}$$

反之，当 LED 接入电路的情况如图 2.26（b）所示时，门电路的输入信号应为高电平，输出为低电平，故有

$$R=\frac{V_{CC}-V_F-V_{OL}}{I_D}$$

以上两个公式中：I_D为通过 LED 的电流；V_F是 LED 的正向压降，V_{OH}和 V_{OL}分别为门电路输出的高、低电平电压值，通常取典型值。

（2）机电性负载接口

在机电一体化控制系统中，有时需要用微机控制各种各样的高压、大电流负载，如电动机、电磁铁、继电器等。一些大功率负载不能用 CPU 的 I/O 线直接驱动，必须通过各种驱动电路和开关电路来驱动。此外，为了隔离和抗干扰，有时还需要加接光电耦合器。

工程实践中，有时也会遇到用各种数字电路以控制机电性系统的功能，如控制电动机的位置和转速、继电器的接通和断开、流体系统中的阀门开通与关闭、自动生产线中的机械手多参数控制等。例如，在继电器的应用中，继电器本身有额定的电压和电流参数。一般情况下，需用运算放大器以提升到要求的数/模电压和电流接口值。对于小型继电器，可以将两个反相器并联作为驱动电路，如图 2.27 所示。

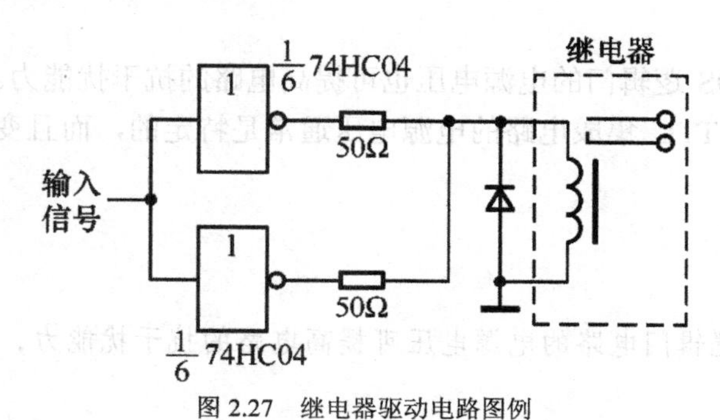

图 2.27 继电器驱动电路图例

2.4.2 抗干扰措施

利用 CMOS 逻辑门或 TTL 逻辑门电路做具体的电路设计时，还应当注意以下几个实际问题。

1．多余输入端的处理措施

在使用集成逻辑门电路时，一般不让多余的输入端悬空，以防止干扰信号引入。对多余输入端的处理以不改变电路工作状态及稳定可靠为原则。

对于 TTL 与非门电路，一般可将多余的输入端通过上拉电阻（1～3kΩ）接电源正端，也可利用一反相器将其输入端接地，其输出高电位可接多余的输入端。

对于 CMOS 逻辑门电路，多余输入端可根据需要使之接地（或非门）或直接接 V_{DD}（与非门）。

2．去耦合滤波器

数字电路或系统往往由多个逻辑门电路芯片构成，它们均由公共的直流电源供电。这种电源是非理想的，一般是由整流稳压电路供电，具有一定的内阻抗。当数字电路运行时，产生较大的脉冲电流或尖峰电流，当它们流经公共的内阻抗时，必将产生相互的影响，甚至使逻辑功能发生错乱。

对上述情况常用的处理方法是采用去耦合滤波器，通常是用 10～100μF 的大电容器与直流电源并联，以滤除不需要多余的频率成分。除此以外，对每一个集成芯片，还应加接 0.1μF 的电容器，以滤除开关噪声。

3．接地和安装工艺

正确的接地技术对于降低电路噪声是很重要的。这方面可将电源“地”与信号“地”分开，先将信号“地”聚集在一点，然后将二者用最短的导线连在一起，以避免含有多种脉冲波形（含尖峰电流）的大电流引到某数字器件的输入端而导致系统正常的逻辑功能失效。此外，当系统中兼有模拟和数字两种器件时，同样需将二者的“地”分开，然后再选用一个合适的共同点接地，以免除电源“地”和信号“地”之间的影响。必要时，也可设计模拟和数字两块电路板，各备直流电源，然后将二者的“地“恰当地连接在一起。在印制电路板的设计或安装中，要注意连线尽可能短，以减少接线电容而导致寄生反馈有可能引起的寄生振荡。有关这方面技术问题的详细介绍，可参阅有关文献。集成数字电路的数据手册，也可提供某些典型电路的应用设计。

此外，CMOS 器件在使用和储藏过程中要注意静电感应导致损伤的问题。静电屏蔽是常用的防护措施。

另外，提高 CMOS 逻辑门的电源电压也可提高电路的抗干扰能力。但 TTL 集成电路不能采用此方法，因为 TTL 集成电路的电源电压通常是特定的，而且变化范围很窄，一般在 4.5～5.5V。

思考练习题

1. 提高 CMOS 逻辑门电路的电源电压可提高电路的抗干扰能力，TTL 逻辑门电路能否这么做？

2. 用 TTL 与非门驱动发光二极管，已知发光二极管正向压降为 2V，驱动电流为 10mA，与非门的驱动能力为 16mA。要求与非门输入端 A、B 均为高电平时发光二极管亮，与发光二极管相串联的限流电阻应选多大？

| 项目小结 |

1. 数字电路中，半导体器件一般都工作在开关状态。半导体二极管利用其单向导电性：正向导通相当于一个闭合的开关，反向截止相当一个断开的开关；晶体管和 CMOS 管作为电子开关，工作在饱和状态时相当于开关闭合，工作在截止状态时相当于开关断开。

2. 最基本的逻辑门有与门、或门和非门。多个基本门还可构成与非门、或非门、与或非门、同或门和异或门等复合门。门电路是组合逻辑电路的基本单元，掌握它对学习和使用数字电路很有帮助。

3. 本项目重点介绍的是 TTL 逻辑门和 CMOS 逻辑门，学习的重点应放在它们的输出与输入之间的逻辑关系和外部电气特性上，如电压传输特性、输入负载特性和输出负载特性。

4. TTL 集成电路的主流产品是 74LS 系列，CMOS 集成电路的主流产品是 CC40 系列。

5. 集电极开路的 OC 门和漏极开路的 OD 门输出端可并联使用，以实现线与功能，还可用来驱动需要一定功率的负载。

6. 三态门可用来实现总线结构，即要求三态门实行分时使能控制，在任何时刻只能有一个三态门工作，不允许两个及两个以上的三态门同时工作。三态门还可用来实现双向总线传输。

7. 在使用集成逻辑门时，未被使用的闲置输入端应注意正确连接。对于与非门，闲置的输入端可通过上拉电阻接正电源，也可和已用的输入端并联；对于或非门，闲置的输入端可直接接地，也可和已用的输入端并联。

8. 工程实际中，无论是使用 TTL 逻辑门还是 CMOS 逻辑门，除应掌握它们的正确使用方法外，还应掌握不同类型电路间的接口问题的解决方法以及抗干扰措施。

| 技能训练 1：基本逻辑门的功能测试 |

一、训练目的

1. 熟悉数字电路实验设备的使用方法。
2. 掌握与门、或门和非门的功能测试方法和技能。
3. 通过对与门、或门、非门的功能测试，加深理解和掌握 3 种基本逻辑关系。

二、训练涉及的原理

逻辑门是指能完成一些基本逻辑功能的电子电路，也是构成数字电路的基本单元电路。掌握各种门电路的逻辑功能和电气特性，对于正确使用数字集成电路十分必要。

集成逻辑门根据型号的不同，有不同的内部结构和引脚排列。本技能训练中，我们选取的集成逻辑门有 TTL 逻辑门和 CMOS 逻辑门，其中 74LS08 是一个集成了 4 个两输入的 TTL 与门集成芯片；CC4072 是一个集成了 2 个四输入或门的 CMOS 电路芯片；74LS04 是一个集成了 6 个非门的 TTL 电路芯片，它们的芯片引脚排列如图 2.28 所示。

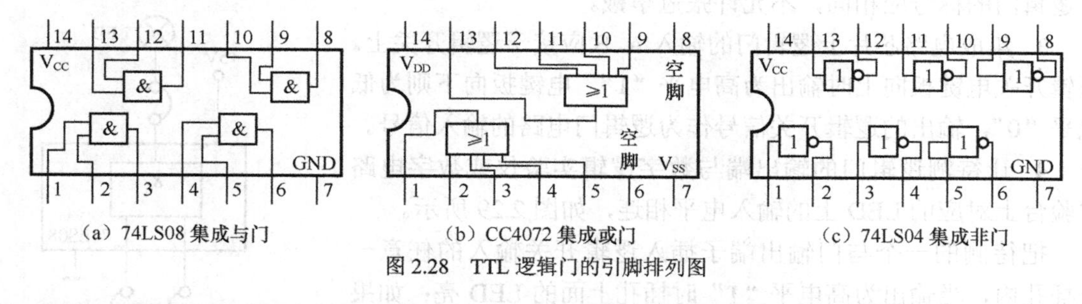

（a）74LS08 集成与门　（b）CC4072 集成或门　（c）74LS04 集成非门

图 2.28　TTL 逻辑门的引脚排列图

逻辑门的测试主要包括功能测试和参数测试，本训练只对逻辑门进行功能测试。

三、集成电路外引线连接时应注意的事项

1. TTL 逻辑门电路的引脚分别对应逻辑符号图中的输入、输出端，对于标准双列直插式的 TTL 逻辑门电路中，7 脚为电源地（GND），14 脚为电源正极（+5V），其余引脚为输入和输出，若集成芯片引脚上的功能标号为 NC，则表示该引脚为空脚，因其与内部电路不连接，可悬空。

2. 外引脚的识别方法是：将集成芯片正面对准使用者、以凹口侧小标志点“·”为起始脚 1，按逆时针方向往前数 1、2、3、…、*N* 脚，使用时根据功能查找 IC 手册，即可知各引脚功能。

3. TTL 电路的输出端不允许并联使用，也不允许直接与+5V 电源或地线相连，否则将会使电路的逻辑混乱并损害器件。

4. TTL 电路的输入端外接电阻要慎重，要考虑输入端负载特性，否则会影响电路的正常工作。

5. 多余输入端的处理：输入端可以串入一个 1～10kΩ 的电阻或直接接在大于＋2.4V 和小于＋4.5V 电源上，来获得高电平输入，直接接地为低电平输入。或门及或非门等 TTL 电路的多余输入端不能悬空，只能接地。TTL 与门电路多余的输入端可以悬空（相当于高电平），但悬空时对地呈现阻抗很高，容易受到外界干扰。因此，可将它们接电源或与其他输入并联使用，但并联时对信号的驱动电流的要求增加了。

6. 严禁带电操作，应该在电路切断电源的时候拔插集成电路，否则容易引起集成电路的损坏。

7. CMOS 集成电路的正电源端 V_{DD} 接电源正极，负电源端 V_{SS} 接电源负极（通常接地），不允许反接。同样，在装接电路、拔插集成电路时，必须切断电源，严禁带电操作。

8. CMOS 集成电路多余的输入端不允许悬空，应按逻辑要求处理接电源或地，否则将会使电路的逻辑混乱并损害器件。

9. CMOS 集成电路器件的输入信号不允许超出电源电压范围，或者说输入端的电流不得超过 10mA。若不能保证这一点，必须在输入端串联限流电阻，CMOS 逻辑门电路的电源电压应先接通，再接入信号，否则会破坏输入端的结构，关机时应先断输入信号再切断电源。

四、技能训练步骤

1. 在数字逻辑实验仪或数字电子实验台上找到相应的逻辑门电路 14P 插座，把待测集成电路芯片插入。插入时注意引脚位置不能插反，否则会造成集成电路烧损的事故。

2. 由于电路芯片上一般集成多个门，测试功能时只需对其中一个门测试即可。注意同一个逻辑门的标号应相同，不允许张冠李戴。

3. 集成电路芯片上逻辑门的输入 A、B 应接于逻辑开关上。逻辑开关电键扳向上时输出为高电平“1”，电键扳向下则为低电平“0”，输出的逻辑开关信号作为逻辑门电路的输入信号。

4. 让待测逻辑门的输出端与数字逻辑实验仪或数字电路实验台上对应的 LED 上的输入电平相连，如图 2.29 所示。

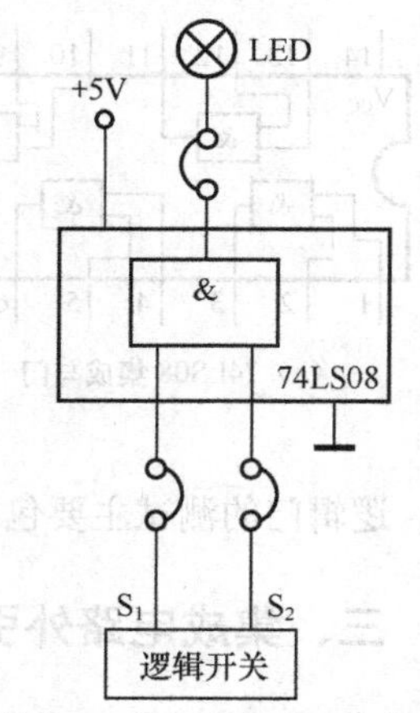

图 2.29 TTL 与门实验连接图

把待测的一个与门输出端子插入逻辑开关输入的任意一个插孔内，当输出为高电平“1”时插孔上面的 LED 亮；如果输出为低电平“0”，插孔上面的 LED 不亮。

5. 输入、输出全部连接完毕后，把芯片上的“地”端与电源“地”相连，把芯片上的正电源端与“+5V”直流电源相连。这时才能验证逻辑门的功能（例如 74LS08 四 2 输入与门集成芯片的功能测试）。

（1）将其中一个门的输入端 A 和 B 均输入低电平“0”，观察输出 LED 的情况，并记录下来。

（2）A 输入“0”、B 输入“1”，观察输出 LED 情况，并记录下来。

（3）A 输入“1”、B 输入“0”，观察输出 LED 情况，并记录下来。

（4）A 输入“1”、B 输入“1”，观察输出 LED 情况，并记录下来。

根据检测结果得出结论，与门功能应为“有 0 出 0，全 1 出 1”。

6. 或门和非门的功能均按上述要求检测，并逐个得出结论。

五、技能训练的报告内容

1. 记录和整理技能训练测试值，并对结果进行分析。
2. 总结技能训练过程中遇到的问题及其解决的方法。

六、技能训练思考题

1. 对于 TTL 逻辑门电路，为什么说悬空相当于高电平？而 CMOS 逻辑门电路多余端为什么不能悬空？
2. 欲使一个异或门实现非逻辑，电路将如何连接？为什么说异或门是可控反相器？
3. 你能用两个与非门实现与门功能吗？

技能训练 2：集成逻辑门的参数测试

一、训练目的

1. 了解 TTL 和 CMOS 与非门主要参数的意义以及测试方法。
2. 了解 TTL 和 CMOS 与非门电路的使用注意事项，掌握电源、闲置输入端及输出端的处理方法。
3. 熟悉数字逻辑实验仪的基本功能和使用方法。

二、实训设备

实训设备清单如表 2-5 所示。

表 2-5 实训设备清单

序号	名称	型号及规格	数量
1	数字逻辑实验仪	DLE-3	1 台
2	数字万用表		2 只
3	TTL 双 4 输入端与非门	74LS20	1 块
4	CMOS 双 4 输入端与非门	CC4012	1 块
5	二极管	2CK11	4 只
6	电阻	360Ω	1 只
7	电位器	1.2kΩ	1 只
8	导线		若干

三、实训说明

1. 注意正确使用数字万用表，实训前先调好挡位再进行测量，否则可能损坏万用表。测试图中万用表圆圈内标示的是建议的挡位，如图 2.30 所示。
2. 注意正确识别二极管的极性：①通过观察二极管的外观判断，一般标示黑圈的一边为负极；②用数字万用表测试，直接调至二极管挡，测试导通状态下黑表笔所接为负极。
3. 注意要利用多孔实验插座板上的插孔连接电阻和二极管，不要将引脚绞接。
4. 注意信号源输入信号的幅度，不要高于 5V，以免损坏器件。

四、预习要求

1. 参看 TTL 和 CMOS 与非门主要参数的意义及其典型值。

2. 了解并熟悉 74LS20、CC4012 的引脚排列图。注意：CMOS 芯片的 V_{DD} 端为电源正极，实训中接＋5V；V_{SS} 端为电源负极，实训中与地相接。

3. 认真阅读 3 次实训指导和实训步骤。

五、实训内容及技能训练步骤

1．TTL 与非门 74LS20 静态参数测试

（1）与非门处于不同工作状态时电源提供的电流各不相同，通常 $I_{CCL}>I_{CCH}$，电流的大小标志着器件静态功耗的大小。器件的最大功耗是 $P_{CCL}=V_{CC}\cdot I_{CCL}$，手册中提供的电源电流和功耗值是整个器件总的电源电流和总的功耗，测试电路如图 2.30（a）、（b）所示。需要注意的是，74LS20 是双 4 输入与非门，两个门的输入端应做相同处理。

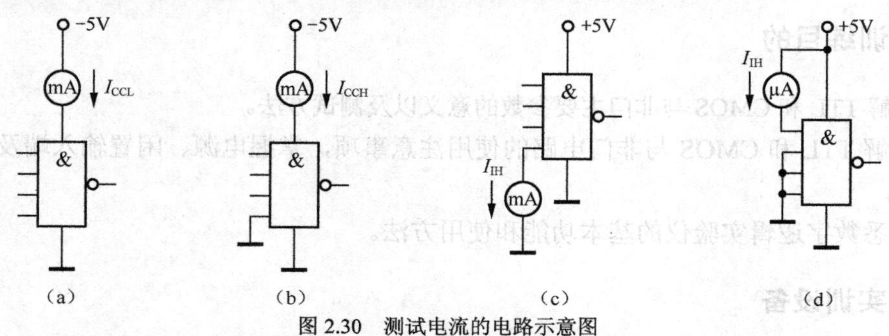

图 2.30　测试电流的电路示意图

（2）低电平输入电流 I_{IL} 和高电平输入电流 I_{IH}。每一个门和每一个输入端都应测试一次 I_{IL}、I_{IH}。由于 I_{IH} 比较小，使用万用表的最小量程也可能无法测量时，因此可免于测试。测试电路如图 2.30（c）、（d）所示。

（3）电压传输特性的测试。调节电位器的阻值 R_W，使输入电压从 0V 向 5V 变化，逐点测试输入、输出电压的值，将结果记录于表 2-6 中。根据实测数据作电压传输特性曲线，从曲线上得出 U_{OH}、U_{OL}、U_{ON}、U_{OFF}、U_{TH} 的值，并计算 U_{NL}、U_{NH}。注意：在输出电压 u_o 变化较快的区域多测量几个点，在 u_o 变化缓慢的区域可适当少测量几个点，这样有利于绘制特性曲线。测试电路如图 2.31（a）所示。

表 2-6　　TTL 与非门的电压传输特性

u_i/V	0							1.1						5
u_o/V														

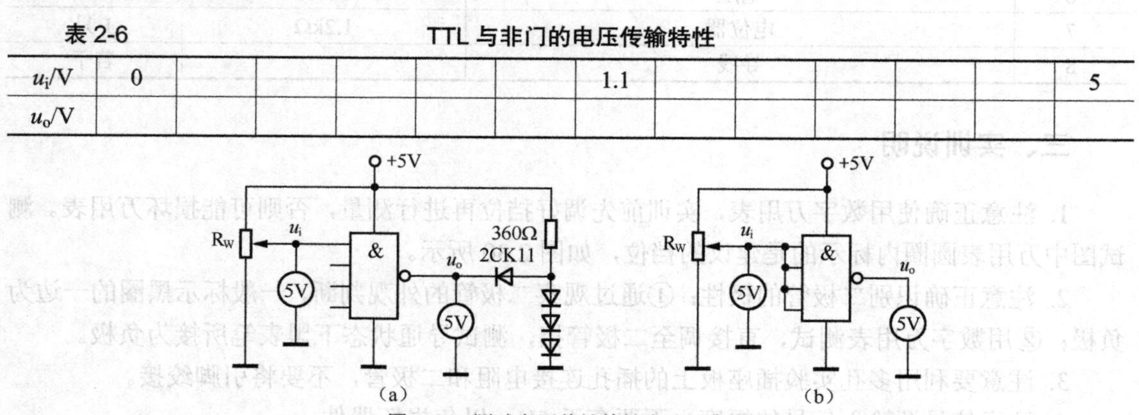

图 2.31　测试电压传输特性电路示意图

2．CMOS 双 4 输入端与非门 CC4012 电压传输特性测试

将 CC4012 正确插入多孔实验插座板，测电压传输特性。测试电路如图 2.31（b）所示，测试方法同上。将结果记录于表 2-7 中。根据实测数据作电压传输特性曲线，从曲线上得出 U_{OH}、U_{OL}、U_{ON}、U_{OFF}、U_{TH} 等值，并计算 U_{NL}、U_{NH}。

表 2-7　　CMOS 与非门的电压传输特性

u_i/V	0						2.5						5
u_o/V													

六、实训报告要求

1. 列表整理出各参数的测试值，并与规范值相比较，判断所测电路性能的好坏。

2. 画出两条电压传输特性曲线，从曲线中读出各有关参数值。比较 TTL 与 CMOS 与非门电路电压传输特性曲线的差异。

七、实训思考题

1.在 TTL 与非门的电压传输特性测试电路中，为什么要加二极管？

2. TTL 与非门输入端悬空为什么可以当作高电平？CMOS 与非门多余的输入可以悬空吗？

3. CC4012 的电源电压范围为 3～18V，若 V_{DD}＝15V，则 U_{OH}、U_{OL}、U_{TH} 应为多少？可查阅有关手册。

能力检测题

一、填空题

1. 基本逻辑关系的电子电路称为________电路，其中最基本的有________门、________门和________门。应用最为普遍的复合逻辑门是________门。

2. TTL 集成电路的子系列中，74H 表示________系列，74S 表示________系列，74L 表示________系列，74LS 表示________系列。

3. CMOS 集成电路是由________型________管和________型________管组成的互补对称 MOS 门电路，其中 CC4000 系列和________系列是它的主要子系列。

4. 功能为“有 0 出 1、全 1 出 0”的门电路是________门；具有“________”功能的门电路是或门；实际中集成________门的应用最为普遍。

5. 普通的 TTL 与非门具有________结构，输出只有________和________两种状态；TTL 三态门除了具有________态和________态，还有第三种状态________态，三态门可以实现________结构。

6. 集电极开路的 TTL 与非门又称为________门，其输出可以实现________逻辑。

7. TTL 集成电路和 CMOS 集成电路相比较，________集成门的带负载能力较强，________集成门的抗干扰能力较强。

8. CMOS 逻辑门输入端口为与逻辑关系时，闲置的输入端应接________电平，具有或逻

辑端口的 CMOS 逻辑门多余的输入端应接________电平；即 CMOS 逻辑门的闲置输入端不允许________。

9. 具有图腾结构的 TTL 集成电路，同一芯片上的输出端，不允许________联使用；同一芯片上的 CMOS 集成电路，输出端可以________联使用，但不同芯片上的 CMOS 集成电路上的输出端是不允许________联使用的。

10. 当外界干扰较小时，TTL 与非门闲置的输入端可以________处理；TTL 或非门不使用的闲置输入端应与________相接。

二、判断题

1. 所有的集成逻辑门，其输入端子均为两个或两个以上。（　）
2. 根据逻辑功能可知，异或门取反是同或门。（　）
3. 具有图腾结构的 TTL 与非门可以实现线与逻辑功能。（　）
4. 逻辑门电路是数字逻辑电路中的最基本单元。（　）
5. TTL 和 CMOS 两种集成电路与非门，其闲置输入端都可以悬空处理。（　）
6. 74LS 系列产品是 TTL 集成电路的主流，应用最为广泛。（　）
7. 74LS 系列集成芯片属于 TTL 型，CC4000 系列集成芯片属于 CMOS 型。（　）
8. 三态门采用了图腾输出结构，不仅负载能力强，且速度快。（　）
9. OC 门不仅能够实现总线结构，还可构成与或非逻辑。（　）
10. CMOS 电路的带负载能力和抗干扰能力均比 TTL 电路强。（　）

三、选择题

1. 具有“有 1 出 0、全 0 出 1”功能的逻辑门是（　）。

A. 与非门　B. 或非门　C. 异或门　D. 同或门

2. CMOS 集成逻辑电路的电源电压范围较大，约在（　）。

A. −5～+5V　B. 3～18V　C. 5～15V　D. +5V

3. 若将一个 TTL 异或门当作反相器使用，则异或门的 A 和 B 输入端应（　）。

A. 一个输入端接高电平，另一个输入端作为反相器输入端

B. 一个输入端接低电平，另一个输入端作为反相器输入端

C. 两个输入端并联，作为反相器的输入端

D. 不能实现

4. （　）的输出端可以直接并接在一起，实现线与逻辑功能。

A. TTL 与非门　B. 三态门　C. OC 门　D. 上述门都可以

5. （　）在计算机系统中得到了广泛的应用，其中一个重要用途是构成数据总线。

A. 三态门　B. TTL 与非门　C. OC 门　D. 上述门都可以

6. 一个两输入端的门电路，输入信号分别为“1”和“0”时，输出不是“1”的门电路为（　）。

A. 与非门　B. 或门　C. 或非门　D. 异或门

7. 一个四输入的与非门，使其输出为“0”的输入变量取值组合有（　）。

A. 15 种　　B. 1 种　　C. 3 种　　D. 7 种

四、简述题

1. 数字电路中，最小的电子单元电路是什么？其中的二极管、三极管为何状态？

2. 常用的复合逻辑门电路有哪些？应用最普遍的是哪一种？

3. TTL 与非门闲置的输入端能否悬空处理？CMOS 与非门呢？

4. 试述图腾结构的 TTL 与非门和集电极开路的 OC 门、三态门的主要区别。

5. 如果把与非门、或非门、异或门当作非门使用，它们的输入端应如何连接？

6. 提高 CMOS 逻辑门电路的电源电压可提高电路的抗干扰能力，TTL 逻辑门电路能否这样做？为什么？

五、分析题

1. 已知输入信号 A、B 的波形和输出信号 Y_1、Y_2、Y_3、Y_4 的波形如图 2.32 所示。试判断各为哪种逻辑门，并画出相应逻辑符号，写出相应逻辑表达式。

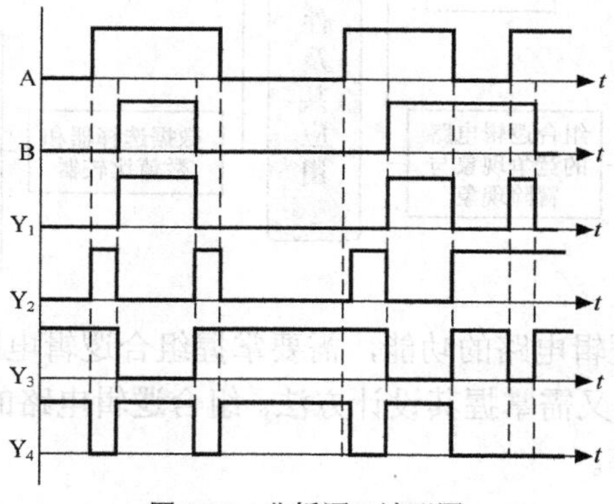

图 2.32　分析题 1 波形图

2. 电路如图 2.33（a）所示，其输入变量的波形如图 2.33（b）所示。试判断图中发光二极管（LED）在哪些时段会亮。

3. 试写出图 2.34 所示数字电路的逻辑函数表达式，并判断其功能。

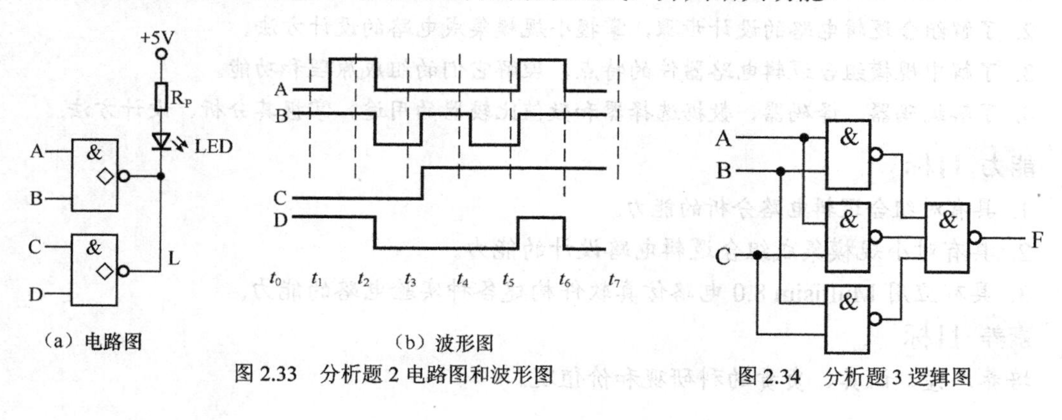

图 2.33　分析题 2 电路图和波形图　　图 2.34　分析题 3 逻辑图

项目三　组合逻辑器件及其应用

重点知识

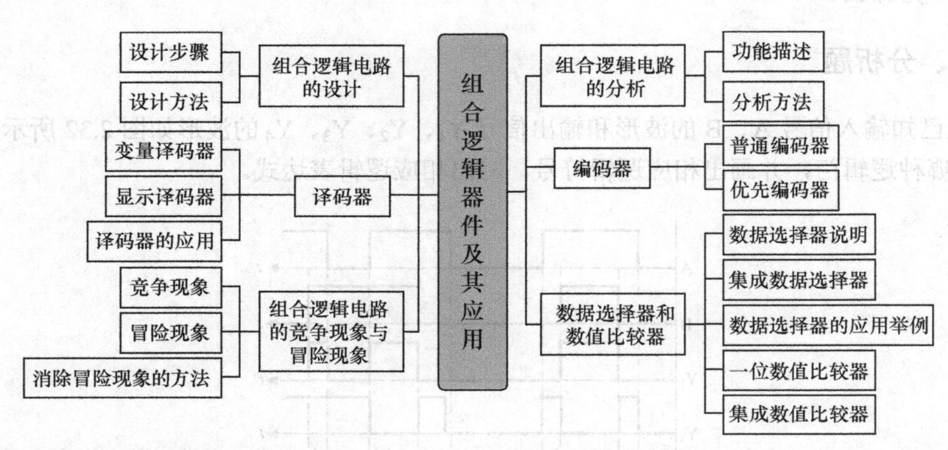

如果要了解已知组合逻辑电路的功能，需要掌握组合逻辑电路的分析方法；若要根据用户要求设计组合逻辑电路，又需掌握其设计方法。组合逻辑电路的器件包括编码器、译码器、数据选择器、数值比较器等。

学习目标

知识目标

1. 了解组合逻辑电路的基本概念和特点，掌握组合逻辑电路的分析方法。
2. 了解组合逻辑电路的设计步骤，掌握小规模集成电路的设计方法。
3. 了解中规模组合逻辑电路器件的特点，理解它们的组成原理和功能。
4. 了解编码器、译码器、数据选择器和数值比较器的用途，掌握其分析、设计方法。

能力目标

1. 具有对组合逻辑电路分析的能力。
2. 具有对小规模集成组合逻辑电路设计的能力。
3. 具有应用 Multisim 8.0 电路仿真软件构建各种实验电路的能力。

素养目标

培养严谨、认真、负责的科研观和价值观。

项目导入

组合逻辑电路是数字逻辑电路的关键内容之一，学习中首先要明确组合逻辑电路的相关重要概念。例如，什么是组合逻辑电路？组合逻辑电路的结构特点是什么？什么是组合逻辑器件？等等。

首先，解决什么是组合逻辑电路的问题。组合逻辑电路是指在任何时刻，逻辑电路的输出状态只取决于该时刻各输入状态的组合，而与电路原来的状态无关。

其次，解决组合逻辑电路的结构特点问题。组合逻辑电路的结构特点是：电路由各种逻辑门组成，不存在反馈。

最后，介绍组合逻辑器件。由逻辑门构成的数字集成电路称为组合逻辑器件，如编码器、译码器、数据选择器和数值比较器等，例如图 3.1 所示的集成译码器 74LS138。

集成译码器 74LS138 的输入是 A_2、A_1、A_0，是需要“翻译”的 3 位二进制数；8 个输出分别是$\overline{Y}_0$～$\overline{Y}_7$，分别对应 3 位二进制数的 8 个输入组合。当输入为 011 时，对应的输出是$\overline{Y}_3$；当输入为 101 时，对应的输出是$\overline{Y}_5$；当输入为 110 时，对应的输出是$\overline{Y}_6$。显然，组合逻辑器件在任何时刻的输出仅仅取决于该时刻电路的输入，与电路原来的状态无关。这一点也是所有组合逻辑器件的共同特点。

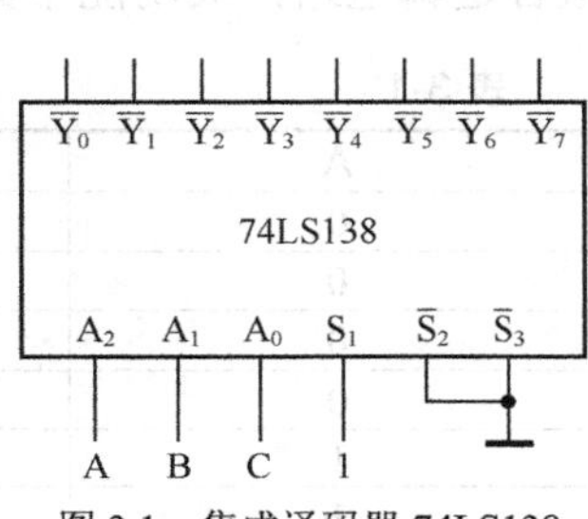

图 3.1　集成译码器 74LS138

了解了组合逻辑电路的共同特点，还要重点学习组合逻辑电路的分析方法。只有掌握了组合逻辑电路的分析方法，才能够深入理解该组合逻辑电路的功能和用途，才可能在工程实际中根据需要去合理选择这些集成芯片，并正确使用它们的扩展端和使能端。

实用电子技术中，我们会遇到很多小规模集成电路的设计问题，例如用逻辑门设计一个裁判表决器电路、一个半加器电路或一个全加器电路等。这些应该是电子工程技术人员必须掌握的基础知识和基本技能。只有理解和掌握了组合逻辑电路的分析方法，才有可能对不超过 10 个逻辑门的小规模集成组合逻辑电路进行设计。

对于已经设计出来的组合逻辑电路器件，我们只需了解和熟悉它们的功能和外部特性，就可以在实际电子线路中正确选择和合理使用它们。当需要我们设计具有一定功能的组合逻辑电路时，只有掌握了一定的组合逻辑电路理论知识和相关技术，才可能设计出实用、可靠、功能完善和经济指标好的组合逻辑电路新器件。所以说，本项目包含的知识和技能是电子工程技术人员必须要掌握的。

知识链接

3.1　组合逻辑电路的分析

所谓组合逻辑电路的分析，就是根据给定的逻辑电路图，找出电路的逻辑功能。

3.1.1 组合逻辑电路的功能描述

3-1 组合逻辑电路的特点

3-2 组合逻辑电路的功能描述

组合逻辑电路在功能描述上通常有4种方法。

1．逻辑函数式

例如，一个组合逻辑电路的逻辑函数式为

$$F = \overline{A}B + A\overline{B}$$

显然这个组合逻辑电路的功能是输出对输入具有异或功能。如果逻辑函数式较为复杂，其实现的功能一下子看不出来，则可通过逻辑函数的化简得到最简式，然后分析得出。

2．真值表

真值表描述组合逻辑电路的功能比较直观。假如我们通过分析已经得到一个最简的逻辑函数式，把这个最简逻辑函数式中的输出、输入关系用真值表表示出来，例如一个3变量的组合逻辑电路，其功能用真值表表述时，如表3-1所示。

表3-1　　3变量的真值表

A	B	C	F
0	0	0	0
0	0	1	1
0	1	0	1
0	1	1	0
1	0	0	1
1	0	1	0
1	1	0	0
1	1	1	1

观察真值表：当输入变量中有奇数个“1”时，输出就为“1”；输入变量中有偶数个“1”或全“0”时，输出就为“0”。因此，可判断该组合逻辑电路是一个3变量的判奇电路。

3．时序波形图

组合逻辑电路的输入变量和输出变量之间的关系用时序波形图表示时，更加直观。例如一个两变量的组合逻辑电路，其时序波形图如图3.2所示。

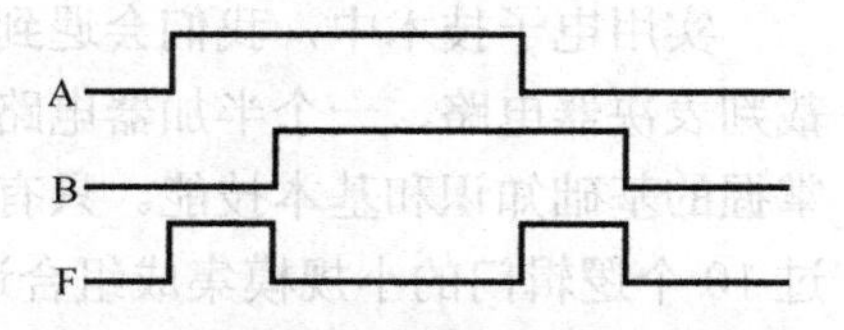

图3.2　两变量组合逻辑电路的时序波形图

图3.2中时序波形显示，当两输入相同时，输出为“0”；两输入相异时，输出为“1”。因此，这是一个具有异或功能的组合逻辑电路。

4．逻辑电路图

对于任意一个多输入、单输出或多输入、多输出的组合逻辑电路来讲，都可以用常用的逻辑符号相连接而成，如图3.3所示。

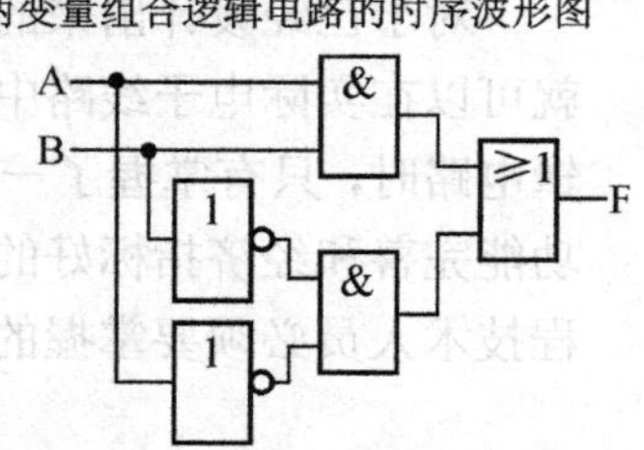

图3.3　组合逻辑电路图

3.1.2 组合逻辑电路的分析方法

组合逻辑电路的分析主要针对中、小规模数字集成电路构成的组合逻辑电路。

3-3 组合逻辑电路的分析方法

1．分析步骤

组合逻辑电路的分析步骤一般如下。

（1）根据已知逻辑电路图，从电路的输入到输出逐级写出逻辑函数式。

（2）用公式法或卡诺图法对已经写出的逻辑函数式进行化简，得到最简逻辑表达式。

（3）根据最简逻辑表达式，列出相应的逻辑电路真值表。

注意：如果最简逻辑表达式很容易看出其电路功能，这一步即可省略。

（4）根据真值表找出电路输出与输入之间的关系，即总结出电路的逻辑功能，以理解电路的作用。

注意：如果通过真值表分析电路后，功能已经明了，这一步骤也可省略。

2．分析举例

【例3.1】分析图3.4所示逻辑电路的功能。

【解】① 对图3.4用逐级递推法写出输出F和G的逻辑函数表达式。

$$Z_1 = A \oplus B$$

$$Z_2 = \overline{(A \oplus B)C}$$

$$Z_3 = \overline{AB}$$

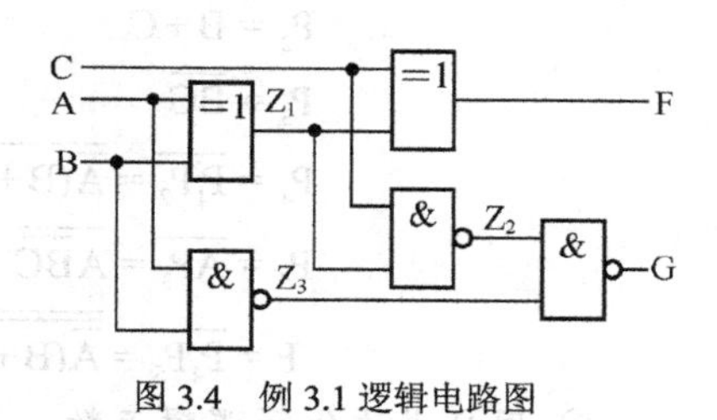

图 3.4　例 3.1 逻辑电路图

$$F = C \oplus (A \oplus B)$$

$$G = \overline{\overline{(A \oplus B)C} \cdot \overline{AB}} = (A \oplus B)C + AB$$

② 用公式法化简逻辑函数。

$$\begin{aligned} F &= C \oplus (A \oplus B) \\ &= C\overline{A\bar{B} + \bar{A}B} + \bar{C}(A\bar{B} + \bar{A}B) \\ &= C[(\bar{A} + B)(A + \bar{B})] + A\bar{B}\bar{C} + \bar{A}B\bar{C} \\ &= \bar{A}\bar{B}C + ABC + A\bar{B}\bar{C} + \bar{A}B\bar{C} \end{aligned}$$

$$\begin{aligned} G &= (A \oplus B)C + AB \\ &= C(A\bar{B} + \bar{A}B) + AB \\ &= A\bar{B}C + \bar{A}BC + AB \\ &= AC + BC + AB \end{aligned}$$

③ 列出相应的真值表，如表3-2所示。

表 3-2　例 3.1 电路真值表

输入			输出	
A	B	C	F	G
0	0	0	0	0
0	0	1	1	0
0	1	0	1	0
0	1	1	0	1
1	0	0	1	0
1	0	1	0	1
1	1	0	0	1
1	1	1	1	1

④ 分析逻辑功能。观察真值表可得出电路的特点是：当输入信号中有两个或两个以上“1”时，输出 G 为“1”，其他为“0”；当输入信号中“1”的个数为奇数时，输出 F 为“1”，其他为“0”。

如果 A 和 B 分别是被加数和加数，C 是低位的进位数，则 F 是按二进制数计算时本位的和，G 是向高位的进位数。

显然，本例中的逻辑电路是一个 1 位全加器。

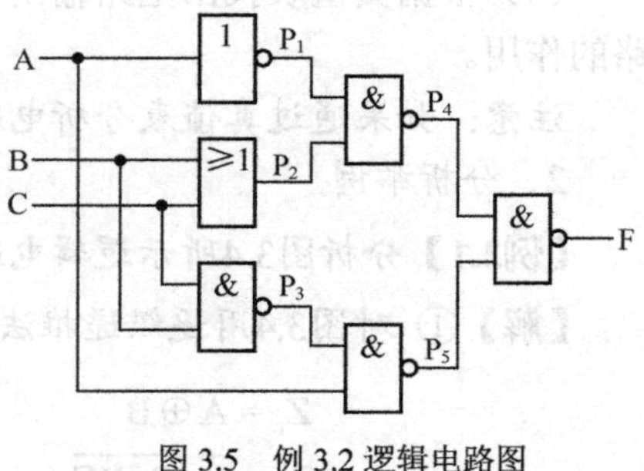

图 3.5 例 3.2 逻辑电路图

【例3.2】分析图3.5所示逻辑电路的功能。

【解】① 对图3.5用逐级递推法写出输出F的逻辑函数表达式。

$$P_1=\overline{A}$$

$$P_2=B+C$$

$$P_3=\overline{BC}$$

$$P_4=\overline{P_1P_2}=\overline{\overline{A}(B+C)}$$

$$P_5=\overline{AP_3}=\overline{A\overline{BC}}$$

$$F=\overline{P_4P_5}=\overline{\overline{\overline{A}(B+C)}\,\overline{A\overline{BC}}}$$

② 用公式法化简逻辑函数。

$$F=\overline{\overline{\overline{A}(B+C)}\,\overline{A\overline{BC}}}=\overline{A}(B+C)+A\overline{BC}=\overline{A}B+\overline{A}C+A\overline{B}+A\overline{C}$$

③ 列出真值表，如表3-3所示。

表 3-3 例 3.2 电路真值表

输入 A	输入 B	输入 C	输出 F
0	0	0	0
0	0	1	1
0	1	0	1
0	1	1	1
1	0	0	1
1	0	1	1
1	1	0	1
1	1	1	0

④ 分析逻辑功能。观察真值表可得出电路的特点是：当输入信号中 3 个完全相同时输出为“0”，若 3 个输入中至少有一个不相同时输出即为“1”。由于 3 个变量不一致时输出 F 为“1”，因此这是一个 3 变量不一致电路。

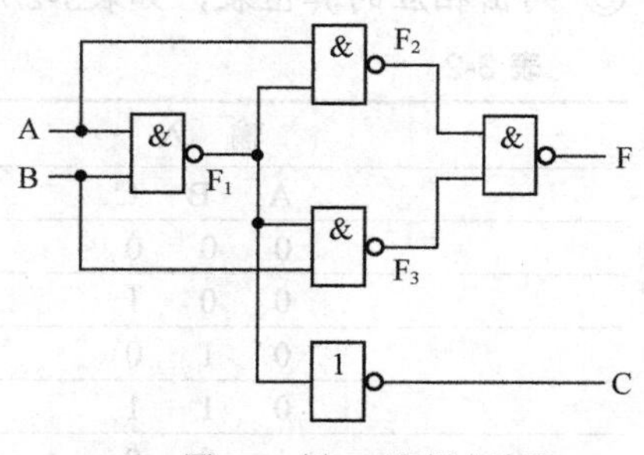

图 3.6 例 3.3 逻辑电路图

【例3.3】分析图3.6所示电路的逻辑功能。

【解】① 对图3.6用逐级递推法写出输出F和C的逻辑函数表达式。

$$F=\overline{F_2F_3}=\overline{\overline{AF_1}\cdot\overline{BF_1}}=\overline{\overline{A\overline{AB}}\cdot\overline{B\overline{AB}}}=A\overline{AB}+B\overline{AB}$$
$$=(\overline{A}+\overline{B})(A+B)=\overline{A}B+A\overline{B}=A\oplus B$$

$$C=\overline{F_1}=\overline{\overline{AB}}=AB$$

② 列出真值表，如表3-4所示。

表 3-4　　例 3.3 电路真值表

输入		输出	
A	B	F	C
0	0	0	0
0	1	1	0
1	0	1	0
1	1	0	1

③ 分析逻辑功能。该电路可以实现两个一位二进制数相加的功能。输出F可看作两个输入二进制数的和，输出C则看作两个输入二进制的和向高位的进位。由于该加法器电路没有考虑低位的进位，所以是一个半加器。

根据输出的最简形式，原电路可以改画成图3.7的形式。

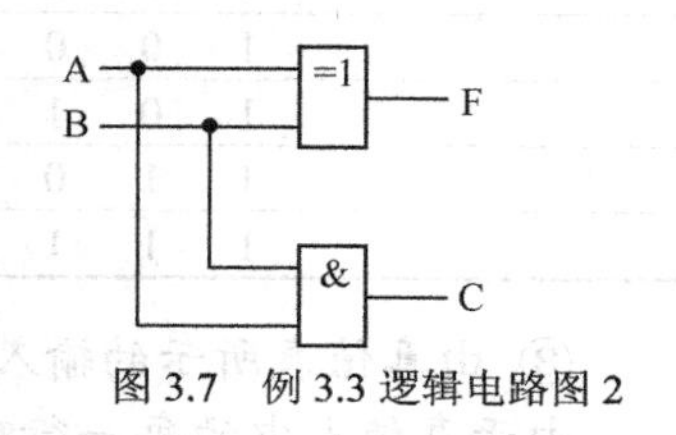

图 3.7　例 3.3 逻辑电路图 2

思考练习题

1. 什么是组合逻辑电路？在电路结构上它主要有哪些特点？
2. 组合逻辑电路能否用时序波形图进行分析？
3. 简述组合逻辑电路的分析步骤。

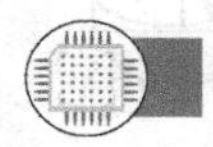

3.2　组合逻辑电路的设计

组合逻辑电路的设计，是根据给定的实际逻辑问题，求出实现其逻辑功能的最简形式的逻辑电路。显然，设计的过程与分析的过程互逆。

3-4　组合逻辑电路的设计步骤

3.2.1　组合逻辑电路的设计步骤

小规模集成组合逻辑电路的一般设计步骤如下所述。

（1）根据给出的条件和最终要实现的功能，首先选定逻辑变量和逻辑函数，并用相应字母表示出来；其次，用“0”和“1”各表示一种状态，根据题目所给条件，对逻辑变量和逻辑函数进行赋值。

（2）根据逻辑变量和逻辑函数之间的关系列出真值表。

（3）根据真值表写出逻辑函数表达式，并对其进行化简。

（4）根据最简逻辑函数表达式，画出相应逻辑电路。

3-5　组合逻辑电路的设计举例

3.2.2　组合逻辑电路的设计方法

组合逻辑电路的设计，对初学者而言仅限于小规模集成电路，下面举例说明。

【例3.4】设计一个多数表决器，3人参加表决，多数通过，少数否决。

【解】① 分析设计要求，设置输入、输出变量并对其逻辑赋值。

根据题目的条件，表决人对应输入逻辑变量，用 A、B、C 表示；表决结果对应输出变量，用 F 表示。输入变量赋值为“1”时表示同意通过，输入变量赋值为“0”时表示否决；输出变量赋值为“1”时表示提案通过，输出变量赋值为“0”时，提案被否决。

② 根据逻辑变量之间的关系，列出相应的真值表，如表3-5所示。

表 3-5 例 3.4 逻辑电路真值表

输入			输出
A	B	C	F
0	0	0	0
0	0	1	0
0	1	0	0
0	1	1	1
1	0	0	0
1	0	1	1
1	1	0	1
1	1	1	1

③ 由真值表所示的输入与输出关系，可写出相应的逻辑函数表达式。

由于真值表中的每一行对应一个最小项，所以将输出为“1”的最小项用与项表示后进行逻辑加，即可得到逻辑函数的最小项表达式。在写最小项时，输入逻辑变量为“0”时用反变量表示，为“1”时用原变量表示，即

$$F=\overline{A}BC+A\overline{B}C+AB\overline{C}+ABC$$

用图 3.8 所示的卡诺图对逻辑函数进行化简。

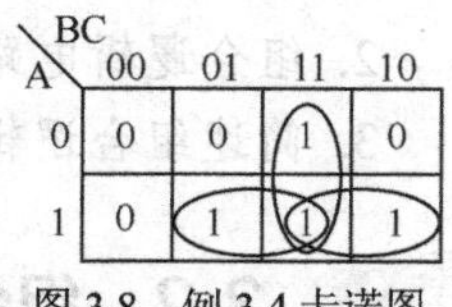

图 3.8 例 3.4 卡诺图

化简结果为

$$F=AB+BC+CA$$

④ 根据最简逻辑函数表达式可画出逻辑电路图。

由于实际制作逻辑电路的过程中，一块集成芯片上往往有多个同类门电路，所以在构成具体逻辑电路时，通常只选用一种门电路，而且最常选用的逻辑门就是与非门。因此，此多数表决电路的逻辑函数表达式利用非非定律和反演率，可很容易得到与非-与非表达式，即

$$F=\overline{\overline{AB+BC+CA}}=\overline{\overline{AB}\cdot\overline{BC}\cdot\overline{CA}}$$

这样，我们就得到了图 3.9 所示的、由 4 个与非门构成的多数表决器逻辑电路，构成电路的集成芯片可选择一个四 2 输入的与非门 74LS00 或者一个 CC4011 即可。

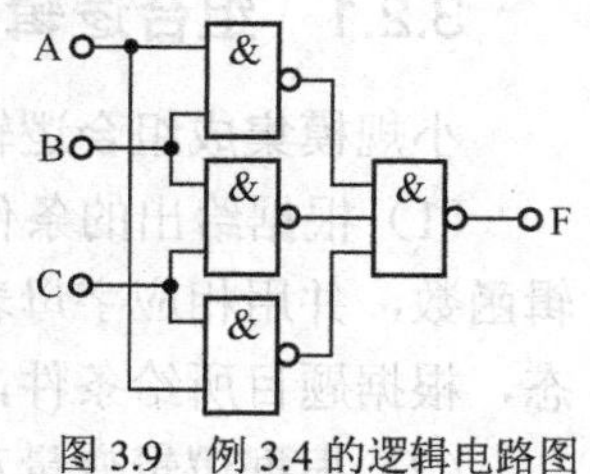

图 3.9 例 3.4 的逻辑电路图

【例3.5】用与非门设计一个监视交通信号灯工作状态的逻辑电路。每一组交通信号灯由红、黄、绿3盏灯组成。正常工作时，只有一盏灯亮，而且只允许一盏灯亮。若出现其他情况均说明交通信号灯电路发生故障，这时应提醒维护人员去修理。示意图如图3.10所示。

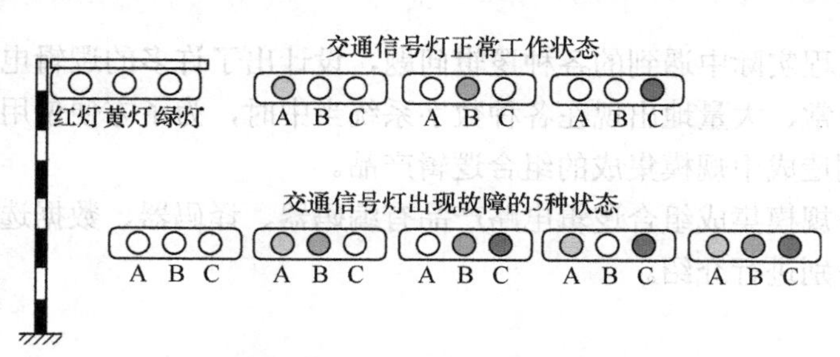

图 3.10 例 3.5 中的交通信号灯示意图

【解】① 分析设计要求，设置输入、输出变量并对其逻辑赋值。

取红、黄、绿 3 盏灯的状态为输入变量，分别用 A、B、C 表示，灯亮时赋值为“1”，灯不亮时赋值为“0”；取故障信号为输出变量 F，正常工作状态下 F 赋值为“0”，发生故障时 F 赋值为“1”。

② 根据题目中所给的条件，可列出表3-6所示的逻辑真值表。

表 3-6 例 3.5 的逻辑真值表

输入			输出
A	B	C	F
0	0	0	1
0	0	1	0
0	1	0	0
0	1	1	1
1	0	0	0
1	0	1	1
1	1	0	1
1	1	1	1

③ 由真值表所示的输入与输出关系，可写出相应的逻辑函数表达式。

写最小项时，输入逻辑变量为“0”时用反变量表示，为“1”时用原变量表示，即

$$F=\bar{A}\bar{B}\bar{C}+\bar{A}BC+A\bar{B}C+AB\bar{C}+ABC$$

A \ BC	00	01	11	10
0	1	0	1	0
1	0	1	1	1

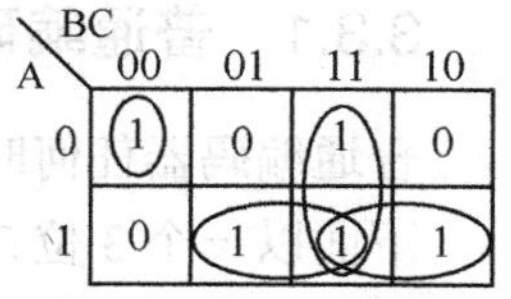

图 3.11 例 3.5 的卡诺图

用卡诺图化简法对其化简，如图 3.11 所示。

化简结果为

$$F=\bar{A}\bar{B}\bar{C}+AB+AC+BC$$

题目要求用与非门进行设计。因此，该电路可对最简逻辑函数表达式进一步变换，利用非非定律和反演率，很容易得到与非-与非式，即

$$F=\overline{\overline{\bar{A}\bar{B}\bar{C}+AB+AC+BC}}=\overline{\overline{\bar{A}\bar{B}\bar{C}}\cdot\overline{AB}+\overline{AC}+\overline{BC}}$$

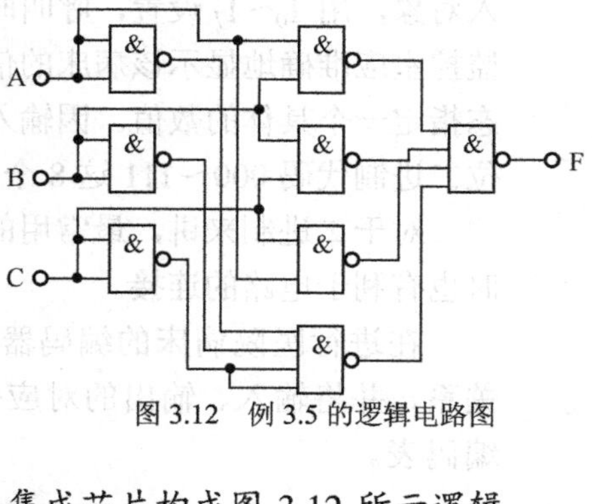

A B C F

图 3.12 例 3.5 的逻辑电路图

④ 根据上述与非-与非式可画出相应的逻辑电路图，如图3.12所示。

本设计中，可选用两个 74LS00 集成芯片和一个 74LS20 集成芯片构成图 3.12 所示逻辑电路。

人们为解决工程实际中遇到的各种逻辑问题，设计出了许多的逻辑电路。当人们发现其中有些逻辑电路经常、大量地出现在各种数字系统当中时，为了方便使用，各厂家就将这些常用的逻辑电路制造成中规模集成的组合逻辑产品。

比较常用的中规模集成组合逻辑电路产品有编码器、译码器、数据选择器和数值比较器等。下面将对其分别进行介绍。

思考练习题

1. 简述单输出组合逻辑电路和多输出组合逻辑电路设计的异同点。
2. 在用逻辑门电路设计组合逻辑电路时，为什么要对逻辑函数表达式进行化简？

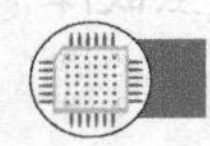

3.3 编码器

生活和生产中，人们最熟悉的是十进制数以及文字符号等，并用它们表示事物。但是，人们用计算机处理事物时，计算机只能识别二进制代码。用二进制代码表示十进制数和文字符号等特定对象的过程，称为编码。实现编码的组合逻辑电路，称为编码器。

问题的提出：对 M 个信号编码时，应如何确定位数 N？N 位二进制代码可以表示多少个信号？

举例说明：对 101 键盘编码时，编码的原则是，N 位二进制代码可以表示 2^N 个信号，则对 M 个信号编码时，应由 $2^N \geq M$ 来确定位数 N。因此，对 101 键盘编码时，采用了 7 位二进制代码 ASCII 码，$2^7=128>101$。

目前，经常使用的编码器有普通编码器和优先编码器两种。

3.3.1 普通编码器

普通编码器任何时刻只允许输入一个有效编码请求信号，否则输出将发生混乱。

下面以一个 3 位二进制普通编码器为例，说明普通编码器的工作原理。

例如：某医院有 8 张病床安装了呼叫信号装置，8 张病床的呼叫信号作为编码系统的输入对象，用 I_0～I_7 设置，呼叫时赋值为“1”，否则为“0”；当某病床发出呼叫信号时，护理监控室应准确地显示该病床的信息，编码就是对 2^N 种状态进行人为的数值指定，给每一种状态指定一个具体的数值。因输入信号有 $2^3=8$ 个，而 3 位二进制数有 8 种状态，因此采用 3 位二进制代码 000～111 这 8 个信息表示输出信号十分恰当。

对于二进制来讲，最常用的是自然二进制编码，因为它有一定的规律性，便于记忆，同时也有利于电路的连接。

在进行医院病床的编码器设计时，首先要人为指定 8 个病床的呼叫信号与代码的对应关系，并将输入、输出的对应关系用真值表形式列出，如表 3-7 所示，此真值表也可称作编码表。

表 3-7　　　　8 线-3 线普通编码器的真值表

输入								输出		
I_7	I_6	I_5	I_4	I_3	I_2	I_1	I_0	Y_2	Y_1	Y_0
1	0	0	0	0	0	0	0	0	0	0
0	1	0	0	0	0	0	0	0	0	1
0	0	1	0	0	0	0	0	0	1	0
0	0	0	1	0	0	0	0	0	1	1
0	0	0	0	1	0	0	0	1	0	0
0	0	0	0	0	1	0	0	1	0	1
0	0	0	0	0	0	1	0	1	1	0
0	0	0	0	0	0	0	1	1	1	1

其中 8 个病床的呼叫信号是输入，分别用 I_7、I_6、I_5、I_4、I_3、I_2、I_1 和 I_0 表示，输出的二进制代码采用 Y_2、Y_1、Y_0 表示。这样，某一时刻，某病床的呼叫信号就会转换为唯一的、确定的二进制代码显示在护理监控室的屏幕上。

上述医院的病床呼叫信号装置中，因有 8 个输入和 3 个输出，因此可称之为 8 线-3 线编码器。由编码表可看出，当任一输出为高电平“1”时，对应的二进制代码都是唯一的。

将表 3-7 中的输出、输入逻辑关系写成相应的逻辑函数表达式如下。

$$Y_2=\bar{I}_7\bar{I}_6\bar{I}_5\bar{I}_4I_3\bar{I}_2\bar{I}_1\bar{I}_0+\bar{I}_7\bar{I}_6\bar{I}_5\bar{I}_4\bar{I}_3I_2\bar{I}_1\bar{I}_0+\bar{I}_7\bar{I}_6\bar{I}_5\bar{I}_4\bar{I}_3\bar{I}_2I_1\bar{I}_0+\bar{I}_7\bar{I}_6\bar{I}_5\bar{I}_4\bar{I}_3\bar{I}_2\bar{I}_1I_0$$

$$Y_1=\bar{I}_7\bar{I}_6I_5\bar{I}_4\bar{I}_3\bar{I}_2\bar{I}_1\bar{I}_0+\bar{I}_7\bar{I}_6\bar{I}_5I_4\bar{I}_3\bar{I}_2\bar{I}_1\bar{I}_0+\bar{I}_7\bar{I}_6\bar{I}_5\bar{I}_4\bar{I}_3\bar{I}_2I_1\bar{I}_0+\bar{I}_7\bar{I}_6\bar{I}_5\bar{I}_4\bar{I}_3\bar{I}_2\bar{I}_1I_0$$

$$Y_0=\bar{I}_7I_6\bar{I}_5\bar{I}_4\bar{I}_3\bar{I}_2\bar{I}_1\bar{I}_0+\bar{I}_7\bar{I}_6\bar{I}_5I_4\bar{I}_3\bar{I}_2\bar{I}_1\bar{I}_0+\bar{I}_7\bar{I}_6\bar{I}_5\bar{I}_4\bar{I}_3I_2\bar{I}_1\bar{I}_0+\bar{I}_7\bar{I}_6\bar{I}_5\bar{I}_4\bar{I}_3\bar{I}_2\bar{I}_1I_0$$

由上述逻辑函数表达式可知，如果任何时刻 I_7～I_0 中只有一个取值为“1”，则输入变量的组合仅有表 3-7 所示的 8 种状态，其他的输入变量组合显然都是无关最小项，利用无关最小项可把上述逻辑关系化简为

$$Y_2=I_3+I_2+I_1+I_0$$
$$Y_1=I_5+I_4+I_1+I_0$$
$$Y_0=I_6+I_4+I_2+I_0$$

按上述逻辑关系式可画出用或门组成的编码电路，如图 3.13 所示。

工程实际应用中，每一个编码系统都由设计人员临时设计的时代已经一去不复返了。当今的数字电子技术，编码器已经做成现成的集成电路芯片，8 线-3 线编码器的输出、输入如图 3.14 所示。

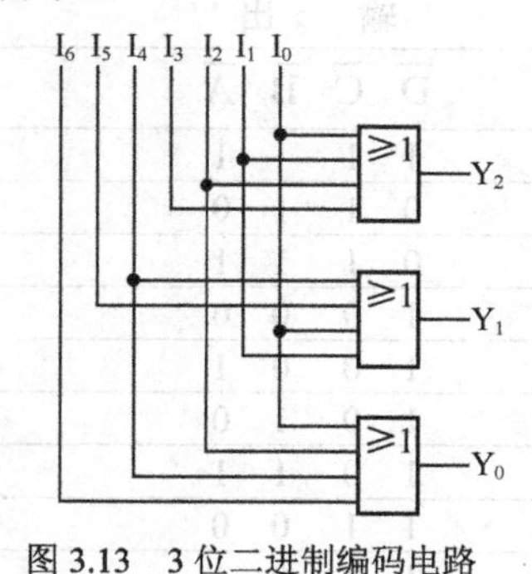

图 3.13　3 位二进制编码电路

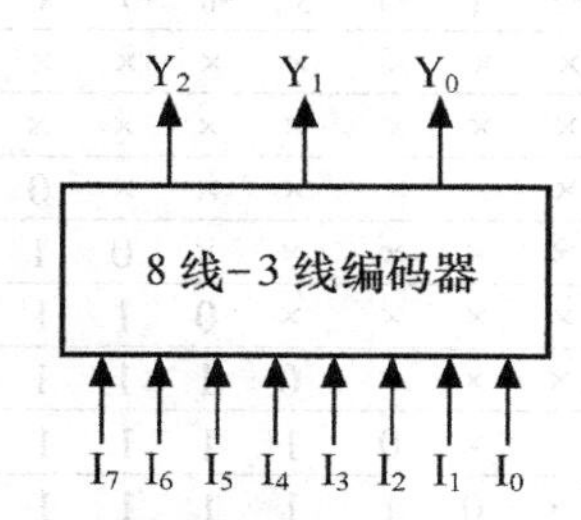

图 3.14　8 线-3 线编码器的输出、输入

3.3.2 优先编码器

在数字电子技术的应用中，尤其在计算机操作系统中，常常要控制几个工作对象。例如，计算机主机要控制打印机、磁盘驱动器、输入键盘等。当某个部件需要进行操作时，必须先送一个信号给主机，提出服务请求，经主机识别后再发出允许操作的服务响应信号，并按事先编好的程序工作。但当操作者不慎同时按下两个或更多个按键时，由于计算机的机械操作键盘比较简单，同一时刻只允许给其中的 1 个部件发出操作信号，就会造成几个部件同时发出服务请求，从而造成计算机输出的混乱。

为避免上述现象的发生，数字电子技术中根据操作任务的轻重缓急，事先规定好这些控制对象允许操作的先后次序，即事先按照优先级别给控制对象排好队，当有多个输入信号同时出现时，操作系统只对输入中优先级别最高的输入信号进行编码。具有能够识别请求信号的优先级别，并进行优先编码的组合逻辑器件称为优先编码器。优先编码器可用于优先中断系统、键盘编码等。

1．10 线-4 线优先编码器

10 线-4 线优先编码器是将十进制数码转换为二进制代码的组合逻辑电路。74LS147 优先编码器的引脚图和惯用符号图如图 3.15 所示。

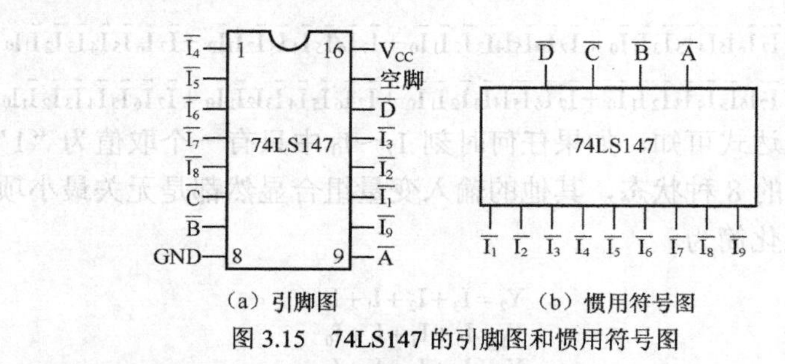

（a）引脚图　　（b）惯用符号图

图 3.15　74LS147 的引脚图和惯用符号图

74LS147 是一个 16 脚的 TTL 优先编码器的定型产品。图 3.15（a）中芯片的 15 脚为空脚，$\overline{I_1}$~$\overline{I_9}$ 为输入信号端，$\overline{A}$~$\overline{D}$ 为输出信号端。输入、输出变量上方都有非号，表明低电平有效。

74LS147优先编码器属于8421码的编码器，其功能真值表见表3-8。

表 3-8　74LS147 优先编码器真值表

输入									输出			
$\overline{I_1}$	$\overline{I_2}$	$\overline{I_3}$	$\overline{I_4}$	$\overline{I_5}$	$\overline{I_6}$	$\overline{I_7}$	$\overline{I_8}$	$\overline{I_9}$	$\overline{D}$	$\overline{C}$	$\overline{B}$	$\overline{A}$
×	×	×	×	×	×	×	×	×	1	1	1	1
×	×	×	×	×	×	×	×	0	0	1	1	0
×	×	×	×	×	×	×	0	1	0	1	1	1
×	×	×	×	×	×	0	1	1	1	0	0	0
×	×	×	×	×	0	1	1	1	1	0	0	1
×	×	×	×	0	1	1	1	1	1	0	1	0
×	×	×	0	1	1	1	1	1	1	0	1	1
×	×	0	1	1	1	1	1	1	1	1	0	0
×	0	1	1	1	1	1	1	1	1	1	0	1
0	1	1	1	1	1	1	1	1	1	1	1	0

由表3-8可以看出，在74LS147优先编码器中，无输入信号时，输出端全部为高电平“1”；在低电平输入有效时，高电平“1”表示无输入信号。

由表3-8可知，当$\overline{I_9}$输入为低电平“0”时，无论其他输入端是否有输入信号输入，编码器的输出均为0110（1001的反码），即再根据其他输入端的输入情况可以得出相应的输出代码。

只要$\overline{I_9}$输入为高电平“1”，$\overline{I_8}$输入为低电平“0”时，无论其余端子有无信号输入，编码器均按$\overline{I_8}$输入编码，输出为十进制数的8421码的反码0111。

以此类推，可得74LS147优先编码器的输入端$\overline{I_9}$的优先级别最高，其余输入端的优先级别依次为$\overline{I_8}$、$\overline{I_7}$、$\overline{I_6}$、$\overline{I_5}$、$\overline{I_4}$、$\overline{I_3}$、$\overline{I_2}$、$\overline{I_1}$、$\overline{I_0}$，$\overline{I_0}$的优先级别最低。

优先级别的高低通常由设计人员根据输入信号的轻重缓急情况而定。

2．8 线-3 线优先编码器

74LS148也是一个集成的优先编码器，其引脚图和惯用符号图如图3.16所示。

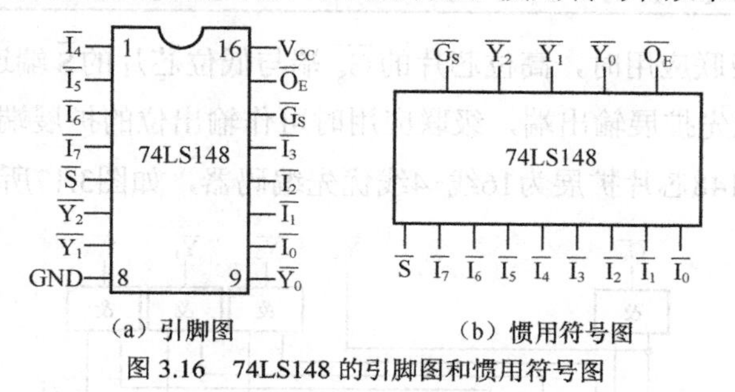

图 3.16 74LS148 的引脚图和惯用符号图

74LS148属于TTL集成电路，和74LS147一样是优先编码器的定型产品。图3.16（a）中$\overline{I_7}\sim\overline{I_0}$为输入信号端，$\overline{Y_2}\sim\overline{Y_0}$为输出端，$\overline{S}$为使能输入端，$\overline{O_E}$为使能输出端，$\overline{G_S}$为片优先编码输出端。在表示输入、输出端的字母上，非号表示低电平有效。

当使能输入端$\overline{S}=1$时，为禁止编码状态，此时不论8个输入端为何种状态，3个输出端均为高电平“1”。

当使能输入端$\overline{S}=0$时，电路处于正常编码状态，编码器工作。由于优先编码器中优先级别高的信号排斥优先级别低的信号，具有单方面排斥的特性，因此74LS148的输出端电平由$\overline{I_7}\sim\overline{I_0}$的输入信号来定。$\overline{I_7}$的优先级别最高，$\overline{I_0}$的优先级别最低。

当使能输入端$\overline{S}=0$，且至少有一个输入端有编码请求信号“0”时，优先编码器工作状态标志$\overline{G_S}$=0，表明编码器处于正常编码工作状态。这时使能输出端$\overline{O_E}$为高电平“1”的无效态。

使能输出端$\overline{O_E}=0$时，表示电路处于正常编码同时又无输入编码信号的状态，即$\overline{O_E}$只在允许编码而又没有输入信号时为低电平“0”。

74LS148优先编码器真值表如表3-9所示。

从表3-9中可以解读出优先编码器74LS148输出和输入之间的关系。

74LS148使能端$\overline{S}$是选通输入端：只有在$\overline{S}$＝0时，编码器才处于工作状态正常编码；当$\overline{S}$＝1时，编码器处于禁止状态，禁止状态下无论输入为何状态，所有输出均被封锁为高电平。

$\overline{G_S}$ 和 $\overline{O_E}$ 是选通输出端和扩展输出端，专为编码器的扩展功能而设置。

表 3-9　　　　　　　　　　74LS148 优先编码器真值表

输入									输出				
$\overline{S}$	$\overline{I_0}$	$\overline{I_1}$	$\overline{I_2}$	$\overline{I_3}$	$\overline{I_4}$	$\overline{I_5}$	$\overline{I_6}$	$\overline{I_7}$	$\overline{Y_2}$	$\overline{Y_1}$	$\overline{Y_0}$	$\overline{G_S}$	$\overline{O_E}$
1	×	×	×	×	×	×	×	×	1	1	1	1	1
0	1	1	1	1	1	1	1	1	1	1	1	1	0
0	×	×	×	×	×	×	×	0	0	0	0	0	1
0	×	×	×	×	×	×	0	1	0	0	1	0	1
0	×	×	×	×	×	0	1	1	0	1	0	0	1
0	×	×	×	×	0	1	1	1	0	1	1	0	1
0	×	×	×	0	1	1	1	1	1	0	0	0	1
0	×	×	0	1	1	1	1	1	1	0	1	0	1
0	×	0	1	1	1	1	1	1	1	1	0	0	1
0	0	1	1	1	1	1	1	1	1	1	1	0	1

当两个74LS148级联应用时，高位芯片的 $\overline{G_S}$ 端与低位芯片的 $\overline{S}$ 端连接起来，可以扩展优先编码功能：$\overline{G_S}$ 为优先扩展输出端，级联应用时可作输出位的扩展端。

例如将两块74LS148芯片扩展为16线-4线优先编码器，如图3.17所示。

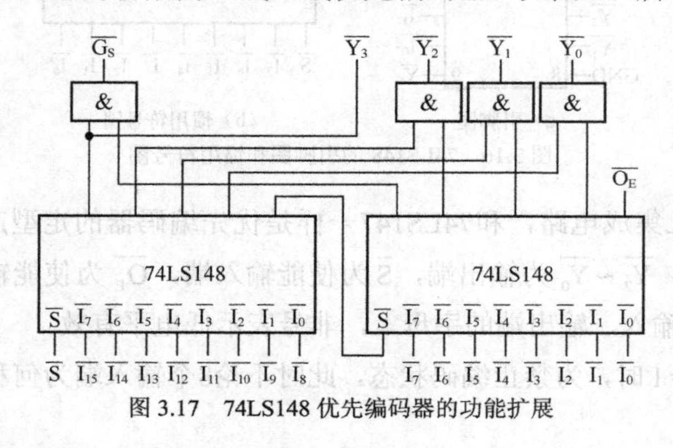

图 3.17　74LS148 优先编码器的功能扩展

当高位芯片的使能输入端为低电平“0”时，允许对 $\overline{I_8}$~$\overline{I_{15}}$ 编码，当高位芯片有编码信号输入时，$\overline{O_E}$ 为“1”，它控制低位芯片处于禁止状态；若当高位芯片无编码信号输入时，$\overline{O_E}$ 为“0”，低位芯片处于编码状态。高位芯片的 $\overline{G_S}$ 端作为输出信号的高位端，输出信号的低三位由两块芯片的输出端对应位相与后得到。在有编码信号输入时，两块芯片只能有一块工作于编码状态，输出也是低电平有效，相与后就可以得到相应的编码输出信号。

以上通过对74LS147和74LS148优先编码器逻辑功能的分析，介绍了中规模集成器件通过真值表了解集成器件功能的方法。但是，不建议学习者死记硬背相关的真值表，只要求学习者能够具备查阅器件手册的能力。下面通过一个例子进一步说明优先编码器的用途以及设计方法。

【例 3.6】电话室需对 4 种电话编码控制，优先权由高到低是：火警电话、急救电话、工作电话、生活电话，分别编码为 11、10、01、00。试设计该编码器电路。

【解】① 设输入、输出信号变量，并对它们赋值。

假设火警、急救、工作和生活 4 种电话信号分别用 A、B、C、D 表示为输入信号，赋值高电平“1”时表示有电话，低电平“0”表示无电话；输出编码用 F_1、F_0 表示。按题意可列出真值表，如表 3-10 所示。其中 × 表示取值任意。

表 3-10 例 3.6 真值表

输入				输出	
A	B	C	D	F_1	F_0
1	×	×	×	1	1
0	1	×	×	1	0
0	0	1	×	0	1
0	0	0	1	0	0

② 根据真值表，可写出 F_1、F_0 的逻辑函数表达式并化简。

$$F_1 = A + \overline{A}B = A + B$$

$$F_0 = A + \overline{A}\,\overline{B}C = A + \overline{B}C$$

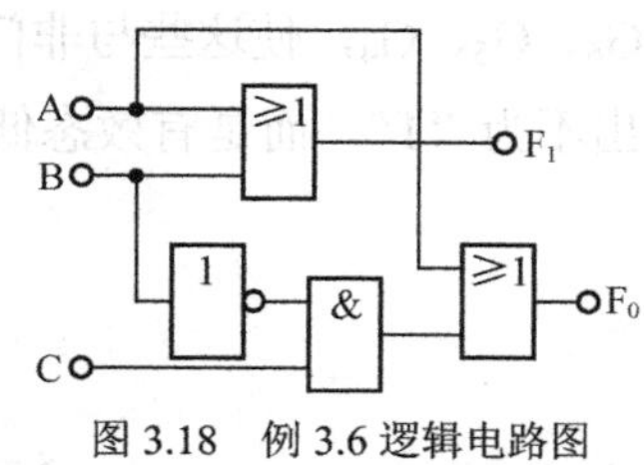

图 3.18 例 3.6 逻辑电路图

③ 根据逻辑函数表达式画出相应逻辑电路图，如图 3.18 所示。

由逻辑电路图不难看出，该电路有 3 个输入信号（A、B、C）。当 ABC=000 时，F_1F_0=00，即表示对生活电话编码，所以输入信号 D 的输入端可以省略；当 ABC=001 时，F_1F_0=01，表示对工作电话编码；当 ABC=01× 时，F_1F_0=10，表示对急救电话编码；当 ABC=1×× 时，F_1F_0=11，表示对火警电话编码。

通过本例，可进一步熟悉优先编码器的功能、特点和用途，加深理解组合逻辑电路的设计方法，尽快掌握编码器的设计方法及应用技术。

思考练习题

1. 什么是编码？什么是编码器？它的主要功能是什么？
2. 一般编码器输入的编码信号为什么是相互排斥的？
3. 什么是优先编码器？它是否存在编码信号间的相互排斥？

3.4 译码器

译码是编码的逆过程，其任务是将编码时赋予代码的特定含义“翻译”出来，或者说，译码可以把每个代码译为一个特定的输出信号，以表示它的原意。根据需要，输出信号可以是脉冲，也可以是电位。能够实现译码功能的组合逻辑器件称为译码器。

3-8 变量译码器

3.4.1 变量译码器

1．二进制译码器

译码器是多函数组合逻辑问题，而且输出端数多于输入端数。译码器的输入为二进制代码信号，每一组输入代码仅有一条输出译码线对应，如果译码线对应的输出是十进制数，则8个输出分别对应十进制数0～7，数值与各输出端的注脚对应。3线-8线译码器74LS138的内部结构原理图如图3.19所示。

观察图3.19可看出：当某个二进制代码出现在输入端时，相应的译码线上则输出高电平（或低电平），其他译码线则保持低电平（或高电平）。

例如：输入$A_2A_1A_0$=010时，其中A_1=1经过一个非门变为反变量低电平“0”，这个“0”分别输入到与非门G_0、G_1、G_4、G_5、G_6，使这些与非门的输出“有0出1”；另外，A_0=0经过两个非门仍为低电平“0”，这个“0”分别输入到与非门G_1、G_3、G_5、G_7，使这些与非门的输出“有0出1”；同理，A_2=0经过两个非门仍为低电平“0”，这个“0”分别输入到与非门G_7、G_6、G_5、G_4，使这些与非门的输出“有0出1”，输出均为高电平。如此，只有译码线上的G_2输出不为“1”，而是有效态低电平“0”，所以该二进制代码被翻译为十进制数2。

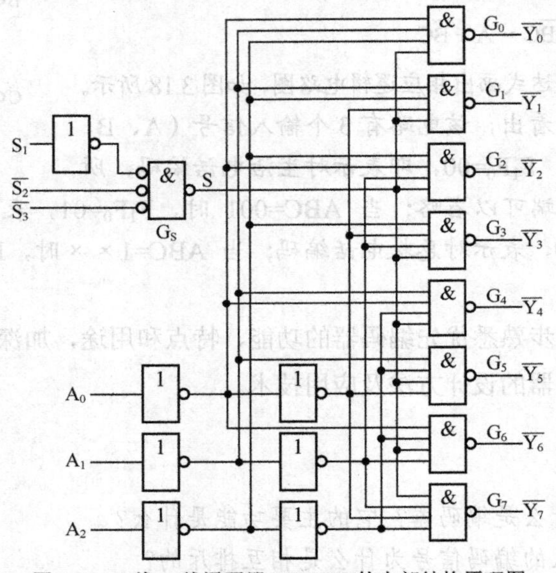

图 3.19　3 线-8 线译码器 74LS138 的内部结构原理图

早期的译码器大多用二极管矩阵实现，现在则多采用半导体集成电路来完成译码。

变量译码器实际上就是二进制译码器。

74LS138是一个16个引脚的变量译码器，具有电源端，地端，3个输入端A_2、A_1、A_0，8个输出端$\overline{Y_7}\sim\overline{Y_0}$，3个使能端$G_1$、$\overline{G_{2A}}$、$\overline{G_{2B}}$。其引脚图和惯用符号图如图3.20所示。

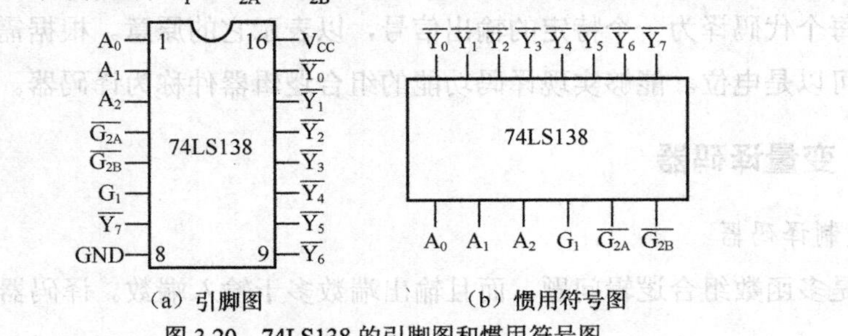

（a）引脚图　　（b）惯用符号图

图 3.20　74LS138 的引脚图和惯用符号图

74LS138的输入、输出关系如表3-11真值表所示。

表 3-11　　74LS138 译码器的真值表

输入		输出
G_1 $\overline{G_{2A}}$ $\overline{G_{2B}}$	A_2 A_1 A_0	$\overline{Y_0}$ $\overline{Y_1}$ $\overline{Y_2}$ $\overline{Y_3}$ $\overline{Y_4}$ $\overline{Y_5}$ $\overline{Y_6}$ $\overline{Y_7}$
× 1 1	× × ×	1 1 1 1 1 1 1 1
0 × ×	× × ×	1 1 1 1 1 1 1 1
1 0 0	0 0 0	0 1 1 1 1 1 1 1
1 0 0	0 0 1	1 0 1 1 1 1 1 1
1 0 0	0 1 0	1 1 0 1 1 1 1 1
1 0 0	0 1 1	1 1 1 0 1 1 1 1
1 0 0	1 0 0	1 1 1 1 0 1 1 1
1 0 0	1 0 1	1 1 1 1 1 0 1 1
1 0 0	1 1 0	1 1 1 1 1 1 0 1
1 0 0	1 1 1	1 1 1 1 1 1 1 0

从真值表中可看出，74LS138具有3个译码输入端，又称地址输入端的A_2、A_1、A_0，8个译码输出端$\overline{Y_0}$～$\overline{Y_7}$，3个控制端也称使能端的G_1、$\overline{G_{2A}}$和$\overline{G_{2B}}$。

当控制端G_1为低电平“0”时，无论其他输入端为何值，输出全部为高电平“1”，电路禁止译码，所有的输出端被封锁为高电平“1”。

当G_1为高电平“1”时，如果输入使能端$\overline{G_{2A}}$和$\overline{G_{2B}}$中至少有一个为高电平“1”，无论其他输入端为何值，电路禁止译码，所有的输出端被封锁为高电平“1”。

当G_1为高电平“1”，且$\overline{G_{2A}}$和$\overline{G_{2B}}$同时为低电平“0”时，电路为译码状态。

当译码器处于译码状态时，每输入一个二进制代码，就会有对应的一个输出端为低电平，称这个输出端被“译中”。被译中的输出注脚表示的数字即为翻译的十进制数值或某一特定信息，而其他输出端均为无效态高电平“1”。

由于74LS138的输出端被译中时为低电平，所以其逻辑符号中每个输出端上字都有非号。

利用控制端的功能，可以使两个74LS138芯片构成1个4线-16线译码器，连接方法如图3.21所示。

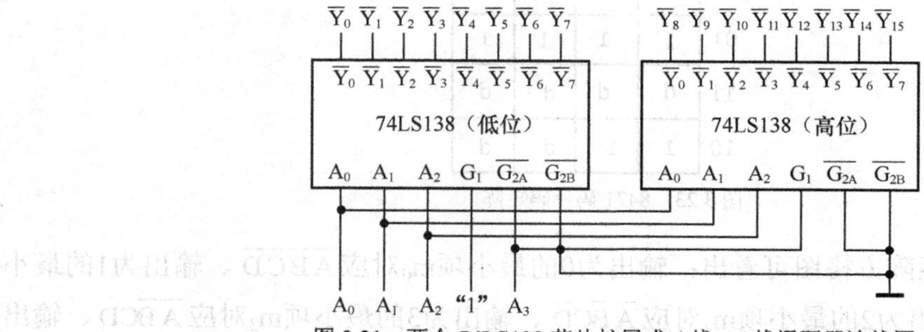

图 3.21　两个 74LS138 芯片扩展成 4 线-16 线译码器连线图

A_3、A_2、A_1、A_0为扩展后电路的信号输入端，$\overline{Y_{15}}$～$\overline{Y_0}$为输出端。低位芯片中的A_3为低

电平“0”时，由于A_3分别与低位芯片的$\overline{G_{2A}}$和$\overline{G_{2B}}$以及高位芯片的G_1相连，因此A_3的状态直接决定了两片74LS138的工作状态：高位芯片被禁止，$\overline{Y_8}$～$\overline{Y_{15}}$输出全部为高电平“1；”低位芯片被选中，处于译码状态，低电平有效的输出端$\overline{Y_0}$～$\overline{Y_7}$由A_2、A_1、A_0决定。当A_3＝1时，低位芯片被禁止，$\overline{Y_7}\sim\overline{Y_0}$输出全部为高电平“1”，高位芯片被选中，处于译码状态。

用74LS138还可以实现3变量或者2变量的逻辑函数。因为变量译码器的每一个输出端的低电平都与输入逻辑变量组合的一个最小项相对应。当我们将逻辑函数变换为最小项表达式时，只要从相应的输出端取出信号，送入与非门的输入端，与非门的输出信号就是所要求的逻辑函数。

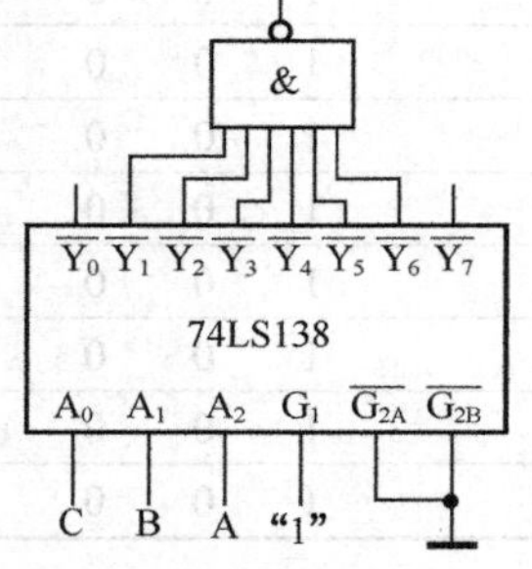

图 3.22 例 3.7 逻辑电路图

【例3.7】已知函数$F=\overline{A}B+\overline{B}C+A\overline{C}$，试用译码器74LS138实现。

【解】利用配项法化简函数F，化简过程如下：

$$F=\overline{A}BC+\overline{A}B\overline{C}+A\overline{B}C+\overline{A}\,\overline{B}C+AB\overline{C}+A\overline{B}\,\overline{C}$$
$$=\sum m(1,\ 2,\ 3,\ 4,\ 5,\ 6)$$

逻辑电路如图 3.22 所示。

2．二-十进制译码器

二-十进制译码器的设计方法实质上与二进制变量译码器的设计方法相同。只是编码的输入由3位二进制代码变成4位二进制代码，输出由8线变为16线。

3-9 二—十进制译码器

以8421码译码电路为例。

当我们对8421码进行译码时，实际上只需要0～9对应的10个输出状态，因此出现了6个多余状态。但是，这6个多余状态在化简时可作为无关最小项进行利用。

方法是采用译码矩阵法，首先画出16个最小项的卡诺图，在卡诺图中用“1”填入0～9对应的最小项0001、0010、0011、0100、0101、0110、0111、1000和1001，其余最小项方格填入无关最小项d，如图3.23所示。

AB \ CD	00	01	11	10
00	1	1	1	1
01	1	1	1	1
11	d	d	d	d
10	1	1	d	d

图 3.23 8421 码译码矩阵

由8421码的译码矩阵方格图可看出：输出为0的最小项m_0对应$\overline{A}\,\overline{B}\,\overline{C}\,\overline{D}$、输出为1的最小项$m_1$对应$\overline{A}\,\overline{B}\,\overline{C}D$、输出为2的最小项$m_2$对应$\overline{A}\,\overline{B}C\overline{D}$、输出为3的最小项$m_3$对应$\overline{A}\,\overline{B}CD$、输出为4的最小项$m_4$对应$\overline{A}B\overline{C}\,\overline{D}$、输出为5的最小项$m_5$对应$\overline{A}B\overline{C}D$、输出为6的最小项$m_6$对应$\overline{A}BC\overline{D}$、输出为7的最小项$m_7$对应$\overline{A}BCD$、输出为8的最小项$m_8$对应$\overline{A}\,\overline{B}\,\overline{C}\,\overline{D}$、输出为9的最小

项m_9对应$\overline{A}\,\overline{B}\,\overline{C}D$。以上输入与输出的关系中，ABCD的反变量均可通过一个非门获得，把4个输入变量分别构成10个最小项的组合，输入到10个与门，即可得到0～9的10个十进制数码。

根据译码矩阵和上述设计思路，可画出译码电路，如图3.24所示。

集成译码器和前面所讲的译码器工作原理相同，但考虑到集成电路的特点，进行了以下几个改进。

（1）为了减轻信号的负担，集成电路输入一般都采用缓冲级，这样，外界信号只驱动一个门。

（2）为了降低功率损耗，译码器的输出端常常是反码输出，采用低电平有效的方式。

（3）为了便于扩大功能，增加了一些使能端、控制端等。

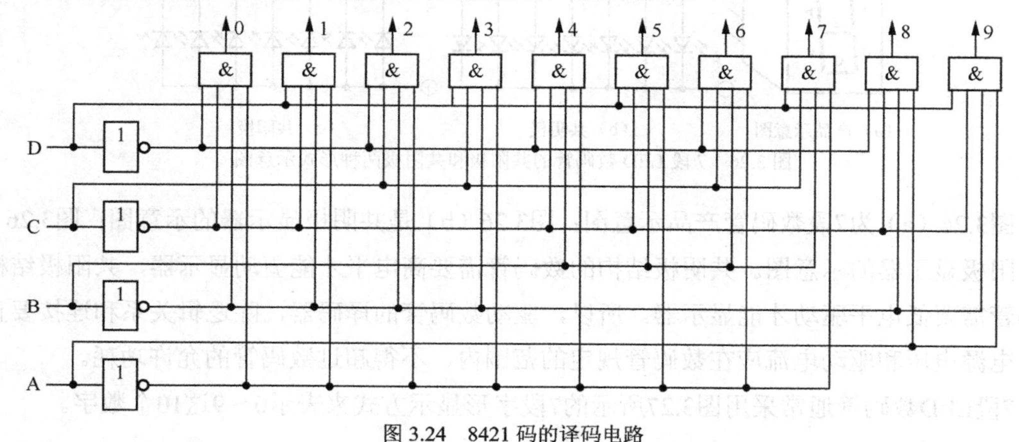

图3.24　8421码的译码电路

集成4线-10线译码器产品是74LS42，如图3.25所示。

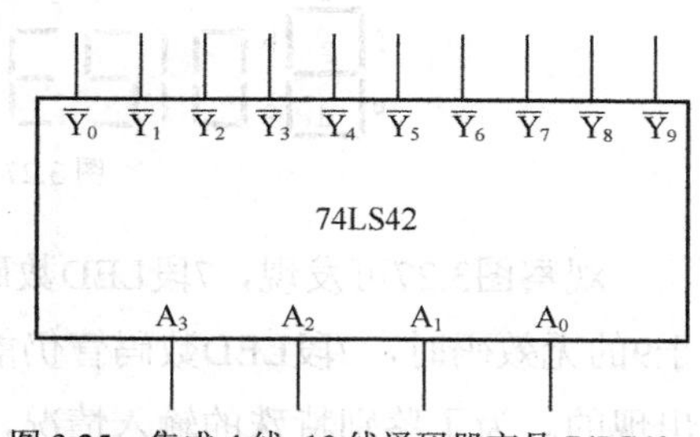

图3.25　集成4线-10线译码器产品74LS42

3.4.2　显示译码器

在数字测量仪表和各种数字电路中，都需要将数字量直观地显示出来，一方面供人们直接读取测量和运算的结果，另一方面用于监视数字系统的工作情况，例如数字式仪表、数控设备和微型计算机中的数码管是不可缺少的人机联系手段。

数字显示电路是数字设备不可缺少的部分。数字显示电路通常由数字显示译码器、驱动器和数字显示器等部分组成。

1．数字显示器

数字显示器是用来显示数字、文字或者符号的器件，常见的有辉光数码管、荧光数码管、液晶显示器、发光二极管（LED）数码管、场致发光数字板、等离子体显示板等。本项目主要讨论由发光二极管构成的LED数码管。

LED具有许多优点，不仅工作电路电压低，而且体积小、寿命长、可靠性高、响应速度快、亮度比较高。通常LED数码管的工作电流在5～10mA，绝不允许超过最大值50mA。LED数码管可以直接由显示译码器驱动。

3-10　LED数码管

LED数码管又称为半导体数码管，其基本单元是LED，LED数码管按段数可分为7段数码管和8段数码管，8段数码管比7段数码管多一个小数点（DP），这个小数点可以更精确地表示数码管想要显示的内容，按能显示多少个数码可分为1位、2位、3位、4位、5位、6位、7位等数码管。集成的数码管由LED封装制成。

以7段LED数码管为例，说明数码管的结构组成。7段数码管有共阳极和共阴极两种形式，如图3.26所示。

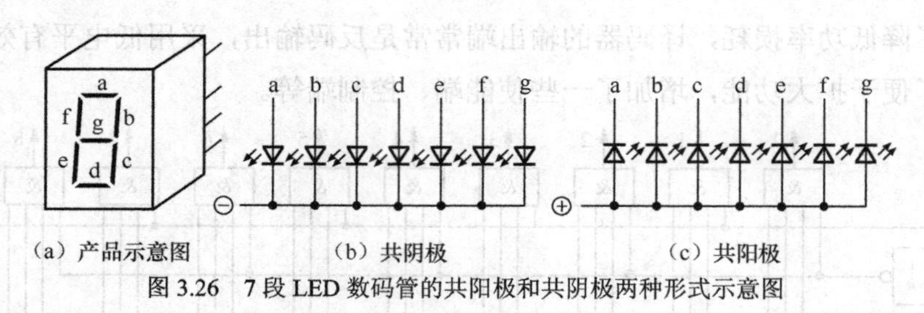

（a）产品示意图　（b）共阴极　（c）共阳极

图 3.26　7 段 LED 数码管的共阳极和共阴极两种形式示意图

图3.26（a）为7段数码管产品示意图；图3.26（b）是共阴极显示器的示意图；图3.26（c）是共阳极显示器的示意图。共阴极结构的数码管需要高电平才能驱动显示器，共阳极结构的数码管需要低电平驱动才能显示器。所以，驱动数码管的译码器，除逻辑关系和连接要正确外，电源电压和驱动电流应在数码管规定的范围内，不得超过数码管的允许功耗。

7段LED数码管通常采用图3.27所示的7段字形显示方式来表示0～9这10个数字。

图 3.27　7 段 LED 数码管显示数字示意图

观察图3.27可发现，7段LED数码管除了能正常显示0～9共10个数码，当输入代码出现大于9的无效码时，7段LED数码管仍能显示一些其他符号。这些其他符号在正常译码时是不会出现的。为了鉴别特殊的输入情况，非正常译码时专门进行了设置，使电路在出现无效码时数码管仍会显示出一定的图形。

由于各种显示器件的驱动要求不同，对显示译码器的要求也存在差异，因此我们仅向读者介绍数码管译码器。

2．数码管译码器

数码管译码器是用来与7段数码管相配合、把以二进制BCD码表示的输入信号翻译成驱动7段LED数码管各段对应的所需电平。下面通过对集成74LS48数码管译码器芯片进行分析，了解这一类集成逻辑器件的功能和使用方法。

3-11　数码管译码器

74LS48数码管译码器是一个16脚的集成器件，其功能真值表如表3-12所示。

表 3-12　　74LS48 数码管译码器功能真值表

$\overline{LT}$	$\overline{RBI}$	$\overline{BI}/\overline{RBO}$	A_3 A_2 A_1 A_0	a b c d e f g	功能显示
0	×	1	× × × ×	1 1 1 1 1 1 1	试灯
×	×	0	× × × ×	0 0 0 0 0 0 0	熄灭
1	0	0	0 0 0 0	0 0 0 0 0 0 0	灭 0
1	1	1	0 0 0 0	1 1 1 1 1 1 0	显示 0
1	×	1	0 0 0 1	0 1 1 0 0 0 0	显示 1
1	×	1	0 0 1 0	1 1 0 1 1 0 1	显示 2
1	×	1	0 0 1 1	1 1 1 1 0 0 1	显示 3
1	×	1	0 1 0 0	0 1 1 0 0 1 1	显示 4
1	×	1	0 1 0 1	1 0 1 1 0 1 1	显示 5
1	×	1	0 1 1 0	0 0 1 1 1 1 1	显示 6
1	×	1	0 1 1 1	1 1 1 0 0 0 0	显示 7
1	×	1	1 0 0 0	1 1 1 1 1 1 1	显示 8
1	×	1	1 0 0 1	1 1 1 0 0 1 1	显示 9
1	×	1	1 0 1 0	0 0 0 1 1 0 1	显示⊏
1	×	1	1 0 1 1	0 0 1 1 0 0 1	显示⊐
1	×	1	1 1 0 0	0 1 0 0 0 1 1	显示⊔
1	×	1	1 1 0 1	1 0 0 1 0 1 1	显示⊐̄
1	×	1	1 1 1 0	0 0 0 1 1 1 1	显示⊢
1	×	1	1 1 1 1	0 0 0 0 0 0 0	无显示

由表3-12可以看出74LS48数码管译码器的逻辑功能如下。

（1）引脚3是灯测试输入端$\overline{LT}$：上方有横杠表示低电平有效，当$\overline{LT}=0$且引脚4的灭灯输入/灭零输出端$\overline{BI}/\overline{RBO}$＝1时，7段LED数码管同时得到高电平，从数码管各段能否正常发光显示试灯功能。正常使用时，$\overline{LT}$应处于高电平或者悬空。

（2）引脚5是灭灯输入端$\overline{RBI}$：当$\overline{RBI}=0$且$\overline{LT}=1$ 时，不论其他输入端为何种电平，所有的输出端全部输出为低电平，数码管不显示，呈灭零功能。

（3）引脚4是灭灯输入端$\overline{BI}$和灭零输出端$\overline{RBO}$连在一起构成的，$\overline{BI}/\overline{RBO}$是灭灯输入/灭零输出端，低电平有效。作输入时，若$\overline{BI}=0$，各段LED全灭；作输出时，若$\overline{RBI}=0$，表示将本该显示却不需显示的“0”熄灭了。

（4）$\overline{LT}$和$\overline{BI}/\overline{RBO}$为高电平“1”时、$\overline{RBI}$无论是何状态，译码器驱动数码管都正常显示。正常译码工作状态下，在4位二进制代码的输入端A_3、A_2、A_1、A_0输入一组8421码，在输出端可得到一组7位的二进制代码，代码组送入数码管，数码管就可以显示与输入相对应的十进制数。

74LS48数码管译码器具有16个引脚，除电源端、接地端外，还有4个译码输入端A_3、A_2、A_1、A_0，其中A_3为高位，译码输入端向译码器输入的是4位二进制8421码，高电平有效；译码器的a～g是它的7段代码输出端，也是高电平有效，某段输出为高电平时该段LED点亮，用以驱动高电平有效的7段LED数码管。数码管译码器74LS48内部的输出电路有上拉电阻，可以直接驱动共阴极数码管；数码管译码器74LS48还有3个使能端$\overline{LT}$、$\overline{BI}/\overline{RBO}$和$\overline{RBI}$。数码管译码器74LS48引脚图和惯用符号如图3.28所示。

常用的数码管译码器还有CC4511等集成电路。CMOS集成电路不允许任何接线端子悬空，在连接时必须要加以注意。

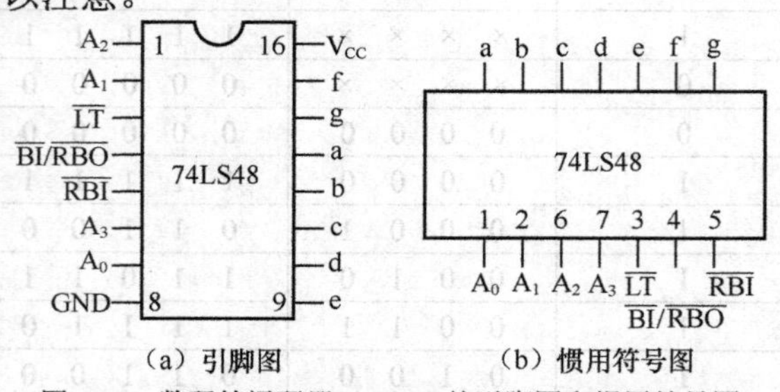

（a）引脚图　　（b）惯用符号图

图 3.28　数码管译码器 74LS48 的引脚图和惯用符号图

数码管译码器和数码管相连接时应注意：7段数码管分共阴极和共阳极两种，使用时共阴极数码管com公共端要接低电平，由数码管译码器74LS48/49等驱动；共阳极数码管的com端要接高电平，由数码管译码器74LS46/47等驱动；数码管的两个com仅连接一个即可；最后，将数码管的7段a～g输入端与数码管译码器的7个输出a～g引脚对应相连即可。

3.4.3　译码器的应用

图3.29所示是一个用数码管译码器74LS48驱动共阴极LED数码管的实用电路。

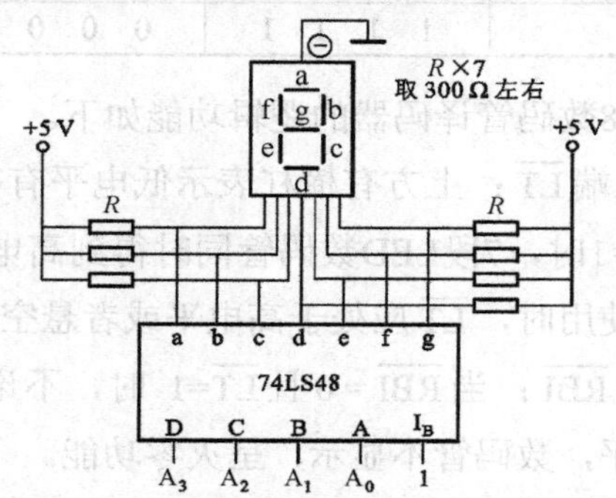

图 3.29　数码管译码器 74LS48 驱动 LED 数码管电路

应用数码管译码器74LS48可以连接一般时间显示电路。图3.30所示是时间显示电路中的小时位连接方法。

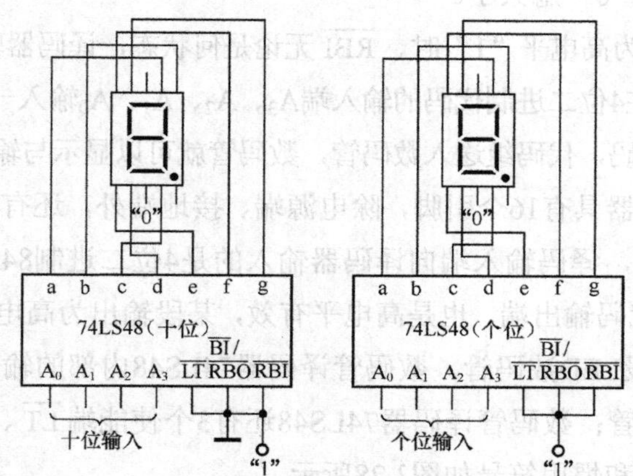

图 3.30　时间显示电路中的小时位连接方法

当图3.30中数码管译码器74LS48的使能端$\overline{LT}=1$，$\overline{RBI}=0$，$\overline{BI}/\overline{RBO}=0$时，十位片应灭零；而个位输入的数码0应显示。

由于二进制译码器的输出为输入变量的全部最小项，即每一个输出对应一个最小项，而任何一个逻辑函数都可变换为最小项之和的标准与或式，因此，用译码器和门电路还可实现任何单输出或多输出的组合逻辑函数。通常，当译码器输出低电平有效时，选用与非门；当输出高电平有效时，选用或门。

【例3.8】 设已知一个多输出的组合逻辑电路函数表达式为

$$F_1 = A\overline{C} + \overline{A}BC + ABC$$
$$F_2 = BC + \overline{A}\,\overline{B}C$$
$$F_3 = \overline{A}B + A\overline{B}C$$
$$F_4 = \overline{A}B\overline{C} + \overline{B}\,\overline{C} + ABC$$

试把上述逻辑函数关系用集成译码器和门电路构成组合逻辑电路。

【解】 先对上式进行变换，找出各函数包含的全部最小项，即

$$F_1 = A\overline{C} + \overline{A}BC + ABC = \sum m(3,4,5,6)$$
$$F_2 = BC + \overline{A}\,\overline{B}C = \sum m(1,3,7)$$
$$F_3 = \overline{A}B + A\overline{B}C = \sum m(2,3,5)$$
$$F_4 = \overline{A}B\overline{C} + \overline{B}\,\overline{C} + ABC = \sum m(0,2,4,7)$$

实际应用中，往往一个组合电路中尽量使用同一类型的逻辑门，当我们要求用74LS138和TTL与非门设计时，上述逻辑函数式还要变换为与非形式，即

$$F_1 = \overline{\overline{m_3}\cdot\overline{m_4}\cdot\overline{m_5}\cdot\overline{m_6}}$$
$$F_2 = \overline{\overline{m_1}\cdot\overline{m_3}\cdot\overline{m_7}}$$
$$F_3 = \overline{\overline{m_2}\cdot\overline{m_3}\cdot\overline{m_5}}$$
$$F_4 = \overline{\overline{m_0}\cdot\overline{m_2}\cdot\overline{m_4}\cdot\overline{m_7}}$$

根据上述逻辑函数表达式可画出组合逻辑电路，如图3.31所示。

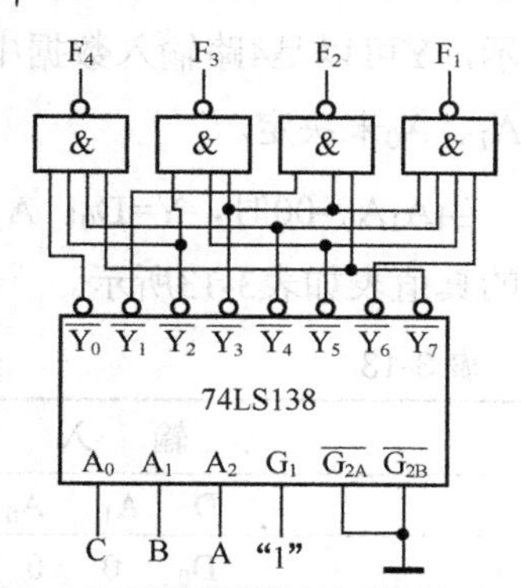

图 3.31 用译码器设计的组合逻辑电路图

如果译码器的输出为原函数形式m_1～m_7时，只需把图3.31中的与非门换成或门即可。用译码器还可以设计两个一位十进制数的全加器，如图3.32所示。

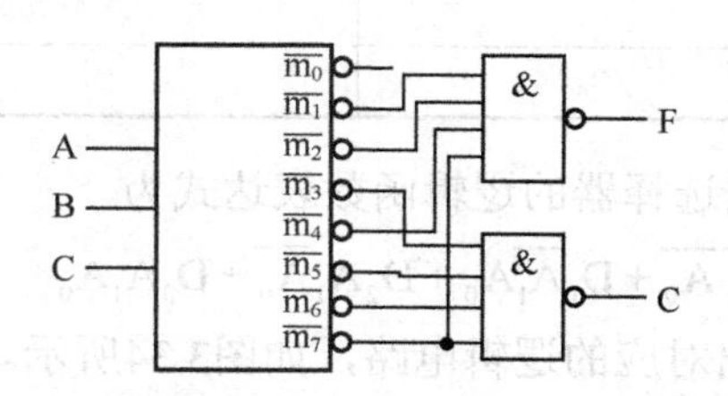

图 3.32 用译码器构成两个一位十进制数的全加器

思考练习题

1. 什么是译码？何谓译码器？
2. 为什么二进制译码器又称作全译码器？
3. 为什么说二进制译码器很适合用于实现多输出逻辑函数？

3.5 数据选择器和数值比较器

3.5.1 数据选择器的说明

在多路数据传输过程中，经常需要将其中一路信号挑选出来进行传输，这就需要用到数据选择器。在数据选择器中，通常用地址输入信号来完成挑选数据的任务。

数据选择器能按要求从多路输入数据中选择一路输出，其功能类似于单刀多位开关，故称作多路开关。图3.33所示为4选1数据选择器示意图。

常见的数据选择器有4选1数据选择器、8选1数据选择器、16选1数据选择器等。以4选1数据选择器为例说明其工作原理。

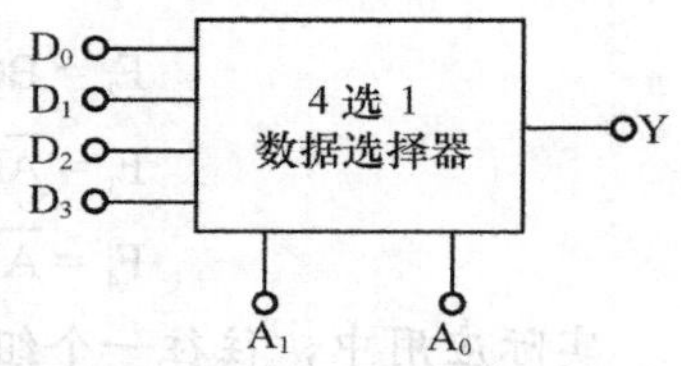

图3.33 4选1数据选择器示意图

4选1数据选择器4路数据的输入信号通常用D_0、D_1、D_2、D_3表示；两个选择控制信号则用A_1、A_0表示；输出信号用Y表示，Y可以是4路输入数据中的任意一路，由选择控制信号A_1、A_0来决定。

当A_1A_0=00时，Y=D_0；A_1A_0=01时，Y=D_1；A_1A_0=10时，Y=D_2；A_1A_0=11时，Y=D_3。对应的真值表如表3-13所示。

表3-13 4选1数据选择器真值表

输入			输出
D	A_1	A_0	Y
D_0	0	0	D_0
D_1	0	1	D_1
D_2	1	0	D_2
D_3	1	1	D_3

由表3-13可得到4选1数据选择器的逻辑函数表达式为

$$Y = D_0\overline{A_1}\,\overline{A_0} + D_1\overline{A_1}A_0 + D_2A_1\overline{A_0} + D_3A_1A_0$$

由逻辑函数表达式可画出对应的逻辑电路，如图3.34所示。

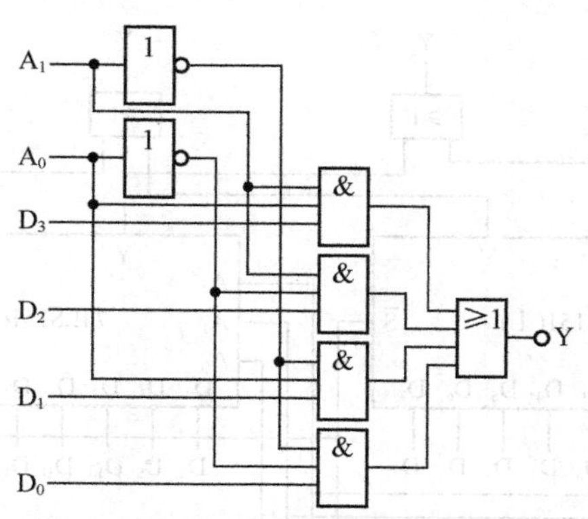

图 3.34 4 选 1 数据选择器的逻辑电路图

3.5.2 集成数据选择器

集成数据选择器的规格较多，常用的数据选择器型号有74LS151、CT4138，是8选1数据选择器，74LS153、CT1153是双4选1数据选择器，74LS150是16选1数据选择器，等等。

集成数据选择器的引脚图及真值表均可在电子手册上查找到，关键是要能够看懂真值表，理解其逻辑功能，正确选用型号。

例如，图3.35所示为集成数据选择器74LS153的引脚排列图。集成数据选择器74LS153是双路4选1数据选择器，其中，D_0～D_3是输入的4路信号；A_0、A_1是地址选择控制端（共用）；$\overline{S}$是选通控制端；Y是输出端。

例如，图3.36所示为集成数据选择器74LS151的引脚排列图。集成数据选择器74LS151是8选1数据选择器，有3个地址输入端A_2、A_1、A_0，8个数据输入端D_0～D_7，两个互补输出的数据输出端Y和$\overline{Y}$，一个控制输入端$\overline{S}$。

当控制输入端$\overline{S}$为高电平“1”时，无论输入为何种状态，输出Y=0，$\overline{Y}$=1，是禁止数据选择状态。

当控制输入端$\overline{S}$为低电平“0”时，数据选择器为正常选择数据的工作状态，输出随着输入的变化显示选择不同的数据。

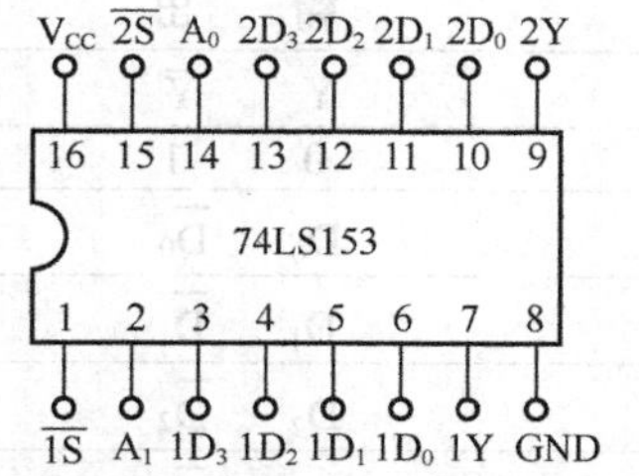

图 3.35 集成数据选择器 74LS153 的引脚排列图

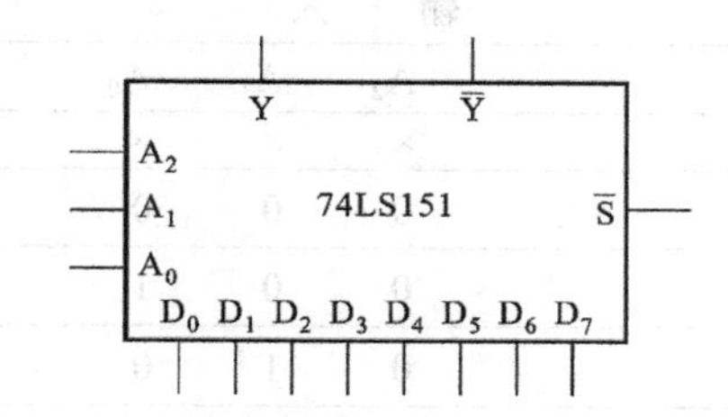

图 3.36 集成数据选择器 74LS151 的逻辑符号

3.5.3 数据选择器的应用举例

1．数据选择器的功能扩展

用两片8选1数据选择器74LS151可构成一个16选1的数据选择器，电路连接如图3.37所示。

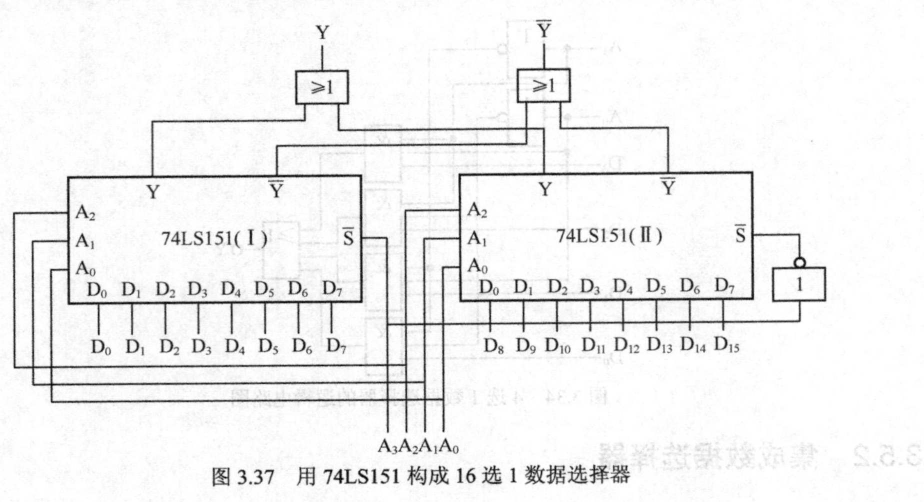

图 3.37　用 74LS151 构成 16 选 1 数据选择器

图3.37中A_3是扩展位，接控制端，当$A_3=1$时，片Ⅰ禁止，片Ⅱ工作；当$A_3=0$时，片Ⅰ工作，片Ⅱ禁止。

2. 实现组合逻辑函数

利用数据选择器可以实现各种组合逻辑电路。

【例3.9】试用8选1数据选择器实现逻辑函数

$F=\overline{A}\,\overline{B}\,\overline{C}+\overline{A}BC+A\overline{B}C+ABC$。

【解】将A、B、C分别从A_2、A_1、A_0输入，作为输入变量，把Y端作为输出F。因为逻辑函数表达式中的各与项均为最小项，所以可把逻辑函数表达式改写为：$F=m_0+m_3+m_5+m_7$，根据8选1数据选择器的功能，令$D_0=D_3=D_5=D_7=1$，$D_1=D_2=D_4=D_6=0$，让$\overline{S}=0$。具体电路的连接如图3.38所示。

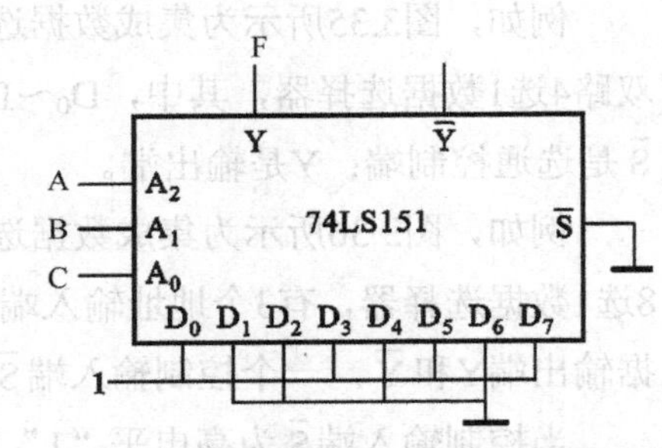

图 3.38　用数据选择器 74LS151 实现逻辑函数的电路连接示意图

图3.38所示电路的真值表如表3-14所示。

表 3-14　与图 3.38 所示电路相对照的真值表

输入				输出	
$\overline{S}$	A_2	A_1	A_0	Y	$\overline{Y}$
1	×	×	×	0	1
0	0	0	0	D_0	$\overline{D_0}$
0	0	0	1	D_1	$\overline{D_1}$
0	0	1	0	D_2	$\overline{D_2}$
0	0	1	1	D_3	$\overline{D_3}$
0	1	0	0	D_4	$\overline{D_4}$
0	1	0	1	D_5	$\overline{D_5}$
0	1	1	0	D_6	$\overline{D_6}$
0	1	1	1	D_7	$\overline{D_7}$

3.5.4 一位数值比较器

在各种数字系统中，常常遇到比较两个数的大小，或判断两个数是否相等这些问题，能对两个位数相同的二进制数进行比较，并判断其大小关系的逻辑电路称为数值比较器。

当对两个一位二进制数A、B进行比较时，数值比较器的比较结果有3种情况：A＜B、A＝B和A＞B。其真值表如表3-15所示。

表 3-15 一位数值比较器真值表

A	B	$Y_{A<B}$	$Y_{A=B}$	$Y_{A>B}$
0	0	0	1	0
0	1	1	0	0
1	0	0	0	1
1	1	0	1	0

由表3-15可以得到一位数值比较器的输出和输入之间具有如下关系。

（1）A>B：只有当A＝1、B＝0时，A>B才为真，即 $Y_{A>B}=A\overline{B}$。

（2）A<B：只有当A＝0、B＝1时，A<B才为真，即 $Y_{A<B}=\overline{A}B$。

（3）A＝B：只有当A＝B＝0或A＝B＝1时，A＝B才为真，即 $Y_{A=B}=\overline{\overline{A}B+A\overline{B}}=\overline{\overline{A}B}+A\overline{B}$。

由上面总结出的关系可画出一位数值比较器的逻辑电路，如图3.39所示。

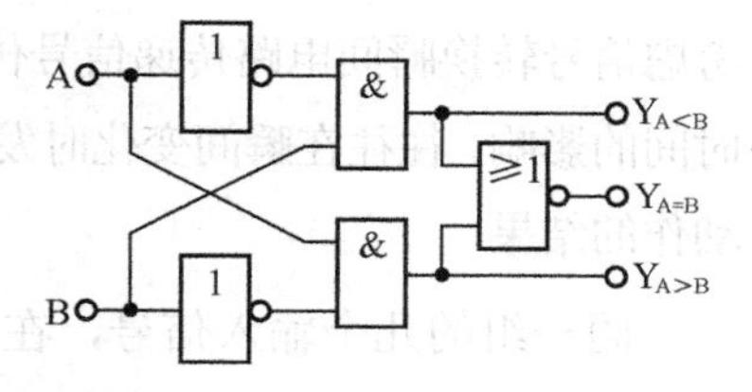

图 3.39 一位数值比较器的逻辑电路图

3.5.5 集成数值比较器

在比较两个多位数的大小时，必须自高而低地逐位比较，而且只有在高位相等时，才能顺次对低位进行比较。例如A和B是两个4位二进制数A_3 A_2 A_1 A_0和$B_3B_2B_1B_0$，进行比较时应先比较A_3和B_3，如果比较出A_3>B_3，那么A必定大于B；若比较出A_3<B_3，那么A必定小于B；若比较出A_3＝B_3，数字电子设备中，需通过比较下一位A_2和B_2来判断A和B的大小，以此类推，直到比较出A和B的大小为止。具有此功能的组合逻辑器件称为集成数值比较器。

常用的集成数值比较器型号有74LS85（4位数值比较器）、74LS521（8位数值比较器）、74LS518（8位数值比较器，OC输出）等。下面通过对74LS85的分析，了解这一类集成逻辑器件的使用方法。

74LS85是一个16脚的集成逻辑器件，它的引脚排列如图3.40所示。

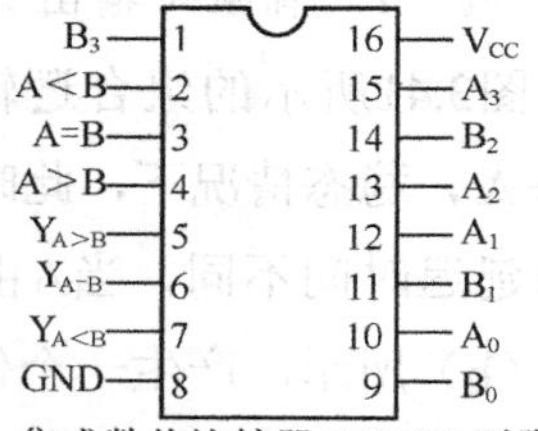

图 3.40 集成数值比较器 74LS85 引脚排列图

其除了两个4位二进制数的输入端和3个比较结果的输出端外，增加了3个低位的比较结果的输入端，用作比较器“扩展”比较位数。集成数值比较器74LS85的输入和输出均为高电平有效。

采用两片集成数值比较器74LS85构成8位数值比较器时，可将低位的输出端和高位的比较输入端对应相连，高位芯片的输出端作为整个8位数值比较器的比较结果输出端。

思考练习题

1. 什么是数据选择器？它有何用途？
2. 什么是数值比较器？对二进制数值大小的比较，为什么要从高位到低位逐位进行？
3. 简述集成数值比较器的比较原理。

3.6 组合逻辑电路的竞争现象与冒险现象

组合逻辑电路中的“竞争冒险”现象是一个在实际中不容忽视的重要问题。

3-14 组合逻辑电路的竞争与冒险

3.6.1 竞争现象

竞争现象是由于组成组合逻辑电路的各种门存在传输延迟时间引起的。前面讨论组合逻辑电路的逻辑关系时，都是在理想条件下进行的，没有考虑信号转换瞬间电路传递信号传输延迟时间的影响，然而工程实际中，有些电路由于传输延迟时间的影响，往往在瞬间变化时发生反常规逻辑的干扰输出，甚至会造成系统中某些环节产生误动作的结果。

同一组的几个输入信号，在传输过程中所经历的传输线长度不同或经过传输门的级数也不相同时，造成各输入信号的传输延迟时间各不相同，即它们到达输出门的时间不一致，这一现象称为竞争。

3.6.2 冒险现象

因竞争而导致其输出端产生不应有的尖峰干扰脉冲（毛刺）的现象称为冒险现象。竞争现象不一定带来冒险现象。我们把逻辑电路产生错误输出的竞争称为竞争冒险，把不会使电路产生错误输出的竞争称为安全竞争。

冒险现象会造成数字电路的逻辑关系受到短暂的破坏，甚至会在系统的某些环节中产生误动作。根据冒险时出现的尖脉冲极性，可分为偏“1”冒险和偏“0”冒险。

1．偏“1”冒险（输出负脉冲）

在图3.41所示的组合逻辑电路中，有$F=\overline{\overline{\overline{A}B}\cdot\overline{AC}}=\overline{A}B+AC$。若输入变量B=C=1，则$F=\overline{A}+A$，稳态情况下，此时无论A取何值，输出F恒为“1”。但是，当A变化时，由于各条路径的延迟时间不同，当A由高电平突然变为低电平时，输出将会出现竞争冒险现象，如图3.41（b）所示，产生一个偏“1”的负脉冲（毛刺），宽度为t_{pd}。需要注意的是，A的变化不一定都产生冒险现象，当A由低电平变到高电平时就无冒险现象产生。

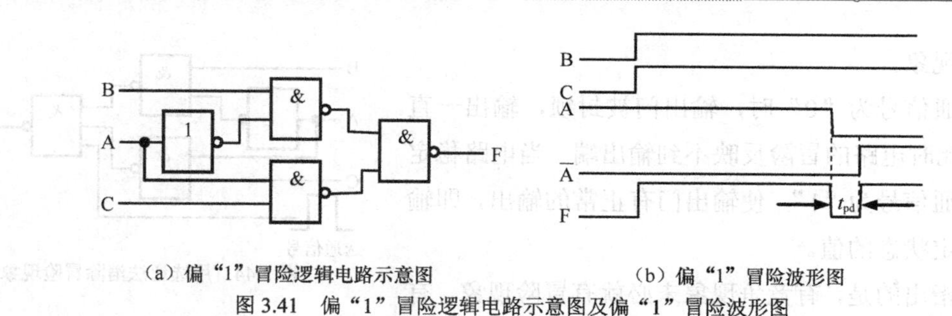

（a）偏“1”冒险逻辑电路示意图　　（b）偏“1”冒险波形图

图 3.41　偏“1”冒险逻辑电路示意图及偏“1”冒险波形图

2．偏“0”冒险（输出正脉冲）

在图3.42所示的组合逻辑电路中，有$F=(\overline{A}+B)(A+C)$。若输入变量B=C=0，则$F=\overline{A}A$，此时无论A取何值，输出F恒为“0”。但是，当A变化时，由于各条路径的延迟时间不同，当A由低电平突然变为高电平时，输出将会出现竞争冒险现象，如图3.42（b）所示，产生一个偏“0”的正脉冲（毛刺），宽度为t_{pd}。

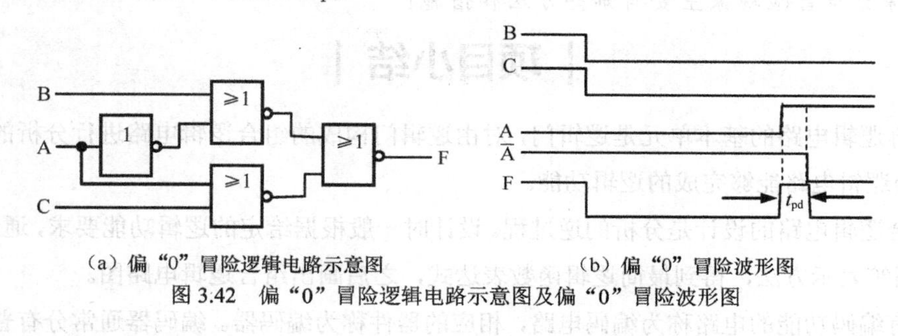

（a）偏“0”冒险逻辑电路示意图　　（b）偏“0”冒险波形图

图 3.42　偏“0”冒险逻辑电路示意图及偏“0”冒险波形图

可见，在组合逻辑电路中，当一个门电路输入两个同时向反方向变化的互补信号时，输出端可能产生不应有的波峰干扰脉冲，这是产生竞争冒险现象的主要原因。

3.6.3　消除冒险现象的方法

在有些系统中冒险现象将使系统产生误动作，所以应消除冒险现象。消除冒险现象常用的方法有如下几种。

1．修改逻辑设计，增加多余项

设图3.40所示的组合逻辑电路中$F=\overline{A}B+AC$，当A=1，C=1时，则$F=B+\overline{B}$，此时如果直接连成逻辑电路，将产生偏“1”冒险。增加多余项AC，变换为$F=A\overline{B}+BC+AC$，则当输入变量A=C=1时，则F恒为“1”，从而消除了竞争冒险现象。

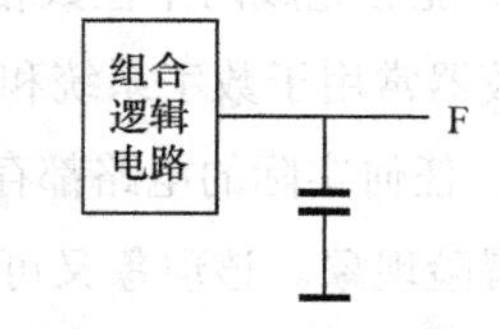

图 3.43　加小电容消除冒险现象

2．利用滤波电容电路

如图3.43所示，在输出端接上一个小电容可以减弱尖脉冲的影响，因为尖脉冲一般很窄，只有纳秒数量级，所以一个几百皮法的小电容就可以大大减弱尖脉冲的幅度，使之减小到门电路的阈值电压以下。

3．增加选通电路

如图3.44所示，在组合电路输出门的一个输入端加一个选通信号，可以有效地消除任何一个冒险现象。

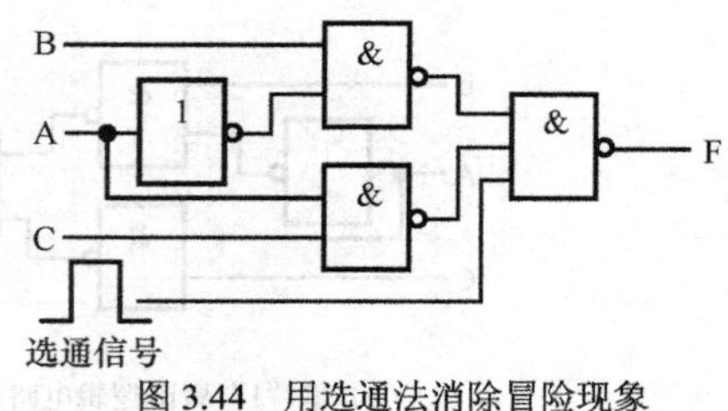

图 3.44　用选通法消除冒险现象

当选通信号为“0”时，输出门被封锁，输出一直为“1”，此时电路的冒险反映不到输出端。当电路稳定后才让选通信号为“1”，使输出门有正常的输出，即输出的是稳定状态的值。

需要指出的是，有竞争现象未必就有冒险现象，有冒险现象也未必有危害，这主要取决于负载对于干扰脉冲的响应速度：负载对窄脉冲的响应越灵敏，危害性就越大。

思考练习题

1. 什么是竞争现象？什么是冒险现象？产生的原因是什么？

2. 消除竞争冒险现象主要有哪些方法和措施？

| 项目小结 |

1. 组合逻辑电路的基本单元是逻辑门，对由逻辑门构成的组合逻辑电路进行分析的目的是得到给定组合逻辑电路能够完成的逻辑功能。

2. 组合逻辑电路的设计是分析的逆过程。设计时一般根据给定的逻辑功能要求，通过真值表、时序波形图等表示方法，得到最简逻辑函数表达式，之后画出组合逻辑电路图。

3. 具有编码功能的电路称为编码电路，相应的器件称为编码器。编码器通常分有普通编码器和优先编码器两类。

4. 将输入特定含义的二进制代码翻译成对应输出信号的电路称为译码电路，译码电路构成的器件称为译码器。译码器分变量译码器和显示译码器两大类，目前已有 74LS138 等多种不同型号的集成译码器。

5. 能将多路数字信息分时地从一条通道传送的数字电路称为数据选择器，目前常用的产品有 2 选 1 数据选择器、4 选 1 数据选择器、8 选 1 数据选择器等，利用级联可以扩展数据选择器的字数和位数。

6. 能够完成两个位数相同的二进制数的比较和大小关系判断的数字电路称为数值比较器。数值比较器常用于数字系统和计算机中。

7. 任何实际的电路都存在延迟现象，可能造成在电路输出端瞬间产生错误的尖峰脉冲，称作竞争冒险现象。该现象又可能引起下级逻辑电路的误动作，应及早发现并消除。

| 技能训练 1：探究数码显示电路 |

一、训练目的

1. 进一步熟悉编码器、译码器及显示数码管的工作原理。

2. 熟悉常用译码器、编码器的逻辑功能和典型应用。

二、实训设备

1. 数字电子实验装置一套。

2. 集成电路 74LS138、74LS145、74LS48 各一个。

3. 共阴极数码显示管 TS547 或 LC5011-11 各一个。

4. 其他相关设备与导线。

三、实训相关电路图及知识要点

1. 编码器及其应用

编码器是一种常用的组合逻辑电路，其功能就是实现编码操作的电路，即实现用若干个按规律编排的数码代表某种特定的含义。它是译码器的逆过程。按照被编码信号的不同特点和要求，编码器也分为二进制编码器、二-十进制编码器和优先编码器。

（1）二进制编码器

如用门电路构成的 4 线-2 线编码器、8 线-3 线编码器等。

（2）二-十进制编码器

将十进制编成 BCD 码，如 10 线十进制-4 线 BCD 码编码器 74LS147 等。

（3）优先编码器

如 8 线-3 线优先编码器 74LS148 等。

（4）拨码开关——编码应用

数字电子实验装置上通常带有拨码开关，如图 3.45 所示。拨码开关中间的 4 个数字是十进制数，按十进制数码上面的“+”号，十进制数码依序加 1；按十进制数码下面的“−”号，十进制数码依序减 1。这 4 个十进制数码各自通过内部的编码功能，分别向外引出 4 个接线端子 A、B、C、D，而这 4 个字母又分别表示了与十进制数码相对应的二进制数构成的 BCD 码，这些 BCD 码可以作为译码器的输入。

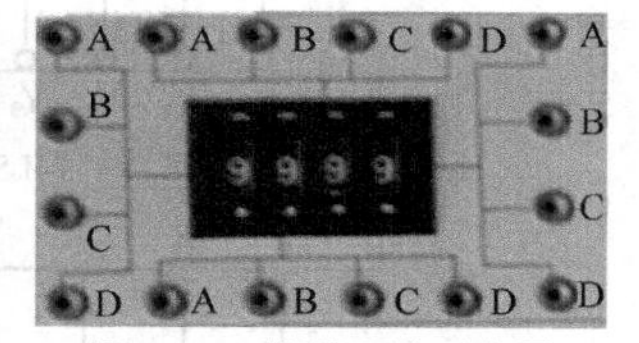

图 3.45　拨码开关示意图

2. 译码器及其应用

译码器是一种多输入多输出的组合逻辑电路，其功能是将每个输入的代码进行“翻译”，译成对应的输出高、低电平信号。译码器在数字系统中有着广泛的用途，不仅用于代码的转换、终端的数字显示，还用于数据分配、存储器寻址和组合控制信号等。不同的功能可选用不同种类的译码器。

（1）变量译码器

变量译码器又称二进制译码器，用来表示输入变量的状态，如 2 线-4 线译码器、3 线-8 线译码器和 4 线-16 线译码器。若有 n 个输入变量，则对应 2^n 个不同的组合状态，可构成 2^n 个输出端的译码器供其使用。而每一个输出所代表的函数对应于 n 个输入变量的最小项。常用的变量译码器有 74LS138 等。

（2）码制变换译码器

码制变换译码器用于一个数据的不同代码之间的相互转换，如 BCD 码二–十进制译码器/驱动器 74LS145 等。

（3）显示译码器

显示译码器是用来驱动各种数字、文字或符号的显示器，如共阴极 BCD–7 段显示译码器/驱动器 74LS248 等。

（4）数码显示电路——译码器的应用

常见的数码显示器有半导体数码管（LED）和液晶显示器（LCD）两种。其中，LED 又分为共阴极和共阳极两种类型。半导体数码管和液晶显示器都可以用 TTL 和 CMOS 集成电路驱动。译码器的作用就是将 BCD 码译成数码管所需要的驱动信号。图 3.46 所示为数字逻辑分析仪上常有的数码显示电路。

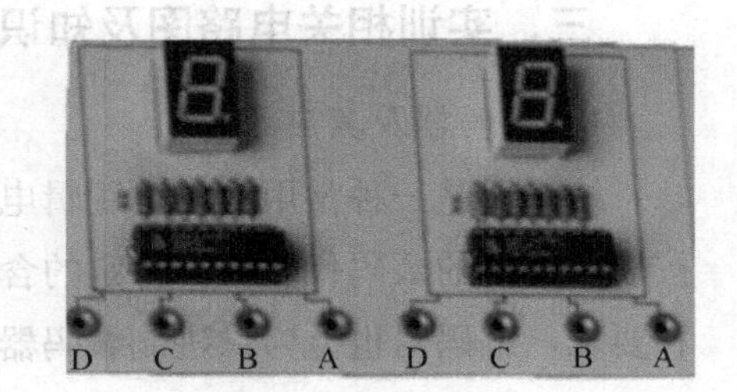

图 3.46 数码显示电路示意图

四、译码显示实验电路

1. 3 线–8 线译码器 74LS138 的功能测试电路如图 3.47 所示。

2. 74LS48（或 CC4511）BCD 码 7 段译码器驱动数码管的功能测试电路如图 3.48 所示。

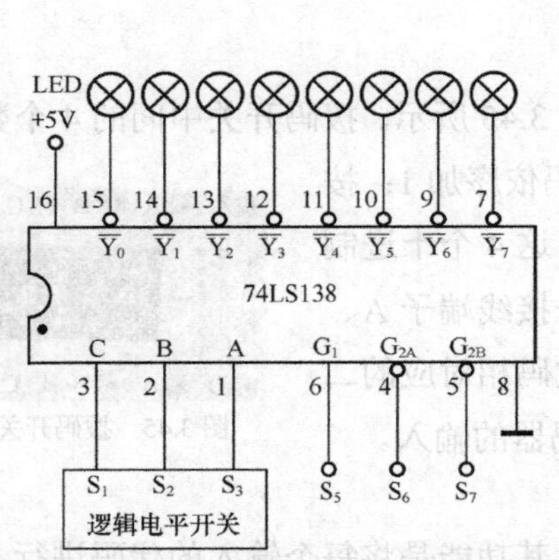

图 3.47 3 线–8 线译码器 74LS138 的功能测试电路图

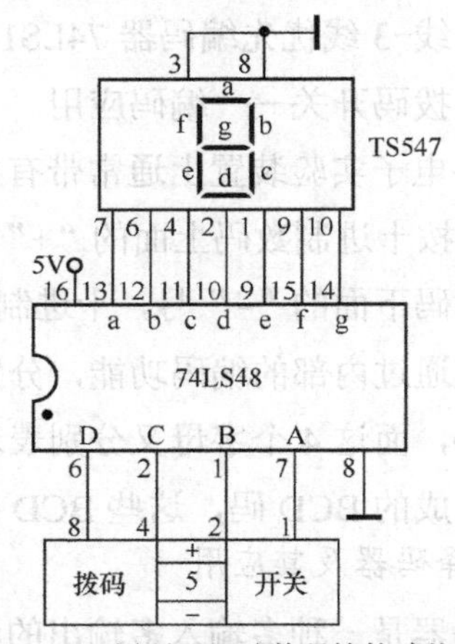

图 3.48 74LS48 译码器驱动数码管的功能测试电路

五、实训步骤

1. 把集成电路 74LS138 插入数字逻辑实验箱（或实验台）的 16P 插座内，按照实验电路原理图 3.47 连线：其中输入的 3 位二进制代码用逻辑电平开关实现，输出显示由 LED 逻辑电平实现。注意芯片的位置不能接错。

2. 接通电源后，按照其逻辑功能表输入不同的 3 位二进制代码，观察输出情况，并记录下来。

3. 把集成电路 74LS48 插入 16P 插座内，按照实验电路原理图 3.48 连线：其中输入的 4 位二进制代码用拨码开关实现，输出接于 LED 7 段数码管的对应端子上（注意数码管是共阴极还是共阳极，二者接法不同）。

4. 用拨码开关输入不同的 BCD 码，观察数码管的输出显示情况，并记录下来。

5. 实验电路中选用的TS547是一个共阴极LED 7段数码管。引脚和发光段的关系如表3-16所示，其中h为小数点。

表 3-16　　LED 数码管的引脚和发光段的关系

引脚	1	2	3	4	5	6	7	8	9	10
功能	e	d	地	c	h	b	a	地	f	g

6. 分析实验结果的合理性，与教材上所述的功能相对照，如严重不符，应查找原因并重新做实验。

六、思考题

1. 显示译码器与变量译码器的根本区别在哪里？

2. 如果 LED 数码管是共阳极的，与共阴极数码管的连接形式有何不同？

七、实训报告要求

按组合逻辑电路的分析方法分别写出各个实验电路的分析步骤。

| 技能训练 2：Multisim8.0 组合逻辑电路仿真 |

一、实训目的

1. 进一步熟悉和掌握 Multisim8.0 电路仿真技能。
2. 学会虚拟仪器（逻辑分析仪、逻辑转换仪）的仿真方法。
3. 掌握组合逻辑电路的电路仿真方法。

二、Multisim8.0 中虚拟仪器的使用

1．逻辑分析仪的仿真

Multisim8.0 中的逻辑分析仪，其作用相当于一个 16 踪示波器，可以同时显示 16 路数字信号波形，并能进行时域分析。图 3.49 所示是一个用十进制计数器 74LS160 构成的测试电路。

用逻辑分析仪可以显示 74LS160 的时钟 CLK，输出 QA～QD 和进位脉冲 RCO 共 6 路波形，如图 3.50 所示。

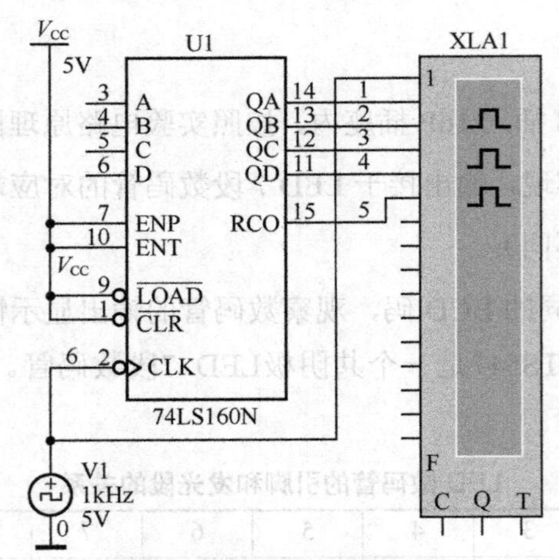

图 3.49　逻辑分析仪测试电路

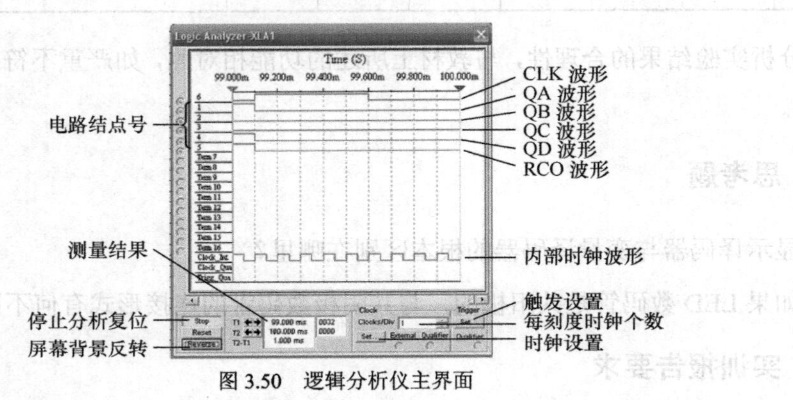

图 3.50　逻辑分析仪主界面

主界面中，在打开仿真开关前可对其进行触发设置、时钟设置及屏幕显示设置。其中时钟设置对话框如图 3.51 所示。

在图 3.51 所示对话框中可选择来自外部的时钟脉冲源或是来自内部的时钟脉冲源。如果选择外部时钟脉冲源，则采样数由外部时钟频率决定；如果选择内部时钟脉冲源，可设置时钟频率，采样数由内部时钟频率决定。时钟设置对话框的下面可设置采样数和阈值电压。

主界面中，如果单击触发设置键，则会弹出一个对话框，如图 3.52 所示。

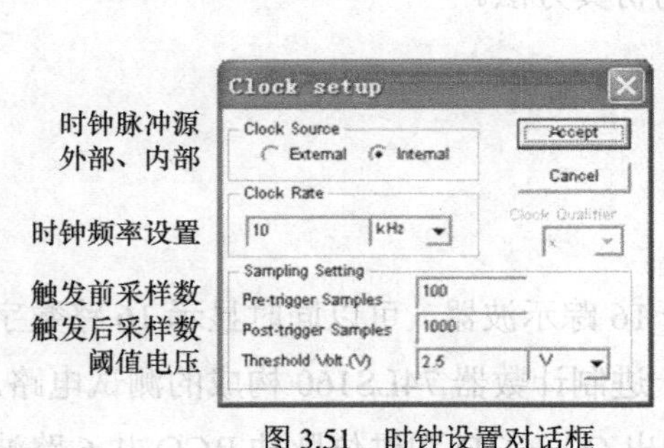

图 3.51　时钟设置对话框

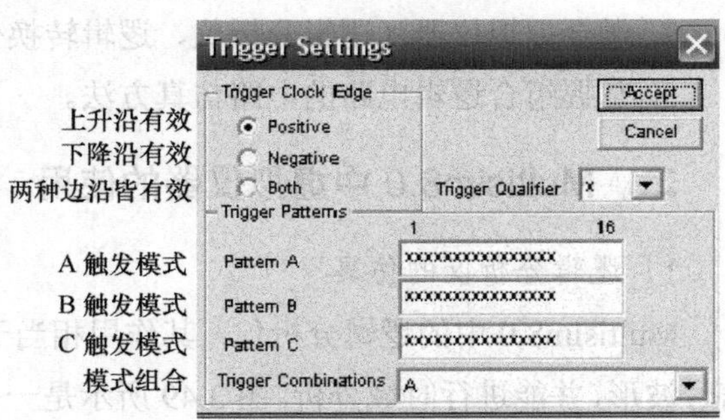

图 3.52　逻辑分析仪触发设置对话框

在对话框中可选择触发时钟的有效边沿或为上升沿或为下降沿，或两者皆有效模式的 A 触发模式、B 触发模式和 C 触发模式。在对应的文本框中输入 16 位数字，在模式组合中填

“A”，则选择 A 触发模式，填“B”则选择 B 触发模式等，默认值 X 为任意值。

2．逻辑转换仪的仿真

逻辑转换仪可将最多 8 个输入变量的逻辑电路图、真值表和逻辑函数表达式（简称表达式）互相转换，真值表可转换为标准最小项与或式，也可化简为最简与或式，与或式可转换为与非式，并用与非门实现。

图 3.53 所示为逻辑转换仪的符号和主界面。

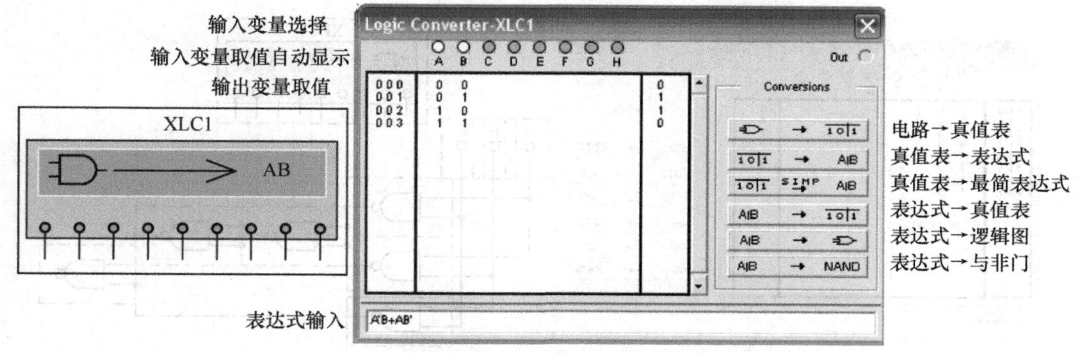

图 3.53　逻辑转换仪符号及其主界面

假设在主界面对话框中选择输入变量为 A 和 B，则对话框中将自动显示输入变量的全部最小项，根据需要在对话框中填入表达式，如对话框中所填写的 A 与 B 的异或关系式（注意：A′代表 $\overline{A}$），单击主界面中的“表达式-逻辑图”键，可得到图 3.54 所示的异或逻辑电路图。

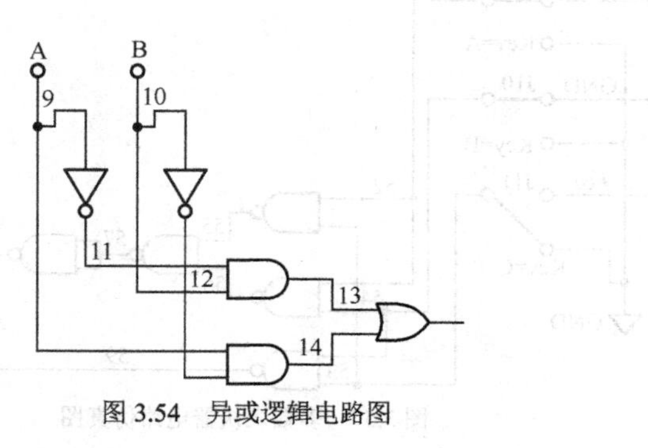

图 3.54　异或逻辑电路图

如果再单击主界面中的“表达式-与非门”键，又可得到图 3.55 所示的、用与非门构成的组合逻辑电路图。

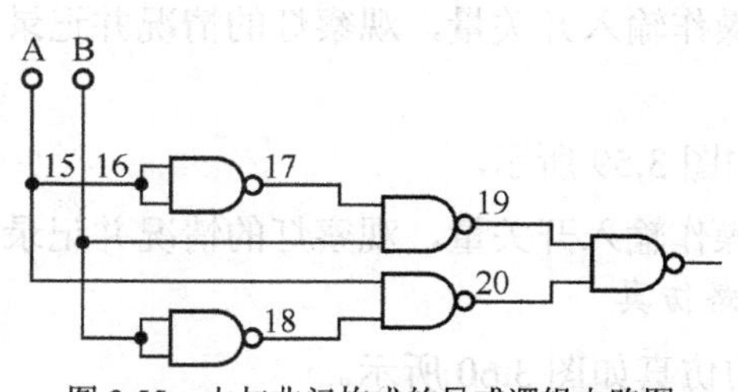

图 3.55　由与非门构成的异或逻辑电路图

三、用 Multisim8.0 进行组合逻辑电路仿真

1．用逻辑转换仪进行组合逻辑电路仿真

如图 3.56 所示，首先在主界面中选择 A、B、C 3 个输入变量，根据设计在主界面输出变量栏中填写输出变量取值，然后单击“真值表-最简逻辑式”键，在主界面逻辑表达式输入一栏中即可得到输入的逻辑表达式；再单击“表达式-与非门”键，就可得到图中右下方所显示的、由与非门构成的逻辑电路图。

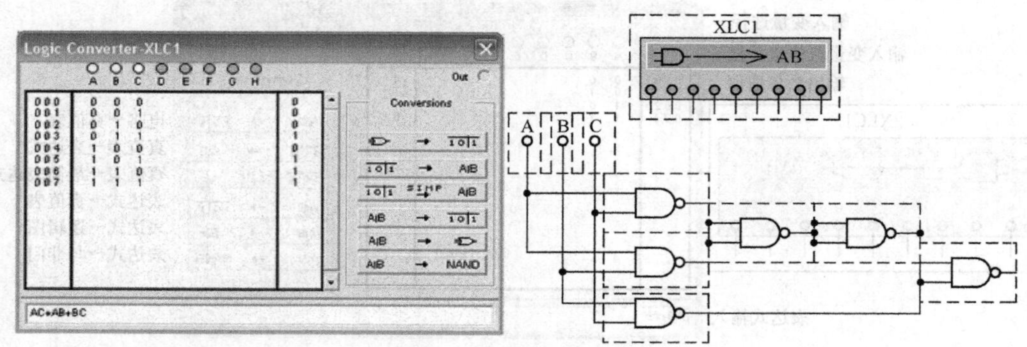

图 3.56　组合逻辑电路仿真

2．多数表决器电路仿真

图 3.57 所示为多数表决器电路仿真图。

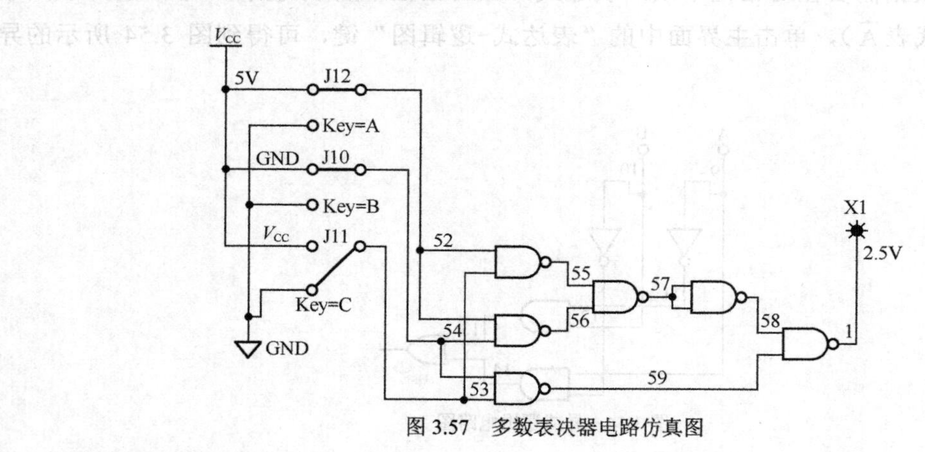

图 3.57　多数表决器电路仿真图

3．编码器电路仿真

编码器电路的仿真如图 3.58 所示。

按图 3.58 接好电路，操作输入开关量，观察灯的情况并记录下来。

4．译码显示电路仿真

译码显示电路的仿真如图 3.59 所示。

按图 3.59 接好电路，操作输入开关量，观察灯的情况并记录下来。

5．数码管译码显示电路仿真

数码管译码显示电路的仿真如图 3.60 所示。

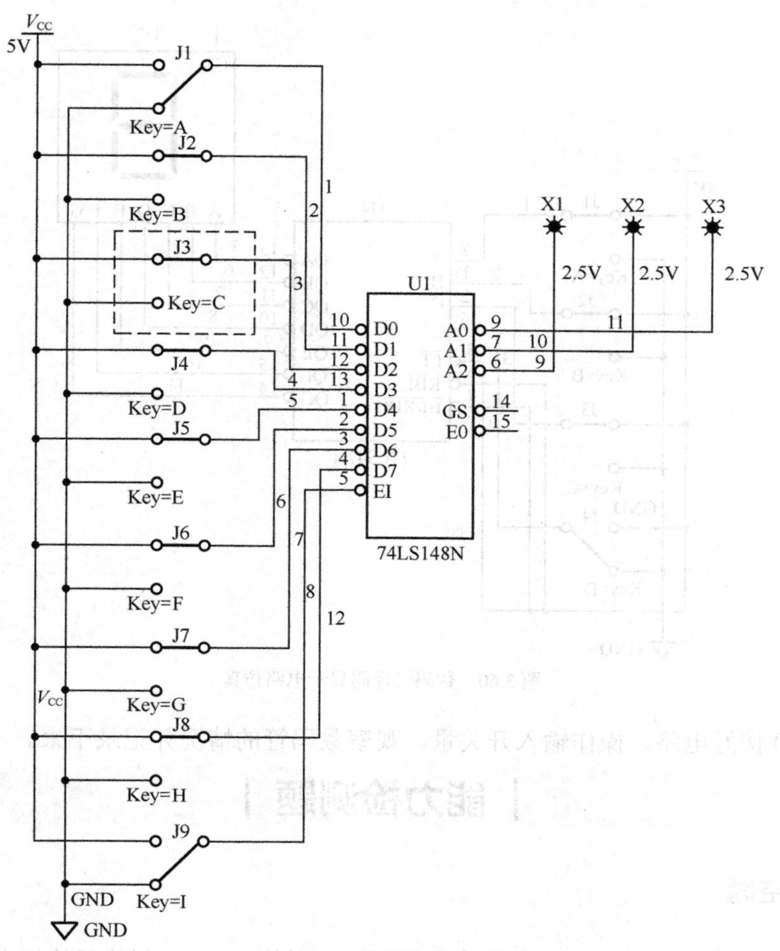

图 3.58　编码器电路仿真图

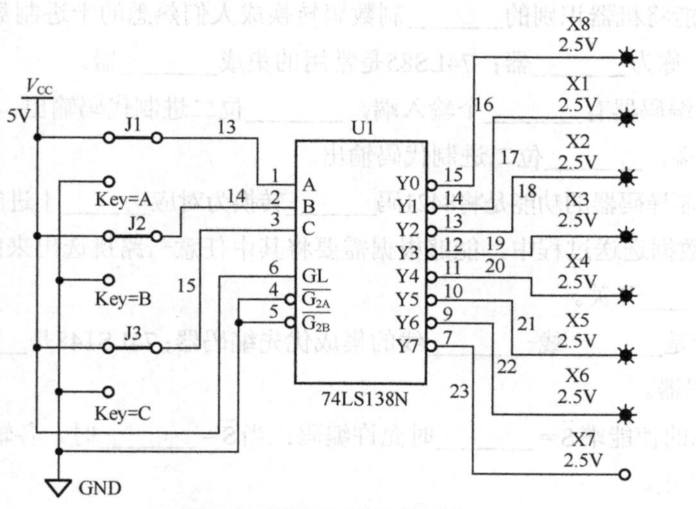

图 3.59　译码显示电路仿真图

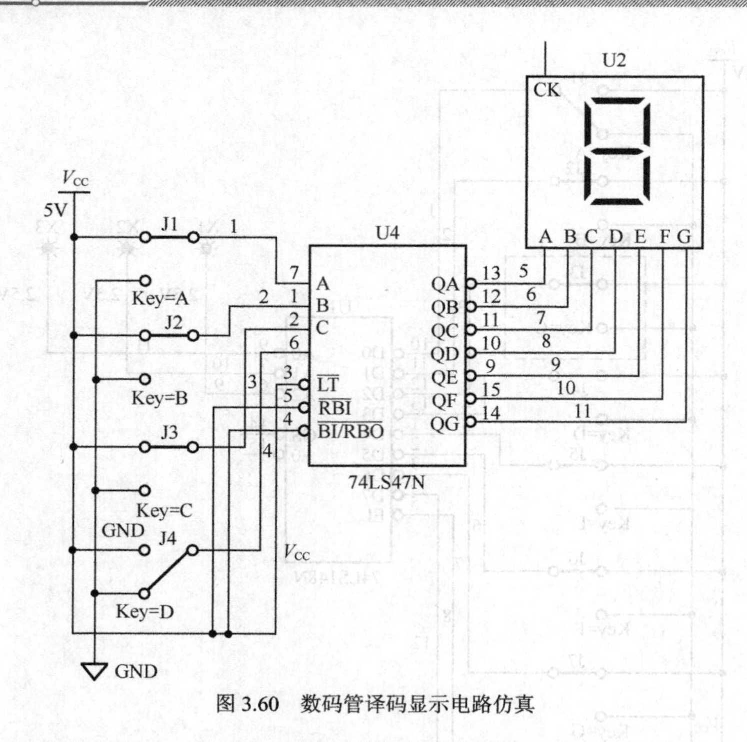

图 3.60　数码管译码显示电路仿真

按图 3.60 接好电路，操作输入开关量，观察数码管的情况并记录下来。

| 能力检测题 |

一、填空题

1. 能将十进制数或某种特定信息转换成机器识别的________制数码的组合逻辑电路，称为________器；能将机器识别的________制数码转换成人们熟悉的十进制数或某种特定信息的组合逻辑电路，称为________器；74LS85是常用的集成________器。

2. 8线-3线编码器有________个输入端，________位二进制代码输出；10线-4线编码器有________个输入端，________位二进制代码输出。

3. 二-十进制译码器的功能是将8421码________转换为对应________十进制代码的输出信号。

4. 在多路数据选送过程中，能够根据需要将其中任意一路挑选出来的电路，称为________器，也称为________开关。

5. 74LS147是________线-________线的集成优先编码器；74LS148是________线-________线的集成优先编码器。

6. 74LS148的使能端$\overline{S}$=________时允许编码；当$\overline{S}$=________时，各输出端及$\overline{O_E}$、$\overline{G_S}$均封锁，编码被禁止。

7. 两片集成译码器74LS138芯片级联可构成一个________线-________线译码器。

8. LED是指________数码管显示器件。

9. 74LS151是常用的集成8选1数据选择器，它有________个地址输入端________，可选择

________共8个数据源，具有两个互补输出的数据输出端________，一个控制输入端________。

10. 在数字电路中，数值比较器的输入是要进行比较的两个________，输出是比较的________。

二、判断题

1. 组合逻辑电路的输出只取决于输入信号的现态。（　　）
2. 3线-8线译码器电路是三-八进制译码器。（　　）
3. 已知逻辑功能，求解逻辑函数表达式的过程称为逻辑电路的设计。（　　）
4. 编码电路的输入量一定是人们熟悉的十进制数。（　　）
5. 74LS138集成芯片可以实现任意变量的逻辑函数。（　　）
6. 组合逻辑电路中的每一个门实际上都是一个存储单元。（　　）
7. 共阴极结构的显示器需要低电平驱动才能显示。（　　）
8. 只有最简的输入、输出关系，才能获得结构最简的逻辑电路。（　　）
9. 两个74LS151芯片可以构成一个16选2的数据选择器。（　　）
10. 74LS47和74LS48都可以用来驱动共阳极数码管。（　　）

三、选择题

1. 下列各型号中属于优先编码器是（　　）。

A. 74LS85　B. 74LS138　C. 74LS148　D. 74LS48

2. 7段数码管TS547是（　　）。

A. 共阳极LED管　B. 共阴极LED管　C. 共阳极LCD管　D. 共阴极LCD管

3. 8个输入端的编码器按二进制数编码时，输出端的个数是（　　）。

A. 2个　B. 3个　C. 4个　D. 8个

4. 4个输入端的译码器，其输出端最多为（　　）。

A. 4个　B. 8个　C. 10个　D. 16个

5. 当74LS148的输入端$\overline{I_0} \sim \overline{I_7}$按顺序输入11011101时，输出$\overline{Y_2} \sim \overline{Y_0}$为（　　）。

A. 101　B. 010　C. 001　D. 110

6. 译码器的输入量是（　　）。

A. 二进制数　B. 八进制数　C. 十进制数　D. 十六进制数

7. 编码器的输出量有（　　）。

A. 3个　B. 6个　C. 8个　D. 16个

8. 3个输入端的译码器，其输出端的个数通常是（　　）。

A. 3个　B. 6个　C. 8个　D. 16个

9. 7段译码器74LS48，输入为8421码，其输出端的个数是（　　）。

A. 6个　　B. 7个　　C. 8个　　D. 10个

10. 8选1的数据选择器74LS151，地址输入端有（　）。

A. 3个　　B. 6个　　C. 8个　　D. 10个

四、简述题

1. 试述组合逻辑电路的结构特点。
2. 分析组合逻辑电路的目的，并简述分析步骤。
3. 何谓编码？二进制编码和二-十进制编码有何不同？
4. 何谓译码？译码器的输入量和输出量在进制上有何不同？
5. 何谓数值比较器？简述集成数值比较器的比较原理。
6. 什么是竞争现象？什么是冒险现象？它们之间有什么区别？又有什么联系？
7. 常用的消除冒险现象的方法有哪几种？

五、分析题

1. 根据表3-17所示真值表，分析其功能，并画出其最简逻辑电路图。

表 3-17　　组合逻辑电路真值表

输入			输出
A	B	C	F
0	0	0	1
0	0	1	0
0	1	0	0
0	1	1	0
1	0	0	0
1	0	1	0
1	1	0	0
1	1	1	1

2. 写出图3.61所示逻辑电路的最简逻辑函数表达式。

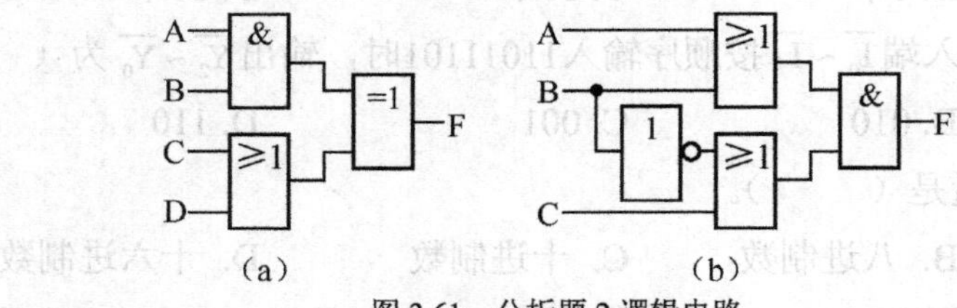

图 3.61　分析题 2 逻辑电路

六、设计题

1. 画出实现逻辑函数 $F = AB + A\overline{B}C + \overline{A}C$ 的逻辑电路。
2. 设计一个3变量的判偶逻辑电路，其中0也视为偶数。
3. 用与非门设计一个3变量的多数表决器逻辑电路。

4. 用与非门设计一个组合逻辑电路，完成如下功能：只有当3个裁判（包括裁判长）或裁判长和一个裁判认为杠铃已举起并符合标准时，按下按键，使灯亮（或铃响），表示此次举重成功；否则，表示举重失败。

5. 用集成译码器和与非门实现下列组合逻辑函数。

$$F_1 = \overline{A}\,\overline{B} + AB + \overline{B}C$$

$$F_2 = \overline{A}B + \overline{B}C + \overline{C}A$$

$$F_3 = AB + BC + CA$$

6. 设计一个路灯的控制电路，要求在4个不同的地方都能独立地控制灯的亮和灭。

7. 用红、黄、绿3个指示灯代表3台设备A、B、C的工作情况，绿灯亮表示3台设备全部工作正常，黄灯亮表示有1台设备不正常，红灯亮表示有2台设备工作不正常，红、黄灯都亮表示3台设备都不正常。试列出该控制电路的真值表，并用合适的门电路实现。

模块二

时序逻辑电路

时序逻辑电路和组合逻辑电路是数字电路的两大分支。时序逻辑电路的基本单元是触发器。常见时序逻辑器件有计数器和寄存器，其突出特点是具有记忆性。

项目四 触发器

重点知识

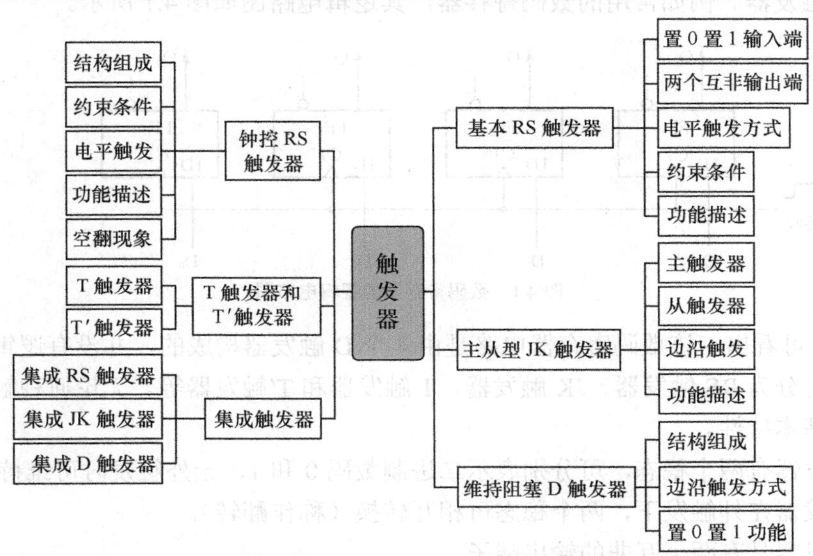

触发器具有记忆功能，一个触发器能存储一位二进制数码，这一点不仅是触发器的重要特征，也是它与逻辑门的主要区别。

学习目标

知识目标

1. 了解基本RS触发器的结构组成和工作原理，理解约束条件，熟悉触发器的功能描述方法，掌握触发器的动作特点及其逻辑功能。

2. 理解电平触发方式以及空翻现象，熟悉钟控RS触发器的触发方式、动作特点以及约束条件，掌握钟控RS触发器的功能和用途。

3. 了解主从型JK触发器和维持阻塞D触发器的结构组成和工作过程，理解边沿触发方式，了解抑制空翻现象的措施，掌握这两种触发器的逻辑功能和用途。

4. 了解常用集成触发器的产品型号，熟悉它们的引脚排列图。

能力目标

1. 具有应用与非门和或非门构成RS触发器的能力。

2. 具有对触发器进行功能测试的能力。

3. 具有查阅电子手册中有关集成触发器相关知识的能力。

素养目标

能够从辩证唯物主义角度认识学习过程，通过对触发器的构成及功能的学习，掌握自然历史的规律，利用自然规律进行创新改造，提高自主创新能力。

项目导入

触发器是构成时序逻辑电路的基本单元。时序逻辑电路主要是由具有记忆功能的存储电路触发器和一些门电路组成的。常用的时序逻辑电路中有的不包括门电路，但时序逻辑电路中不能没有触发器。例如常用的数码寄存器，其逻辑电路图如图 4.1 所示。

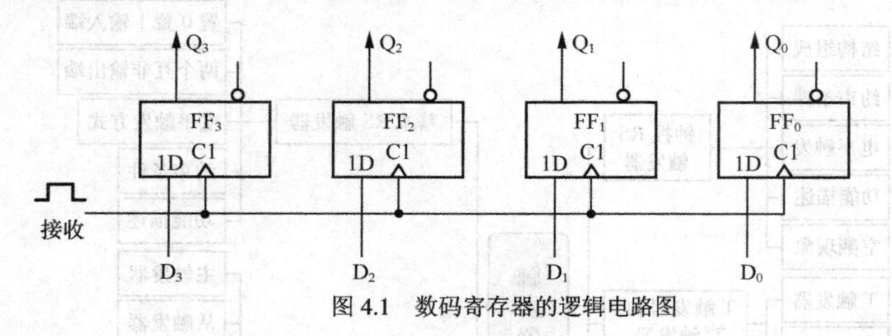

图 4.1　数码寄存器的逻辑电路图

由图 4.1 可看出，该数码寄存器电路是由 4 个 D 触发器构成的，并没有逻辑门。

触发器可分为 RS 触发器、JK 触发器、T 触发器和 T′触发器等。无论何种触发器，均具有以下 3 个基本特性。

（1）触发器有两个稳态，可分别表示二进制数码 0 和 1，无外触发时可维持稳态。

（2）触发器在外触发下，两个稳态可相互转换（称作翻转）。

（3）触发器具有两个互非的输出端子。

基本的触发器是由门电路构成的，由于在构成时序逻辑电路时触发器已经成为其基本单元，所以本项目学习的重点并不在于触发器的结构组成或是触发器内部的详细工作过程，而在于触发器的动作特点、外部特性及用途。

若要掌握时序逻辑电路产品的应用和开发技术，必须首先认识各类触发器，并把触发器作为数字电子技术学习过程中的一个重要环节认真对待。

知识链接

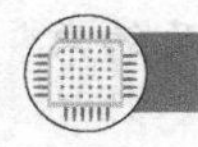

4.1　基本 RS 触发器

触发器一般都是由各种门电路组成的，称为静态触发器。静态触发器的特点是靠电路状态的自锁实现二进制信息的存储。除此之外还有由 MOS 电路构成的动态触发器。本项目向读者介绍的均为静态触发器，下面从最简单的基本 RS 触发器开始介绍。

4-1　基本 RS 触发器的结构组成

4.1.1 基本 RS 触发器的结构组成

基本 RS 触发器是任何结构复杂的触发器都必须包含的一个最基本的组成单元，它可以由两个与非门交叉连接构成，也可以由两个或非门交叉连接构成。图 4.2 所示的基本 RS 触发器是由两个与非门交叉组成构成的，是一种常用的基本 RS 触发器。

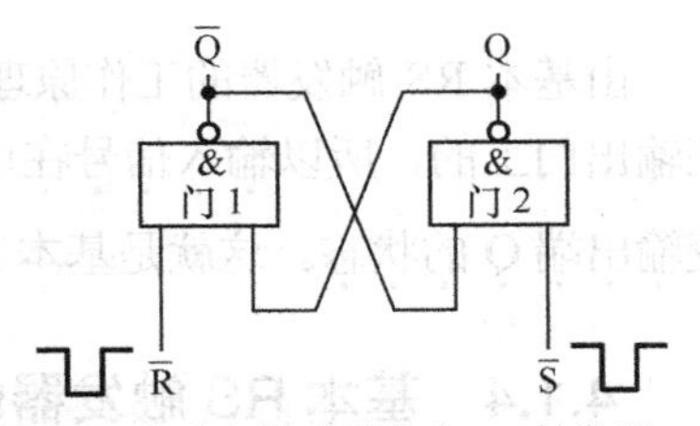

图 4.2 与非门构成的基本 RS 触发器

基本 RS 触发器有$\overline{R}$和$\overline{S}$ 两个输入端，Q 和$\overline{Q}$是两个互非的输出端。正常工作条件下，若输出端 Q 为高电平“1”，则另一个输出端$\overline{Q}$必为低电平“0”，因为正常工作时两个输出端总是保持这种互非的逻辑关系，所以常用一个字母表示输出状态。一般把输出端 Q 作为基本 RS 触发器的输出状态，即 Q=1，$\overline{Q}$ = 0 时，认为触发器输出状态为“1”态；把 Q=0、$\overline{Q}$ =1 时触发器的输出状态称为“0”态。

4-2 基本 RS 触发器的工作原理

4.1.2 基本 RS 触发器的工作原理

在时序逻辑电路中，人们常用“状态”描述时序问题。例如，阐述时序逻辑电路的特点时，把任意时刻的输出状态称为次态，把电路在转换之前的输出状态称为现态。而使用“状态”概念后，分析问题时就可以把输入和输出中的时间变量去掉，直接用逻辑表达式来说明时序逻辑电路的功能。所以，“状态”是时序逻辑电路中极为重要的一个概念。

分析触发器工作原理时规定：触发器在输入信号变化前的状态称为现态，用 Q^n 表示；触发器输入信号变化后的状态称为次态，用 Q^{n+1} 表示。

基本 RS 触发器有$\overline{R}$和$\overline{S}$ 两个输入端，低电平有效。

两个输入端，具有 4 种不同的输入组合形式。

（1）$\overline{R}\,\overline{S}$ =01 时，与非门 1“有 0 出 1”，门 1 输出$\overline{Q}$ =1 反馈到与非门 2 的输入端，则与非门 2“全 1 出 0”，输出次态 Q^{n+1}=0，触发器为置 0 功能，因此，常把$\overline{R}$称为置零端。

（2）$\overline{R}\,\overline{S}$ =10 时，与非门 2“有 0 出 1”，所以 Q^{n+1}=1；Q^{n+1}=1 的信息反馈到与非门 1 的输入端，使门 1“全 1 出 0”，互非输出端$\overline{Q}^{n+1}$ =0，触发器为置 1 功能，因此，常把$\overline{S}$ 称为置 1 端。

（3）$\overline{R}\,\overline{S}$ =11 时，若触发器原来的状态为 Q^n=0，在反馈线作用下，与非门 1“有 0 出 1”，输出端$\overline{Q}$仍为 1；门 1 输出反馈到与非门 2，则“全 1 出 0”，输出端 Q^{n+1}=0。

若触发器原来的状态 Q^n= 1，在反馈线作用下，与非门 1 则“全 1 出 0”，$\overline{Q}$端仍为 0；这个 0 又反馈到与非门 2，则门 2“有 0 出 1”，输出端 Q^{n+1}=1。

上述分析说明，只要输入端$\overline{R}\,\overline{S}$ =11，无论触发器原来状态如何，均能保持原来的状态不变，实现了保持功能。

（4）$\overline{R}\,\overline{S}$ =00 时，两个与非门均会“有 0 出 1”，本该互非的两个输出端子 Q 和$\overline{Q}$出现了状态一致的情况，显然破坏了它们本该具有的互非性，而且当输入信号消失时，由于与非门传输延迟时间的不同而产生竞争现象，使电路状态无法确定，从而极有可能造成逻辑混乱。

因此，把$\overline{R}\,\overline{S}$=00 的输入状态称为禁止态，是基本 RS 触发器的约束条件。

4.1.3 基本 RS 触发器的动作特点

由基本 RS 触发器的工作原理分析及图 4.2 可知，由于基本 RS 触发器的输入信号是直接加在输出门上的，所以输入信号在电平触发的全部作用时间里，都能直接改变输出端 Q 的状态。这就是基本 RS 触发器的动作特点：电平触发方式。

4.1.4 基本 RS 触发器的功能描述

4-3 基本 RS 触发器的功能描述

触发器通常可用特征方程、功能特性表、状态转换图或时序波形图进行功能描述。

1．特征方程

表征触发器次态 Q^{n+1} 和输入$\overline{S}$、$\overline{R}$ 及现态 Q^n 之间关系的逻辑表达式称为触发器的特征方程。特征方程在时序逻辑电路的分析和设计中均有应用。图 4.2 所示基本 RS 触发器的特征方程为：

$$\begin{cases} Q^{n+1} = \overline{\overline{S}} + \overline{R}Q^n \\ \overline{R} + \overline{S} = 1 \quad (\text{约束条件}) \end{cases} \tag{4.1}$$

式中的约束条件表明，基本 RS 触发器不允许两个输入端同时为低电平。

2．功能特性表

以表格的形式反映基本RS触发器从现态 Q^n 向次态 Q^{n+1} 转移的规律称为功能特性表表示法。这种方法很适合在时序逻辑电路的分析中使用。用两个与非门构成的基本 RS 触发器的功能特性表如表 4-1 所示。

表 4-1 两个与非门构成的基本 RS 触发器的功能特性表

$\overline{S}$	$\overline{R}$	Q^n	Q^{n+1}	功能
1	0	0 或 1	0	置 0
0	1	0 或 1	1	置 1
1	1	0 或 1	0 或 1	保持
0	0	0 或 1	不定	禁止

3．状态转换图

描述触发器的状态转换关系及转换条件的图形称为状态转换图，如图 4.3 所示。

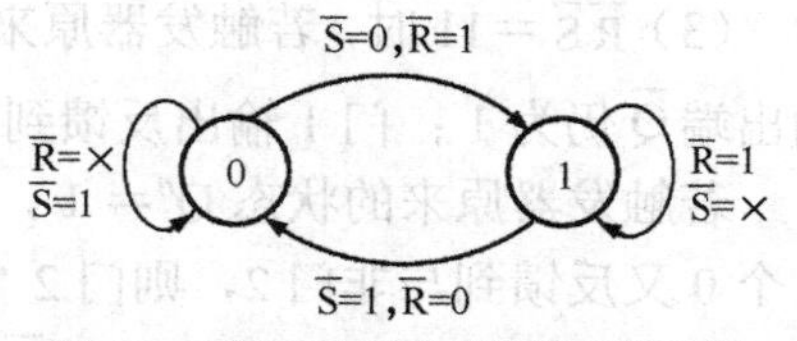

图 4.3 基本 RS 触发器的状态转换图

状态转换图是一种有向图，两个圆圈中的“0”和“1”表示触发器的两种状态，带箭头的线段表示了触发器状态转换的方向，箭头旁边的标注是触发器状态转换的条件。在时序逻辑电路的分析和设计中，状态转换图是一个重要的工具。

4．时序波形图

反映触发器输入信号取值和状态之间对应关系的波形图称为时序波形图。时序波形图是直观地表示触发器特性和工作状态的一种描述方法，广泛应用于时序逻辑电路的分析中。

基本 RS 触发器的时序波形图示例如图 4.4 所示。

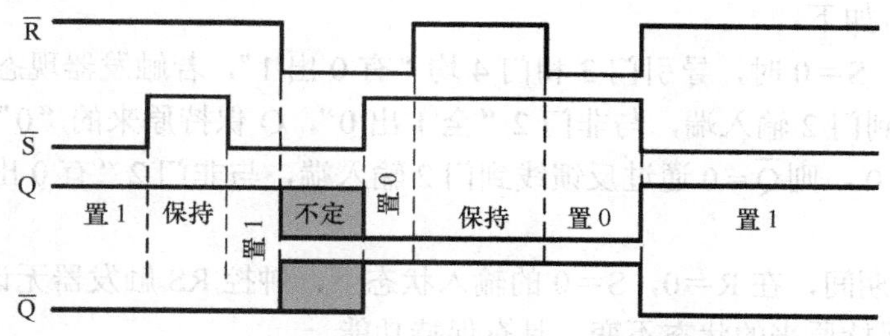

图 4.4 基本 RS 触发器的时序波形图示例

在数字电路中，凡根据输入信号 R、S 情况的不同，具有置 0、置 1 和保持功能的电路，都称为 RS 触发器。

思考练习题

1. 触发器和门电路有何联系和区别？在输出形式上有何不同？
2. 基本 RS 触发器通常有几种构成方式？最常用的构成方式是哪一种？
3. 由两个与非门构成的基本 RS 触发器有几种功能？约束条件是什么？
4. 能否写出两个或非门构成的基本 RS 触发器的逻辑功能及约束条件？

4.2 钟控 RS 触发器

实际应用中，许多场合都要求触发器能够按一定的时间节拍动作，而不是由直接输入端的输入变化来控制电路状态。为此，必须引入同步时钟脉冲信号 CP（Clock Pulse），使要求同一时刻动作的触发器只有在 CP 信号到达时才能按输入信号改变状态。

受时钟脉冲 CP 控制的 RS 触发器称为钟控 RS 触发器。

4-4 钟控 RS 触发器的结构组成

4.2.1 钟控 RS 触发器的结构组成

在基本 RS 触发器的基础上，加两个与非门即可构成钟控 RS 触发器，如图 4.5 所示。

图 4.5 中，与非门 1 和与非门 2 构成了一个基本 RS 触发器，与非门 3 和与非门 4 构成了一对导引门。$\overline{R}_D$ 是直接置零端，$\overline{S}_D$ 是直接置 1 端，触发器开始工作前可以根据需要把它们置 1 或者置 0，但在触发器正常工作时，应将它们置高电平“1”。

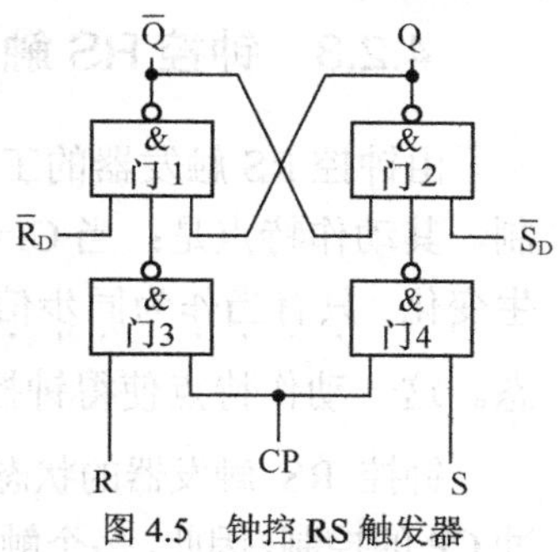

图 4.5 钟控 RS 触发器

4.2.2 钟控 RS 触发器的工作原理

4-5 钟控 RS 触发器的工作原理

钟控 RS 触发器与基本 RS 触发器的最大不同点是：电路的输出状态变化只能在作为同步信号的时钟脉冲 CP=1 期间发生。因此，只要 CP=0，不论 R、S 为何电平，电路均保持原来的状态不变。

当 CP＝1 时，钟控 RS 触发器的输出状态取决于输入端 R 和 S 的状态。

工作原理分析如下。

（1）当 R＝0，S＝0 时，导引门 3 和门 4 均“有 0 出 1”，若触发器现态 Q=0，$\overline{Q}=1$，则 $\overline{Q}=1$ 通过反馈线到门 2 输入端，与非门 2“全 1 出 0”，Q 保持原来的“0”态不变；若触发器现态 Q=1，$\overline{Q}=0$，则 $\overline{Q}=0$ 通过反馈线到门 2 输入端，与非门 2“有 0 出 1”，Q 保持原来的“1”态不变。

显然，CP=1 期间，在 R＝0，S＝0 的输入状态下，钟控 RS 触发器无论现态如何，其输入次态 $Q^{n+1}=Q^{n}$ 保持原来的状态不变，具有保持功能。

（2）当 R＝1，S＝0 时，导引门 3“全 1 出 0”，门 4“有 0 出 1”，若触发器现态 Q=0，$\overline{Q}=1$，则 $\overline{Q}=1$ 通过反馈线到门 2 输入端，与非门 2“全 1 出 0”，Q 保持“0”态不变，输出次态 Q^{n+1}＝0；若触发器现态 Q=1，$\overline{Q}=0$，则门 3“全 1 出 0”，致使门 1“有 0 出 1”，使 $\overline{Q}=1$，$\overline{Q}=1$ 通过反馈线送到门 2 输入端，与非门 2“全 1 出 0”，Q 的状态由原来的“1”态翻转到“0”态，输出次态 Q^{n+1}＝0。

显然，CP=1 期间，在 R＝1，S＝0 的输入状态下，无论钟控 RS 触发器现态如何，触发器均实现置 0 功能。因此，输入端 R 通常称作清零端。

注意：钟控 RS 触发器的输入端均为高电平有效。

（3）当 R＝0，S＝1 时，导引门 3“有 0 出 1”，门 4“全 1 出 0”，若触发器现态 Q=1，$\overline{Q}=0$，则 $\overline{Q}=0$ 通过反馈线到门 2 输入端，与非门 2“有 0 出 1”，输出次态 Q^{n+1}＝Q^{n}＝1；若触发器现态 Q=0，$\overline{Q}=1$，由于门 3“有 0 出 1”，致使门 1“全 1 出 0”，使 $\overline{Q}$=0，$\overline{Q}$=0 通过反馈线送到门 2 输入端，与非门 2“有 0 出 1”，输出次态 Q^{n+1}＝$\overline{Q}^{n}$＝1，状态发生翻转。

由此可见，CP＝1 期间，在 R＝0，S＝1 的输入状态下，无论钟控 RS 触发器现态如何，触发器均实现置 1 功能。因此，输入端 S 通常称作置位端，且高电平有效。

（4）当 R＝1，S＝1 时，导引门 3 和门 4 都将“全 1 出 0”，门 3 和门 4 都会“有 0 出 1”，由此破坏了两个输出端子的互非性。因此，这种情况是钟控 RS 触发器的禁止态。

4.2.3 钟控 RS 触发器的动作特点

由钟控 RS 触发器的工作原理分析可知，钟控 RS 触发器的两个导引门受时钟脉冲 CP 控制，其动作特点是：当 CP=0 时，无论两个输入端 R 和 S 状态如何，触发器输出状态不会发生变化。只有当作为同步信号的时钟脉冲 CP 到达时，钟控 RS 触发器才能按输入信号改变状态。这一动作特点使得钟控 RS 触发器又被称作同步 RS 触发器。

钟控 RS 触发器的状态变化不仅取决于输入信号的变化，还受时钟脉冲 CP 的控制。因此，多个触发器在统一的时钟脉冲 CP 控制下可协调工作。

4-6 钟控 RS 触发器的功能描述

4.2.4 钟控 RS 触发器的功能描述

1．特征方程

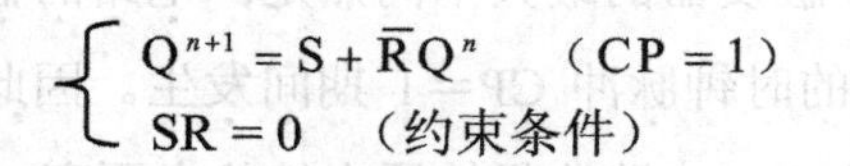

$$\begin{cases} Q^{n+1}=S+\overline{R}Q^{n} \quad (CP=1) \\ SR=0 \quad （约束条件） \end{cases} \tag{4.2}$$

2．功能特性表

钟控 RS 触发器的功能特性表如表 4-2 所示。

表 4-2 钟控 RS 触发器的功能特性表

S	R	Q^n	Q^{n+1}	功能
0	0	0 或 1	0 或 1	保持
0	1	0 或 1	0	置 0
1	0	0 或 1	1	置 1
1	1	0 或 1	不定	禁止

3．状态转换图和时序波形图

钟控 RS 触发器和基本 RS 触发器一样，可由特征方程、功能特性表画出其状态转换图和时序波形图。

状态转换图如图 4.6 所示。

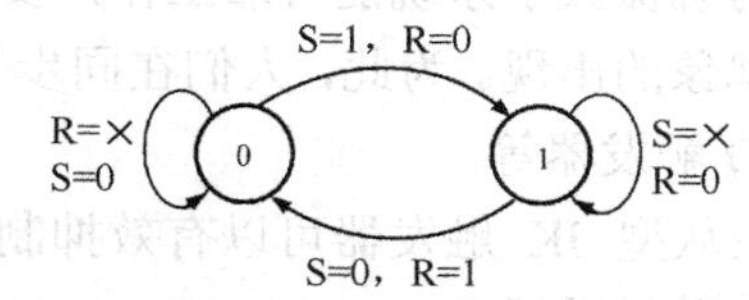

图 4.6 钟控 RS 触发器的状态转换图

钟控RS触发器是受同步时钟脉冲CP控制的触发器。只要时钟脉冲 CP≠1，无论输入为何种状态，触发器的输出均不发生变化，即保持原来的状态不变；但在时钟脉冲 CP=1 期间，输出将随着输入的变化而发生改变，其时序波形图如图 4.7 所示。

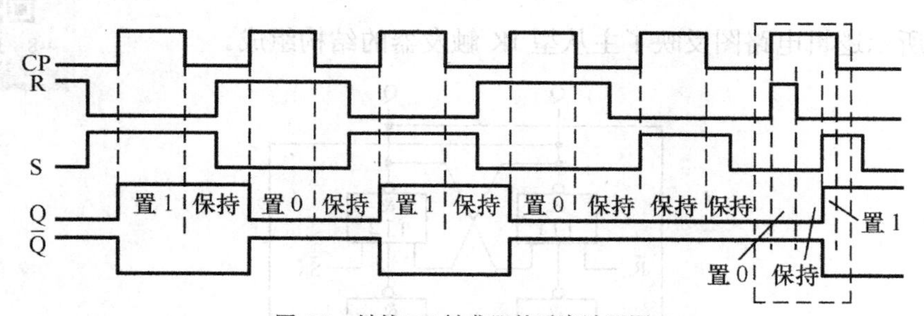

图 4.7 钟控 RS 触发器的时序波形图

由图 4.7 可以看出，由于钟控 RS 触发器采用的是电位触发方式，因此在时钟脉冲 CP＝1 期间，输出随输入的变化而变化。当输入端 R 或 S 在一个 CP=1 期间发生多次改变时（如图 4.7 中第 6 个时钟脉冲期间），输出将随着输入而相应地发生多次变化，在这种情况下，触发器的状态反映出不稳定性。我们把一个 CP 脉冲为 1 期间触发器发生多次翻转的情况称为空翻。

实际应用中，要求触发器的工作规律是每来一个 CP 脉冲只置于一种状态，即使数据输入端发生了多次改变，触发器的状态也不能跟着改变。从这个角度来看，钟控 RS 触发器的抗干扰能力相对较差。

产生空翻现象的根本原因是钟控 RS 触发器的导引门是简单的组合逻辑门，没有记忆功能，在 CP=1 期间，相当于导引门打开，这时同步触发器实质上成了异步触发器，输出与输入之间没有隔离作用，只要输入改变，输出就会跟着改变，输入改变多少次，输出也随之变化多少次，从而失去了抗输入变化的能力。

4-7 空翻现象

思考练习题

1. 钟控 RS 触发器中的 $\overline{R}_D$ 和 $\overline{S}_D$ 在电路中起何作用？触发器正常工作时这两个端子应该如何处理？

2. 钟控 RS 触发器两个输入端的有效态与两个与非门构成的基本 RS 触发器的有效态相同吗？区别在哪里？

3. 何谓空翻现象？造成空翻现象的原因是什么？空翻现象和不定状态有何区别？

4. 根据电路图（见图 4.5）说出在 CP=0 期间钟控 RS 触发器状态不变的原因。

4.3 主从型 JK 触发器

为确保数字系统能可靠工作，要求触发器在一个 CP 脉冲期间至多翻转一次，即不允许空翻现象的出现。为此，人们在同步 RS 触发器的基础上又研制出了主从型 JK 触发器和维持阻塞 D 触发器等。

主从型 JK 触发器可以有效抑制空翻现象，是目前功能较完善、使用较灵活和通用性较强的一种触发器。

4-8 JK 触发器的结构组成

4.3.1 主从型 JK 触发器的结构组成

图 4.8 所示逻辑电路图反映了主从型 JK 触发器的结构组成。

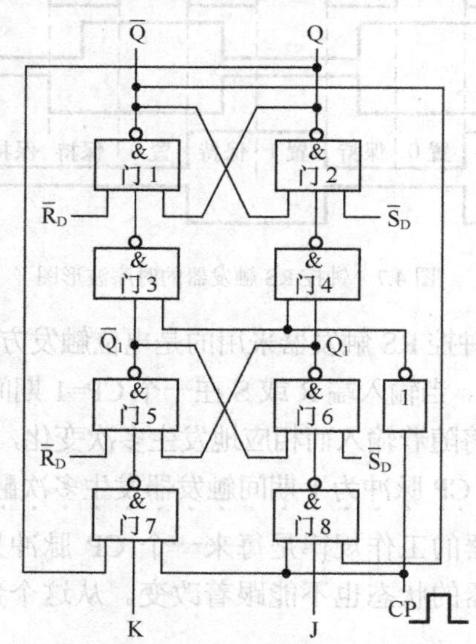

图 4.8 主从型 JK 触发器的逻辑电路图

图 4.8 中的逻辑门 1～逻辑门 4 构成了 JK 触发器的基本触发器部分，称为从触发器，从触发器门 3 和门 4 的一个输入端通过一个非门和 CP 控制脉冲端相连。逻辑门 5～逻辑门 8 构成了 JK 触发器的导引触发电路，又称为主触发器，主触发器门 7 和门 8 的一个输入端直接与 CP 脉冲相连。从触发器的 Q 端直接反馈到主触发器门 7 的一个输入端，从触发器的 $\overline{Q}$ 端直接反馈到主触发器门 8 的一个输入端，构成两条主反馈线。主、从触发器中的 $\overline{R}_D$ 和 $\overline{S}_D$ 都是

直接清 0 端和直接置 1 端，在触发器正常工作时它们应接高电平“1”。

4-9 JK 触发器的工作原理

4.3.2 主从型 JK 触发器的工作原理

在 CP=1 期间，从触发器由于 $\overline{CP}=0$ 被封锁，使输出端不能发生变化；而主触发器在 CP=1 期间，其输出状态随着 JK 输入端的变化而改变。

当时钟脉冲 CP 的下降沿到来时，主触发器由于 CP＝0 被封锁，在 CP＝1 期间的最后输出状态被记忆下来，并被作为输入从触发器接收（CP 下降沿到来时，$\overline{CP}$ 由“0”跳变到“1”，使从触发器被触发工作），此时，$\overline{Q_1}^{n+1}$ 端作为从触发器的 J 输入端，$\overline{Q_1}^{n+1}$ 作为从触发器的 K 输入端，Q^{n+1} 的状态根据它们的情况而发生相应变化。

下降沿之后的 $\overline{CP}=1$ 期间，由于主触发器被封锁而从触发器的输入状态不再发生变化，因此触发器保持下降沿时的状态不变。因此，这种主从型 JK 触发器只在 CP 脉冲下降沿到来时触发工作，从而有效地抑制了空翻现象，保证了触发器工作的可靠性。

边沿触发方式的主从型 JK 触发器，在时钟脉冲 CP 下降沿到来时，其输出、输入端子之间的对应关系为：

（1）当 J＝0，K＝0 时，触发器无论原态如何，次态 $Q^{n+1}=Q^n$，具有保持功能；

（2）当 J＝1，K＝0 时，触发器无论原态如何，次态 $Q^{n+1}=1$，具有置 1 功能；

（3）当 J＝0，K＝1 时，触发器无论原态如何，次态 $Q^{n+1}=0$，具有置 0 功能；

（4）当 J＝1，K＝1 时，触发器无论原态如何，次态 $Q^{n+1}=\overline{Q}^n$，具有翻转功能。

显然，主从型 JK 触发器具有的逻辑功能有置 0、置 1、保持和翻转 4 种。而且，当 J、K 状态不同时，触发器的输出状态总是随着 J 的状态发生变化。

4.3.3 主从型 JK 触发器的动作特点

4-10 JK 触发器的动作特点

（1）主从型 JK 触发器的状态变化分两步动作。

第 1 步是在 CP=1 期间主触发器接收输入信号且被记忆下来，而从触发器被封锁不能动作。

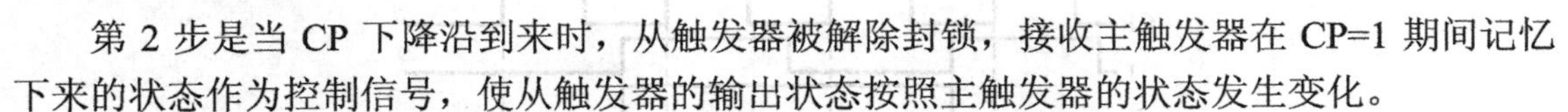

第 2 步是当 CP 下降沿到来时，从触发器被解除封锁，接收主触发器在 CP=1 期间记忆下来的状态作为控制信号，使从触发器的输出状态按照主触发器的状态发生变化。

之后，由于主触发器在 CP＝0 期间被封锁状态不再发生变化，因此，从触发器也就保持了 CP 下降沿到来时的状态不再发生变化。即主从型 JK 触发器的输出状态变化发生在 CP 脉冲的下降沿到来时。

（2）主触发器本身是一个钟控 RS 触发器，因此在 CP＝1 期间都受输入信号的控制，即存在空翻现象。但是，只有 CP 下降沿到来前的主触发器状态，才是改变从触发器状态的控制信号，而 CP 下降沿到来时的主触发器状态不一定是从触发器的控制信号。

4-11 JK 触发器的功能描述

4.3.4 主从型 JK 触发器的功能描述

1．特征方程

$$Q^{n+1}=J\overline{Q^n}+\overline{K}Q^n \tag{4.3}$$

2．功能特性表（见表 4-3）

表 4-3　下降沿触发的主从型 JK 触发器功能特性表

控制端			输入端		原态	次态	触发器
$\overline{S}_D$	$\overline{R}_D$	CP	J	K	Q^n	Q^{n+1}	功　能
0	1	×	×	×	×	1	置 1
1	0	×	×	×	×	0	置 0
0	0	×	×	×	×	不定	禁止
1	1	↓	0	0	0 或 1	0 或 1	保持
1	1	↓	0	1	0 或 1	0	置 0
1	1	↓	1	0	0 或 1	1	置 1
1	1	↓	1	1	0 或 1	1 或 0	翻转

3．状态转换图

主从型 JK 触发器的状态转换图如图 4.9 所示。

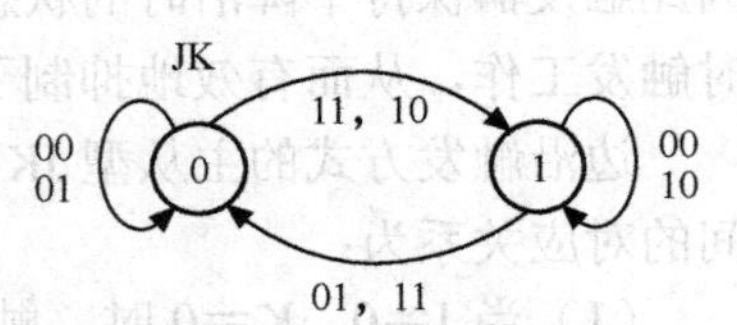

图 4.9　主从型 JK 触发器的状态转换图

4．时序波形图

主从型 JK 触发器同样可以用时序波形图表示其功能。只是注意：输出状态的变化总是发生在时钟脉冲下降沿处。

图 4.10 所示为主从型 JK 触发器的时序波形图示例。主从型 JK 触发器的逻辑符号如图 4.11 所示。

逻辑符号中 CP 引线上端的"∧"符号表示触发器的触发方式为边沿触发，无此"∧"符号表示触发器的触发方式是电位触发；CP 脉冲引线端既有"∧"符号又有小圆圈时，表示触发器状态变化发生在时钟脉冲下降沿到来时刻，只有"∧"符号没有小圆圈时，表示触发器状态变化发生在时钟脉冲上升沿时刻；$\overline{S}_D$和$\overline{R}_D$引线端处的小圆圈表示低电平有效。

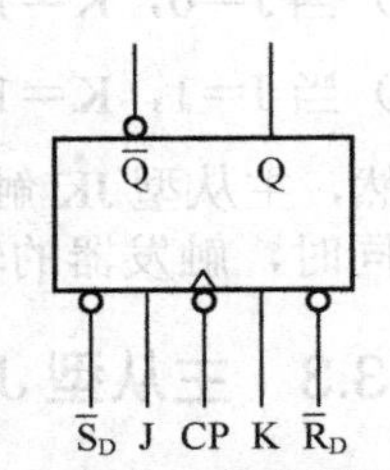

图 4.11　主从型 JK 触发器的逻辑符号

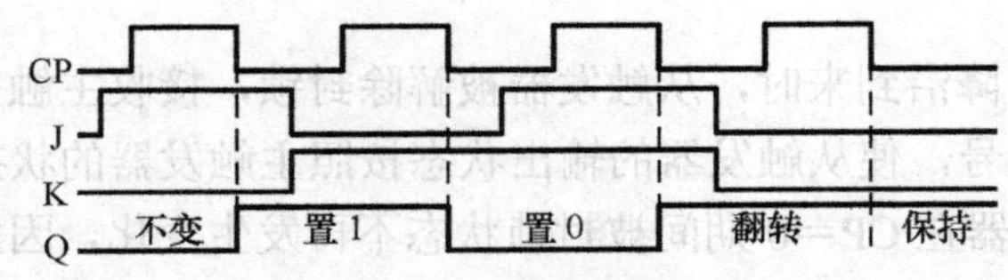

图 4.10　主从型 JK 触发器的时序波形图示例

思考练习题

1. 主从型 JK 触发器的主触发器包括几个逻辑门？在什么情况下触发工作？何种情况下被封锁？属于哪种触发方式？

2. 主从型 JK 触发器的从触发器包括几个逻辑门？在什么情况下触发工作？何种情况下被封锁？属于哪种触发方式？

3. 主从型 JK 触发器具有哪些逻辑功能？

4. 主从型 JK 触发器能够抑制空翻现象，具体表现能说出来吗？

4.4　维持阻塞 D 触发器

维持阻塞 D 触发器和主从型 JK 触发器一样，也是一种边沿触发方式的、能够有效抑制空翻现象的触发器。就目前应用上来看，维持阻塞 D 触发器与主从型 JK 触发器都是功能较完善、使用灵活和通用性较强的触发器。

4-12　维持阻塞 D 触发器的结构组成

4.4.1　维持阻塞 D 触发器的结构组成

维持阻塞 D 触发器只有一个输入端，图 4.12 所示是维持阻塞 D 触发器的结构原理图。

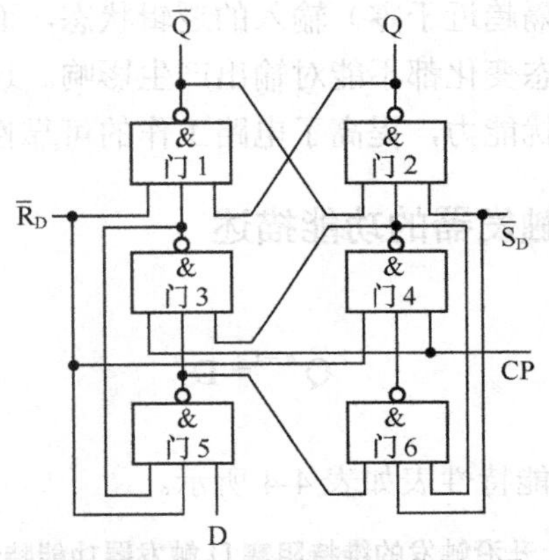

图 4.12　维持阻塞 D 触发器的结构原理图

由图 4.12 可知，维持阻塞 D 触发器由 6 个与非门组成，其中门 1～门 4 构成钟控 RS 触发器，门 5 和门 6 构成输入信号的导引门，输入控制端 D 与门 5 相连，直接置 0 端$\overline{R}_D$和直接置 1 端$\overline{S}_D$作为门 1 和门 2 的两个输入端，在触发器工作之前可以根据需要直接置 0 或置 1，触发器正常工作时要保持高电平“1”。

4-13　D 触发器的工作原理

4.4.2　维持阻塞 D 触发器的工作原理

维持阻塞D触发器的输出状态只取决于时钟脉冲触发边沿到来前输入控制端 D 的状态，利用电路内部的反馈实现边沿触发。

（1）当 CP=0 时，门 3 和门 4 均“有 0 出 1”被封锁，因此触发器将保持现态不变。此时，无论触发器现态如何，只要触发器输入端 D=1，门 5 将“全 1 出 0”，输出状态为$\overline{D}$=0；$\overline{D}$通过反馈线加在门 6 输入端，致使门 6“有 0 出 1”，这个“1”作为门 4 的一个输入端，为门 4 的开启创造了条件。因此，CP=0 为触发器的数据准备阶段。

（2）当 CP 上升沿到来时，钟控 RS 触发器触发开启，门 5、门 6 在 CP=0 时的输出数据被门 3 和门 4 接收，触发器动作。下面分两种情况讨论。

① D=1 时，由于门 6 输出与 D 保持一致，门 4“全 1 出 0”，门 3 则“有 0 出 1”；门 4 输出的“0”又使门 2“有 0 出 1”，即 Q^{n+1}=D=1；门 3 输出的“1”使门 1“全 1 出 0”，由此，维持阻塞 D 触发器的两个输出端子保持互非，为置 1 功能。

② D =0 时，则门 6 输出也为“0”，门 4“有 0 出 1”，门 3“全 1 出 0”；门 4 的输出使门 2“全 1 出 0”，即 Q^{n+1}=D=0；门 1 则“有 0 出 1”，维持阻塞 D 触发器的两个输出端子仍保持互非，为置 0 功能。

上述分析表明，无论触发器原来状态如何，维持阻塞 D 触发器的输出随着输入 D 的变化而变化，且在时钟脉冲上升沿到来时触发。由图 4.13 也不难看出，触发器的状态在 CP 上升沿到来时总是维持原来的输入信号 D 作用的结果，而输入信号的变化在此时被有效地阻塞掉了，这也是维持阻塞 D 触发器名称的由来。

4-14 D 触发器的动作特点

4.4.3 维持阻塞 D 触发器的动作特点

维持阻塞D触发器的次态仅取决于CP信号上升沿到达前一瞬间（这一时刻与上升沿到达时的间隔趋近于零）输入的逻辑状态，而在这一瞬间的之前和之后，输入的状态变化都不能对输出产生影响。这一特点显然有效地抑制了空翻现象，增强了触发器的抗干扰能力，提高了电路工作的可靠性。

4.4.4 维持阻塞 D 触发器的功能描述

1．特征方程

$$Q^{n+1}=D^{n} \tag{4.4}$$

2．功能特性表

维持阻塞 D 触发器的功能特性表如表 4-4 所示。

表 4-4　上升沿触发的维持阻塞 D 触发器功能特性表

控制端 $\overline{S}_D$ $\overline{R}_D$ CP	输入端 D	原态 Q^n	次态 Q^{n+1}	触发器功能
0　1　×	×	×	1	置 1
1　0　×	×	×	0	置 0
0　0　×	×	×	不定	禁止
1　1　↑	0	0 或 1	0	置 0
1　1　↑	1	0 或 1	1	置 1

3．状态转换图

由功能特性表可看出，维持阻塞 D 触发器具有置 0 和置 1 两种功能。维持阻塞 D 触发器的应用非常广泛，常用于数字信号的寄存、移位寄存、分频、波形发生等。维持阻塞 D 触发器的状态转换图如图 4.13 所示。

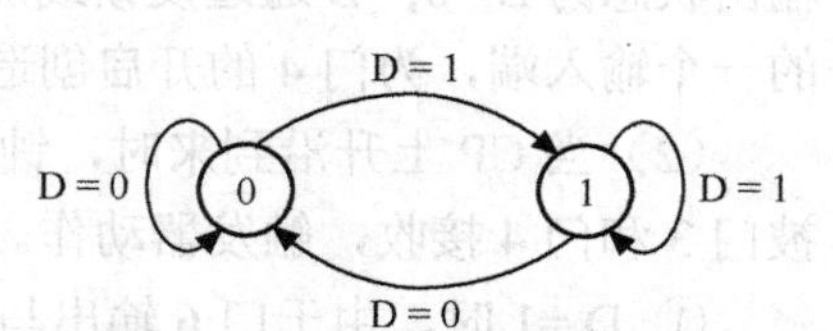

图 4.13　维持阻塞 D 触发器的状态转换图

利用维持阻塞 D 触发器，在 CP＝1 作用下将 D 端输入数据送入触发器，使 Q^{n+1}=D，当 CP＝0 时，Q^{n+1}=Q^n 不变，故常用作锁存器，因此，维持阻塞 D 触发器又称为 D 锁存器。

思考练习题

1. 维持阻塞D触发器的基本结构组成分哪两大部分？为什么说维持阻塞D触发器可以有效地抑制空翻现象？

2. 如何解释维持阻塞D触发器的“维持”和“阻塞”？

3. 在逻辑符号中，如何区别出某触发器是“电平”触发还是“边沿”触发？又如何判断某触发器输入端是高电平有效或是低电平有效？

4.5 T触发器和T′触发器

4.5.1 T触发器

4-15　T触发器和T′触发器

在数字电路中，凡在CP时钟脉冲控制下，根据输入信号取值的不同，只具有保持和翻转功能的电路，均被称为T触发器。如果我们把一个主从型JK触发器的输入控制端J和K连接在一起作为一个输入端T，就可构成一个T触发器：当T输入低电平“0”时，相当于J=K=0，触发器为保持功能；当T输入高电平“1”时，相当于J=K=1，触发器为翻转功能。这时，由主从型JK触发器构成的T触发器的功能特性表如表4-5所示。

表4-5　　T触发器功能特性表

控制端			输入端	现态	次态	触发器的功能
$\overline{S_D}$	$\overline{R_D}$	CP	T	Q^n	Q^{n+1}	
0	1	×	×	×	1	置1
1	0	×	×	×	0	置0
1	1	↓	0	0或1	0或1	保持
1	1	↓	1	0或1	1或0	翻转

显然，T触发器只具有保持和翻转两种功能。

4.5.2 T′触发器

如果让主从型JK触发器的J和K两个输入端子连在一起，且恒输入“1”，则可构成一个T′触发器。每来一个时钟脉冲，T′触发器电路状态就会随之翻转一次，相当于恒有：J=K=1，因此触发器只具有翻转功能。由主从型JK触发器构成的T′触发器的功能特性如表4-6所示。

表4-6　　T′触发器功能特性表

控制端			输入端	原态	次态	触发器功能
$\overline{S_D}$	$\overline{R_D}$	CP	T′	Q^n	Q^{n+1}	
0	1	×	×	×	1	置1
1	0	×	×	×	0	置0
1	1	↓	1	0或1	1或0	翻转

由功能特性表也可看出，T′触发器所具有的逻辑功能仅有一种翻转功能。

T 触发器和 T′触发器只在 CP 脉冲的边沿处对输入进行瞬时采样，而在 CP 脉冲其他时间能够有效地隔离输出与输入，因此均为具有较强抗干扰能力的触发器，在工程实际中应用得非常普遍。

思考练习题

1. T 触发器的逻辑功能有几种？分别是哪些功能？

2. 试述 T′触发器的逻辑功能，哪些触发器可以构成 T′触发器使用？

4.6 集成触发器

常用的集成触发器主要有 TTL 产品的 74LS 系列以及 CMOS 产品的 CC40 系列，虽然它们的电路形式各不相同，但相同结构的电路及工作原理仍相似。在工程实际中，选用集成触发器时应根据需要从速度、功耗、功能、触发方式等方面权衡考虑。

为了使用户可以十分方便地设置触发器的状态，绝大多数集成触发器均设置有直接置 0 端 $\overline{R_D}$ 和直接置 1 端 $\overline{S_D}$。因为 $\overline{R_D}$ 和 $\overline{S_D}$ 在没有 CP 作用时可以直接按需要实现置 0 或置 1，所以称它们为异步清零端和直接置位端。直接置位端和异步清零端的作用优于输入控制端。

4.6.1 集成 RS 触发器

常用的集成 RS 触发器芯片有 74LS279 和 CC4044，其引脚排列图如图 4.14 所示。

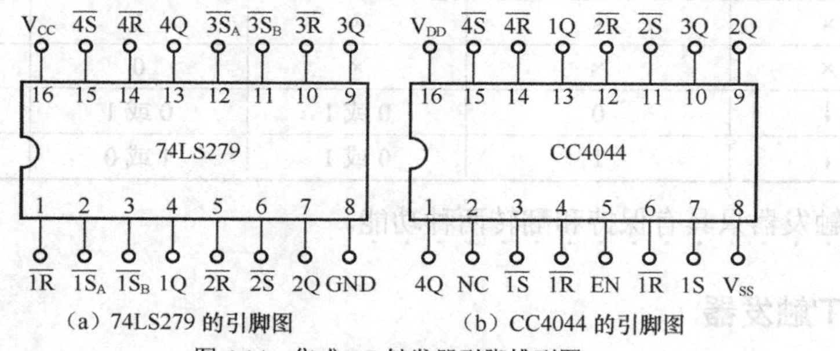

（a）74LS279 的引脚图　　（b）CC4044 的引脚图

图 4.14　集成 RS 触发器引脚排列图

由于基本 RS 触发器是直接由输入端数据信号控制输出的触发器，因此具有线路简单、操作方便等优点，被广泛应用于键盘输入电路、开关消噪声电路及运动控制部件中某些特定的场合。

4.6.2 集成 JK 触发器

4-16　集成 JK 触发器

为了设计生产出实用的触发器，必须在电路的结构上解决“空翻”与“振荡”问题。解决的思路是将 CP 脉冲电平触发方式改为 CP 脉冲边沿触发方式。主从型 JK 触发器就具有能够克服“空翻”与“振荡”问题的电路结构。

实际应用中大多采用集成 JK 触发器。常用的集成芯片型号有 74LS112（下降沿触发的双 JK 触发器）、CC4027（上升沿触发的双 JK 触发器）和 74LS276（四 JK 触发器）（共用置 1、清 0 端）等。74LS112 双 JK 触发器每片芯片包含两个具有复位、置位端的下降沿触发的 JK 触发器，通常用于缓冲触发器、计数器和移位寄存器电路中。

74LS112 双 JK 触发器的引脚图如图 4.15（a）所示。CC4027 四 JK 触发器的引脚图如图 4.15（b）所示。

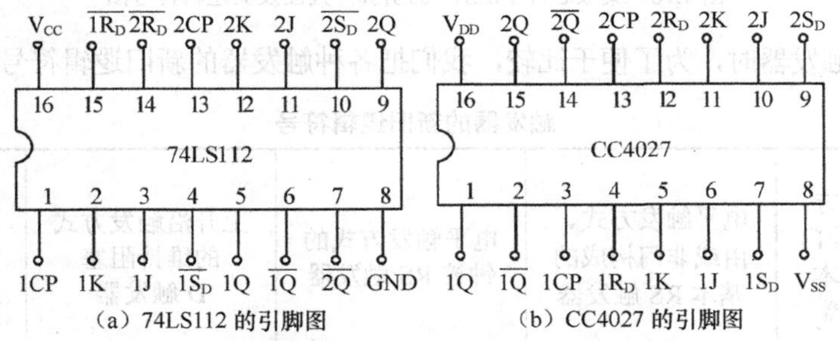

（a）74LS112 的引脚图　（b）CC4027 的引脚图

图 4.15　两种集成 JK 触发器的引脚排列图

74LS112 是 TTL 型集成电路芯片；CC4027 是 CMOS 型集成电路芯片。引脚图中字符前的数字相同时，表示为同一个 JK 触发器的端子。

表 4-7 所示为 74LS112 双 JK 触发器功能特性表。

表 4-7　74LS112 双 JK 触发器的功能特性表

控制端			输入端		原态	次态	触发器功能
$\overline{S_D}$	$\overline{R_D}$	CP	J	K	Q^n	Q^{n+1}	
0	1	×	×	×	×	1	置 1
1	0	×	×	×	×	0	置 0
0	0	×	×	×	×	不定	禁止
1	1	↓	0	0	0 或 1	0 或 1	保持
1	1	↓	0	1	0 或 1	0	置 0
1	1	↓	1	0	0 或 1	1	置 1
1	1	↓	1	1	0 或 1	1 或 0	翻转

4.6.3 集成 D 触发器

4-17　集成 D 触发器

目前国内生产的集成 D 触发器主要是维持阻塞型，这种 D 触发器都是在时钟脉冲的上升沿触发翻转，也具有能够克服“空翻”与“振荡”问题的电路结构。常用的集成 D 触发器有 74LS74 双 D 触发器、74LS75 四 D 触发器和 74LS176 六 D 触发器等。

图 4.16 所示为常用的 74LS74 的引脚排列图及其逻辑符号图。观察逻辑符号图，CP 输入端处的三角形标记下面不带小圆圈，说明它是在上升沿到来时触发的。

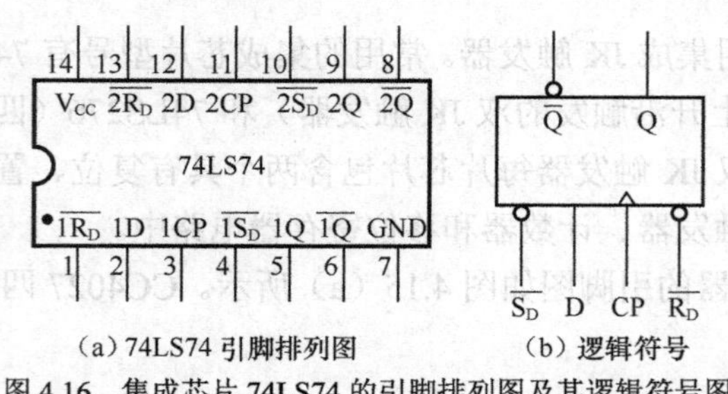

（a）74LS74 引脚排列图　（b）逻辑符号

图 4.16　集成芯片 74LS74 的引脚排列图及其逻辑符号图

在使用集成触发器时，为了便于比较，我们把各种触发器的新旧逻辑符号列在表 4-8 中。

表 4-8　触发器的新旧逻辑符号

触发器类型	电平触发方式、由与非门构成的基本 RS 触发器	电平触发方式、由或非门构成的基本 RS 触发器	电平触发方式的钟控 RS 触发器	上升沿触发方式的维持阻塞 D 触发器	下降沿触发方式的主从型 JK 触发器
触发器旧标准符号	$\overline{Q}$ Q；$\overline{R}$ $\overline{S}$	$\overline{Q}$ Q；R S	$\overline{Q}$ Q；R CP S	$\overline{Q}$ Q；D ∧；K CP	$\overline{Q}$ Q；K ∧ J；K CP J
新标准符号	$\overline{S}$ S, $\overline{R}$ R；Q $\overline{Q}$	S S, R R；Q $\overline{Q}$	S 1S, CP C1, R 1R；Q $\overline{Q}$	D 1D, CP C1；Q $\overline{Q}$	J 1J, CP C1, K 1K；Q $\overline{Q}$

从表 4-9 中可以明显看出，触发器的逻辑符号中 CP 端加“∧”时表示边沿触发；没有加“∧”时表示电平触发。如果逻辑符号中的 CP 端子加了小圆圈“○”符号，表示在 CP 下降沿到来时电路触发；没有小圆圈符号时说明触发器在 CP 上升沿触发。如果逻辑符号中在输入、输出端子加小圆圈符号，表示低电平有效或输出变量的反函数。

以上逻辑符号的规则不仅用于触发器的旧标准符号，而且与触发器的新标准逻辑符号的规则一样。

注意：维持阻塞 D 触发器和主从型 JK 触发器结构不同，其内部门数、信号建立时间、门的延时不同决定了触发器时钟最高频率。

思考练习题

1. 为避免由于干扰引起的误触发，应选用哪种类型的触发器？
2. 触发时钟脉冲的最高频率与何因素有关？

项目小结

1. 触发器是数字电路中极其重要的基本单元。触发器有两个稳定状态，在外界信号作用下，可以从一个稳态转变为另一个稳态；无外界信号作用时状态保持不变。因此，触发器可以作为二进制存储单元使用。

2. 触发器的逻辑功能可以用特征方程、功能特性表、状态转换图和时序波形图等多种方式描述。触发器的特征方程是表示其逻辑功能的重要逻辑函数，在分析和设计时序逻辑电路时常用来作为判断电路状态转换的依据。

3. 同一种功能的触发器，可以用不同的电路结构形式来实现；反过来，同一种电路结构形式，也可以构成具有不同功能的各种类型的触发器。

4. 触发器分为电平触发和边沿触发两种方式，其中电平触发的钟控 RS 触发器存在空翻现象，为克服空翻现象给数字电路带来的不稳定因素，人们设计出了边沿触发方式的主从型 JK 触发器和维持阻塞 D 触发器等。

注意：本项目中介绍的触发器结构均为 TTL 电路结构，均由 TTL 与非门构成。因此，TTL 电路触发器的输入、输出特性和 TTL 与非门相同；而在 CMOS 电路触发器中，通常每个输入、输出端均在器件内部设置了缓冲器，因此其输入、输出特性和 CMOS 反相器类似。

技能训练 1：集成触发器的功能测试

一、训练目的

1. 通过实验了解和熟悉各种集成触发器的引脚功能及其连线。
2. 进一步理解和掌握各种集成触发器的逻辑功能及其应用。

二、实训设备

1. 数字电子实验装置一套。
2. 74LS74（或 CC4013）双 D 触发器电路，74LS112（或 CC4027）双 JK 触发器电路，74LS00（或 CC4011）与非门集成电路各 1 个。
3. 相关实验设备及连接导线若干。

三、实训相关知识要点

1. 触发器是存放二进制信息的最基本单元，是构成时序逻辑电路的主要元件。触发器具有两个稳态：即 0 态（$Q=0$，$\overline{Q}=1$）和 1 态（$Q=1$，$\overline{Q}=0$）。在时钟脉冲的作用下，根据输入信号的不同，触发器可具有置 0、置 1、保持和翻转功能。

触发器按逻辑功能分类，有 RS 触发器、D 触发器、JK 触发器、T 触发器等。目前，市场上出售的产品主要是 D 触发器和 JK 触发器；按时钟脉冲触发方式分类，有电平触发器（锁存器）、主从触发器和边沿触发器 3 种；按制造材料分类，常用的有 TTL 型和 CMOS 型两种，它们在电路结构上有较大的差别，但在逻辑功能上基本相同。

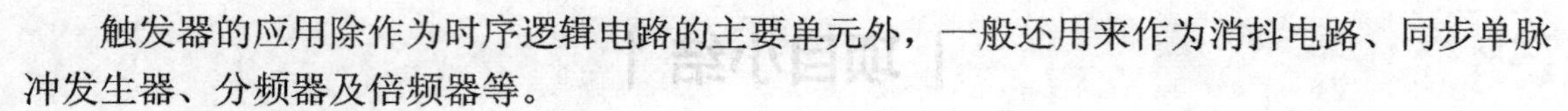

触发器的应用除作为时序逻辑电路的主要单元外，一般还用来作为消抖电路、同步单脉冲发生器、分频器及倍频器等。

2．RS 触发器

用两个与非门交叉连接即可构成基本 RS 触发器，如图 4.17 所示。基本 RS 触发器在工程实际中常用来构成消机械抖动开关，如图 4.18 所示。

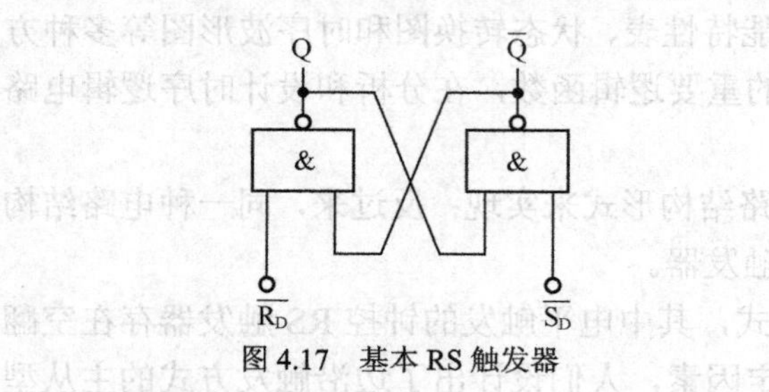

图 4.17　基本 RS 触发器

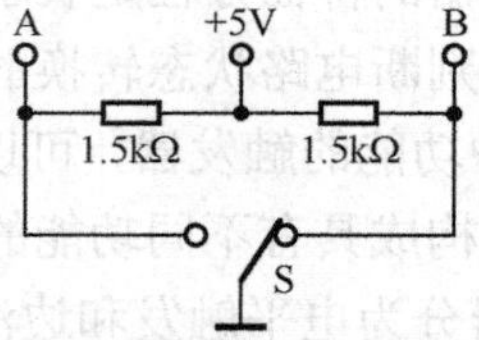

A
+5V
B
1.5kΩ
1.5kΩ
S

图 4.18　消机械抖动开关电路

3．D 触发器

实际应用中，D 触发器的型号很多，TTL 型有 74LS74（双 D）、74LS174（六 D）、74LS175（四 D）、74LS377（八 D）等；CMOS 型有 CD4013（双 D）、CD4042（四 D）。

若实训中选用 TTL 产品 74LS74 双 D 触发器，触发器的状态仅取决于时钟信号 CP 上升沿到来前 D 端的状态，其特征方程为：$Q^{n+1}=D$。D 触发器的应用很广，可用于数字信号的寄存、移位寄存、分频和波形发生等。

4．JK 触发器

实际应用中，JK 触发器有 TTL 型 74LS107、74LS112（双 JK 下降沿触发，带清零）、74LS109（双 JK 上升沿触发，带清零）、74LS111（双 JK，带数据锁定）等；CMOS 型有 CD4027（双 JK 上升沿触发）等。

四、实训步骤

1. 按照图 4.17 连线，测试基本 RS 触发器的逻辑功能，将测试结果记录在表 4-9 中。

表 4-9　　基本 RS 触发器逻辑功能测试表

步骤	$\overline{R_D}$	$\overline{S_D}$	Q	$\overline{Q}$	功能
1					
2					
3					
4					
5					

2. 在逻辑测试仪或数字电子实验台上测试 74LS74（或 CC4013）双 D 触发器的逻辑功能：

（1）测试 D 触发器的复位、置位功能；

（2）测试 D 触发器的逻辑功能时，观察触发器状态更新是否发生在 CP 脉冲的上升沿，并记录下来。

（3）将 D 触发器的输出端与输入端相连接，观察电路输出 Q 的状态变化，记录下来，并指出此时 D 触发器的功能。

3. 测试 74LS112（或 CC4027）双 JK 触发器的逻辑功能，画出相应的功能特性表。

（1）按表 4-10 的要求改变 J、K、CP 端的状态，观察输出端状态变化，观察触发器状态更新是否发生在 CP 脉冲的下降沿，并记录下来。

表 4-10 JK 触发器直接置 0 和置 1 端的功能特性表

步骤	CP	J	K	$\overline{S_D}$	$\overline{R_D}$	$Q^n=0$		$Q^n=1$	
						Q^{n+1}	$\overline{Q}^{n+1}$	Q^{n+1}	$\overline{Q}^{n+1}$
0	×	×	×	0	1				
1	×	×	×	1	0				
2	×	×	×	1→0	1				
3	×	×	×	1	1→0				
4	↓	0	0	1	1				
5	↓	0	1	1	1				
6	↓	1	0	1	1				
7	↓	1	1	1	1				

（2）在 $\overline{S_D}=0$ 或 $\overline{R_D}=0$ 期间，任意改变 CP 以及 J、K 的状态，观察对输出是否有影响；在 $\overline{S_D}=1$ 和 $\overline{R_D}=1$ 期间，按照表 4-11 设置 CP 为下降沿脉冲，J、K 分别按 4 种组合状态进行变化，观察输出 Q 的变化并总结。

（3）将 JK 触发器的 J、K 端连在一起，构成 T 触发器。CP 端接入 1Hz 连续脉冲，用电平指示器观察输出端 Q 的变化情况，并记录在自制的表格中。

五、实训报告

1. 列表整理各类型触发器的逻辑功能。
2. 总结 74LS112 双 JK 触发器和 74LS74 双 D 触发器的特点。
3. 画出 JK 触发器作为 T'触发器时，其电路的时序波形图。

技能训练 2：Multisim8.0 触发器电路仿真

一、训练目的

1. 进一步熟悉和掌握 Multisim8.0 电路仿真技能。
2. 学会虚拟频率计的仿真方法。
3. 掌握触发器的电路仿真。

二、Multisim8.0 中频率计的使用

频率计主要用来测量数字信号的频率、周期、脉冲宽度、上升/下降时间。Multisim8.0 中的虚拟频率计如图 4.19（b）所示，图 4.19（a）为频率计的设置主界面。

在频率计设置中，应注意触发脉冲的电平设置数必须大于灵敏度有效值设置数的 $\sqrt{2}$ 倍。

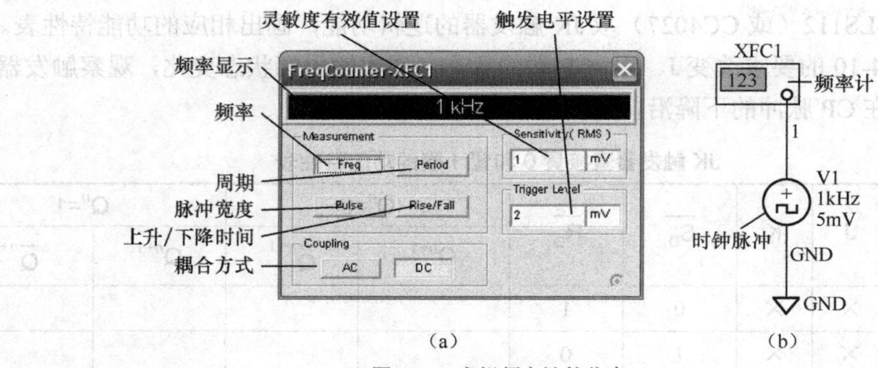

图 4.19　虚拟频率计的仿真

三、Multisim8.0 中触发器的电路仿真

1．用两个与非门构成基本 RS 触发器

用两个两输入的与非门构成一个基本 RS 触发器，连接电路如图 4.20 所示，测试其逻辑功能。

2．用两个或非门构成基本 RS 触发器

用两个两输入的或非门构成一个基本 RS 触发器，连接电路如图 4.21 所示，测试其逻辑功能。并比较其逻辑功能与由两个与非门构成的基本 RS 触发器有何不同。

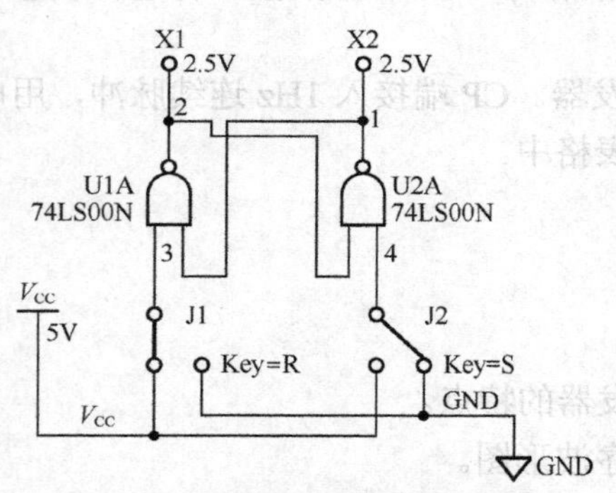

图 4.20　与非门构成的基本 RS 触发器

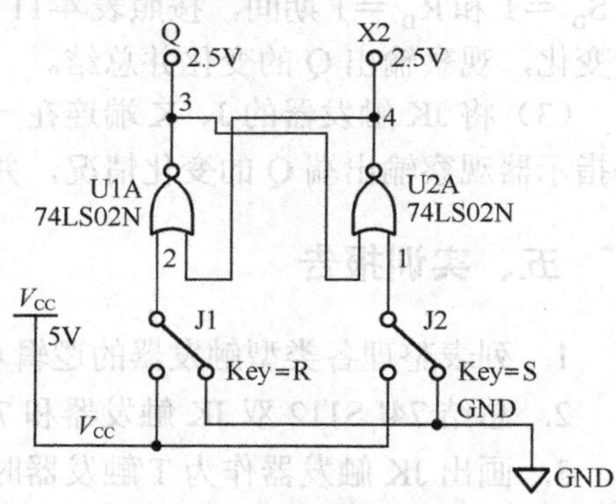

图 4.21　或非门构成的基本 RS 触发器

3．D 触发器

用虚拟集成电路 74LS74 仿真。仿真电路的连接如图 4.22 所示。

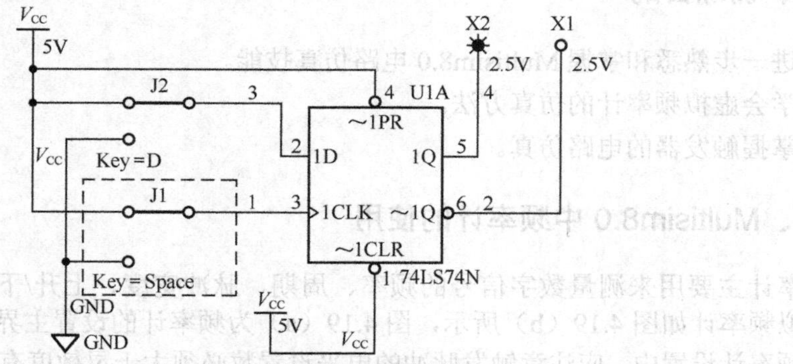

图 4.22　D 触发器仿真电路连接图

按照图 4.22 连接好电路，测试其功能。时钟脉冲用手控制，观察触发器的状态变化发生在哪一时刻。

4．主从型 JK 触发器

用虚拟集成电路 74LS112 仿真。仿真电路的连接如图 4.23 所示。

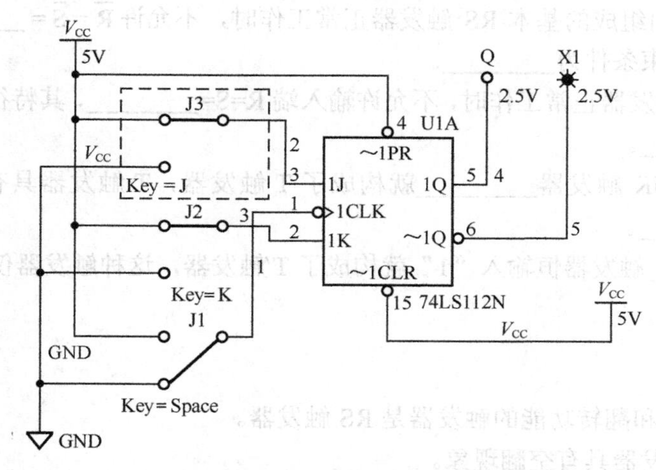

图 4.23 主从型 JK 触发器仿真电路连接图

按照图 4.23 连接好电路，测试其功能。手动控制时钟脉冲，观察触发器在什么时候状态发生改变。

四、实训报告

1. 画出各仿真电路的基本 RS 触发器、D 触发器和主从型 JK 触发器的时序波形图。
2. 总结仿真实训获得的启发和帮助。

| 能力检测题 |

一、填空题

1. 两个与非门构成的基本 RS 触发器的功能有________、________和________。电路中不允许两个输入端同时为________，否则将出现逻辑混乱。

2. 通常把一个 CP 脉冲引起触发器多次翻转的现象称为________，有这种现象的触发器是________触发器，此类触发器的工作属于________触发方式。

3. 为有效地抑空翻现象，人们研制出了________触发方式的________触发器和________触发器。

4. 主从型 JK 触发器具有________、________、________和________4 种功能。欲使主从型 JK 触发器实现 $Q^{n+1}=\overline{Q}^n$ 的功能，则输入端 J 应接________，K 应接________。

5. D 触发器的输入端子有________个，具有________和________的功能。

6. 触发器的逻辑功能通常可用________、________、________和________等多种方法进行描述。

7. 组合逻辑电路的基本单元是________，时序逻辑电路的基本单元是________。

8. 主从型 JK 触发器的次态方程为________，D 触发器的次态方程为________。

9. 触发器有两个互非的输出端 Q 和 $\overline{Q}$，通常规定 Q=1，$\overline{Q}$=0 时为触发器的________状态；Q=0，$\overline{Q}$=1 时为触发器的________状态。

10. 两个与非门组成的基本 RS 触发器正常工作时，不允许 $\overline{R}=\overline{S}=$________，其特征方程为________，约束条件为________。

11. 钟控 RS 触发器正常工作时，不允许输入端 R=S=________，其特征方程为________，约束条件为________。

12. 把主从型 JK 触发器________就构成了 T 触发器，T 触发器具有的逻辑功能是________和________。

13. 让________触发器恒输入“1”就构成了 T′触发器，这种触发器仅有________功能。

二、判断题

1. 仅具有保持和翻转功能的触发器是 RS 触发器。（　　）
2. 基本 RS 触发器具有空翻现象。（　　）
3. 钟控 RS 触发器的约束条件是：R＋S=0。（　　）
4. 主从型 JK 触发器的特征方程是：$Q^{n+1}=J\overline{Q}^{n}+KQ^{n}$。（　　）
5. D 触发器的输出总是跟随其输入的变化而变化。（　　）
6. CP=0 时，由于主从型 JK 触发器的导引门被封锁而触发器状态不变。（　　）
7. 主从型 JK 触发器的从触发器开启时刻在 CP 下降沿到来时。（　　）
8. 触发器和逻辑门一样，输出取决于输入现态。（　　）
9. 维持阻塞 D 触发器状态变化在 CP 下降沿到来时。（　　）
10. 凡采用电平触发方式的触发器，都存在空翻现象。（　　）

三、选择题

1. 仅具有置 0 和置 1 功能的触发器是（　　）。

A. 基本 RS 触发器　　B. 钟控 RS 触发器
C. D 触发器　　D. JK 触发器

2. 由与非门组成的基本 RS 触发器不允许输入的变量组合 $\overline{S}\cdot\overline{R}$ 为（　　）。

A. 00　　B. 01　　C. 10　　D. 11

3. 钟控 RS 触发器的特征方程是（　　）。

A. $Q^{n+1}=\overline{R}+Q^{n}$　　B. $Q^{n+1}=S+Q^{n}$
C. $Q^{n+1}=R+\overline{S}Q^{n}$　　D. $Q^{n+1}=S+\overline{R}Q^{n}$

4. 仅具有保持和翻转功能的触发器是（　　）。

A. 主从型 JK 触发器　　B. T 触发器　　C. D 触发器　　D. T′触发器

5. 触发器由门电路构成，但它不同于门电路的功能，主要特点是具有（　　）。

A. 翻转功能　　B. 保持功能　　C. 记忆功能　　D. 置 0 置 1 功能

6. TTL 集成触发器直接置 0 端 $\overline{R_D}$ 和直接置 1 端 $\overline{S_D}$ 在触发器正常工作时应（　　）。

A. $\overline{R_D}$=1，$\overline{S_D}$=0　　B. $\overline{R_D}$=0，$\overline{S_D}$=1

C. 保持高电平“1”　　D. 保持低电平“0”

7. 按触发器触发方式的不同，双稳态触发器可分为（　　）。

A. 高电平触发和低电平触发　　B. 上升沿触发和下降沿触发

C. 电平触发或边沿触发　　D. 输入触发或时钟触发

8. 按逻辑功能的不同，双稳态触发器可分为（　　）。

A. RS、JK、D、T 等触发器　　B. 主从型和维持阻塞型触发器

C. TTL 型和 CMOS 型触发器　　D. 上述触发器均包括

9. 为避免空翻现象，应采用（　　）方式的触发器。

A. 主从触发　　B. 边沿触发　　C. 电平触发　　D. 以上均可

10. 为防止空翻现象，应采用（　　）结构的触发器。

A. TTL　　B. CMOS　　C. 主从型或维持阻塞型　　D. 任何结构

四、简述题

1. 与基本 RS 触发器相比，钟控 RS 触发器在电路结构上有哪些特点？
2. 何谓空翻现象？抑制空翻现象可采取什么措施？
3. 同步 D 触发器和同步 JK 触发器是否存在约束条件？为什么？
4. 和 TTL 边沿触发器 74LS 系列相比，CMOS 边沿触发器 4000 系列有哪些优缺点？
5. 什么叫主从型触发器？它的工作特点是什么？
6. 主从型 JK 触发器在电路结构上有什么特点？它为什么能克服空翻现象？

五、分析题

1. 已知 TTL 主从型 JK 触发器的输入控制端 J 和 K 及 CP 脉冲波形如图 4.24 所示，试根据它们的波形画出相应输出端 Q 的波形。

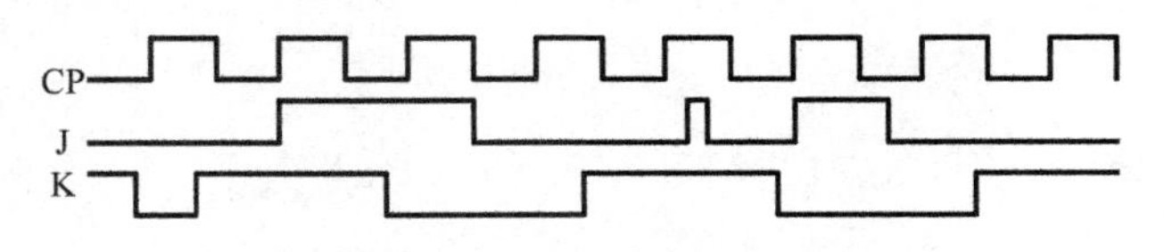

图 4.24　分析题 1 时序波形图

2. 图 4.25 所示为维持阻塞 D 触发器构成的电路，试画出在 CP 脉冲下 Q_0 和 Q_1 的波形。

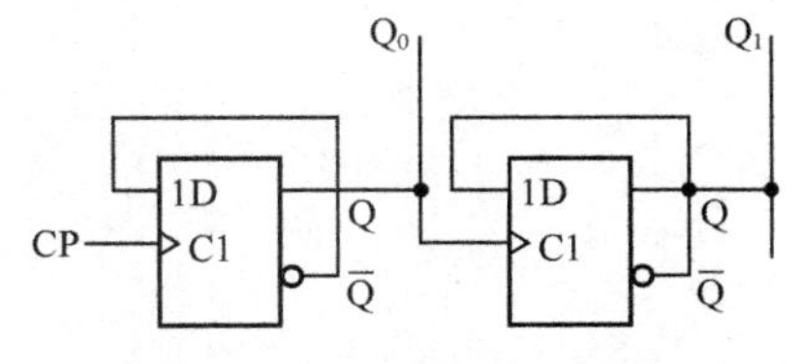

图 4.25　分析题 2 电路图

3. 写出图 4.26 所示各逻辑电路的次态方程。

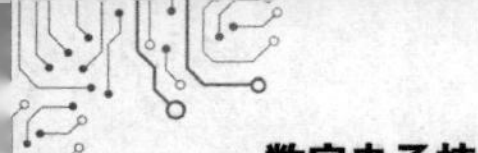

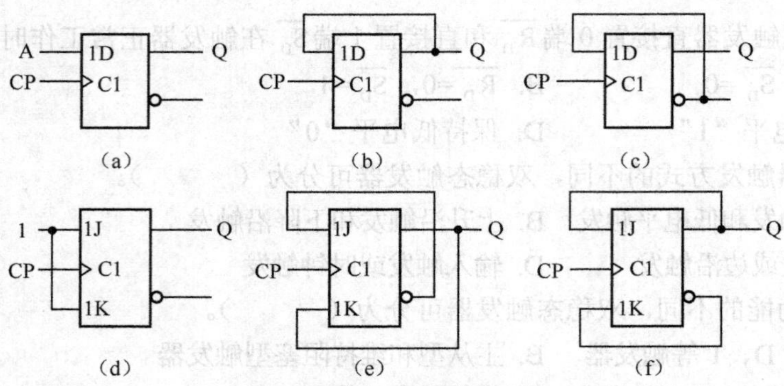

图 4.26　分析题 3 逻辑电路图

4. 逻辑电路如图 4.27 所示。

（1）图 4.27 所示电路中采用什么触发方式？

（2）分析图 4.27 所示时序逻辑电路，并指出其逻辑功能；

（3）设触发器初态为“0”，画出在 CP 脉冲下 Q_0 和 Q_1 的波形。

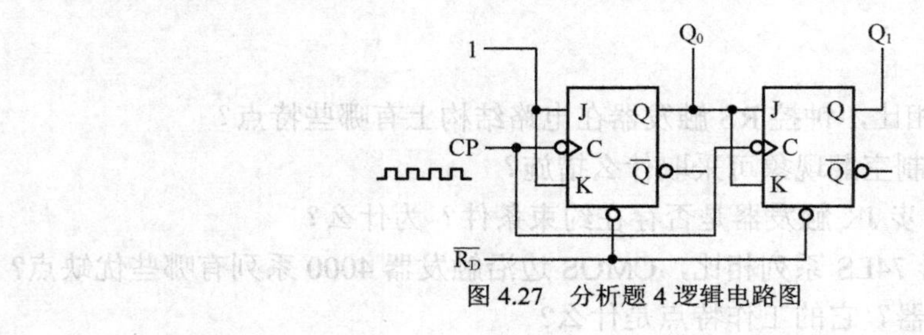

图 4.27　分析题 4 逻辑电路图

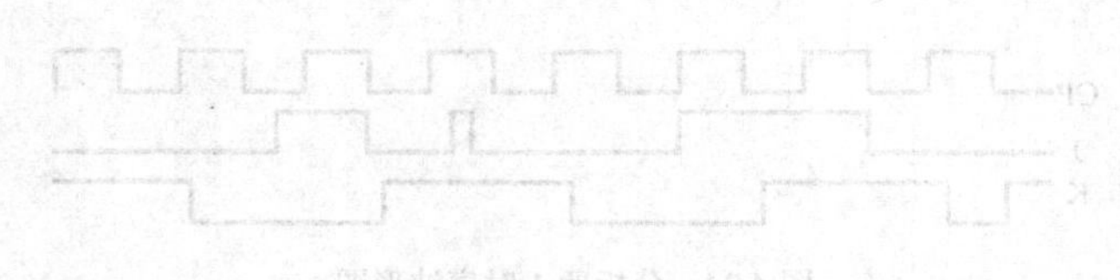

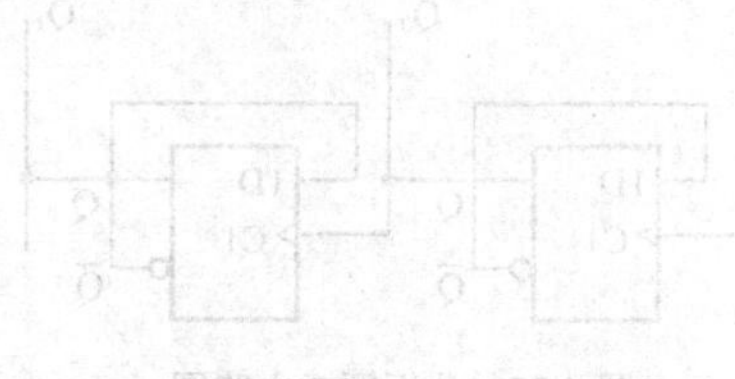

项目五　时序逻辑电路器件及其应用

重点知识

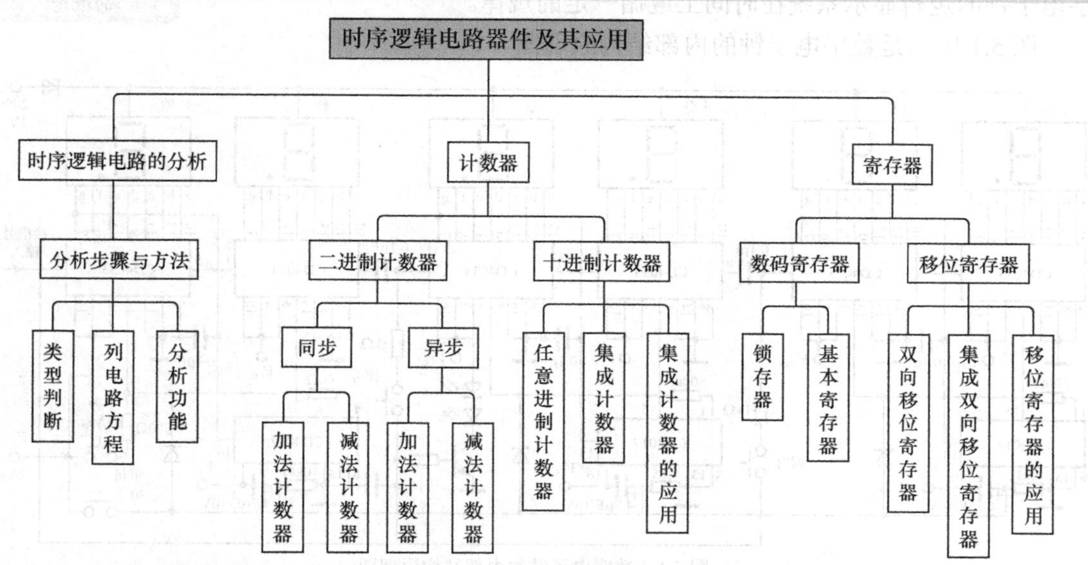

时序逻辑电路器件的主体均由多位触发器构成。因此，在项目四的基础上，本项目将向读者简单介绍时序逻辑电路器件的结构组成和工作原理，教学的重点在时序逻辑电路器件的应用上。

学习目标

知识目标

1. 了解时序逻辑电路的特点，理解和掌握一般时序逻辑电路的分析方法。

2. 了解常用中规模集成计数器的结构原理和电路功能，掌握其芯片引脚的识别和集成芯片的应用及其扩展应用。

3. 了解常用数码寄存器和移位寄存器的结构原理和电路功能。

4. 掌握移位寄存器集成芯片的引脚功能的识别方法以及芯片插拔时的注意事项，掌握其应用。

能力目标

1. 具有对时序逻辑电路器件进行功能测试的能力。

2. 具有查阅电子手册中有关时序逻辑电路器件相关知识的能力。

3. 具有应用 Multisim8.0 仿真软件构成时序逻辑电路的能力。

素养目标

养成科学思维和创新习惯，培养大工程观，成为具有工匠精神的新工科人才。

项目导入

5-1 时序逻辑电路的概念

数字电子钟是采用数字电路实现对“时”“分”“秒”数字显示的计时装置，只有当“秒”显示计数 59 以后，中间两个数码管的“分”显示状态才能发生变化，增加 1 个计数；当“分”显示计数至 59 以后，左边两个“时”显示状态的数码管才能发生变化增加 1 个计数……显然，数字电子钟的逻辑显示系统在时间上遵循一定的规律。

图 5.1 所示是数字电子钟的内部结构原理图。

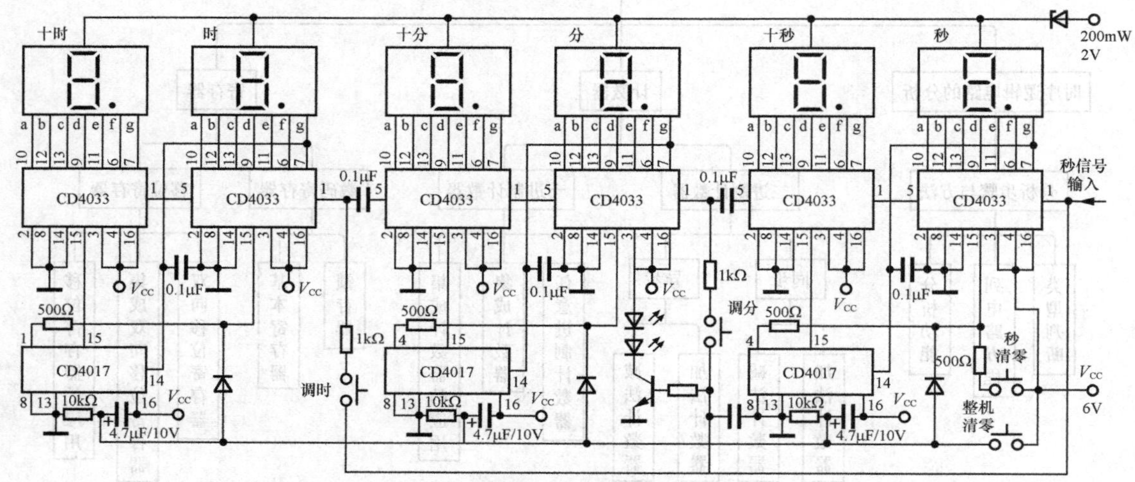

图 5.1　数字电子钟的内部结构原理图

数字电子钟内部的器件 CD4033 是十进制计数器，CD4017 是十进制计数器/脉冲分配器，它们都是具有记忆功能的时序逻辑电路器件。显而易见，数字电子钟是一个典型的时序逻辑电路。

时序逻辑电路的突出特点是不仅具有记忆性，还具有时序性。

实际电子工程中，许多设备常需要显示计数器的计数值，而计数值通常以 8421 码表示，并以 7 段数码显示器显示。但问题是：计数器的计数速度极高，每一数据显示时间极短而使人眼无法辨认。为解决这一问题，人们在计数器和译码器之间加入了锁存器来控制数据显示的时间。

数据显示锁存器电路如图 5.2 所示。

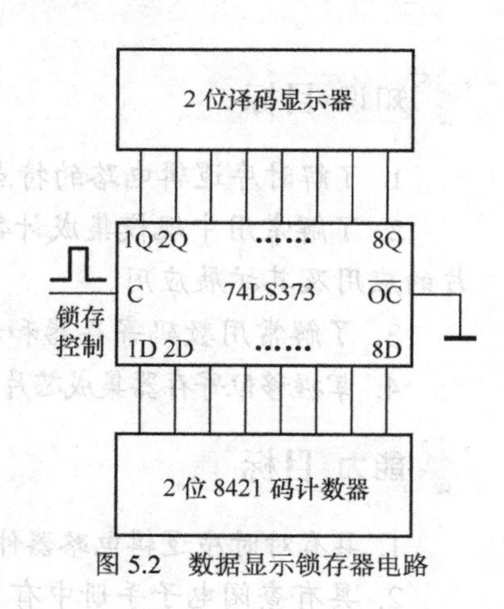

图 5.2　数据显示锁存器电路

观察图 5.2，电路中不仅有具有记忆功能的 74LS373 地址锁存器、8421 码计数器，还有 2 位译码显示的组合逻辑电路，显然，这也是一个典型的时序逻辑电路。

实际电子工程应用中，现代电子系统的集成度越来越高，功能越来越强，数字电路的时间相关系统在数字电子技术中的应用也越来越广泛。分析各种时序逻辑电路的能力是数字电子技术学习的重要内容之一，而对各种电路器件的功能及用途的认知，则是数字电子技术学习的主要目标之一。掌握时序逻辑电路分析方法和时序逻辑电路器件的功能及用途，对每一位从事电子工程的技术人员来讲都是非常重要的事情。

知识链接

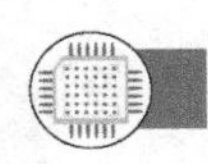

5.1 时序逻辑电路的分析

时序逻辑电路的分析，是根据给定的逻辑电路图，在输入信号及时钟脉冲作用下，找出电路的状态和输出的变化规律，从而获得电路逻辑功能的过程。

5.1.1 时序逻辑电路的分析步骤

时序逻辑电路的分析可按以下步骤进行。

（1）判断电路类型。根据已知电路，仔细判别和区分该电路是同步时序逻辑电路还是异步时序逻辑电路，是莫尔型时序逻辑电路还是米莱型时序逻辑电路。

（2）写出电路方程。方程主要包括驱动方程（各位触发器的输入变量表达式）和次态方程（各位触发器的特性方程）。对于异步时序逻辑电路，还应写出时钟方程（各位触发器的触发脉冲），对于米莱型时序逻辑电路还要写出门电路的输出方程。

（3）根据电路方程，列出电路的功能特性表，画出状态转换图或时序波形图。

（4）根据功能特性表或状态转换图或时序波形图，找出电路的逻辑功能并进行功能描述。

5.1.2 时序逻辑电路的分析方法

5-2 时序逻辑电路的分析方法

【例 5.1】图 5.3 所示的时序逻辑电路，其输出信号由各触发器的 Q 端发出。设触发器现态为“0”态，试分析该电路的逻辑功能。

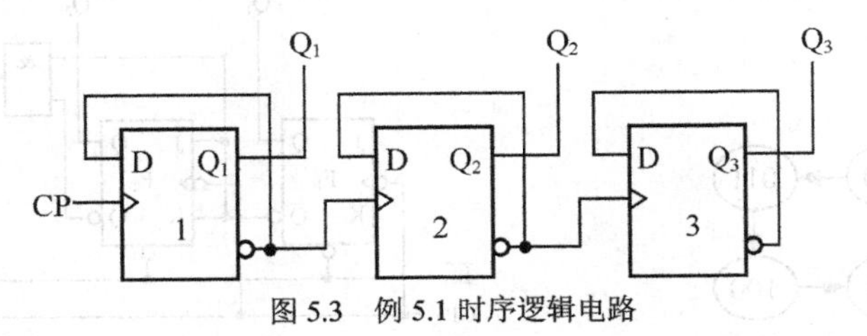

图 5.3 例 5.1 时序逻辑电路

【分析】① 判断电路类型。观察该时序逻辑电路结构：除 3 个 D 触发器构成的存储电路之外，并无组合逻辑门，即为莫尔型结构（如果电路中既有存储电路又有逻辑门，则为米莱型结构）；电路中各触发器的时钟脉冲不受同一时钟信号 CP 的控制，属于异步范畴。因此，判断该电路的类型是莫尔型异步时序逻辑电路。

② 根据时序逻辑电路图，写出相应的方程。

因电路是异步的，应先写出各位触发器的时钟方程。

该时序逻辑电路的各组成单元均为 CP 上升沿到来时发生状态翻转的 D 触发器，据此可先写出电路的时钟方程为

$$CP_3 = \overline{Q}_2，CP_2 = \overline{Q}_1，CP_1 = CP$$

再写出电路的驱动方程：

$$D_3 = \overline{Q}_3，D_2 = \overline{Q}_2，D_1 = \overline{Q}_1$$

最后写出电路的次态方程为

$$Q_3^{n+1} = D_3 = \overline{Q}_3^n，\ Q_2^{n+1} = D_2 = \overline{Q}_2^n，\ Q_1^{n+1} = D_1 = \overline{Q}_1^n$$

③ 根据上述方程，列出电路相应的功能特性表，如表 5-1 所示。

表 5-1　　　例 5.1 逻辑电路功能特性表

CP	Q_3^n	Q_2^n	Q_1^n	Q_3^{n+1}	Q_2^{n+1}	Q_1^{n+1}
1↑	0	0	0	0	0	1
2↑	0	0	1	0	1	0
3↑	0	1	0	0	1	1
4↑	0	1	1	1	0	0
5↑	1	0	0	1	0	1
6↑	1	0	1	1	1	0
7↑	1	1	0	1	1	1
8↑	1	1	1	0	0	0

观察表 5-1 可知，电路中各位触发器状态变化的规律是：每来一个 CP 脉冲上升沿，第 1 位触发器的状态就会翻转一次；每当 $\overline{Q}_1$ 的上升沿到来时，第 2 位触发器的状态也会翻转一次；每当 $\overline{Q}_2$ 出现下降沿时，第 3 位触发器的状态随机翻转一次。

把上述功能特性表用状态转换图进行描述，可发现：该时序逻辑电路在运行时所经历的状态是周期性的，即在有限个状态中循环，通常将一次循环所包含的状态总数称为时序逻辑电路的“模”。所以，该时序逻辑电路是一个异步 3 位二进制模 8 加法计数器电路，其状态转换图如图 5.4 所示。

因为电路的功能已经分析得出，所以时序波形图省略。

【例 5.2】分析图 5.5 所示时序逻辑电路的功能，并说明其用途。设电路的初始状态为“111”。

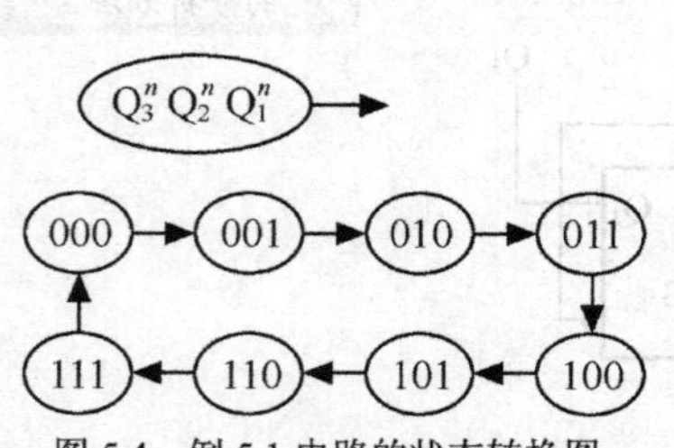

图 5.4　例 5.1 电路的状态转换图

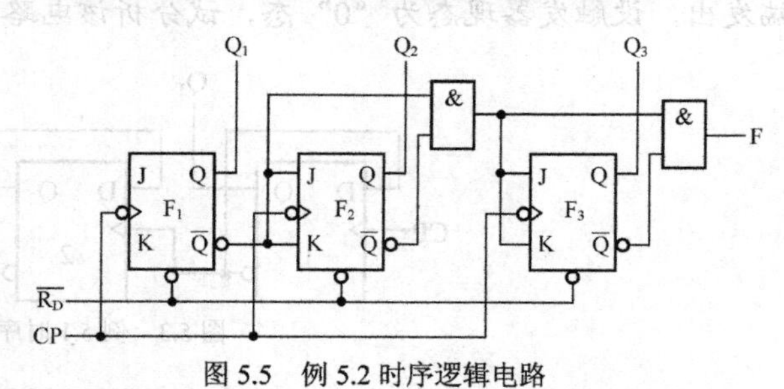

图 5.5　例 5.2 时序逻辑电路

【分析】① 判断电路类型。电路中各位触发器的时钟脉冲为同一个 CP 输入端，具有同时翻转的条件，而且电路中除了 3 位触发器外，还有两个与门，可判断该电路类型为米莱型同步时序逻辑电路。

② 因电路是同步的，因此时钟方程可省略，对存储电路只需写出电路的驱动方程和次态方程，对门电路应写出相应的输出方程。

驱动方程：由于 F_1 的 J 端和 K 端均悬空，因此可视为高电平“1”，有 $J_1=K_1=1$；

F_2 的 J 端和 K 端连在一起并与 $\overline{Q}_1$ 相接，所以有 $J_2 = K_2 = \overline{Q}_1^n$；

F_3的 J 端和 K 端连在一起并和与门输出相连，所以有 $J_3 = K_3 = \overline{Q_1^n} \cdot \overline{Q_2^n}$。

电路的输出方程：

$$F = F_1\overline{Q_3^n} = \overline{Q_1^n} \cdot \overline{Q_2^n} \cdot \overline{Q_3^n}$$

因为 JK 触发器的特性方程为：$Q^{n+1} = J\overline{Q^n} + \overline{K}Q^n$，所以，电路的次态方程有：

$$Q_1^{n+1} = \overline{Q_1}$$

$$Q_2^{n+1} = \overline{Q_1^n} \cdot \overline{Q_2^n} + Q_1^n \cdot Q_2^n = \overline{Q_1^n \oplus Q_2^n}$$

$$Q_3^{n+1} = \overline{(Q_1^n + Q_2^n)}\overline{Q_3^n} + (Q_1^n + Q_2^n)Q_3^n = \overline{(Q_1^n + Q_2^n) \oplus Q_3^n}$$

③ 根据上述方程，填写相应的功能特性，如表 5-2 所示。

表 5-2 例 5.2 逻辑电路功能特性表

CP	Q_3^n Q_2^n Q_1^n	F	Q_3^{n+1} Q_2^{n+1} Q_1^{n+1}
1↓	1 1 1	0	1 1 0
2↓	1 1 0	0	1 0 1
3↓	1 0 1	0	1 0 0
4↓	1 0 0	0	0 1 1
5↓	0 1 1	0	0 1 0
6↓	0 1 0	0	0 0 1
7↓	0 0 1	0	0 0 0
8↓	0 0 0	1	1 1 1

④ 由功能特性表（见表 5-2）可看出，此电路为同步二进制模 8 减法计数器，电路每完成一个循环，输出 F 为高电平“1”。

比较例 5.1 和例 5.2 可看出，例 5.2 的同步时序逻辑电路与例 5.1 的异步时序逻辑电路相比，虽然它们都是由 *n* 位处于计数工作状态的触发器组成的，但是同步时序逻辑电路中往往含有逻辑门电路，因此在电路结构上通常比异步时序逻辑电路复杂一些；从电路性能上看，异步时序逻辑电路通常采用的是串行计数，工作速度较慢，同步时序逻辑电路由于各位触发器受同一时钟脉冲 CP 控制，决定各位触发器的输入状态条件并行产生，因此输出也是并行的，所以，同步时序逻辑电路的状态翻转速度比相应的异步时序逻辑电路速度快得多。

思考练习题

1. 如何区分同步时序逻辑电路和异步时序逻辑电路？
2. 试述时序逻辑电路的分析步骤。

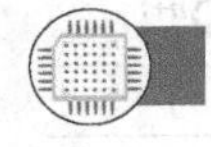

5.2 计数器

集成计数器是时序逻辑电路的常用器件。计数器电路用来累计并寄存输入脉冲个数，其基本组成单元是各类触发器。计数器中的“数”是用触发器的状态组合来表示的。在计数脉冲（一般采用时钟脉冲 CP）作用下，使一组触发器的状态逐个转换成不同的状态组合，以此表示数的增加或减少，从而达到计数目的。

计数器按其工作方式的不同可分为同步计数器和异步计数器；按进位制可分为二进制计数器、十进制计数器和任意进制计数器；按功能又可分为加法计数器、减法计数器和加/减可逆计数器等。

5.2.1　二进制计数器

当时序逻辑电路的触发器位数为 n 时，电路状态按二进制数的自然态序循环，经历的独立状态为 2^n 个，这时，我们称此类电路为二进制计数器。二进制计数器是内部结构最简单的计数器，但应用很广泛。

1．二进制加法计数器

二进制加法计数器必须满足二进制“逢二进一”的加法原则，即 Q 由 1→0 时有进位。下面我们以异步二进制加法计数器为例进行说明。

（1）电路组成

组成异步二进制加法计数器时，各触发器应当满足以下条件。

① 每输入一个计数脉冲，触发器应当翻转一次，即采用 T′触发器。

② 当低位触发器由“1”变为“0”时，应输出一个进位信号加到相邻高位触发器的计数输入端。

图 5.6 所示的时序逻辑电路就是一个按上述原则、由主从型 JK 触发器构成的异步二进制加法计数器电路。

图 5.6 中，各位触发器所用的计数脉冲不同，时钟脉冲加到最低位触发器的 CP 端，直接由 CP 时钟脉冲控制，其他各位触发器的 CP 端分别由低位触发器的 Q 端控制；计数器的每一位 JK 触发器的 J 端和 K 端都连在一起，且恒输入高电平“1”而构成 T′触发器。

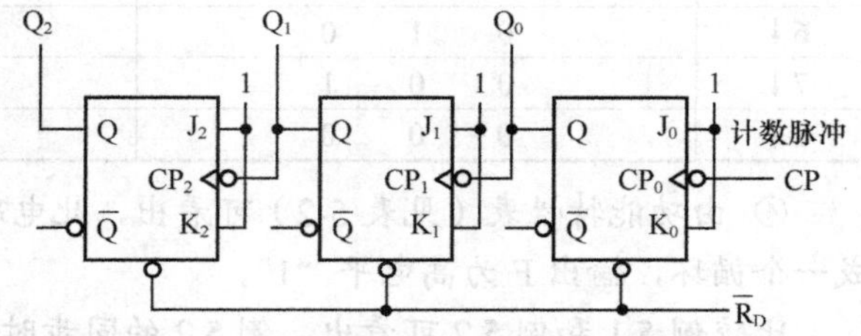

图 5.6　由主从型 JK 触发器构成的异步二进制加法计数器

（2）工作原理

当计数脉冲到来时，各触发器翻转的时刻不同。分析时，要特别注意各触发器翻转所对应的有效时钟条件。

最低位触发器直接由 CP 时钟脉冲控制，因此 CP 每到一个下降沿，Q_0 状态都会翻转一次；中间位触发器由 Q_0 输出端作为它的时钟脉冲控制端，所以 Q_0 只要从 1→0 时，Q_1 状态都会翻转一次；最高位触发器由 Q_1 输出端作为它的时钟脉冲控制端，所以 Q_1 只要从 1→0 时，Q_2 状态都会翻转一次。由此，可写出异步二进制加法计数器的功能特性表，如表 5-3 所示。

表 5-3　　由 T′触发器构成的异步二进制加法计数器的功能特性表

CP_0=CP	$CP_1=Q_0$	$CP_2=Q_1$	Q_2^n　Q_1^n　Q_0^n	Q_2^{n+1}　Q_1^{n+1}　Q_0^{n+1}
1↓	0→1 ↑	0→0	0　0　0	0　0　1
2↓	1→0 ↓	↑	0　0　1	0　1　0
3↓	0→1 ↑	1→1	0　1　0	0　1　1
4↓	1→0 ↓	↓	0　1　1	1　0　0
5↓	0→1 ↑	0→0	1　0　0	1　0　1
6↓	1→0 ↓	↑	1　0　1	1　1　0
7↓	0→1 ↑	1→1	1　1　0	1　1　1
8↓	1→0 ↓	↓	1　1　1	0　0　0

由功能特性表可画出异步二进制加法计数器的状态转换图，如图 5.7 所示。

由功能特性表还可画出异步二进制加法计数器的时序波形图，如图 5.8 所示。

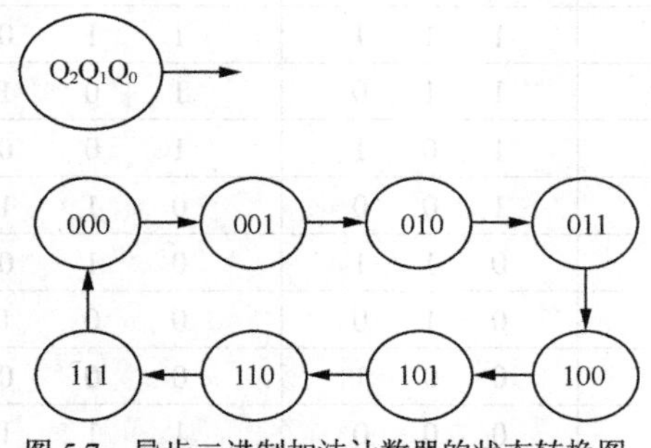

图 5.7　异步二进制加法计数器的状态转换图

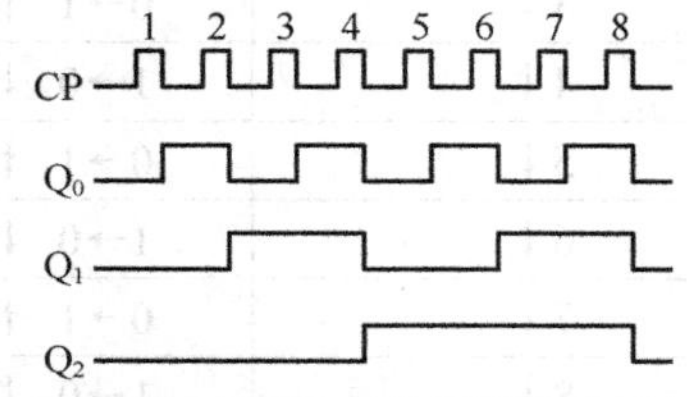

图 5.8　异步二进制加法计数器的时序波形图

由上述 3 种异步二进制加法计数器的功能描述中可归纳出以下两点。

① 如果计数器从“000”状态开始计数，在第 8 个计数脉冲输入后，计数器又重新回到“000”状态，完成了一次计数循环。所以该计数器是八进制加法计数器或称为模 8 加法计数器。

② 如果计数脉冲 CP 的频率为 f_0，那么 Q_0 输出波形的频率为 $f_0/2$，Q_1 输出波形的频率为 $f_0/4$，Q_2 输出波形的频率为 $f_0/8$。这一点从时序波形图中可以清楚地观察到，说明计数器除了具有计数功能外，还具有分频的功能。

2．二进制减法计数器

二进制减法计数器必须满足二进制数的减法运算规则：0–1 不够减时，应向相邻高位借位，即 10–1＝1。以异步二进制减法计数器为例说明。

（1）电路组成

组成异步二进制减法计数器时，各触发器应当满足以下两点。

① 每输入一个计数脉冲，触发器应当翻转一次，即应采用 T′触发器。

② 当低位触发器由“0”变为“1”时，应输出一个借位信号加到相邻高位触发器的计数输入端。

如果我们把异步二进制加法计数器电路做一改动：图 5.6 中除最低位外，其余各位触发器的 CP 端由原来与相邻低位的 Q 端相连改为与相邻低位的 $\overline{Q}$ 端相连，把直接置 0 端改为直接置 1 端，就构成了图 5.9 所示的异步 3 位二进制减法计数器。

由图 5.9 可以看出，当计数脉冲到来时，各触发器由于时钟控制端不同，所以各位触发器翻转的时刻不同。分析时，应特别注意各触发器翻转所对应的有效时钟条件。

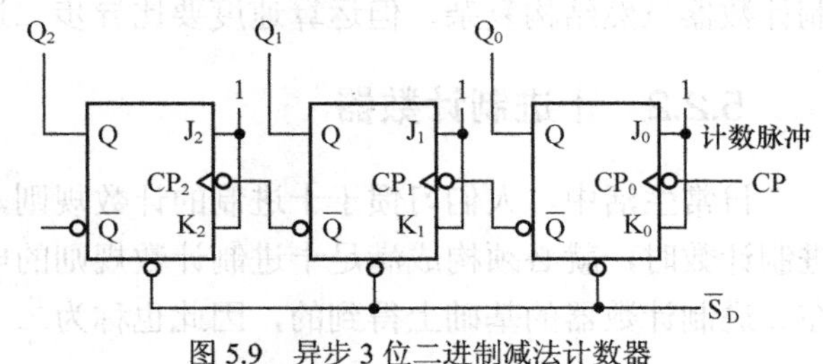

图 5.9　异步 3 位二进制减法计数器

（2）工作原理

最低位触发器直接由 CP 时钟脉冲控制，因此 CP 每到一个下降沿，Q_0 状态都会翻转一次；中间位触发器由 $\overline{Q_0}$ 输出端作为它的时钟脉冲控制端，所以 $\overline{Q_0}$ 只要从 1→0 时，Q_1 状态都会翻转一次；最高位触发器由 $\overline{Q_1}$ 输出端作为它的时钟脉冲控制端，所以 $\overline{Q_1}$ 只要从 1→0 时，Q_2 状态都会翻转一次。由此，可写出异步二进制减法计数器的功能特性表，如表 5-4 所示。

表 5-4　　由 T′触发器构成的异步二进制减法计数器的功能特性表

CP_0=CP	$CP_1=\overline{Q_0}$	$CP_2=\overline{Q_1}$	$Q_2^n\ Q_1^n\ Q_0^n$	$Q_2^{n+1}\ Q_1^{n+1}\ Q_0^{n+1}$
1↓	0→1 ↑	0→0	1　1　1	1　1　0
2↓	1→0 ↓	0→1↑	1　1　0	1　0　1
3↓	0→1 ↑	1→1	1　0　1	1　0　0
4↓	1→0 ↓	1→0↓	1　0　0	0　1　1
5↓	0→1 ↑	0→0	0　1　1	0　1　0
6↓	1→0 ↓	0→1↑	0　1　0	0　0　1
7↓	0→1 ↑	1→1	0　0　1	0　0　0
8↓	1→0 ↓	1→0↓	0　0　0	1　1　1

由功能特性表可画出异步二进制减法计数器的状态转换图，如图 5.10 所示。

3．异步二进制计数器的构成方法归纳

（1）n 位异步二进制计数器由 n 位计数型（T′）触发器组成。

（2）若采用下降沿触发的触发器：加法计数器的进位信号由 Q 端引出；减法计数器的借位信号从 $\overline{Q}$ 端引出。

（3）若采用上升沿触发的触发器：加法计数器的进位信号由 $\overline{Q}$ 端引出；减法计数器的借位信号从 Q 端引出。

（4）n 位二进制计数器可以计 2^n 个数，所以又称为 2^n 进制计数器。

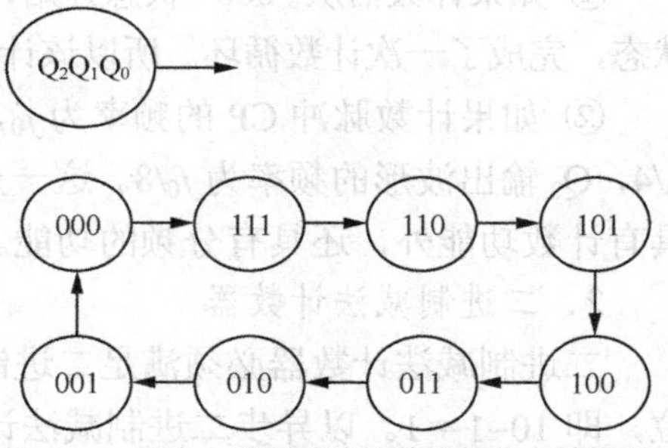

图 5.10　异步二进制减法计数器的状态转换图

异步二进制计数器的优点是电路较为简单，缺点是进位（或借位）信号是逐级传送的，工作频率不能太高。由于各位触发器状态逐级翻转，因此存在中间过渡状态。

关于同步二进制计数器，前面的例 5.2 就是一个同步二进制的减法计数器，读者可再认真复习一下。由例 5.2 可知：同步计数器通常都包含有组合逻辑电路，因此逻辑电路较为复杂，分析起来比异步时序逻辑电路麻烦得多。鉴于职业教育的主要对象是应用型人才，所以对较为复杂的计数器内部结构我们不再进行研究。

异步二进制计数器虽然结构简单，但因为是串行工作，所以运算速度较慢；而同步二进制计数器虽然结构复杂，但运算速度要比异步二进制计数器快得多。

5.2.2　十进制计数器

5-4　十进制计数器

日常生活中，人们习惯于十进制的计数规则，当利用计数器进行十进制计数时，就必须构成满足十进制计数规则的电路。十进制计数器是在二进制计数器的基础上得到的，因此也称为二-十进制计数器。

1．十进制计数器的电路组成

用 4 位二进制代码代表十进制的每一位数时，至少要用 4 位触发器才能实现。最常用的二进制代码是 8421 码。8421 码取前面的“0000～1001”来表示十进制的“0～9”10 个数码，后面的“1010～1111”6 个二进制数在 8421 码中称为无效码。因此，采用 8421 码计数至第 10 个时钟脉冲时，十进制计数器的输出要从“1001”跳变到“0000”，完成一次十进制计数循环。下面以十进制同步加法计数器为例，介绍这类逻辑电路的工作原理。

图 5.11 所示是十进制同步加法计数器的电路。电路中含有清零端 $\overline{R_D}$，因只有 CP 输入端子，所以为莫尔型时序逻辑电路。

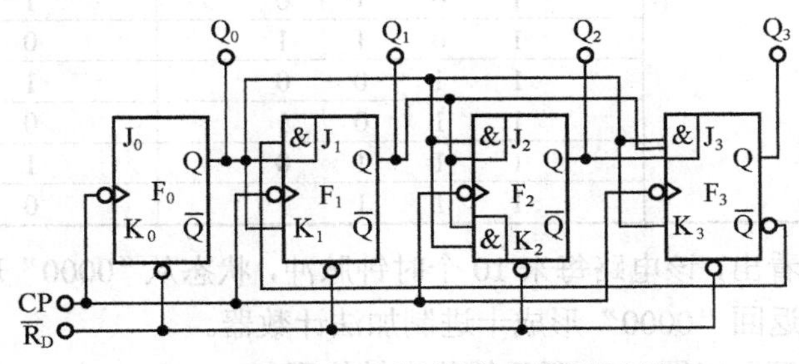

图 5.11 十进制同步加法计数器的逻辑电路

2．十进制计数器的工作原理

图 5.11 中各位触发器的驱动方程如下：

$$J_0 = K_0 = 1$$

$$J_1 = Q_0^n \overline{Q_3^n}\ ,\ K_1 = Q_0^n$$

$$J_2 = K_2 = Q_0^n Q_1^n$$

$$J_3 = Q_0^n Q_1^n Q_2^n,\ K_3 = Q_0^n$$

电路中各位触发器的次态方程：

$$Q_0^{n+1} = \overline{Q_0^n}$$

$$Q_1^{n+1} = Q_0^n \overline{Q_3^n}\,\overline{Q_1^n} + \overline{Q_0^n} Q_1^n$$

$$Q_2^{n+1} = Q_0^n Q_1^n \overline{Q_2^n} + \overline{Q_0^n}\,\overline{Q_1^n} Q_2^n$$

$$Q_3^{n+1} = Q_0^n Q_1^n Q_2^n \overline{Q_3^n} + \overline{Q_0^n} Q_3^n$$

将各位触发器的现态代入次态方程，可得到该逻辑电路的次态值。这种逻辑关系可用功能特性表即表 5-5 进行表述。

表 5-5 十进制同步加法计数器逻辑电路功能特性表

CP	Q_3^n Q_2^n Q_1^n Q_0^n	Q_3^{n+1} Q_2^{n+1} Q_1^{n+1} Q_0^{n+1}
1↓	0 0 0 0	0 0 0 1
2↓	0 0 0 1	0 0 1 0
3↓	0 0 1 0	0 0 1 1
4↓	0 0 1 1	0 1 0 0
5↓	0 1 0 0	0 1 0 1
6↓	0 1 0 1	0 1 1 0
7↓	0 1 1 0	0 1 1 1
8↓	0 1 1 1	1 0 0 0
9↓	1 0 0 0	1 0 0 1
10↓	1 0 0 1	回零进位

（续表）

CP	Q_3^n	Q_2^n	Q_1^n	Q_0^n	Q_3^{n+1}	Q_2^{n+1}	Q_1^{n+1}	Q_0^{n+1}
无效码	1	0	1	0	1	0	1	1
	1	0	1	1	0	1	0	0
	1	1	0	0	1	1	0	1
	1	1	0	1	0	1	0	0
	1	1	1	0	1	1	1	1
	1	1	1	1	0	1	0	0

从功能特性表可看出，该电路每来 10 个时钟脉冲，状态从“0000”开始，经 0001、0010、0011、…、1001，又返回“0000”形成十进制加法计数器。

由功能特性表又可画出图 5.12 所示的状态转换图。

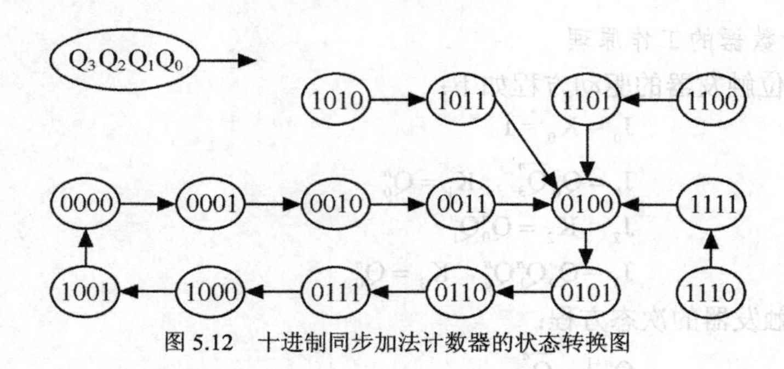

图 5.12　十进制同步加法计数器的状态转换图

观察状态转换图（见图 5.12）可知：不在有效循环体内的 1010、1011、1100 等 6 个无效状态只是可能在电源刚接通时出现，只要电路一开始工作，电路很快就会进入有效循环体中的某一状态，此后这些无效的非循环状态就不可能再出现。因此，图 5.12 所示的莫尔型模 10 计数器电路是一个具有自启动能力的十进制同步加计数器。

所谓自启动能力指时序逻辑电路中某计数器中的无效状态码若在开机时出现，不用人工或其他设备的干预，计数器能够很快自行进入有效循环体，使无效状态码不再出现的能力。

5-5　集成计数器

5.2.3　集成计数器及其应用

常用集成计数器有 TTL 和 CMOS 两大类别，表 5-6 所示为部分常用集成计数器型号。

表 5-6　　部分常用集成计数器型号

类别	型号	名称	功能
TTL	74LS90	异步二、五进制计数器	双计数输入，直接置 9、直接清零
	74LS290	异步二、五、十进制计数器	双计数输入，直接置 9、直接清零
	74LS197	异步二、八、十六进制计数器	直接清零，可预置数，双时钟
	74LS160	同步 4 位十进制计数器	异步清零，同步预置数
	74LS161	同步 4 位二进制计数器	异步清零，同步预置数
	74LS163	同步 4 位二进制计数器	异步清零，同步预置数
	74LS191	同步可逆 4 位二进制计数器	异步预置数，带加/减控制
	74LS192	同步可逆十进制计数器	异步清零，预置数，双时钟
	74LS193	同步可逆 4 位二进制计数器	异步清零，异步预置数，双时钟

（续表）

类别	型号	名称	功能
CMOS	CC4024	7 位二进制串行计数器	带清零端，有 7 个分频输出
	CC4040	14 位二进制串行计数器	带清零端，有 12 个分频输出
	CC4518	双同步十进制加法计数器	异步清零，CP 脉冲可采用正负沿触发
	CC4520	双同步 4 位二进制计数器	同上
	CC4510	同步可逆十进制计数器	异步清零，预置数，可级联
	CC4516	同步可逆 4 位二进制计数器	同上
	CC40160	同步十进制计数器	异步清零，同步预置数
	CC40161	同步 4 位二进制计数器	异步清零，同步预置数

集成计数器在控制、分频、测量等电路中应用非常广泛，所以具有计数功能的集成电路型号也较多。常用的集成芯片有 74LS90、74LS161、74LS197、74LS160、74LS92 等。下面以 74LS90、74LS161 为例，介绍集成计数器的功能及正确使用方法。

1．集成芯片 74LS90 的引脚功能及正确使用方法

74LS90 是一个 14 脚的集成电路芯片，其内部是一个二进制计数器和一个五进制计数器，下降沿触发。引脚排列如图 5.13 所示。

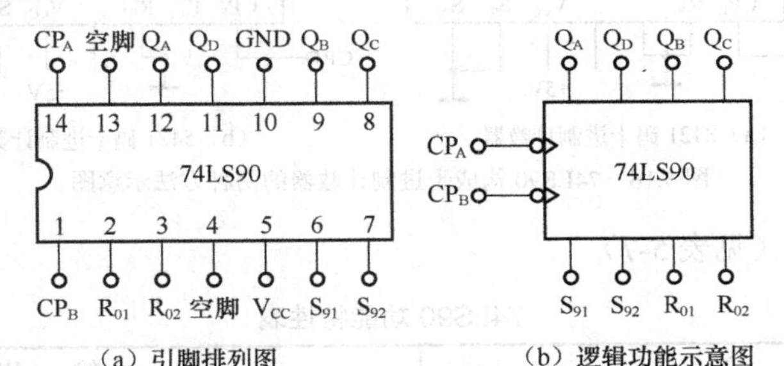

图 5.13　74LS90 芯片的引脚排列图及逻辑功能示意图

（1）引脚功能

脚 1——五进制计数器的时钟脉冲输入端。

脚 2 和 3——直接复位（清零）端。

脚 4、13——空脚。

脚 5——电源（+5V）。

脚 6 和 7——直接置 9 端。

脚 9、8、11——五进制计数器的输出端。

脚 10——接地端。

脚 12——二进制计数器的输出端。

脚 14——二进制计数器的时钟脉冲输入端。

（2）基本工作方式（计数电路的构成）

① 74LS90 在使用时，若时钟脉冲端由引脚 $14CP_A$ 输入，由引脚 $12Q_A$ 输出，即构成一个二进制计数器。其芯片引脚连接如图 5.14 所示。

② 当 74LS90 的时钟脉冲端由引脚 $1CP_B$ 输入，由引脚 $9Q_B$、$8Q_C$、$11Q_D$（由低位→高位排列）输出时，可构成一个五进制计数器。其芯片引脚连接如图 5.15 所示。

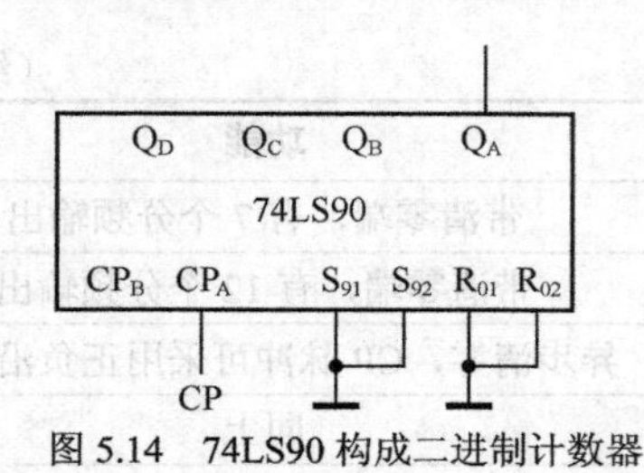

图 5.14　74LS90 构成二进制计数器

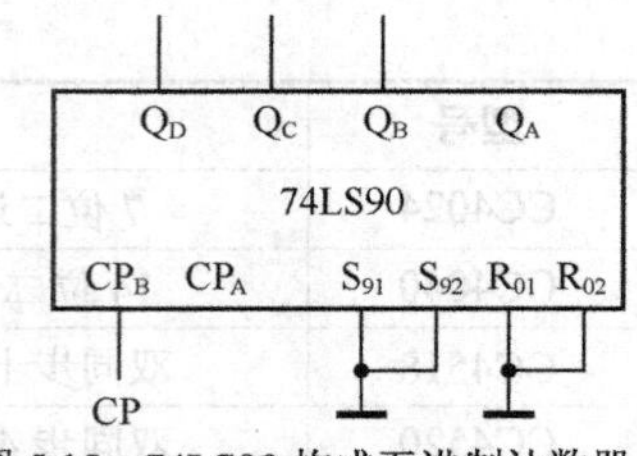

图 5.15　74LS90 构成五进制计数器

③ 74LS90 还可构成十进制计数器。当计数脉冲由引脚 14CP_A 输入，引脚 12Q_A 直接和引脚 1CP_B 相连，输出端就构成 8421 码计数器。输出由高到低的排列顺序为引脚 11、8、9、12。当计数脉冲由引脚 14CP_B 输入，引脚 11Q_D 和引脚 14 CP_A 直接相连，又可构成一个 5421 码计数器。输出由高到低的排列顺序为引脚 12、11、8、9。构成以上两种十进制计数器的连接方法如图 5.16 所示。

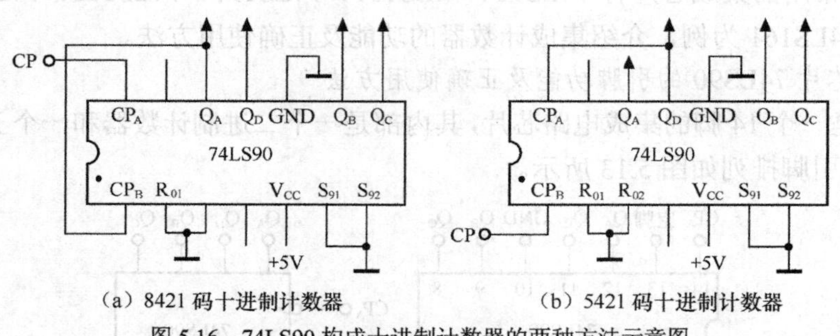

（a）8421 码十进制计数器　　（b）5421 码十进制计数器

图 5.16　74LS90 构成十进制计数器的两种方法示意图

（3）功能特性表（见表 5-7）

表 5-7　74LS90 功能特性表

输入						输出			
R_{01}	R_{02}	S_{91}	S_{92}	CP_A	CP_B	Q_D	Q_C	Q_B	Q_A
1	1	0	×	×	×	0	0	0	0
1	1	×	0	×	×	0	0	0	0
×	×	1	1	×	×	1	0	0	1
×	0	×	0	↓	0	二进制计数			
×	0	0	×	0	↓	五进制计数			
0	×	×	0	↓	Q_0	8421 码十进制计数			
0	×	0	×	Q_1	↓	5421 码十进制计数			

由功能特性表（见表 5-7）可看出，74LS90 的两个复位端 R_{01} 和 R_{01} 同时为“1”时，计数器清零；两个置 9 端 S_{91} 和 S_{92} 在 8421 码情况下同时为“1”时，引脚 11Q_D 和引脚 12Q_A 输出为“1”，引脚 8Q_C 和引脚 9Q_B 输出为“0”，即电路直接置 9；当计数器无论在哪种计数情况下正常计数时，两个清零端和两个置 9 端中都必须至少有一个为低电平“0”。

2．集成芯片 74LS161 的引脚功能及正确使用方法

集成计数器 74LS161 是一个 16 脚的芯片，上升沿触发。其具有异步清零、同步预置数、进位输出等功能，引脚排列如图 5.17 所示。

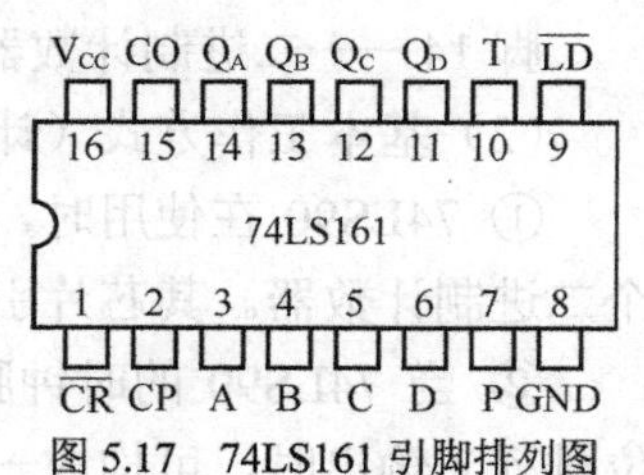

图 5.17　74LS161 引脚排列图

（1）引脚功能

脚 1——直接清零端 $\overline{CR}$。

脚 2——时钟脉冲输入端 CP。

脚 3、4、5、6——预置数据信号输入端 A、B、C、D。

脚 7、10——输入使能端 P 和 T。

脚 8——“地”端 GND。

脚 9——同步预置数控制端 $\overline{LD}$。

脚 11、12、13、14——数据输出端 Q_D、Q_C、Q_B、Q_A，由高位→低位。

脚 15——进位输出端 CO。

脚 16——电源端+V_{CC}。

（2）功能特性表（见表 5-8）

表 5-8　　74LS161 功能特性表

清零	预置	使能	时钟脉冲	预置数据输入	输出	工作模式
$\overline{CR}$	$\overline{LD}$	P　T	CP	D　C　B　A	Q_D Q_C Q_B Q_A	
0	×	×　×	×	×　×　×　×	0　0　0　0	异步清零
1	0	×　×	↑	d_3　d_2　d_1　d_0	d_3　d_2　d_1　d_0	同步置数
1	1	0　×	×	×　×　×　×	保　持	数据保持
1	1	×　0	×	×　×　×　×	保　持	数据保持
1	1	1　1	↑	×　×　×　×	计　数	加法计数

由功能特性表即表 5-8 可知，74LS161 集成芯片的控制输入端与电路功能之间的关系如下。

① 只要 $\overline{CR}$ 输入低电平“0”时，无论其他输入端如何，数据输出端 $Q_DQ_CQ_BQ_A$＝0000，电路工作状态为异步清零。

② 当 $\overline{CR}$ ＝1，$\overline{LD}$＝ 0 时，在时钟脉冲 CP 上升沿到来时，数据输出端 $Q_DQ_CQ_BQ_A$＝DCBA，其中 DBCA 为预置输入数值，这时电路功能为同步预置数。

③ 当 $\overline{CR}$ ＝ $\overline{LD}$＝1 时，若使能端 P 和 T 中至少有一个为低电平“0”，无论其他输入端为何电平，数据输出端 $Q_DQ_CQ_BQ_A$ 的状态保持不变。此时的电路为保持功能。

④ 当 $\overline{CR}$ ＝ $\overline{LD}$ ＝P＝T＝1 时，在时钟脉冲作用下，电路处于计数工作状态。计数状态下，$Q_DQ_CQ_BQ_A$＝1111 时，进位输出 CO＝1。

5-6　构成任意进制的计数器

（3）构成任意进制的计数器

用 74LS161 集成芯片可构成任意进制的计数器。图 5.18 所示为构成任意进制计数器时的两种连接方法。

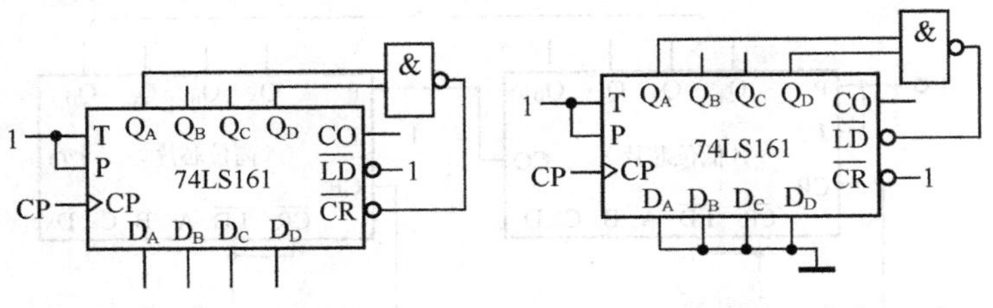

（a）反馈清零法连接图　　（b）反馈预置数法连接图

图 5.18　用 74LS161 构成任意进制的计数器

① 反馈清零法。反馈清零法又称作异步置数法。图 5.18（a）所示是反馈清零法构成十

进制计数器的电路连接图。所谓反馈清零法，就是在输入第 N 个计数脉冲 CP 后，通过控制电路，利用状态 N 产生一个有效置数信号，送给异步清零端 $\overline{CR}$，使计数器跳越无效状态，立刻返回到初始的预置数状态，从而获得 N 进制计数器。从图 5.18（a）所示的利用反馈清零法构成的十进制计数器可看出，当计数器从"0000"计数至"1001"时，"1001"通过与非门"全 1 出 0"引出一个低电平"0"直接进入清零端 $\overline{CR}$，使计数器归零。

② 反馈预置数法。反馈预置数法又称作同步置数法。在输入第 $N-1$ 个计数脉冲 CP 时，利用状态 S_{N-1} 产生一个有效置数信号，送给同步置数控制端 $\overline{LD}$，等到输入第 N 个计数脉冲 CP 时，计数器返回到初始的预置数状态 S_M，从而实现 S_M～S_{N-1} 的计数。例如图 5.18（b）就是利用反馈预置数法构成的十进制计数器。其中预置数为"0000"，反馈信号为"1001"。利用反馈预置数法构成的同步预置数计数器不存在无效状态。

（4）集成计数器芯片的扩展使用

如果需要构成多位十进制计数器电路，可将两个（或多个）集成计数器芯片级联。将两个 74LS90 集成计数器芯片级联后扩展使用构成二十四进制计数器的方法如图 5.19 所示。

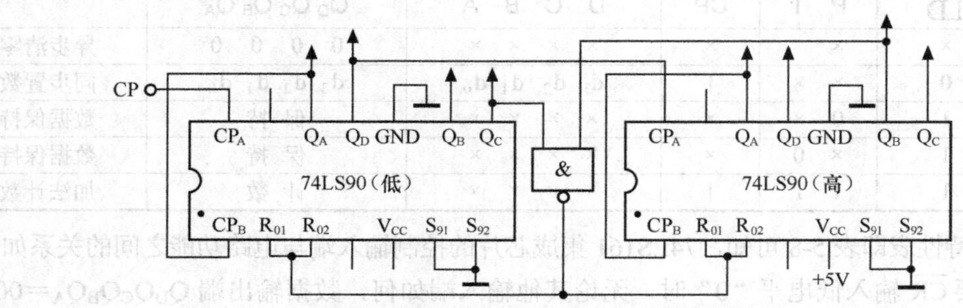

图 5.19　74LS90 构成二十四进制计数器连接图

将高位芯片的时钟脉冲输入端 CP_A 接至低位芯片的最高位信号输出端 Q_D，低位芯片的 CP_A 端作为电路时钟脉冲的输入端，两芯片的 Q_A 端子均直接和各自的 CP_B 相连，使其形成 3 位二进制制输出的十进制数进位关系；把两个芯片中的置 9 端直接与"地"相连，让低位芯片的输出 Q_C 和高位芯片的输出 Q_B 分别连接在与非门的输入端子上，而两芯片的清零端并在一起连接在与非门的输出端上，当高位芯片 Q_B 和低位芯片 Q_C 均为高电平"1"时，对应二进制数 24，使与非门"全 1 出 0"，驱使清零端工作，电路归零。显然，这是利用反馈清零法达到二十四进制计数器的实例。

74LS161 集成计数器芯片的功能扩展实例如图 5.20 所示。

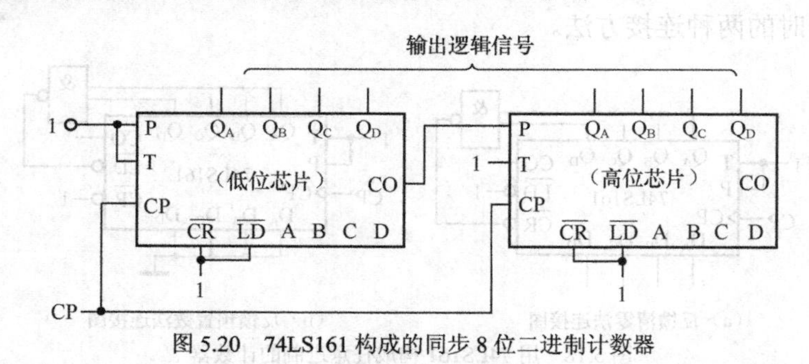

图 5.20　74LS161 构成的同步 8 位二进制计数器

当两个 74LS161 集成计数器芯片构成 8 位同步二进制计数器时，可将低位芯片的两个使能端 P 和 T 连在一起恒接高电平“1”，CO 端直接与高位芯片的使能端 P 相连；高位芯片的使能端 T 恒接高电平“1”；两个芯片的清零端和预置数端分别连在一起接高电平“1”，端子 CP 与时钟输入信号相连，从而构成同步二进制计数器。

如果用反馈清零法或反馈预置数法将 74LS161 集成芯片构成任意进制的计数器，其方法和 74LS90 所采用的方法相同，在此不加赘述。

思考练习题

1. 何谓计数器的“自启动”能力？
2. 试用 74LS90 集成计数器构成一个十二进制计数器，要求用反馈预置数法实现。
3. 试用 74LS161 集成计数器构成一个六十进制计数器，要求用反馈清零法实现。

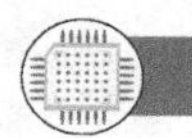

5.3 寄存器

寄存器是可用来存放数码、运算结果或指令的电路，是各种存储器的重要部件，通常由具有存储功能的多位触发器组合构成。一位触发器可以存储 1 个二进制代码，存放 n 个二进制代码的寄存器，需用 n 位触发器来构成。

按照功能的不同，寄存器可分为数码寄存器和移位寄存器两大类。数码寄存器只能并行送入数据，需要时也只能并行输出。移位寄存器中的数据可以在移位脉冲作用下依次右移或左移，数据既可以并行输入、并行输出，也可以串行输入、串行输出，还可以并行输入、串行输出，串行输入、并行输出，使用十分灵活，用途也很广。

5.3.1 数码寄存器

5-7 数码寄存器

数码寄存器又分为锁存器和基本寄存器。

1. 锁存器

锁存器是由电平触发器构成的。N 个电平触发器的时钟脉冲 CP 端连在一起，在 CP 作用下能接收 N 位十进制信息。图 5.21 是一个 4 位锁存器的逻辑电路。图中 4 个电平触发的 D 触发器可以寄存 4 位二进制数。

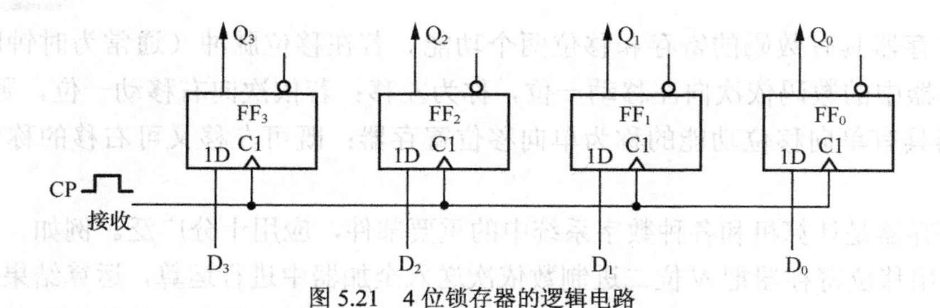

图 5.21　4 位锁存器的逻辑电路

当 CP 为高电平时，D_0～D_3 的数据分别送入 4 个触发器中，使输出 Q_0～Q_3 与输入数据一致；当 CP 为低电平时，触发器状态保持不变，从而达到锁存数据的目的。

锁存器的常用集成电路芯片有 4 位双稳锁存器 74LS77、8 位双稳锁存器 74LS100 和 6 位寄存器 74LS174 等。集成锁存器大多由 D 触发器构成。为便于与总路线相连，有些锁存器还带有三态门输出。

从寄存数据角度看，锁存器和寄存器的功能是一致的，其区别仅在于锁存器采用电平触发器，而寄存器采用边沿触发器。采用哪一种电路寄存器取决于触发信号和数据之间的时间关系，若输入的有效数据稳定的时间滞后于触发信号的时间，就只能使用锁存器；若输入的有效数据稳定的时间先于触发信号的时间，则需采用由边沿触发的触发器组成的基本寄存器。

2．基本寄存器

锁存器是数码寄存器中的特殊种类，通常所说的数码寄存器大多是指基本寄存器。图 5.22 所示是中规模集成 4 位寄存器 74LS175 的内部逻辑电路。

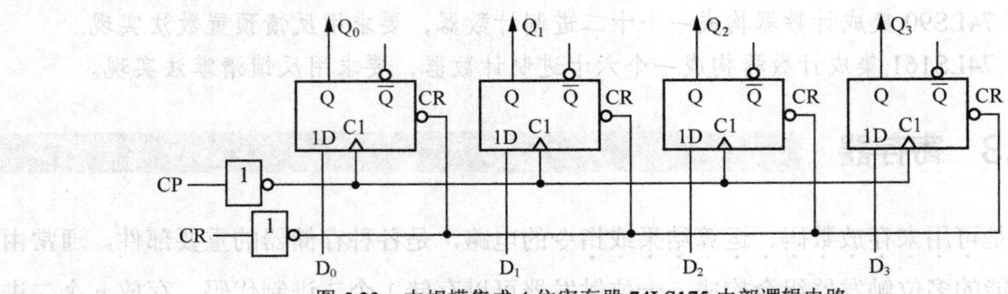

图 5.22　中规模集成 4 位寄存器 74LS175 内部逻辑电路

工作原理：当时钟脉冲 CP 为上升沿时，数码 D_0～D_3 可并行输入到寄存器中，因此是单拍式。4 位数码 Q_0～Q_3 并行输出，故该寄存器又可称为并行输入、并行输出寄存器。异步复位端 CR 为低电平“0”时，数码寄存器清零。CP＝0，CR=1 时，寄存器保存的数据不变。若要扩大寄存器位数，可将多片 74LS175 进行级联。

那么，寄存器和存储器有什么区别呢？

寄存器内存的数码经常变更，因此要求其存取速度快，一般无法存放大量数据（类似于宾馆的贵重物品寄存或超市的存包处）。而存储器可以存放大量的数据，因此存储器要求的是存储容量（类似于仓库）。

数码寄存器在计算机中的应用非常广泛，例如，计算机的 CPU 是由运算器、控制器、译码器、寄存器组成的，其中就有锁存器和基本寄存器。

5-8　单向移位寄存器

5.3.2　移位寄存器

移位寄存器具有数码的寄存和移位两个功能。若在移位脉冲（通常为时钟脉冲）的作用下，寄存器中的数码依次向左移动一位，称为左移；若依次向右移动一位，则称为右移。移位寄存器具有单向移位功能的称为单向移位寄存器；既可左移又可右移的称作双向移位寄存器。

移位寄存器是计算机和各种数字系统中的重要部件，应用十分广泛。例如，在串行运算器中，需要用移位寄存器把 N 位二进制数依次送入全加器中进行运算，运算结果又需一位一位地依次存入移位寄存器中。在有些数字系统中，还经常需要进行串行数据和并行数据之间的相互转换、传送，这些都必须用移位寄存器来实现。

图 5.23 所示为 4 位单向右移移位寄存器的逻辑电路。

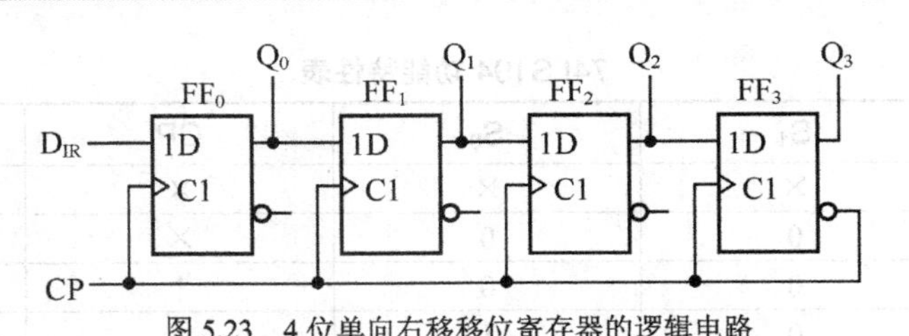

图 5.23 4 位单向右移移位寄存器的逻辑电路

由图 5.23 可看出，后一位触发器的输入端总是和前一位触发器的输出端相连。4 位触发器的时钟脉冲为同一个，构成了同步时序逻辑电路。当输入信号从第一位触发器 FF_0 输入一个高电平“1”时，其输出 Q_0 在时钟脉冲上升沿到来时移入这个“1”，其他 3 位触发器同时移入前一位的输出，即它们的输出同时向右移动一位。

例如，设右移移位寄存器的现态是 $Q_0^nQ_1^nQ_2^nQ_3^n$=0101，输入端 D_{IR}=1。当第 1 个 CP 脉冲上升沿到达后，$Q_0^{n+1}=D_{IR}=1$，相当于输入数据 D_{IR} 被移入触发器 FF_0 中；FF_1 的次态则相当于 FF_0 的现态“0”被移入，即 $Q_1^{n+1}=Q_0^n=0$；类似地，FF_2 的现态移入 FF_3 中；FF_3 内原来的“1”被移出（或称溢出），如图 5.24 所示。

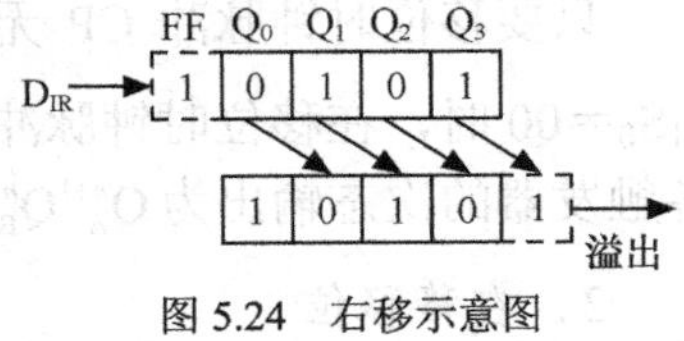

图 5.24 右移示意图

右移移位寄存器电路中的 D_{IR} 称为串行输入数据端，经历 4 个移位脉冲后，寄存器中原来储存的数据被全部移出，变为 D_{IR} 在 4 次时钟脉冲下送入的输入数据。Q_0、Q_1、Q_2、Q_3 在每一个时钟脉冲信号输入下都可以同时观察到被移入的新数据，称为并行输出；而从 FF_3 的 Q_3 端观察或取出依次被移出的数据，则称为串行输出。

5.3.3 集成双向移位寄存器

5-9 集成双向移位寄存器

实际应用中，若需要将寄存器中的二进制信息向左或向右移动，常选用集成的双向移位寄存器。74LS194 芯片就是典型的 4 位 TTL 型集成双向移位寄存器，具有左移、右移、并行输入、保持数据和清除数据等功能。其引脚排列图如图 5.25 所示。

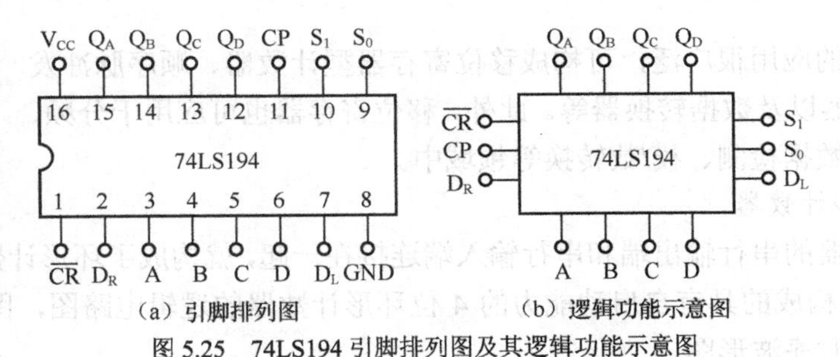

（a）引脚排列图 （b）逻辑功能示意图

图 5.25 74LS194 引脚排列图及其逻辑功能示意图

其中 $\overline{CR}$ 为异步清零端，优先级别最高；S_1、S_0 为控制端；D_L 为左移数据输入端；D_R 为右移数据输入端；A、B、C、D 为并行数据输入端；Q_A～Q_D 为并行数据输出端；S_1、S_0 为控制方式选择；CP 为移位时钟脉冲。

74LS194 功能特性如表 5-9 所示。

表 5-9　　74LS194 功能特性表

$\overline{CR}$	S_1	S_0	CP	功　能
0	×	×	×	异步清零
1	0	0	×	静态保持
1	0	0	↑	动态保持
1	0	1	↑	右移移位
1	1	0	↑	左移移位
1	1	1	↑	并行输入

1．异步清零

当$\overline{CR}$=0 时，不论其他输入端输入何种电平信号，各触发器均复位，各位触发器输出 Q 均为“0”，为清零功能。要工作在其他工作状态，$\overline{CR}$必须为“1”。

2．保持功能

只要移位时钟脉冲 CP 无上升沿出现，触发器的状态就始终不变，为静态保持功能；当S_1S_0=00 时，在移位时钟脉冲上升沿作用下，各触发器将各自的输出信号重新送入触发器，各触发器的次态输出为$Q_A^{n+1}Q_B^{n+1}Q_C^{n+1}Q_D^{n+1}=Q_A^nQ_B^nQ_C^nQ_D^n$，为动态保持功能。

3．右移移位

当S_1S_0=01 时，在移位时钟脉冲 CP 上升沿作用下，电路完成右移移位过程，各触发器的次态输出为$Q_A^{n+1}Q_B^{n+1}Q_C^{n+1}Q_D^{n+1}=D_RQ_A^nQ_B^nQ_C^n$，为右移移位功能。

4．左移移位

当S_1S_0=10 时，在移位时钟脉冲 CP 上升沿作用下，电路完成左移移位过程，各触发器的次态输出为$Q_A^{n+1}Q_B^{n+1}Q_C^{n+1}Q_D^{n+1}=Q_B^nQ_C^nQ_D^nD_L$，为左移移位功能。

5．并行输入

当S_1S_0=11 时，在移位时钟脉冲 CP 上升沿作用下，并行数据输入端的数据 A、B、C、D 被送入 4 个触发器，触发器的次态输出为$Q_A^{n+1}Q_B^{n+1}Q_C^{n+1}Q_D^{n+1}$=ABCD，为并行输入功能。

5.3.4　移位寄存器的应用

5-10　移位寄存器的应用

移位寄存器的应用很广泛，可构成移位寄存器型计数器、顺序脉冲发生器、串行累加器以及数据转换器等。此外，移位寄存器也可应用于分频、序列信号发生、数据检测、模/数转换等领域中。

1．构成环形计数器

将移位寄存器的串行输出端和串行输入端连接在一起，就构成了环形计数器。图 5.26（a）所示是 74LS194 构成的具有自启动能力的 4 位环形计数器的逻辑电路图，图 5.26（b）是环形计数器相应的时序波形图。

移位寄存器构成环形计数器时，正常工作过程中清零端状态始终要保持高电平“1”，并且将单向移位寄存器的串行输入端 D_R 和串行输出端 Q_D 相连，构成一个闭合的环。实现环形计数器时，必须设置适当的初态，且输出端 Q_3、Q_2、Q_1、Q_0 初始状态不能完全一致（即不能全为“1”或全为“0”），这样电路才能实现计数。环形计数器的进制数 N 与移位寄存器内的触发器个数 n 相等，即 $N=n$。

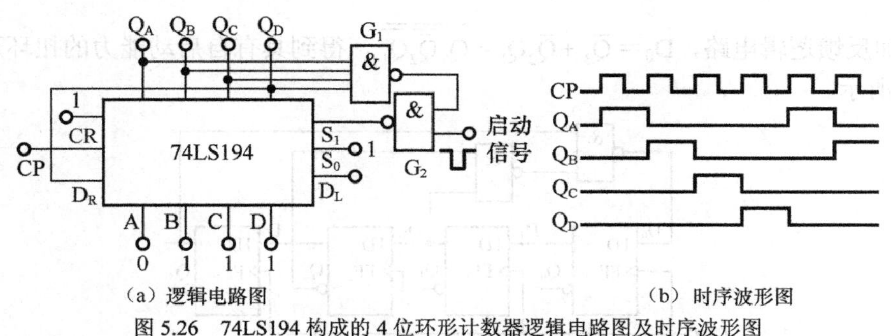

（a）逻辑电路图　　（b）时序波形图

图 5.26　74LS194 构成的 4 位环形计数器逻辑电路图及时序波形图

环形计数器的工作原理：根据起始状态设置的不同，在输入计数脉冲 CP 的作用下，环形计数器的有效状态可以循环移位一个 1，也可以循环移位一个 0。即当连续输入 CP 脉冲时，环形计数器中各个触发器的 Q 端（或 $\overline{Q}$ 端），将轮流地出现矩形脉冲。

4 位移位寄存器的循环状态一般有 16 个，但构成环形计数器后只能从这些循环时序中选出一个来工作，这就是环形计数器的工作时序，也称为正常时序或有效时序。其他未被选中的循环时序称为异常时序或无效时序。例如上述分析的环形计数器只循环一个“1”，因此不用经过译码就可从各位触发器的 Q 端得到顺序脉冲输出。

当由于某种原因使电路的工作状态进入到 12 个无效状态中的一个时，由 74LS194 构成的 4 位环形计数器将实现自启动。实现自启动的方法是利用与非门作为反馈电路。

当输出信号由任何一个 Q 端取出时，可以实现对时钟信号的四分频。图 5.27 所示为 4 位环形计数器的状态转换图。

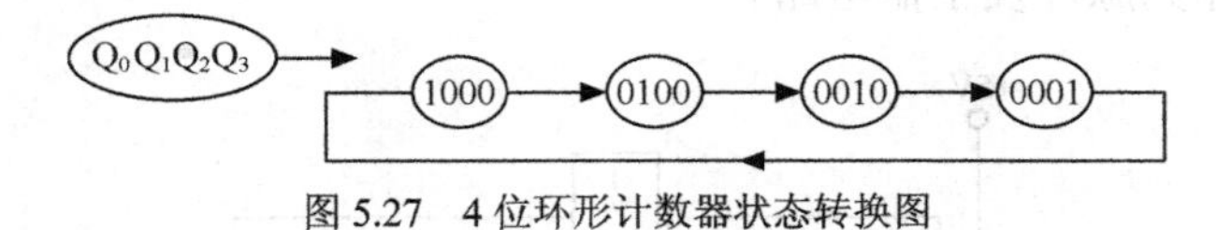

图 5.27　4 位环形计数器状态转换图

2．构成扭环形计数器

用移位寄存器构成的扭环形计数器的结构特点是：将输出触发器的反向输出端 $\overline{Q}$ 与数据输入端相连接，如图 5.28 所示。

实现扭环形计数器时，不必设置初态。扭环形计数器的进制数 N 与移位寄存器内的触发器个数 n 满足 N=2n 的关系。环形计数器是从 Q_D 端反馈到 D 端，而扭环形计数器则是从 $\overline{Q_D}$ 端反馈到 D 端，从 Q_D 端扭向 $\overline{Q_D}$ 端，故而得名。扭环形计数器也称约翰逊计数器。

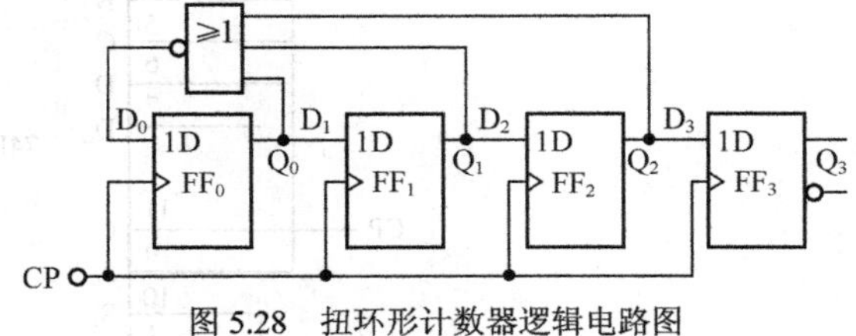

图 5.28　扭环形计数器逻辑电路图

当扭环形计数器的初始状态为“0000”时，在移位脉冲的作用下，按图 5.29 形成状态循环，一般称为有效循环；若初始状态为“0100”时，将形成另一状态循环，称为无效循环。所以，该计数器不能自启动。

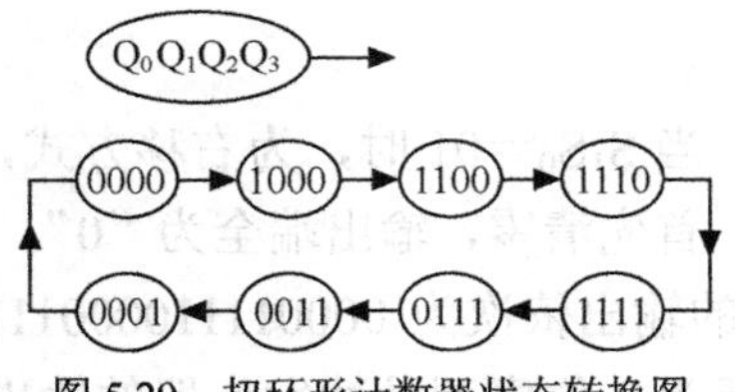

图 5.29　扭环形计数器状态转换图

为了实现电路的自启动，根据无效循环的状态特征“0101”和“1101”，首先保证当 Q_3=0 时，D_0=1；然后当 Q_2Q_1=01 时，不论 Q_3 为何逻辑值，D_0=1。

据此可添加反馈逻辑电路，$D_0=\overline{Q}_3+\overline{Q}_2Q_1=\overline{Q_3\overline{\overline{Q}_2Q_1}}$，得到具有自启动能力的扭环形计数器，如图 5.30 所示。

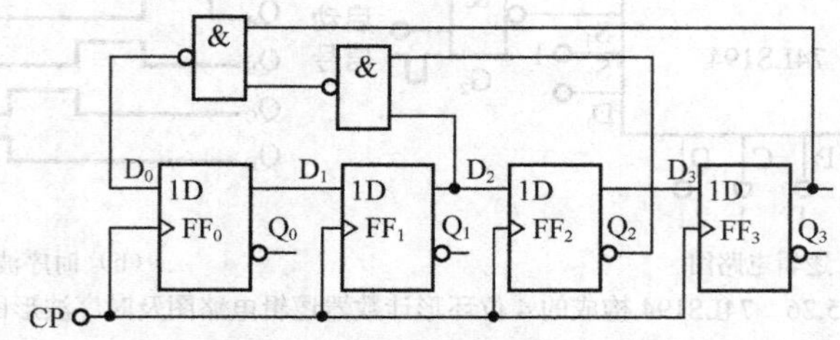

图 5.30　具有自启动能力的扭环形计数器

扭环形计数器解决了环形计数器的计数利用率不高的问题，从图 5.30 可以看出，由 4 位触发器构成的扭环形计数器的有效循环状态个数是 8。每来一个 CP 脉冲，扭环形计数器中只有一个触发器翻转。并且在 CP 作用下，这个“1”在扭环形计数器中不断循环。

3．构成序列脉冲发生器

序列脉冲发生器是能够循环产生一组或多组“0”“1”序列信号的数字电路，一般情况可以由时序逻辑电路和组合逻辑电路构成。其中时序逻辑电路可保证序列信号长度，组合电路产生所需序列信号。

序列脉冲发生器是在同步作用下，按一定周期循环产生的一组二进制信号。如 111011101110…，每隔 4 位重复一次 1110，称为 4 位序列脉冲信号。序列脉冲发生器广泛应用于数字设备测试、通信和遥控中的识别信号或基准信号等。图 5.31 所示为由 74LS194 集成移位寄存器构成的序列脉冲发生器电路。

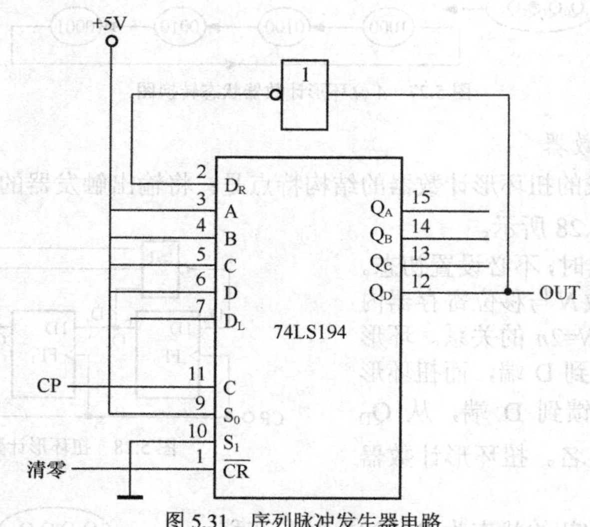

图 5.31　序列脉冲发生器电路

当 $S_1S_0=01$ 时，为右移方式，Q_D 经非门接 D_R，同时 Q_D 作为输出端。

首先清零，输出端全为“0”，则 $D_R=1$；当时钟脉冲 CP 上升沿不断到来，D_R 数据右移，Q_D 的输出依次为 0000111100001111…。电路产生的 8 位序列脉冲信号为 00001111。图 5.32 所示为 8 位序列脉冲发生器的输出波形。

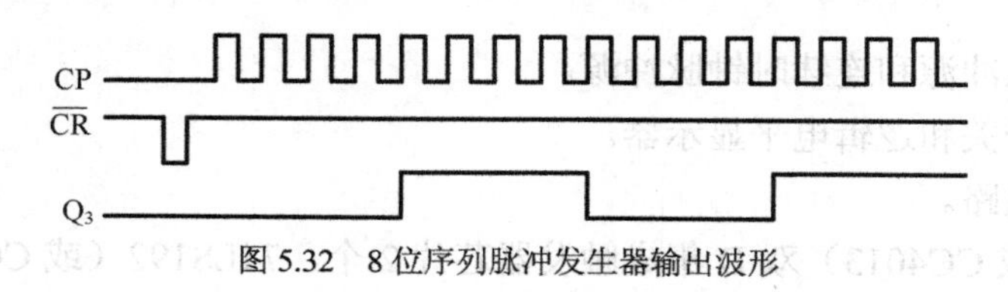

图 5.32 8 位序列脉冲发生器输出波形

思考练习题

1. 如何用主从型 JK 触发器构成一个单向移位寄存器？
2. 环形计数器初态的设置可以有哪几种？
3. 相同位数的触发器下，移位寄存器构成的环形计数器和扭环形计数器的有效循环数相同吗？各为多少？
4. 数码寄存器和移位寄存器有什么区别？
5. 什么是寄存器的并行输入、串行输入、并行输出、串行输出？

项目小结

1. 时序逻辑电路按工作方式不同可分为同步时序逻辑电路和异步时序逻辑电路。熟练掌握时序逻辑电路逻辑功能的描述方法是分析时序逻辑电路的基础。

2. 由触发器构成的时序逻辑电路的分析过程可概括为图 5.33 所示示意图。

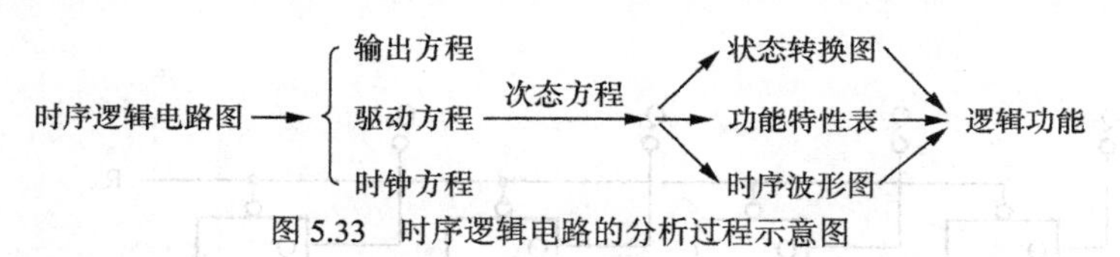

图 5.33 时序逻辑电路的分析过程示意图

3. 集成计数器属于中规模时序逻辑电路器件，主要分为同步计数器和异步计数器两大类，每一大类中又分有二进制计数器和十进制计数器两类。

4. 常用的集成计数器分为 TTL 型和 CMOS 型产品两类。多片集成计数器可以级联，利用集成计数器的级联可构成任意进制的计数器，采用的方法主要是反馈预置数法和反馈清零法。

5. 寄存器分为数码寄存器和移位寄存器两大类。移位寄存器除了有寄存数码的功能外，还具有将数码移位的功能。移位寄存器可构成环形计数器和扭环形计数器。

技能训练 1：计数器的应用

一、训练目的

1. 熟悉掌握用集成触发器构成计数器的方法。
2. 了解和初步掌握中规模集成计数器的使用方法及功能测试方法。
3. 掌握用中规模集成计数器构成任意进制计数器的方法。

二、实训设备

1. +5V 直流电源。

2. 单次时钟脉冲源和连续时钟脉冲源。

3. 逻辑电平开关和逻辑电平显示器。

4. 译码显示电路。

5. 74LS74（或 CC4013）双 D 集成触发器芯片 2 个，74LS192（或 CC40192）集成计数器芯片 3 个，74LS00（或 CC4011）四 2 输入与非门集成电路 1 个，74LS20（或 CC4012）双四输入与非门 1 个。

6. 相关实验设备及连接导线若干。

三、实训相关知识要点

1. 计数器是用以实现计数功能的时序逻辑部件。计数器不仅可用来脉冲计数，还可用作数字系统的定时、分频和执行数字运算以及其他特定的逻辑功能。

2. 计数器的种类很多，无论是 TTL 集成计数器还是 CMOS 集成计数器，品种都比较齐全。使用者只需借助电子手册提供的功能特性表、时序波形图以及引脚排列图等，即可正确地使用这些中规模集成计数器器件。

3. 用 4 位 D 触发器可构成异步二进制加/减法计数器。图 5.34 所示电路是由 4 位 D 触发器构成的异步二进制加法计数器。连接特点是：把 4 个 D 触发器都接成 T′触发器，使每个触发器的输入端 D 均与输出端 $\overline{Q}$ 相连，接于相邻高位触发器的 CP 端作为其时钟脉冲输入。

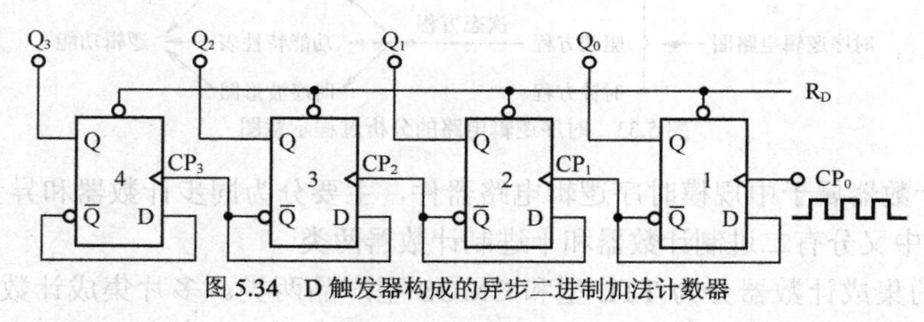

图 5.34　D 触发器构成的异步二进制加法计数器

若把图 5.34 中高位的 CP 端从与低位触发器 $\overline{Q}$ 端相连改为与低位触发器的 Q 端相连，就可得到 4 位 D 触发器构成的二进制减法计数器。

4. 中规模的十进制计数器功能测试。CC40192（或 74LS192）是 16 脚的同步集成计数器芯片，具有双时钟输入、复位和置数等功能，其引脚排列图及逻辑符号如图 5.35 所示。

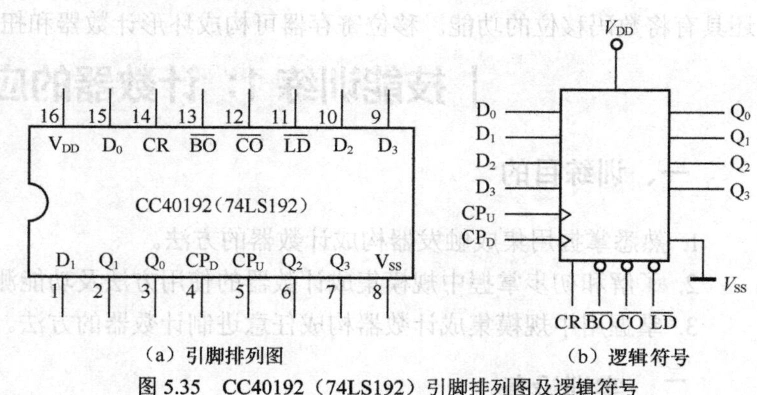

图 5.35　CC40192（74LS192）引脚排列图及逻辑符号

其中，引脚 11 是置数端 $\overline{LD}$，引脚 5 是加计数时钟脉冲输入端 CP_U，引脚 4 是减计数时钟脉冲输入端 CP_D，引脚 12 是非同步进位输出端$\overline{CO}$，引脚13是非同步借位输出端$\overline{BO}$，引脚15、1、10、9分别为计数器输入端D_0、D_1、D_2、D_3，引脚3、2、6、7分别是数据输出端Q_0、Q_1、Q_2、Q_3，引脚14是清零端CR，引脚8为地端（或负电源端），引脚16为正电源端，与+5V电源相连。

四、实训步骤

1．测试CC40192或74LS192（功能及引脚排列相同，二者可互换使用）的功能

测试方法按照表5-10进行，并将测试结果与表5-10相对照。

表5-10　　CC40192与74LS192功能特性表

输入								输出				功能
CR	$\overline{LD}$	CP_U	CP_D	D_3	D_2	D_1	D_0	Q_3	Q_2	Q_1	Q_0	
1	×	×	×	×	×	×	×	0	0	0	0	异步清零
0	0	×	×	d	c	b	a	d	c	b	a	同步置数
0	1	↑	1	×	×	×	×	8421码递增				加计数
0	1	1	↑	×	×	×	×	8421码递减				减计数

2．实现任意进制的计数器

（1）用反馈清零法获得任意进制的计数器。若要获得某一个N进制计数器时，可采用M进制计数器（必须满足$M>N$）利用反馈清零法实现。例如用一个CC40192获得一个六进制计数器，可按图5.36连接。

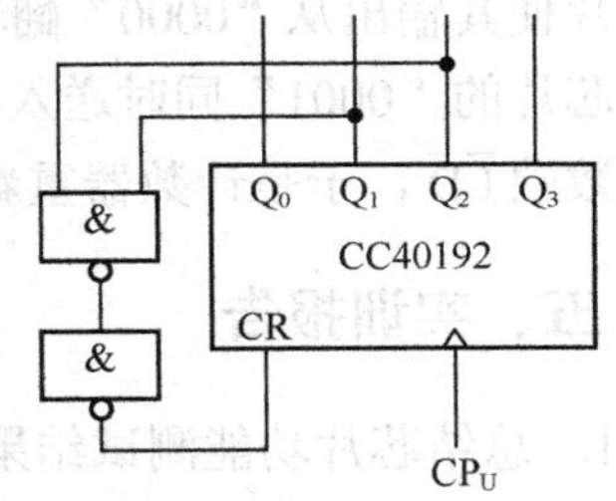

图5.36　CC40192构成六进制计数器

原理：当计数器计数至4位二进制数“0110”时，其两个为“1”的端子连接于与非门，为“全1出0”功能，再经过一个与非门“有0出1”直接进入清零端CR，计数器清零，重新从“0000”开始循环，实现了六进制计数。

（2）用反馈预置数法获得任意进制的计数器。由3个CC40192可获得421进制计数器，其连接如图5.37所示。

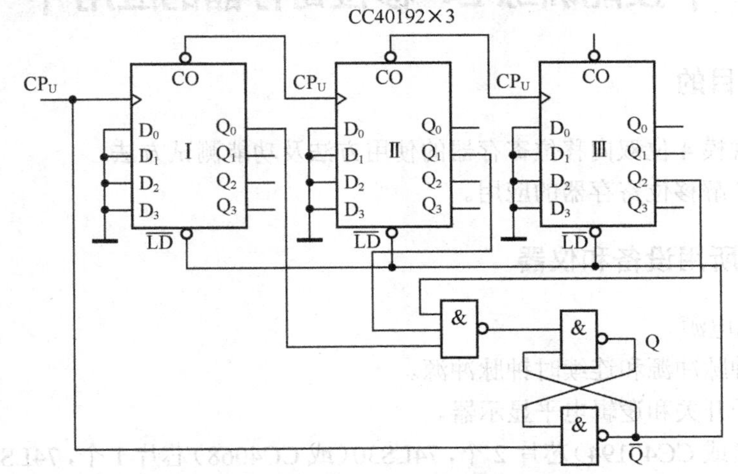

图5.37　CC40192构成421进制计数器的连接图

原理：只要高位芯片出现“0100”、次高位芯片出现“0010”、低位芯片出现“0001”时，

3个“1”被送入与非门，为“全1出0”功能，这个“0”被送入由两个与非门构成的RS触发器的置“1”端，使$\overline{Q}$端输出的“0”送入三个芯片的置数端$\overline{LD}$。由于3个芯片的数据端均与地相连，因此各计数器输出被“反馈置零”。计数器重新从“0000 0000 0000”计数，直到再来一个“0100 0010 0001”回零重新循环计数。

（3）用两个CC40192集成电路构成一个特殊的十二进制计数器。在数字钟里，时针是以1～12进行循环计数的。显然这个计数中没有“0”，使我们无法用一个集成电路实现。用两个CC40192构成的十二进制计数器如图5.38所示。

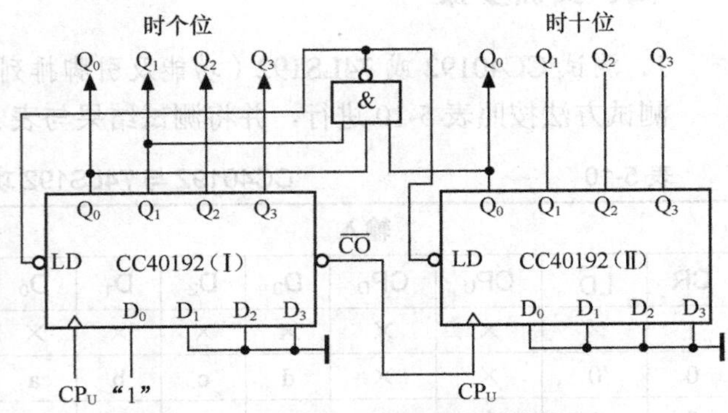

图5.38　CC40192构成十二进制计数器

原理：芯片Ⅰ为低位芯片，芯片Ⅱ为高位芯片，两个芯片级联，即让芯片Ⅰ的进位输出端$\overline{CO}$作为高位芯片的时钟脉冲输入，接于高位芯片的加计数时钟脉冲端CP_U上。低位芯片的预置数为“0001”，因此计数初始数为“1”，当低位芯片输出为8421码的有效码最高数“1001”后，再来一个时钟脉冲就产生一个进位脉冲，这个进位脉冲进入高位芯片使其输出从“0000”翻转为“0001”，低位芯片继续计数，当又计数至“0011”时，与高位芯片的“0001”同时送入与非门，使与非门输出“全1出0”，这个“0”进入两只芯片的置数端$\overline{LD}$，于是计数器重新从“0000、0001、…”开始循环。

五、实训报告

1. 总结芯片功能测试结果。
2. 总结用集成芯片构成任意进制计数器的实训体会。

技能训练2：移位寄存器的应用

一、训练目的

1. 熟悉中规模4位双向移位寄存器的使用方法及功能测试方法。
2. 进一步了解移位寄存器的应用。

二、训练所用设备和仪器

1. +5V直流电源。
2. 单次时钟脉冲源和连续时钟脉冲源。
3. 逻辑电平开关和逻辑电平显示器。
4. 74LS194（或CC40194）芯片2个，74LS30（或CC4068）芯片1个，74LS00（或CC4011）集成芯片1个。
5. 相关实验设备及连接导线若干。

三、训练中相关知识要点

1. 移位寄存器的移位功能是指寄存器中所存的代码能够在移位脉冲的作用下依次左移或右移。既能左移又能右移的称为双向移位寄存器，只需要改变左、右移位的控制信号便可实现双向移位要求。根据移位寄存器存取信息的方式不同可分为：串入串出、串入并出、并入串出、并入并出 4 种形式。

2. 实验选用CC40194或74LS194 4位双向通用移位寄存器（两者功能相同，可互换使用），其逻辑符号及其引脚排列如图 5.39 所示。

引脚 1 为直接无条件清零端 $\overline{CR}$，引脚 2 为右移串行输入端 S_R，引脚 6、5、4、3 分别为并行输入端 D_3、D_2 、D_1、D_0，引脚 7 为左移串行输入端 S_L，引脚 8 为负电源端或地端，引脚 9 和 10 为操作模式控制端 S_0 和 S_1，引脚 11 为时钟脉冲控制端 CP，引脚 12～15 为并行输出端 Q_3、Q_2、Q_1、Q_0，引脚 16 为正电源端，接+5V 直流电压。

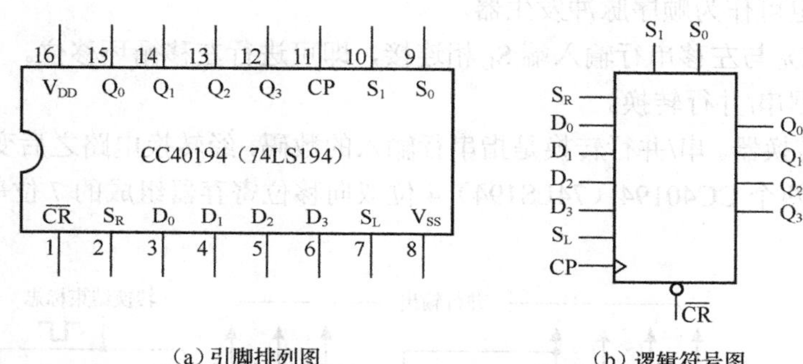

（a）引脚排列图　　（b）逻辑符号图

图 5.39　CC40194（74LS194）引脚排列图及逻辑符号图

3. CC40194 有 5 种不同操作模式，即并行送数寄存、右移（方向由 $Q_0 \rightarrow Q_3$）、左移（方向由 $Q_3 \rightarrow Q_0$）、保持及清零。

4. CC40194 中的 S_1、S_0 和 $\overline{CR}$ 端的控制作用如表 5-11 所示。

表 5-11　CC40194 功能特性表

功能	输入										输出			
	CP	$\overline{CR}$	S_1	S_0	S_R	S_L	D_0	D_1	D_2	D_3	Q_0	Q_1	Q_2	Q_3
清零	×	0	×	×	×	×	×	×	×	×	0	0	0	0
送数	↑	1	1	1	×	×	a	b	c	d	a	b	c	d
右移	↑	1	0	1	D_{SR}	×	×	×	×	×	D_{SR}	Q_0	Q_1	Q_2
左移	↑	1	1	0	×	D_{SL}	×	×	×	×	Q_1	Q_2	Q_3	D_{SL}
保持	↑	1	0	0	×	×	×	×	×	×	Q_0^n	Q_1^n	Q_2^n	Q_3^n
保持	↓	1	×	×	×	×	×	×	×	×	Q_0^n	Q_1^n	Q_2^n	Q_3^n

5. 移位寄存器的应用很广泛，可构成环形计数器、扭环形计数器、序列脉冲发生器等；串行累加器可用于数据转换，即把串行数据转换为并行数据，或把并行数据转换为串行数据等。本实训研究移位寄存器用作环形计数器和数据的串、并行转换。

（1）环形计数器。把移位寄存器的输出反馈到它的串行输入端，就可以进行循环移位，如图 5.40 所示。

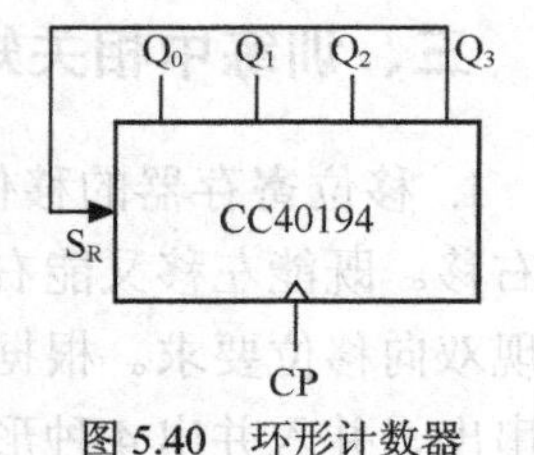

图 5.40 环形计数器

把输出端 Q_3 和右移串行输入端 S_R 相连接，设初始状态 $Q_0Q_1Q_2Q_3$＝1000，则在时钟脉冲的作用下，$Q_0Q_1Q_2Q_3$ 将依次变为 0100→0010→0001→1000→…，如表 5-12 所示。

表 5-12 环形计数器功能特性表

CP	Q_0	Q_1	Q_2	Q_3
0	1	0	0	0
1	0	1	0	0
2	0	0	1	0
3	0	0	0	1

可见这是一个具有 4 个有效状态的环形计数器。环形计数器可以作为输出在时间上有先后顺序的脉冲，也可作为顺序脉冲发生器。

如果将输出 Q_0 与左移串行输入端 S_L 相连接，即可进行左移循环移位。

（2）实现数据串/并行转换。

① 串/并行转换器。串/并行转换是指串行输入的数码，经转换电路之后变换成并行输出。图 5.41 所示是用两个 CC40194（74LS194）4 位双向移位寄存器组成的 7 位串/并行数据转换电路。

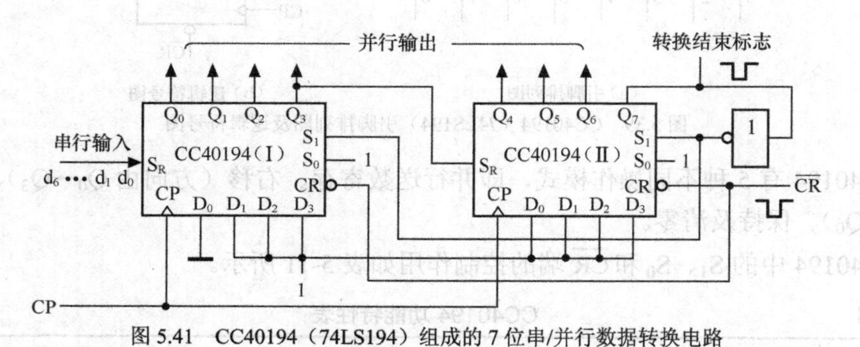

图 5.41 CC40194（74LS194）组成的 7 位串/并行数据转换电路

电路中 S_0 端接高电平“1”，S_1 受 Q_7 控制，两个寄存器连接成串行输入右移工作模式。Q_7 是转换结束标志。当 Q_7＝1 时，S_1 为“0”，使之成为 S_1S_0＝01 的串入右移工作方式；当 Q_7＝0 时，S_1＝1，有 S_1S_0＝10，则串行送数结束，标志着串行输入的数据已转换成并行输出了。

串/并行转换的具体过程如下。

转换前，$\overline{CR}$ 端加低电平，使Ⅰ、Ⅱ两个寄存器的内容清零，此时 S_1S_0＝11，寄存器执行并行输入工作方式。当第一个 CP 脉冲到来后，寄存器的输出状态 Q_0～Q_7 为“01111111”，与此同时 S_1S_0 变为“01”，转换电路变为执行串入右移工作方式，串行输入数据由第Ⅰ个芯片的 S_R 端加入。随着 CP 脉冲的依次加入，输出状态的变化见表 5-13 功能特性表。

表 5-13 数据转换电路的功能特性表

CP	Q_0	Q_1	Q_2	Q_3	Q_4	Q_5	Q_6	Q_7	说明
0	0	0	0	0	0	0	0	0	清零
1	0	1	1	1	1	1	1	1	送数

（续表）

CP	Q_0	Q_1	Q_2	Q_3	Q_4	Q_5	Q_6	Q_7	说明
2	d_0	0	1	1	1	1	1	1	右移操作7次
3	d_1	d_0	0	1	1	1	1	1	
4	d_2	d_1	d_0	0	1	1	1	1	
5	d_3	d_2	d_1	d_0	0	1	1	1	
6	d_4	d_3	d_2	d_1	d_0	0	1	1	
7	d_5	d_4	d_3	d_2	d_1	d_0	0	1	
8	d_6	d_5	d_4	d_3	d_2	d_1	d_0	0	
9	0	1	1	1	1	1	1	1	送数

由表 5-13 可见，右移操作 7 次之后，Q_7 变为“0”，S_1S_0 又变为“11”，说明串行输入结束。这时，串行输入的数码已经转换成并行输出了。

当再来一个 CP 脉冲时，电路又重新执行一次并行输入，为第二组串行数码转换做好准备。

② 并/串行转换器。图 5.42 所示是用两个 CC40194（74LS194）组成的 7 位并/串行转换电路，图中有两只与非门 G_1 和 G_2，电路工作方式同样为右移。

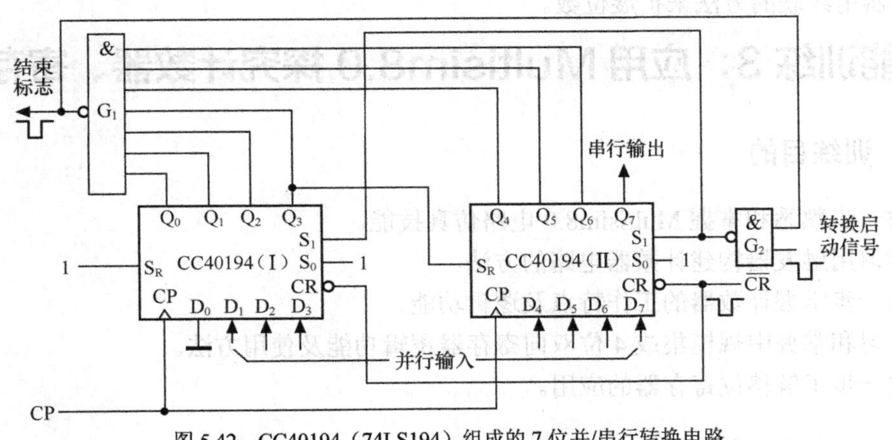

图 5.42　CC40194（74LS194）组成的 7 位并/串行转换电路

寄存器清零后，加一个转换启动信号（负脉冲或低电平）。此时，由于方式控制 S_1S_0 为 11，转换电路执行并行输入操作。当第一个 CP 脉冲到来后，Q_0～Q_7 的状态为 D_0～D_7，并行输入数码存入寄存器，从而使得 G_1 输出为“1”，G_2 输出为“0”，结果，S_1S_2 变为“01”，转换电路随着 CP 脉冲的加入，开始执行右移串行输出。随着 CP 脉冲的依次加入，输出状态依次右移，待右移操作 7 次后，Q_0～Q_6 的状态都为高电平“1”，与非门 G_1 输出为低电平“0”，G_2 门输出为高电平“1”，S_1S_2 又变为“11”，表示并/串行转换结束，且为第二次并行输入创造了条件。转换过程如表 5-14 所示。

表 5-14　　　　并/串行转换器的功能特性表

CP	Q_0	Q_1	Q_2	Q_3	Q_4	Q_5	Q_6	Q_7	串行输出						
0	0	0	0	0	0	0	0	0							
1	0	D_1	D_2	D_3	D_4	D_5	D_6	D_7							

（续表）

CP	Q_0	Q_1	Q_2	Q_3	Q_4	Q_5	Q_6	Q_7	串行输出						
2	1	0	D_1	D_2	D_3	D_4	D_5	D_6	D_7						
3	1	1	0	D_1	D_2	D_3	D_4	D_5	D_6	D_7					
4	1	1	1	0	D_1	D_2	D_3	D_4	D_5	D_6	D_7				
5	1	1	1	1	0	D_1	D_2	D_3	D_4	D_5	D_6	D_7			
6	1	1	1	1	1	0	D_1	D_2	D_3	D_4	D_5	D_6	D_7		
7	1	1	1	1	1	1	0	D_1	D_2	D_3	D_4	D_5	D_6	D_7	
8	1	1	1	1	1	1	1	0	D_1	D_2	D_3	D_4	D_5	D_6	D_7
9	0	D_1	D_2	D_3	D_4	D_5	D_6	D_7							

中规模集成移位寄存器，其位数往往以4位居多，当需要的位数多于4位时，可把几个移位寄存器用级联的方法来扩展位数。

技能训练3：应用Multisim8.0探究计数器、寄存器

一、训练目的

1. 进一步熟悉和掌握Multisim8.0电路仿真技能。
2. 学习用触发器构建计数器电路的方法。
3. 进一步掌握计数器的工作特点及逻辑功能。
4. 学习和掌握中规模集成4位双向寄存器逻辑功能及使用方法。
5. 进一步了解移位寄存器的应用。

二、实训所需虚拟元器件

5V直流电压源和地端各　1个

逻辑开关　9个

集成计数器74LS160　1个

集成计数器74LS163　1个

集成计数器74LS90　1个

集成移位寄存器74LS194　1个

JK触发器74LS112　4个

D触发器74LS74　4个

与非门74LS00　1个

指示灯　4个

数码管　若干

三、实训预习

1. 计数器相关知识。
2. 寄存器相关知识。

四、实训内容与步骤

1．计数器的仿真研究

（1）在 Multisim8.0 操作平台上构建一个异步二进制加法计数器电路，如图 5.43 所示。

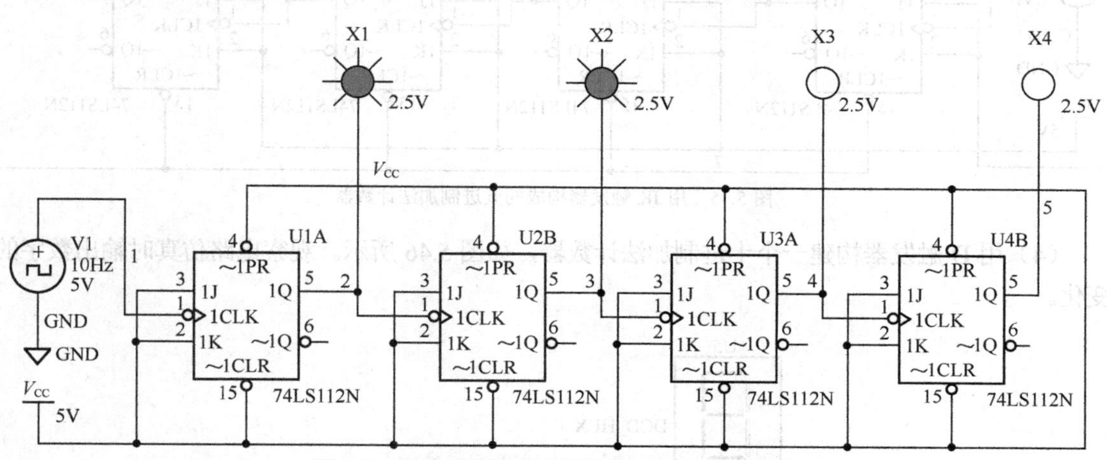

图 5.43　用 JK 触发器构成的异步二进制加法计数器

（2）把 4 只指示灯换成一个数码管，把 JK 触发器中除最低位外，其余各位触发器的 CP 端由原来与相邻低位的 Q 端相连改为与相邻低位的 $\overline{Q}$ 端相连，把直接置 0 端改为直接置 1 端，就构成了图 5.44 所示的异步二进制减法计数器。

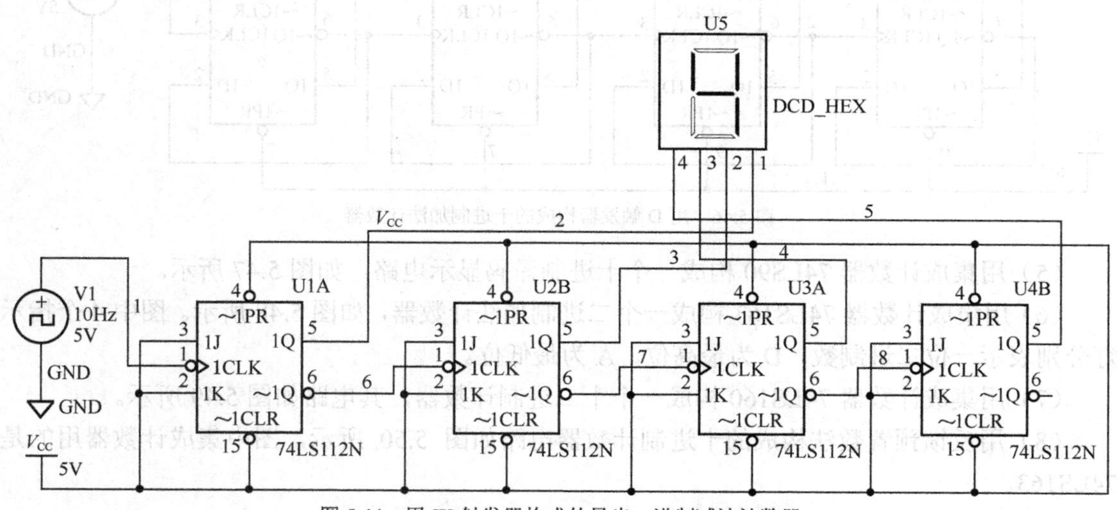

图 5.44　用 JK 触发器构成的异步二进制减法计数器

（3）按照图 5.45 在 Multisim8.0 操作平台上用 4 位 JK 触发器构建一个五进制加法计数器。

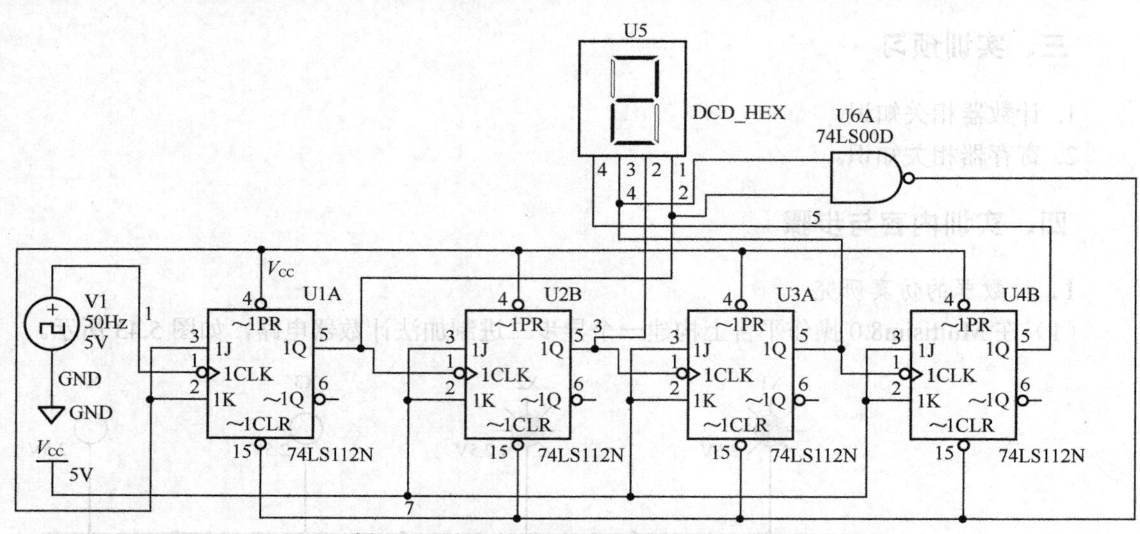

图 5.45　用 JK 触发器构成的五进制加法计数器

（4）用 D 触发器构建一个十进制加法计数器，如图 5.46 所示。观察电路仿真时输出数字的变化。

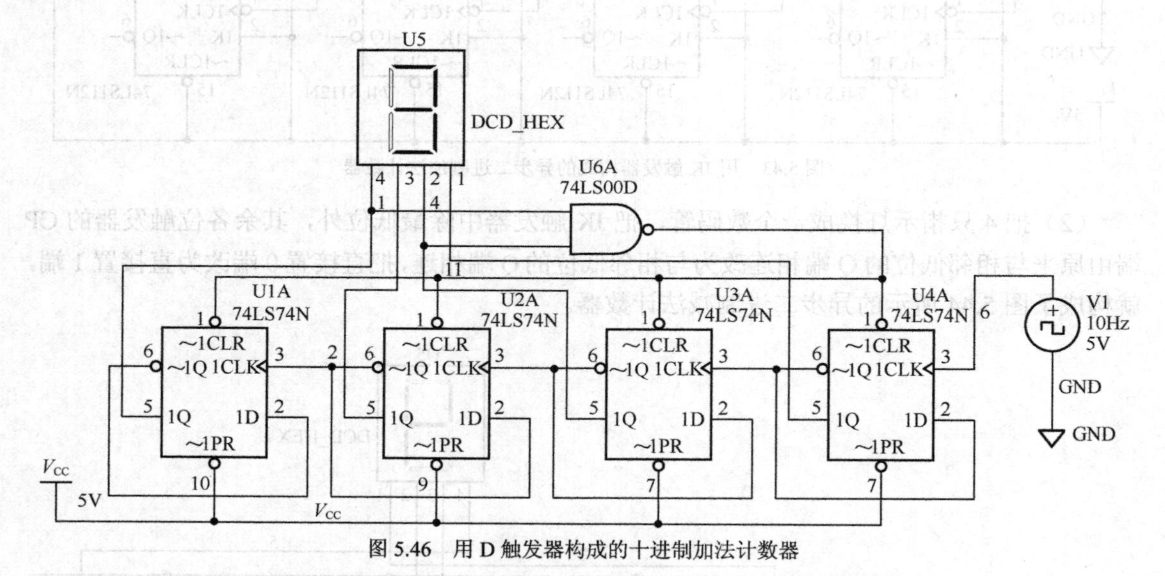

图 5.46　用 D 触发器构成的十进制加法计数器

（5）用集成计数器 74LS90 构成一个十进制译码显示电路，如图 5.47 所示。

（6）用集成计数器 74LS163 构成一个二进制加法计数器，如图 5.48 所示。图中 4 个指示灯分别表示一位二进制数，D 为最高位，A 为最低位。

（7）用集成计数器 74LS160 构成一个十二进制计数器，其电路如图 5.49 所示。

（8）用反馈预置数法构成的十进制计数器电路如图 5.50 所示，图中集成计数器用的是 74LS163。

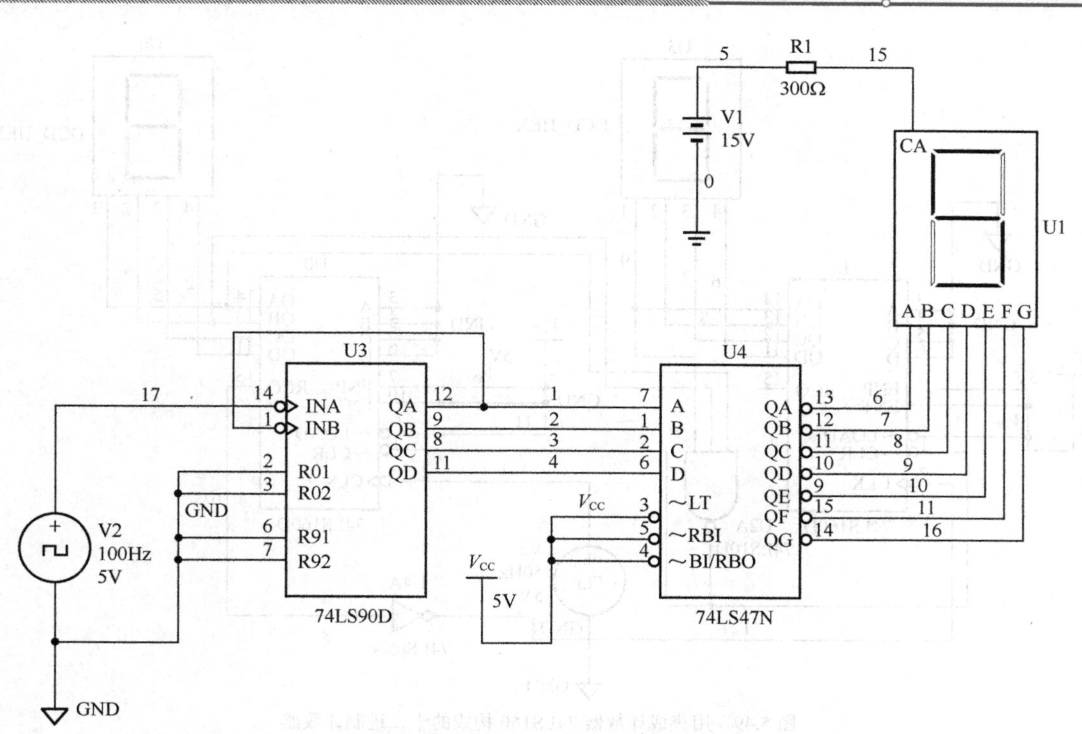

图 5.47　用集成计数器 74LS90 构成的十进制译码显示电路

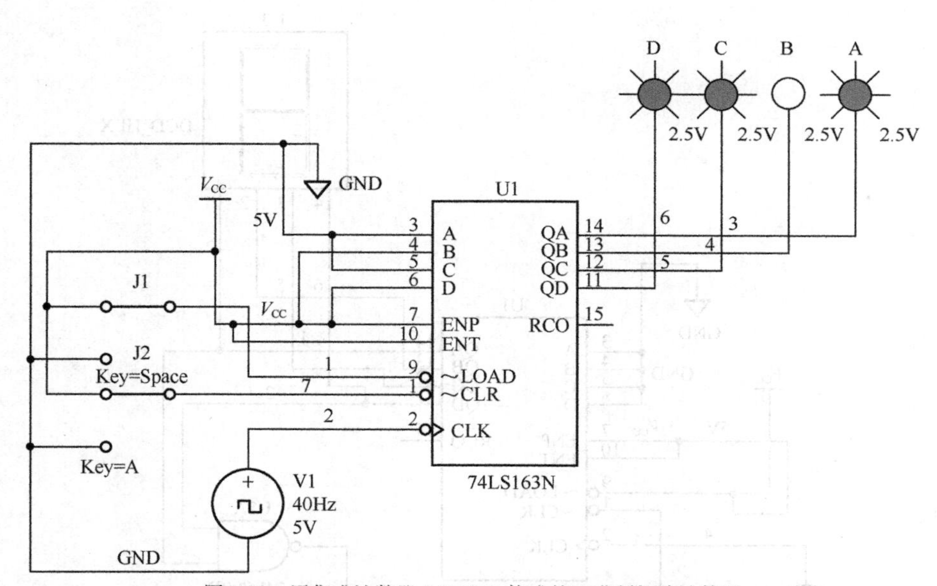

图 5.48　用集成计数器 74LS163 构成的二进制加法计数器

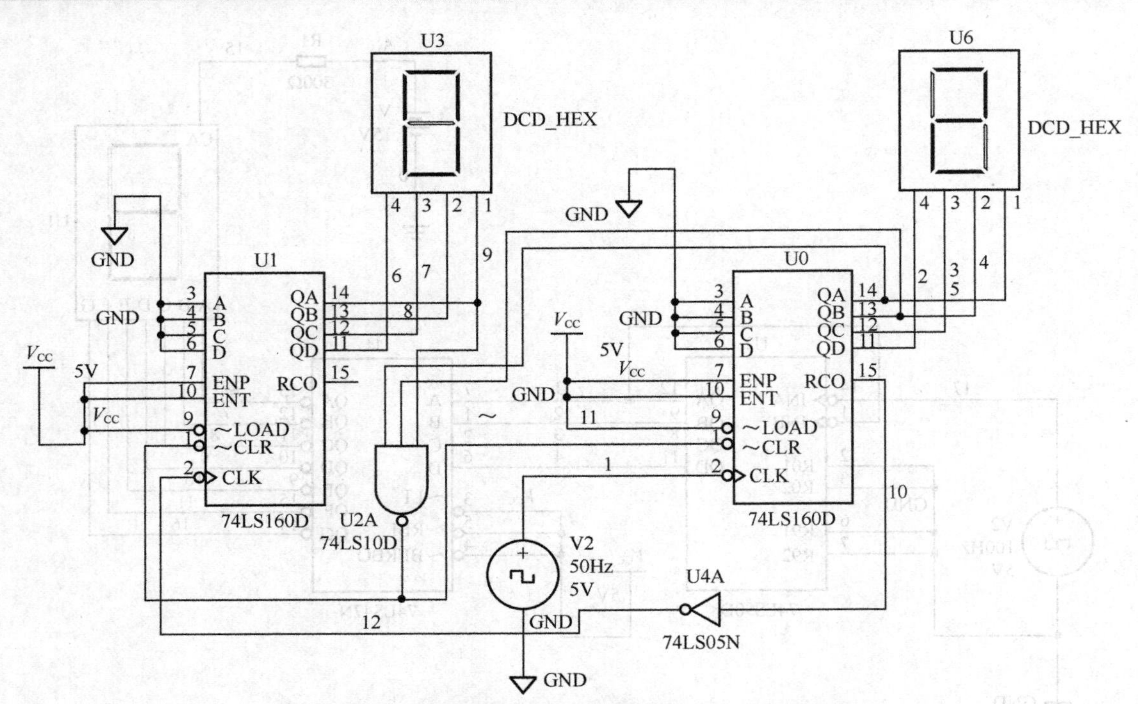

图 5.49　用集成计数器 74LS160 构成的十二进制计数器

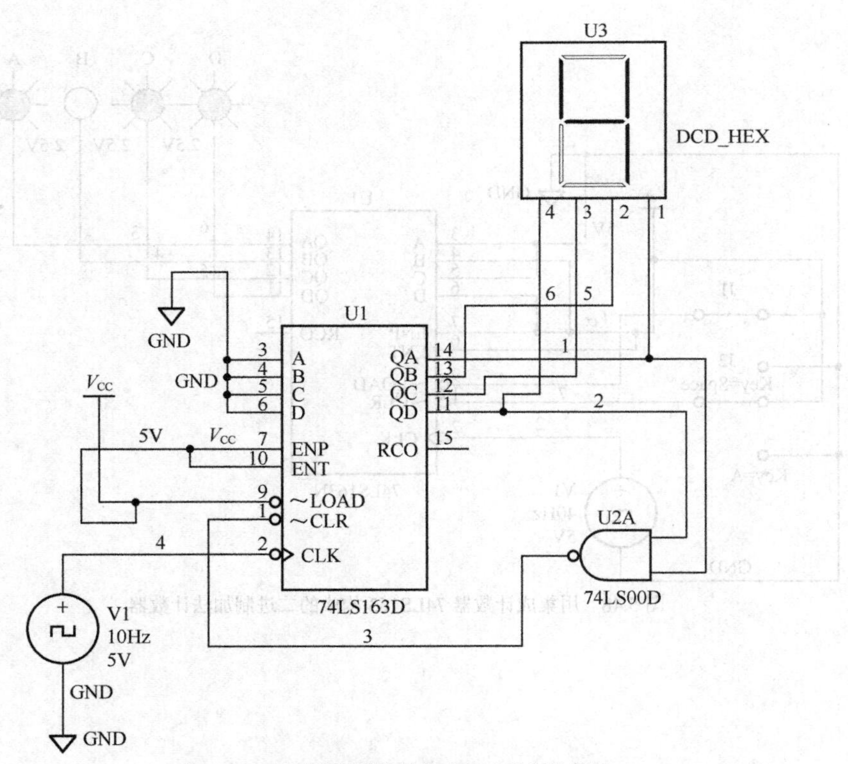

图 5.50　用反馈预置数法构成的十进制计数器

2．寄存器的仿真研究

（1）在 Multisim8.0 操作平台上构建一个图 5.51 所示的移位寄存器功能测试电路。

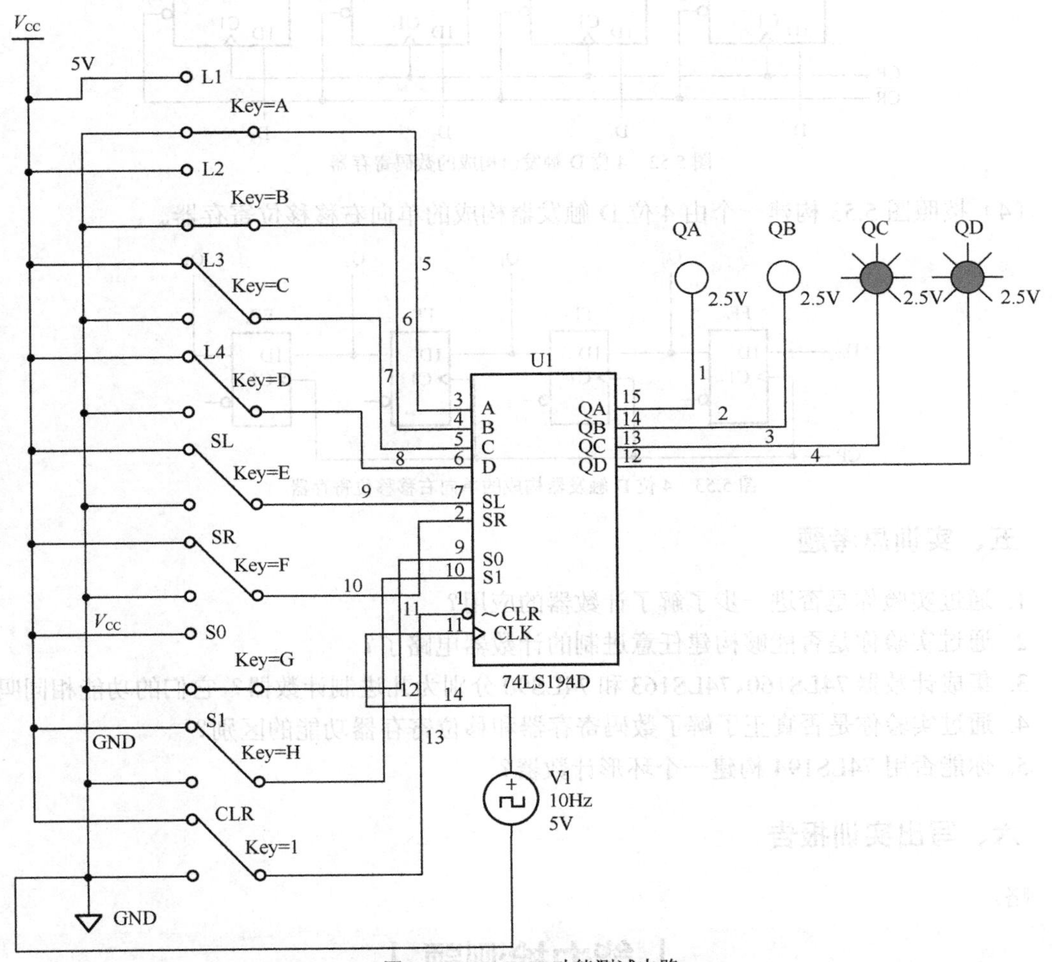

图 5.51　74LS194 功能测试电路

（2）按照表 5-15 进行功能测试。

表 5-15　　74LS194 功能特性表

$\overline{CR}$	S_1	S_0	CP	功能
0	×	×	×	清零
1	0	0	×	静态保持
1	0	0	↑	动态保持
1	0	1	↑	右移移位
1	1	0	↑	左移移位
1	1	1	↑	并行输入

（3）按照图 5.52 构建一个由 4 位 D 触发器构成的数码寄存器。

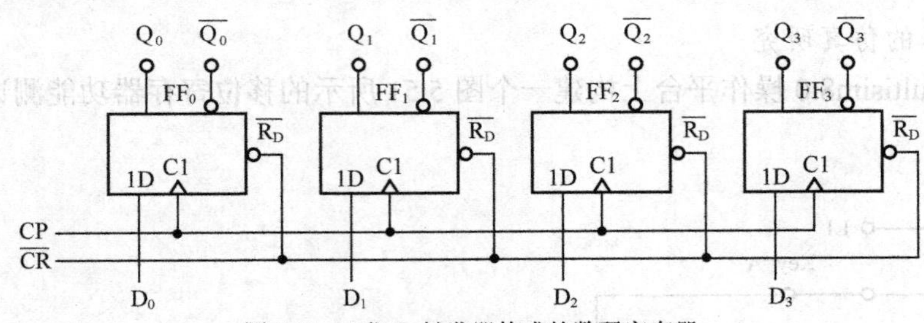

图 5.52　4 位 D 触发器构成的数码寄存器

（4）按照图 5.53 构建一个由 4 位 D 触发器构成的单向右移移位寄存器。

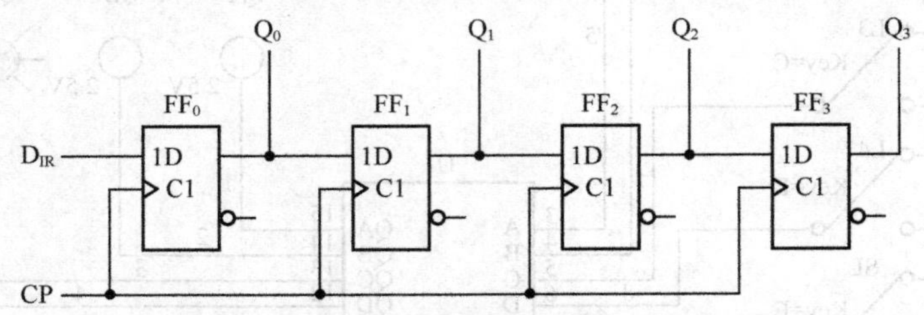

图 5.53　4 位 D 触发器构成的单向右移移位寄存器

五、实训思考题

1. 通过实验你是否进一步了解了计数器的应用？
2. 通过实验你是否能够构建任意进制的计数器电路了？
3. 集成计数器 74LS160、74LS163 和 74LS90 分别为几进制计数器？它们的功能相同吗？
4. 通过实验你是否真正了解了数码寄存器和移位寄存器功能的区别？
5. 你能否用 74LS194 构建一个环形计数器？

六、写出实训报告

略。

能力检测题

一、填空题

1. 时序逻辑电路通常由________和________两部分组成。

2. 时序逻辑电路按各位触发器接收________信号的不同，可分为________步时序逻辑电路和________步时序逻辑电路两大类。

3. 时序逻辑电路的功能除了用________方程、________方程和________方程等方程式表示之外，还可以用________和________来描述。

4. 时序逻辑电路中仅有存储电路输出时，构成的电路类型通常称为________型时序逻辑电路；如果电路输出除存储电路输出外，还包含组合逻辑电路输出端时，构成的电路类型称为________型时序逻辑电路。

5. 可以用来暂时存放数据的器件称为________，若要存储 4 位二进制代码，该器件必须有________触发器。

6. 时序逻辑电路中某计数器中的无效码若在开机时出现，不用人工或其他设备的干预，计数器能够很快自行进入________，使无效码不再出现的能力称为________能力。

7. 若构成一个六进制计数器，至少要采用________位触发器，这时构成的电路有________个有效状态，________个无效状态。

8. 移位寄存器除有________的功能外，还有________功能。

9. 用 4 位移位寄存器构成环形计数器时，有效状态共有________个；若构成扭环形计数器时，其有效状态是________个。

10. 通常模值相同的同步计数器比异步计数器的结构________，工作速度________。

11. 用集成计数器 CC40192 构成任意进制的计数器时，通常可采用反馈________法和反馈________法。

二、判断题

1. 集成计数器通常都具有自启动能力。 （ ）
2. 使用 3 个触发器构成的计数器最多有 8 个有效状态。 （ ）
3. 同步时序逻辑电路中各位触发器的时钟脉冲 CP 不一定相同。 （ ）
4. 利用一个 74LS90 集成计数器芯片可以构成一个十二进制的计数器。 （ ）
5. 用移位寄存器可以构成 8421 码计数器。 （ ）
6. 分析莫尔型时序逻辑电路时可以不写输出方程。 （ ）
7. 十进制计数器是用十进制数码“0～9”进行计数的。 （ ）
8. 利用集成计数器的预置数功能可获得任意进制的计数器。 （ ）

三、选择题

1. 描述时序逻辑电路功能的两个必不可少的重要方程式是（ ）。

A. 次态方程和输出方程　　B. 次态方程和驱动方程

C. 驱动方程和时钟方程　　D. 驱动方程和输出方程

2. 用 8421 码作为代码的十进制计数器，至少需要的触发器个数是（ ）。

A. 2 个　　B. 3 个　　C. 4 个　　D. 5 个

3. 按触发器状态转换与时钟脉冲 CP 的关系分类，计数器可分为（ ）两大类。

A. 同步和异步　　B. 加计数和减计数　　C. 二进制和十进制

4. 由 3 级触发器构成的环形和扭环形计数器的计数模值依次为（ ）。

A. 模 6 和模 3　　B. 模 8 和模 8　　C. 模 6 和模 8　　D. 模 3 和模 6

5. 下列叙述正确的是（ ）。

A. 译码器属于时序逻辑电路　　B. 寄存器属于组合逻辑电路

C. 计数器属于时序逻辑电路　　D. 触发器属于组合电路器件

6. 利用中规模集成计数器构成任意进制计数器的方法是（ ）。

A. 复位法　　B. 预置数法　　C. 级联复位法

7. 设计 1 个能存放 8 位二进制代码的寄存器，需要（ ）触发器。

A. 8 位　　B. 2 位　　C. 3 位　　D. 4 位

8. 在下列器件中，不属于时序逻辑电路的是（　　）。

A. 计数器　　B. 序列信号发生器　　C. 全加器　　D. 寄存器

四、简述题

1. 说明同步时序逻辑电路和异步时序逻辑电路有何不同。
2. 钟控 RS 触发器能用作移位寄存器吗？为什么？
3. 何谓计数器的自启动能力？
4. 何谓计数器的模？

五、分析题

1. 试用集成计数器 74LS161 构成十二进制计数器。要求采用反馈预置数法实现。

2. 电路及时钟脉冲、输入端 D 的时序波形如图 5.54 所示，设起始状态为“000”。试画出各触发器的输出时序波形图，并说明电路的功能。

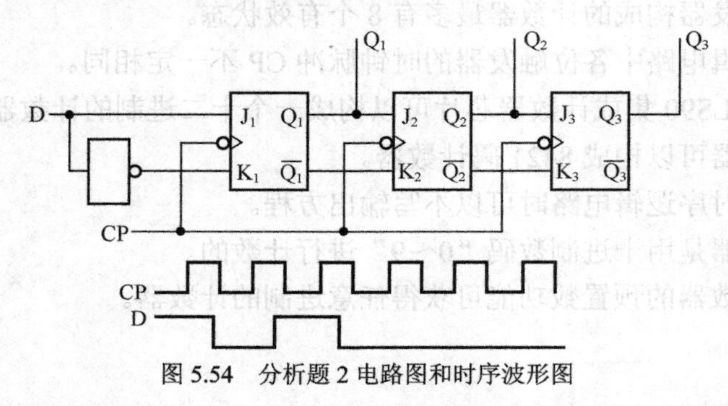

图 5.54　分析题 2 电路图和时序波形图

3. 已知计数器的输出端 Q_2、Q_1、Q_0 的时序波形如图 5.55 所示，试画出对应的状态转换图，并分析该计数器为几进制计数器。

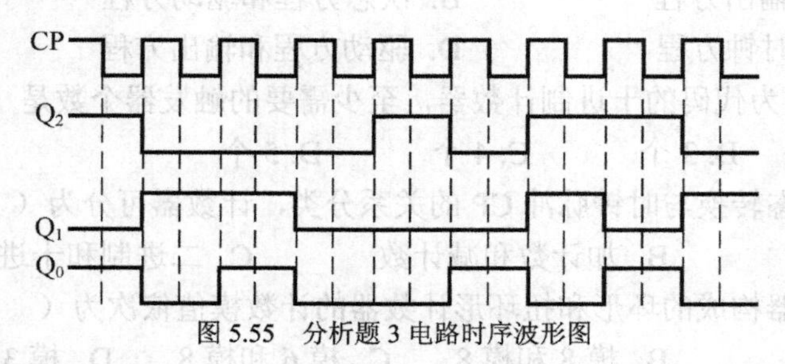

图 5.55　分析题 3 电路时序波形图

4. 分析图 5.56 所示时序逻辑电路的逻辑功能，写出电路的驱动方程、状态方程和输出方程，画出电路的状态转换图，并说明电路能否自行启动。

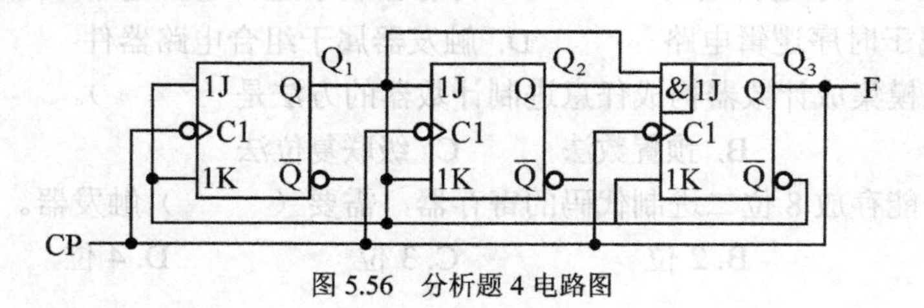

图 5.56　分析题 4 电路图

项目六　555定时器及其应用

重点知识

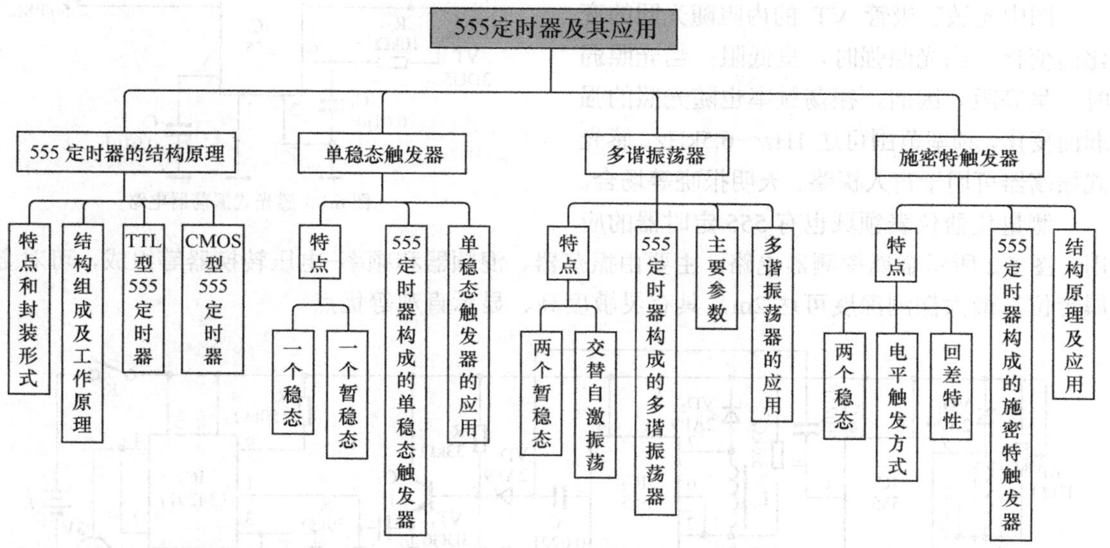

555定时器是一种数字-模拟混合的中规模集成电路，只要在外部配上适当阻容元件，就可以方便地构成脉冲信号的产生、整形、变换、控制及检测电路，如单稳态触发器、多谐振荡器、施密特触发器等。

学习目标

知识目标

1. 正确理解555定时器的特点和封装形式，熟练掌握其工作原理。
2. 正确理解和区分TTL型555定时器和CMOS型555定时器的性能。
3. 理解和掌握由555定时器组成的单稳态触发器、多谐振荡器及其应用。
4. 了解石英晶体多谐振荡器，掌握由555定时器组成的施密特触发器及其应用。

能力目标

1. 具有对555定时器进行功能测试的能力。
2. 具有查阅电子手册中有关555定时器相关知识的能力。

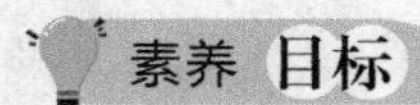

“纸上得来终觉浅，绝知此事要躬行”，应重视课程实践的学习环节，要知行合一，争当新时期的大国工匠。

| 项目导入 |

555 定时器性能优良，使用起来灵活方便，因而在波形的产生与变换、测量与控制、定时、仿声、电子乐器防盗和报警等诸多方面均获得了广泛的应用。

由 555 定时器构成的感光式振荡器电路就是它的实际应用，如图 6.1 所示。

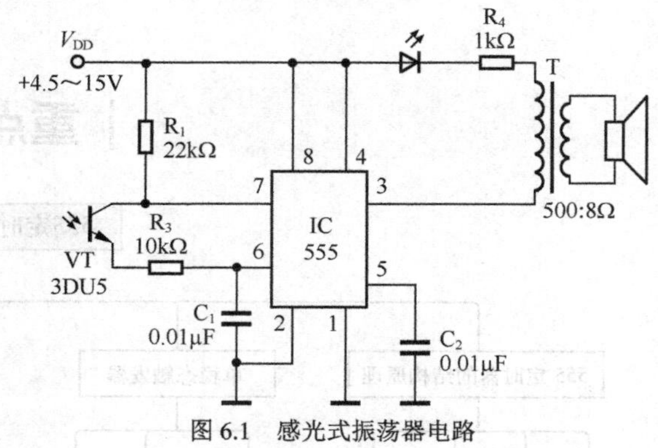

图 6.1 感光式振荡器电路

图中光敏三极管 VT 的内阻随光照的变化而变化，当光照强时，呈低阻；当光照弱时，呈高阻。因而，振荡频率也随光照的强弱而变化，频率范围可达 1Hz～6.5kHz。感光式振荡器可用于盲人探路、天明报晓等场合。

测量仪器仪表领域也有 555 定时器的应用。图 6.2 所示金属探测器电路，主要由振荡器、混频器和频率-电压转换器等组成，可对金属定位，最大探测深度可达 2m，具有灵敏度高、显示直观等优点。

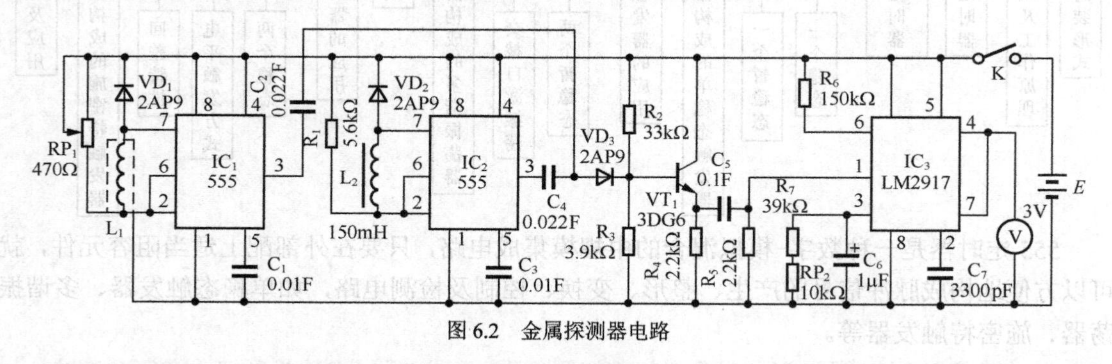

图 6.2 金属探测器电路

图 6.2 中，$IC_1$555 定时器和 L_1、VD_1、RP_1 组成探测振荡器，L_1 为探测线圈，装在探测手柄内。图 6.2 所示参数对应的探测振荡器的振荡频率为 26kHz。选择 26kHz 的超长频率是为了减弱土壤对电磁波的吸收。$IC_2$555 定时器和 L_2、VD_2、R_1 等组成参考振荡器。两振荡信号加至 VT_1 进行混频，再将差频信号送进 IC_3。IC_3 将输入的差频转换成电压，在量程为 3V 的直流电压表中显示。

555 定时器在生产、生活中应用得非常普遍。因此，了解 555 定时器的结构组成，理解 555 定时器的工作原理，掌握 555 定时器的使用方法，对任何一个电子工程技术人员而言都十分必要。

| 知识链接 |

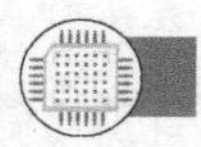

6.1 555 定时器的结构原理

555 定时器可用作振荡器、脉冲发生器、延时发生器、定时器、方波发生器、单稳态触发振荡器、双稳态多谐振荡器、自由多谐振荡器、锯齿波产生器、脉宽调制器以及脉位调制器等。根据制作工艺的不同，555 定时器可分为 TTL 型（双极型）和 CMOS 型两大类。

6.1.1 555 定时器的特点和封装形式

6-1 555 定时器的特点及封装形式

1．特点

555 定时器之所以得到极其广泛的应用，是因为它具有以下几个特点。

（1）555 定时器在电路结构上是由模拟电路和数字电路组合而成的，它将模拟功能与逻辑功能兼容为一体，能够产生精确的时间延迟和振荡。

（2）555 定时器采用了单电源。TTL 型 555 定时器的电压范围为 4.5～15V；而 CMOS 型 555 定时器的电源适应范围更宽，为 2～18V。这样，555 定时器可以和模拟运算放大器以及 TTL 或 CMOS 器件共用一个电源。

（3）555 定时器可独立构成一个定时电路，且定时精度高。

（4）555 定时器的最大输出电流可达 200mA，带负载能力较强，可直接驱动小电动机、扬声器、继电器等负载。

2．封装形式

555 定时器的封装形式有 TO-99 型的圆形和 8 脚的双列直插式两种，但目前圆形封装形式的产品几乎见不到了，常用的 8 脚的双列直插式封装形式如图 6.3（a）、（b）所示。

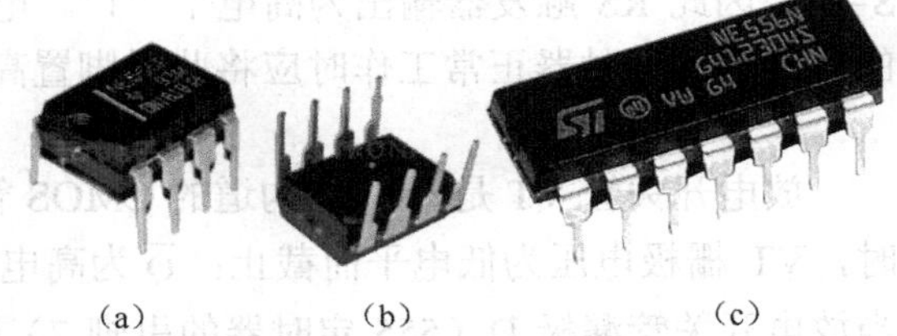

(a) (b) (c)

图 6.3 555 定时器的双列直插式封装形式

图 6.3（c）所示的是 NE556 双时基集成块，内含两个相同的 555 定时器，是双列直插 14 脚封装。CMOS 型 555/556 定时器与 TTL 型的 555/556 定时器引脚排列完全相同，国产型号的 555/556 定时器与国外产品的引脚排列也一致，易于互换。

6-2 双极型 555 定时器的结构组成

6.1.2 555 定时器的结构组成

尽管世界各大半导体或器件公司、厂家都在生产各自型号的 555/556 定时器，但其内部电路大同小异，且都具有相同的引出功能端（引脚）。下面以我国生产的 CMOS 集成 555 定时器 CC7555 为例，介绍 555 定时器的内部电路组成，如图 6.4 所示。

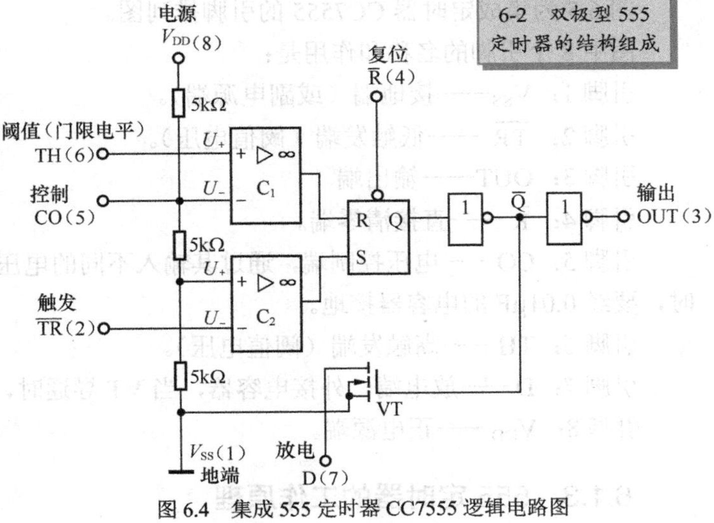

图 6.4 集成 555 定时器 CC7555 逻辑电路图

555 定时器的逻辑电路主要由电阻分压器、电压比较器、基本 RS 触发器、放电开关管和输出缓冲器等几个部分组成，各部分的作用如下。

6-3 单极型555定时器的结构组成

1．电阻分压器

由3个5kΩ的电阻串联起来构成电阻分压器，555定时器由此而得名。电阻分压器可为电压比较器C_1和C_2提供两个基准电压。比较器C_1的基准电压是$2V_{DD}/3$，C_2的基准电压是$V_{DD}/3$。如果在控制端外加一控制电压时，可改变两个电压比较器的基准电压。

2．电压比较器

C_1和C_2是两个结构完全相同的高精度电压比较器，分别由两个开环的集成运放构成。比较器C_1的反相输入端U_-接基准电压，同相端U_+作为555定时器的高触发端TH；比较器C_2的同相输入端U_+接基准电压，反相输入端U_-作为定时器的低触发端$\overline{TR}$。

3．基本RS触发器

图6.4中的RS触发器由两个或非门组成，R和S两个输入端子均为高电平有效。电压比较器的输出控制触发器输出端的状态：当C_1输出高电平时，触发器的复位端R为“1”，因此RS触发器输出为低电平“0”；当C_2输出为高电平时，与C_2输出相连的触发器置位端S=1，因此RS触发器输出为高电平“1”。电路中的$\overline{R}$端子是专门设置的可从外部直接清零的复位端，定时器正常工作时应将此引脚置高电平“1”。

4．放电开关管

放电开关管VT是一个N沟道的CMOS管，其状态受$\overline{Q}$端的控制，当$\overline{Q}$为低电平“0”时，VT栅极电压为低电平而截止；$\overline{Q}$为高电平“1”时，VT栅极电压为高电平导通饱和。当放电开关管漏极D（555定时器的引脚7）经一电阻R接电源V_{DD}时，则放电开关管的输出和集成定时器CC7555的输出逻辑状态相同。

5．输出缓冲器

两级反相器构成了555定时器电路的输出缓冲器，用来提高输出电流以增强定时器的带负载能力。同时，输出缓冲器还可隔离负载对定时器的影响。

图6.5为集成定时器CC7555的引脚排列图。

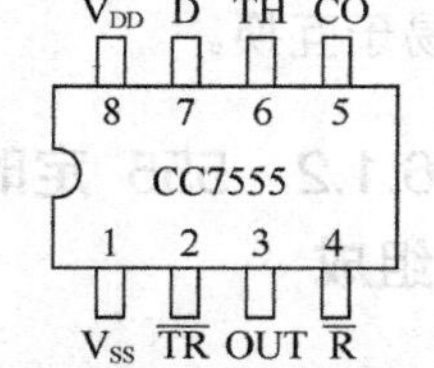

图6.5 CC7555引脚排列图

图中8个引脚的名称和作用是：

引脚1：V_{SS}——接地端（或副电源端）。

引脚2：$\overline{TR}$——低触发端（阈值电压）。

引脚3：OUT——输出端。

引脚4：$\overline{R}$——直接清零端。

引脚5：CO——电压控制端，通过其输入不同的电压值来改变比较器的基准电压。不用时，要经0.01μF的电容器接地。

引脚6：TH——高触发端（阈值电压）。

引脚7：D——放电端，外接电容器，当VT导通时，电容器由D经VT放电。

引脚8：V_{DD}——正电源端。

6.1.3 555定时器的工作原理

6-4 555定时器的工作原理

定时器的工作状态取决于电压比较器C_1、C_2，它们的输出控制着RS触发器和放电开关管VT的状态。当高触发端TH的电压高于$2V_{DD}/3$

这个上门限电平的阈值电压时，上电压比较器 C_1 输出为高电平，使 RS 触发器置 0，即 Q＝0，$\overline{Q}$＝1，放电开关管 VT 导通；当低触发端 $\overline{TR}$ 的电压低于 $V_{DD}/3$ 这个下门限电平的阈值电压时，下电压比较器 C_2 输出为高电平，使 RS 触发器置 1，即 Q=1，$\overline{Q}$＝0，放电开关管 VT 截止。

当 TH 端电压高于 $2V_{DD}/3$ 或 $\overline{TR}$ 端电压低于 $V_{DD}/3$ 时，两个比较器 C_1 和 C_2 的输出均为低电平"0"，放电开关管 VT 和定时器输出端则保持原状态不变。

把集成定时器 CC7555 的功能绘制成功能特性表，如表 6-1 所示。

表 6-1 CC7555 定时器的功能特性表

高触发端 TH	低触发端 $\overline{TR}$	复位端 $\overline{R}$	输出端 OUT	放电开关管 VT 的功能
×	×	0	0	导通
$>2V_{DD}/3$	$>V_{DD}/3$	1	0	导通
$<2V_{DD}/3$	$>V_{DD}/3$	1	原态	原态
$<2V_{DD}/3$	$<V_{DD}/3$	1	1	截止

由于 TTL 型的 555 定时器和 CMOS 型的 555 定时器制作工艺和流程不同，因此生产出的 555 集成电路的性能指标存在一定差异。表 6-2 列出了二者的主要电参数指标。

表 6-2 TTL 型与 CMOS 型 555 定时器的主要电参数

名称	符号	TTL 型	CMOS 型	单位
电源电压	V_{DD}（V_{CC}）	4.5～15	2～15	V
静态电流	I_{DD}（I_{CC}）	10	0.2	mA
定时精度		1	1	%/V
置位电流	I_S	1μA	1pA	μA/pA
主复位电流	I_{MR}	100μA	50pA	μA/pA
复位电流	I_R	1μA	100pA	μA/pA
驱动电流	I_V	200	与 V_{DD} 大小有关	mA
放电电流	I_{DIS}	200	与 V_{DD} 大小有关	mA
最高工作频率	f_{max}	300	500	kHz

6.1.4 TTL 型和 CMOS 型 555 定时器的性能比较

（1）根据 555 定时器的结构原理分析，结合表 6-2 中所列数据，可看出 TTL 型 555 定时器和 CMOS 型 555 定时器的共同点如下。

① 二者的功能大体相同，外形和引脚排列一致，大多数应用场合可直接互换。

② 二者均使用单一电源，且适应电压范围大，可与 TTL 型、HTL 型（二极管、三极管构成的高阈值逻辑电路）、CMOS 型数字逻辑电路等共用电源。

③ 二者的输出为全电源电平，可与 TTL 型、HTL 型、CMOS 型等电路直接连接。

④ 电源电压变化对二者的振荡频率和定时精度的影响小。

（2）TTL 型 555 定时器和 CMOS 型 555 定时器的差异如下。

① CMOS 型 555 定时器功耗仅为 TTL 型 555 定时器的几十分之一，静态电流仅为 0.2mA 左右，属于微功耗电路。

② CMOS 型 555 定时器的电源电压可低至 2～15V；各输入功能端电流均为皮安（10^{-12}A）

量级。

③ CMOS 型 555 定时器的输出脉冲上升沿和下降沿比 TTL 型的要陡，转换时间短。

④ CMOS 型 555 定时器在传输过渡时间里产生的尖峰电流小，仅为 2～3mA；而 TTL 型 555 定时器的尖峰电流高达 300～400mA。

⑤ CMOS 型 555 定时器的输入阻抗比 TTL 型 555 定时器的要高出几个数量级，可达 $10^{10}\Omega$。

⑥ CMOS 型 555 定时器的驱动能力差，输出电流仅为 1～3mA，而 TTL 型 555 定时器的输出驱动电流可达 200mA。

通过以上对比，我们在进行电路设计或应用时，应视具体情况选择型号。一般情况下，在定时长、功耗小、负载轻的场合应选用 CMOS 型 555 定时器；在负载重、要求驱动电流大、电压高的场合，则宜选用 TTL 型 555 定时器。

关于驱动能力，TTL 型 555 定时器可直接驱动低阻负载，如感性继电器、小电动机和扬声器等；CMOS 型 555 定时器的输入阻抗高达 $10^{10}\Omega$ 数量级，很适合用于 RC 时间常数很大的长延时电路。

注意：由于 TTL 型 555 定时器冲击峰值电流大，因此在电路中应考虑加接容量较大的滤波电容；还要在其电压控制端加一个 0.01～0.1μF 的去耦电容。而 CMOS 型 555 定时器则可以不加。

555 定时器大量用于家电产品中，如图 6.6 所示的电风扇温控器电路。

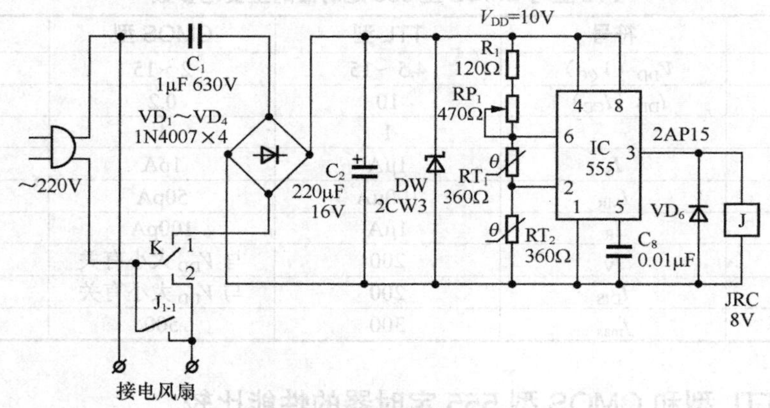

图 6.6　电风扇温控器电路

图 6.6 中，555 定时器和 R_1、RP_1、RT_2 组成双稳态工作模式。RT_1、RT_2 均为 NTC 热敏电阻，当环境温度升高时，RT_1、RT_2 阻值变小（为负温度系数），使 555 定时器的引脚 2 电位低于 $V_{DD}/3$ 触发电平时，555 定时器输出高电平“1”，继电器 J 吸合，接通电动机电源，通电吹风。反之，当温度下降时，RT_1、RT_2 阻值加大，使 555 定时器的引脚 6 电位高于 $2V_{DD}/3$ 阈值电平时，555 定时器输出为低电平“0”，继电器 J 释放，电动机停转。

思考练习题

1. 555 定时器由哪些部分组成？TTL 型和 CMOS 型两类 555 定时器的结构组成有什么不同？555 定时器是一个完全的数字电路吗？

2. 555 定时器中的两个电压比较器工作在开环还是闭环情况下？

3. TTL型和CMOS型两类555定时器的负载驱动能力有差别吗？哪一类负载驱动能力强些？

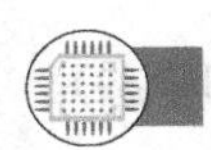

6.2　单稳态触发电路

前面讲到的各种触发器，都存在两个稳定的、互非的工作状态，因此也称作双稳态触发电路。如果触发器只有一种稳定的工作状态，则称为单稳态触发电路。

6-5　单稳态触发器

单稳态触发电路的工作特性具有如下显著特点。

（1）电路在无外加触发信号作用时，处于一种稳定的工作状态，称为稳态。

（2）当输入端有外加触发脉冲信号的上升沿或下降沿作用时，输出状态立即发生跳变，此后，电路进入暂时的稳定状态，称为暂稳态。

（3）暂稳态维持一段时间后会自动返回稳态，而自动维持的稳态时间的长短取决于电路本身的参数，与触发脉冲的宽度和幅度无关。

单稳态触发电路的上述特点，使其被广泛应用于脉冲整形、延时以及定时电路中。

单稳态触发电路的暂稳态通常都是靠 RC 电路的充、放电过程来维持的，因此根据 RC 电路和门电路的不同接法，可构成微分型单稳态触发器和积分型单稳态触发器。

6-6　555定时器构成的单稳态触发器

6.2.1　555定时器构成的单稳态触发器

实用中的微分型单稳态触发器具有抗干扰能力较差的缺点；积分型单稳态触发器则输出波形的边沿较差。由于555定时器是一种性能优良、应用灵活的集成器件，因此在555定时器的外部加接几个阻容元件，即可方便地构成性能较好的单稳态触发电路。

1. 电路组成

本项目以CA555定时器构成的单稳态触发电路为例，说明单稳态电路的结构组成与工作原理。

构成单稳态触发电路的CA555，也是具有8个引脚的双列直插式集成定时器。CA555定时器的8个引脚的功能与图6.5所示的555芯片相同。

由 CA555 定时器构成的单稳态触发电路及其时序波形图如图6.7所示。

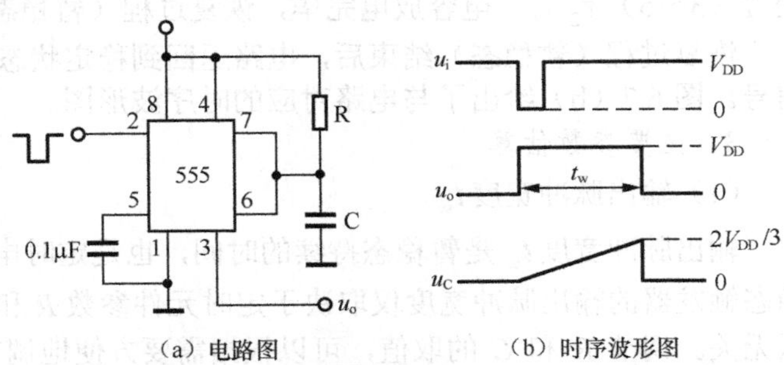

（a）电路图　　（b）时序波形图

图6.7　555定时器构成的单稳态触发电路及其时序波形图

从图6.7（a）所示的电路结构来看，由CA555定时器构成的单稳态触发电路，仅外接了一个由电阻R和电容C组成的定时网络。电路图中，强制复位端引脚4直接与电源端引脚8的 V_{DD} 相接后成无效态高电平“1”；高触发端TH引脚6和放电端DIS引脚7并接后接在RC定时网络的中点；电压控制端引脚5通过一个0.01μF的电容与地端引脚1相接；555定时电路中比较器 C_2 反相输入的低触发端引脚2在单稳态触发电路作为信号输入端（u_i）；CA555定时电路的输出引脚 3 直接作为单稳态触发器的输出端（u_o）。

2．工作原理

为分析方便起见，设输出 u_o 为低电平“0”时的状态为单稳态触发器的稳定工作状态（即稳态）。

（1）电路处在稳定状态

当电路无触发信号 u_i 时，电路必定处于稳定状态。稳定状态下，单稳态触发器的输出 u_o 为低电平“0”，则放电开关管 VT 为高电平“1”而饱和导通，定时电容 C 上的电压 u_C=0。由于 555 定时器的引脚 6 和引脚 7 短接，故比较器 C_1 的同相输入端受到钳制，等于放电开关管 VT 的饱和压降 V_{CES} 的电位。此时，555 定时电路的 3 个 5kΩ 电阻器组成的分压网络，使比较器 C_1 的反相端偏置在 $2V_{DD}/3$，比较器 C_2 的同相端电位偏置在 $V_{DD}/3$，这两个电位就是决定比较器状态是否翻转的门限值。

（2）u_i 下降沿到来时触发

CA555 定时器的低触发端引脚 2 是信号输入端，当脉冲信号 u_i 由高电平跳变为低电平时，下降沿到达，电路被触发，输出引脚 3 的状态发生翻转，由低电平“0”跳变为高电平“1”，此时单稳态触发器由稳态转入暂稳态。

（3）暂稳态的维持时间

在单稳态触发器的暂稳态期间，由于输出为高电平“1”，所以放电开关管 VT 截止，电源 V_{DD} 经 R 向电容 C 充电。其充电回路为 V_{DD}→R→C→地，充电的快慢程度是由时间常数 $\tau_1 = RC$ 决定的。电容充电期间，电容电压 u_C 按指数规律由 0 开始增大，即

$$u_C(t) = V_{DD}(1 - e^{-\frac{t}{RC}}) \tag{6.1}$$

当 u_C 上升到基准电压的 $2V_{DD}/3$ 之前，电路将保持暂稳态不变。

（4）自动返回（暂稳态结束）时间

当电容充电使电压 u_C 上升到 $2V_{DD}/3$ 时，输出电压 u_o 的状态发生翻转，由高电平“1”跳变为低电平“0”。同时，放电开关管 VT 由截止转换为饱和导通，引脚 7 接地，电容 C 经放电开关管对地迅速放电，电容电压 u_C 由 $2V_{DD}/3$ 迅速降为 0，单稳态触发电路由暂稳态重新转到稳态。

（5）恢复过程（暂稳态经历的时间）

暂稳态结束后，定时电容 C 通过饱和导通的放电开关管 VT 放电，放电时间常数 $\tau_2 = R_{CES}C$，式中的 R_{CES} 是放电开关管的饱和导通电阻，其数值极小，因此放电过程非常短暂。经过（3～5）τ_2 后，电容放电完毕，恢复过程（暂稳态过程）结束。

恢复过程（暂稳态）结束后，电路返回到稳定状态，单稳态触发器又可以接收新的触发信号。图 6.7（b）给出了与电路对应的时序波形图。

3．主要参数估算

（1）输出脉冲宽度 t_w

输出脉冲宽度 t_w 是暂稳态持续的时间，也是定时电容的充电时间，$t_w≈1.1RC$。显然，单稳态触发器的输出脉冲宽度仅取决于定时元件参数 R 和 C 的取值，与输入脉冲信号和电源电压无关。调节 R 和 C 的取值，可以根据需要方便地调节输出脉冲宽度 t_w。因此，数字系统中，常用单稳态触发电路将输入脉冲信号变为等幅等宽的脉冲信号。

（2）恢复时间 t_{re}

一般取 $t_{re} = (3 \sim 5)\tau_2$，即放电时间非常短暂。

（3）最高工作频率 f_{max}

当输入的触发信号 u_i 是周期为 T 的连续脉冲信号时，为保证单稳态触发器能够正常工作，应满足 $T > t_w + t_{re}$，即单稳态触发器输入信号的周期最小值应为（$t_w + t_{re}$）。

因此，单稳态触发器的最高工作频率应为

$$f_{max} = \frac{1}{T_{min}} = \frac{1}{t_w + t_{re}} \tag{6.2}$$

CMOS 型精密单稳态触发器中，定时元件参数 R 和 C 的取值可在较大范围内选择，定时时间 t_W 的范围为：R 取值 2～30kΩ，C 取值 10pF～10μF。另外，555 定时器为了提高振荡频率，R 和 C 应该相应减小。

注意：在由 555 定时器构成的单稳态触发电路中，输入触发信号 u_i 的脉冲宽度必须小于单稳态触发电路输出 u_o 的脉冲宽度，则暂稳态维持时间 t_w 才具有意义，否则电路不能正常工作。

6.2.2　单稳态触发器的应用

6-7　单稳态触发器的应用

单稳态触发器广泛应用于脉冲整形、定时、延时、高通滤波器或低通滤波器等方面。

1．脉冲整形

单稳态触发器输出脉冲宽度 t_W 决定于电路本身的参数，输出脉冲的幅值 v_M 决定于输出高、低电平之差。因此，单稳态触发器输出的脉冲宽度和幅值是一定的。如果某个脉冲宽度或幅值不符合使用要求时，可用单稳态触发器进行整形，得到脉冲宽度和幅值符合要求的脉冲波形。

从图 6.7（b）所示时序波形图可看出，单稳态触发器从暂稳态返回到稳态的时间，是利用单稳态触发器的定时元件进行定时的，由暂稳态自动返回稳态将触发脉冲宽度缩小为 t_w 的过程中，并不需要加入窄脉冲进行屏蔽阻塞，就能使输出脉冲宽度（即暂稳态的维持时间）为 t_w。

2．构成定时电路

单稳态触发器输出脉冲宽度由 R、C 定时元件决定，且因输出脉宽一定的特点，可以实现定时。图 6.8 所示电路利用非重复触发单稳态触发器定时，使其后接的与门定时打开或封锁，打开时可定时让测量脉冲通过；与门关闭时，阻塞测量脉冲通过。若与门后面增加一个计数显示电路，则可测量在定时时间内，被测信号 u_F 通过的脉冲个数，进而测量被测信号的频率。实际上，该电路也是构成数字频率计的一个基本电路。

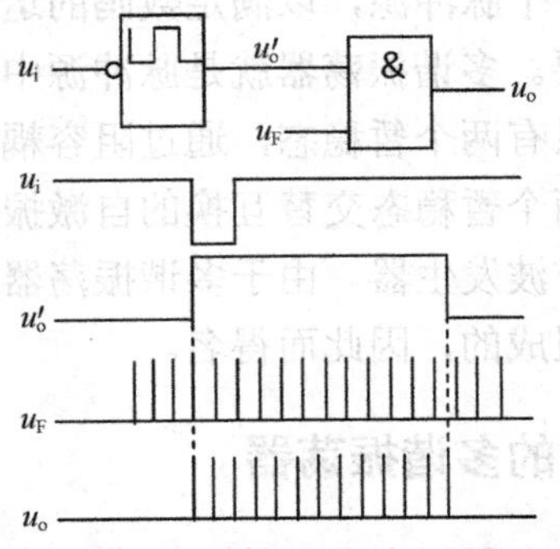

图 6.8　单稳态触发器构成定时电路及时序波形图

3．构成延时电路

用非重复触发单稳态触发器 74LS121 构成的精密单稳态延时电路如图 6.9（a）所示，其时序波形图如图 6.9（b）所示。

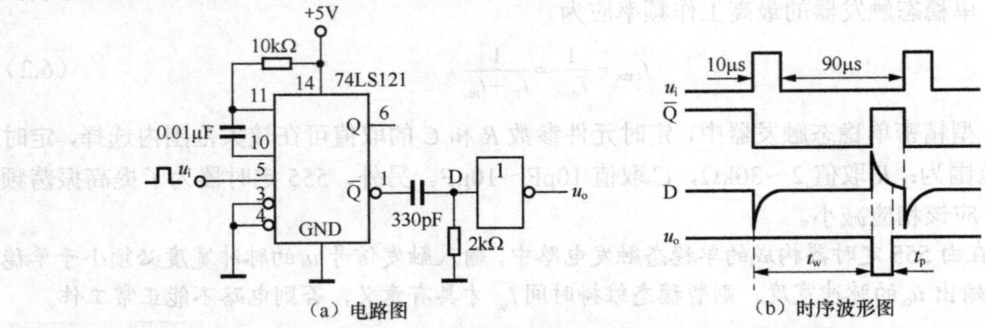

（a）电路图　（b）时序波形图

图 6.9　74LS121 构成的精密单稳态延时电路及时序波形图

输出脉冲 u_o 对输入触发脉冲 u_i 的延迟时间可由下式进行计算：

$$t_w = 0.7R_{ext}C_{ext} \tag{6.3}$$

输出脉冲的宽度 t_p 则由 R_{ext} 和 C_{ext} 所组成的微分电路中的时间常数 τ 决定。图 6.9（a）所示的由 74LS121 构成的精密单稳态延时电路的延迟时间比较精确，外接电容 C_{ext} 的取值范围是 10pF～10μF，图 6.9（a）所示电路取 0.01μF；外接电阻 R_{ext} 的取值范围是 2～30kΩ，图 6.9（a）所示电路取 10kΩ。可见，该电路的延迟时间范围 t_w =14ns~210ms，非常宽泛。

除上述应用外，单稳态触发器还可构成多谐振荡器和高通、低通滤波器等。读者可以查阅相关资料进行了解，本项目不再赘述。

思考练习题

1. 什么是单稳态触发器的稳态？单稳态触发器的暂稳态是靠什么来维持的？
2. 由非重复触发单稳态触发器 74LS121 构成的精密单稳态延时电路的外接电容 C_{ext} 的取值范围是多少？外接电阻 R_{ext} 的取值范围又是多少？
3. 单稳态触发电路的应用有哪些？

6.3 多谐振荡器

在脉冲技术中，经常需要一个脉冲源，以满足数码的运算、信息的传递和系统的测试等用途的需要。多谐振荡器就是脉冲源中比较常见的一种。多谐振荡器没有稳态，只有两个暂稳态，通过阻容耦合电路使两个电容交替导通和截止，形成两个暂稳态交替互换的自激振荡，其输出波形近似于方波，因此也称为方波发生器。由于多谐振荡器的输出方波是由许多不同频率的正弦波所组成的，因此而得名。

6-8　多谐振荡器

6.3.1 555 定时器构成的多谐振荡器

555 定时器只需要外接几个电阻、电容，就可以实现多种功能。在大学的数字电子实验教学中，555 定时器构成的多谐振荡器经常作为经典必做的内容。

用 555 定时器组成的多谐振荡器电路和时序波形如图 6.10 所示。

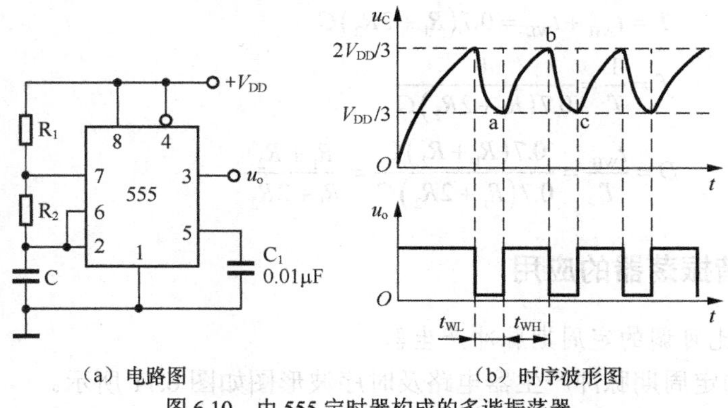

（a）电路图　　（b）时序波形图

图 6.10　由 555 定时器构成的多谐振荡器

由图 6.10（a）可看出，555 定时器构成多谐振荡器时，定时元件除电容 C 之外，还有两个电阻 R_1 和 R_2，将高触发端引脚 6 和低触发端引脚 2 短接后，连接到 C 与 R_2 之间，把放电端引脚 7 连接至 R_1 和 R_2 之间。

6.3.2　多谐振荡器工作原理

6-9　555 定时器构成的多谐振荡器工作原理

电路接通电源瞬间，电容 C 还来不及充电，此时 $u_C=0$ 为低电平，因此 555 定时器内 RS 触发器的 R=0，S=1，即 Q=1，输出 $u_o=1$ 为高电平，同时放电开关管 VT 截止，电容器 C 开始充电，电路进入暂稳态，一般多谐振荡器的工作过程可分为以下 4 个阶段，如图 6.10（b）所示。

（1）暂稳态Ⅰ（输出由高电平至下降沿的一段范围）：此段内，电容 C 充电，充电回路为 $V_{DD}\to R_1\to R_2\to C\to$地，充电时间常数 $\tau_1=(R_1+R_2)C$，电容的充电电压按指数规律上升，此阶段输出电压 u_o 稳定在高电平。

（2）自动翻转阶段Ⅰ（对应 t_{WL} 下降沿）：当电容充电使电压 u_C 升至 $2V_{DD}/3$ 时，555 定时电路的触发器状态发生跳变，R=1，S=0，即 Q=0，同时 $\overline{Q}=1$，电容 C 中止充电，输出电压 u_o 由高电平翻转为低电平。

（3）暂稳态Ⅱ（t_{WH} 期间）：由于 $\overline{Q}=1$，因此放电开关管 VT 饱和导通，电容 C 开始放电，放电回路为 $C\to R_2\to VT\to$地，放电时间常数 $\tau_2=R_2C$（忽略放电开关管 VT 的饱和电阻 R_{CES}），电容电压按指数规律下降，同时输出维持在低电平。

（4）自动翻转阶段Ⅱ（对应时序波形图中的 a 点）：当电容电压下降到 $V_{DD}/3$ 时，555 定时电路的触发器状态发生跳变，R=0，S=1，即 Q=1，同时 $\overline{Q}=0$，电容 C 放电结束，输出电压 u_o 由低电平翻转为高电平。

接下来，由于 $\overline{Q}=0$，放电开关管 VT 截止，电容 C 又开始充电，重新进入暂稳态Ⅰ。之后，电路将重复上述 4 个阶段。由这 4 个阶段来看，多谐振荡器只有两个暂稳态而没有稳态，它们交替变化，输出连续的矩形脉冲信号。

6.3.3　多谐振荡器的主要参数

多谐振荡器两个暂稳态维持时间 t_{WH} 和 t_{WL} 的计算公式如下。

$$t_{WH} = 0.7(R_1 + R_2)C$$

$$t_{WL} = 0.7R_2C$$

振荡周期：$T = t_{WH} + t_{WL} = 0.7(R_1 + 2R_2)C$

振荡频率：$f = \frac{1}{T} = \frac{1}{0.7(R_1 + 2R_2)C}$

占空比：$D = \frac{t_{WH}}{T} = \frac{0.7(R_1 + R_2)C}{0.7(R_1 + 2R_2)C} = \frac{R_1 + R_2}{R_1 + 2R_2}$

6.3.4 多谐振荡器的应用

6-10 多谐振荡器的应用

1．构成占空比可调的定周期脉冲产生器

占空比可调的定周期脉冲产生器电路及时序波形图如图 6.11 所示。

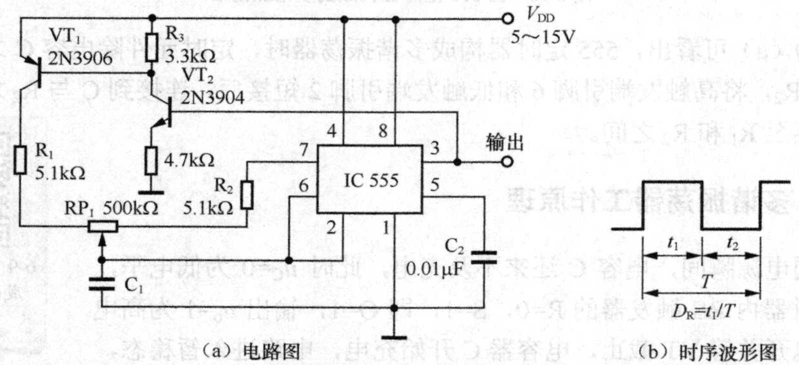

（a）电路图 （b）时序波形图

图 6.11 占空比可调的定周期脉冲产生器电路及时序波形图

图 6.11 中，电容器 C_1 的充电和放电回路独立分开，在调节 RP_1 时，只会改变其充、放电时间常数，不会改变其振荡频率。在 C_1 充电到 $2V_{DD}/3$ 阈值电平之前，555 定时器的引脚 3 呈高电平，即 t_1 期间 VT_2 导通，VT_1 饱和导通，故呈现的阻抗 R_{VT1} 很小，充电时间为

$$t_1=0.693(R_{VT1}+R_1+RP_{1左})C_1$$

$$t_2=0.693(R_2+RP_{1右})C_1$$

$$T=t_1+t_2=0.693(R_{VT1}+R_1+R_2+RP_1)C_1$$

$$D_R=t_1/T$$

调节 RP_1，可使占空比在 2%～98%的范围内变化，而周期 T 不会变。

2．流水灯电路

图 6.12 所示流水灯电路是由 NE555 定时器构成的多谐振荡器和 HCF4017 十进制计数/译码电路组成的。

图 6.12 中，当电源接通后，经 R_1、R_2 给电容 C_1 充电，使 u_{C1} 逐渐升高。当 C_1 刚充电时，由于 NE555 定时器的引脚 2 处于低电平，故 NE555 定时器的引脚 3 输出为高电平。当 u_{C1} 充电至 $2V_{CC}/3$ 时，输出端引脚 3 电平由高变低，NE555 定时器内部放电管导通，电容 C_1 经 NE555 定时器的引脚 7 放电，直至电容 C_1 两端电压低于 $V_{CC}/3$ 时，NE555 定时器的引脚 3 就又由低电平变为高电平，电容 C_1 再次充电，如此循环工作，形成振荡。NE555 定时器的振荡频率是通过改变电阻 R_2 的阻值获取的，NE555 定时器的输出作为 HCF4017 的时钟脉冲输入

直接进入它的引脚 14。当 NE555 定时器的引脚 3 的输出电平状态发生翻转时，HCF4017 的引脚 14 接收到高低电平的变化，触发 10 个输出引脚交替输出高电平，驱动相应引脚上的 LED 灯点亮，随着时间的进行，10 个 LED 灯依次点亮，形成流水灯。

制作这样的流水灯电路时，数字电路不用调试，只需调试 R_1、R_2 和 C_1 的值选择振荡频率，因为这个频率是决定流水灯变化速度的关键。

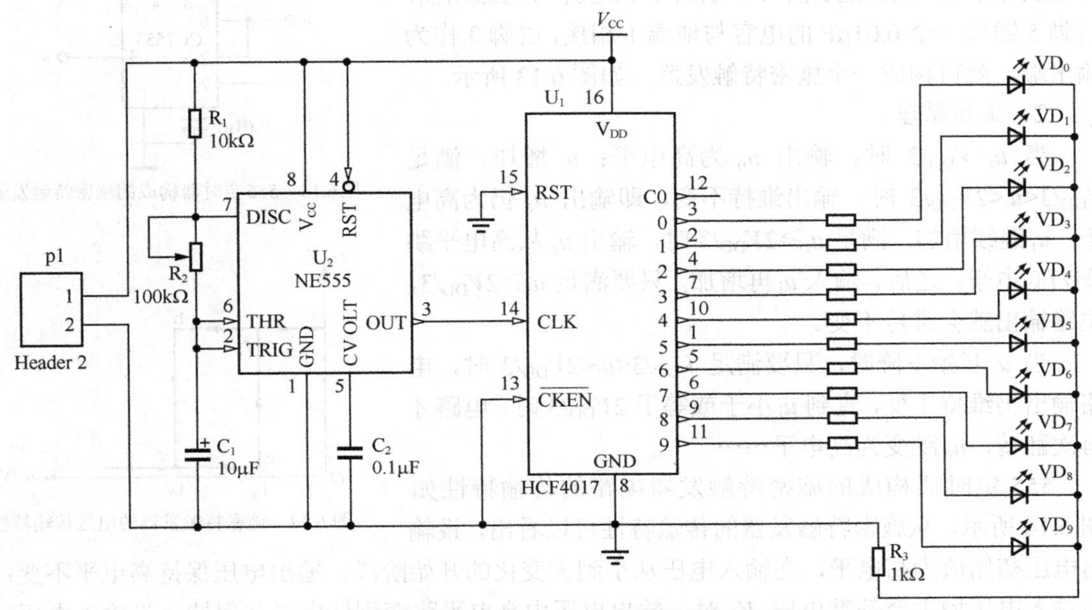

图 6.12　由多谐振荡器和 HCF4017 组成的流水灯电路图

思考练习题

1. 多谐振荡器有几个工作状态？哪种工作状态称作稳态？
2. 多谐振荡器输出波形的占空比可调吗？如果可调，试述调节占空比的方法。

6.4　施密特触发器

施密特触发器是一种双稳态多谐振荡器，与一般触发器不同的是：施密特触发器采用电平触发方式，其状态由输入信号电位维持；对于负向递减和正向递增两种不同变化方向的输入信号，施密特触发器有不同的阈值电压。

6-11　施密特触发器

施密特触发器最主要的应用是将变化缓慢的输入波形整形成适合于数字电路需要的矩形脉冲。施密特触发器的触发电路有由两个临界电压形成的一个滞后区，可以防止在滞后范围内的噪声干扰，从而避免电路产生误动作。施密特触发器还可以用在遥控接收电路、复位电路、滤波电路以及波形变换电路中。

6.4.1 555 定时器构成的施密特触发器

555 定时器与一个电容器就可构成一个施密特触发器。

1．电路组成

把 555 定时器的引脚 2 和引脚 6 连接在一起作为施密特触发器的输入端，把引脚 4 和引脚 8 相连并与电源相接，引脚 5 通过一个 0.01μF 的电容与地端 1 相接，引脚 3 作为输出端，就可构成一个施密特触发器，如图 6.13 所示。

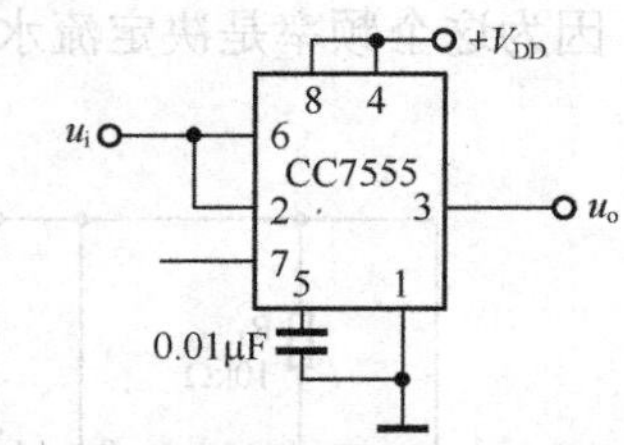

图 6.13　555 定时器构成的施密特触发器

2．工作原理

当 $u_i<V_{DD}/3$ 时，输出 u_o 为高电平；u_i 增加，满足 $V_{DD}/3<u_i<2V_{DD}/3$ 时，输出维持不变，即输出 u_o 仍为高电平；u_i 继续增加，满足 $u_i \geqslant 2V_{DD}/3$ 时，输出 u_o 从高电平跳变为低电平；之后，输入 u_i 再增加，只要满足 $u_i \geqslant 2V_{DD}/3$，电路输出就会维持不变。

当 u_i 开始下降时，只要满足 $V_{DD}/3<u_i<2V_{DD}/3$ 时，电路输出仍维持不变，直到 u_i 小于或等于 $2V_{DD}/3$ 时，电路才再次翻转，u_o 跳变为高电平……

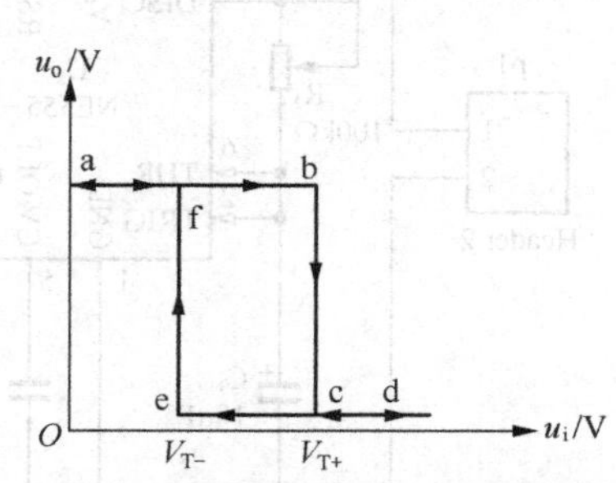

图 6.14　施密特触发器的电压传输特性

555 定时器构成的施密特触发器电路的传输特性如图 6.14 所示。从施密特触发器的传输特性可以看出，设输出电压初始值为高电平，在输入电压从小到大变化的开始阶段，输出电压保持高电平不变；当输入电压增大至基准电压 V_{T+}时，输出电压由高电平跳变到低电平并保持；当输入电压反向传输时，即 u_i 从大到小变化时，初始阶段对应的输出电压保持低电平不变，当输入电压减小至阈值电平 V_{T-}时，输出电压由低电平跳变到高电平并保持。

显然，施密特触发器在电压传输过程中存在回差特性。

6-12　555 定时器构成的施密特触发器工作原理

6.4.2 施密特触发器的主要参数

施密特触发器的主要参数有上限阈值电压 V_{T+}、下限阈值电压 V_{T-} 和回差电压 ΔV_T。

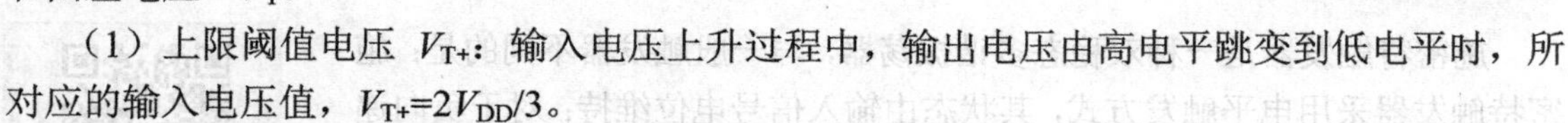

（1）上限阈值电压 V_{T+}：输入电压上升过程中，输出电压由高电平跳变到低电平时，所对应的输入电压值，$V_{T+}=2V_{DD}/3$。

（2）下限阈值电压 V_{T-}：输入电压下降过程中，输出电压由低电平跳变到高电平时，所对应的输入电压值，$V_{T-}=V_{DD}/3$。

（3）回差电压 ΔV_T：回差电压又称为滞回电压，定义为 $\Delta V_T= V_{T+}- V_{T-}=V_{DD}/3$。若在电压控制端引脚 5 外加电压 V_S，则有 $V_{T+}= V_S$，$V_{T-}= V_S/2$，$\Delta V_T= V_S/2$。当改变 V_S 的数值时，阈值电压可随之改变。

上述 V_{T+}、V_{T-}和 ΔV_T 称为施密特触发器的固有性能指标。

显然，回差电压对提高电路的抗干扰能力起到了较好的作用，特别是能够降低输入信号由噪声造成的抖动。回差电压越大，电路的抗抖动能力越强。

6-13　施密特触发器的应用

6.4.3　施密特触发器的应用

【例 6.1】画出由 555 定时器构成的施密特触发器的电路图。若已知输入波形如图 6.15 所示，试画出电路的输出波形。若引脚 5 接 10kΩ 电阻，重新画出输出波形。

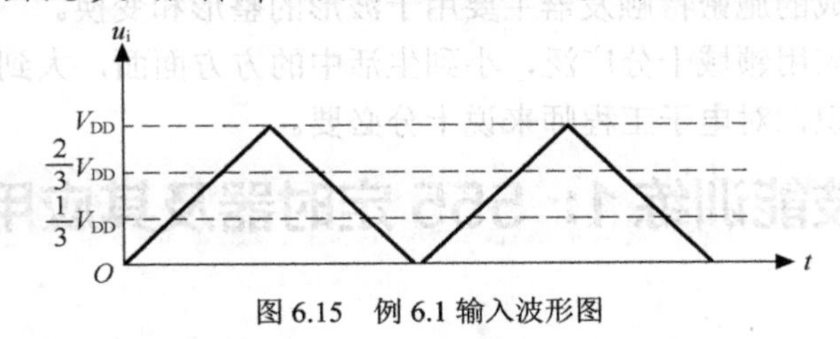

图 6.15　例 6.1 输入波形图

【解】画出施密特触发器电路的电路图，如图 6.13 所示。电路的输出波形如图 6.16（a）所示。当引脚 5 接 10kΩ 电阻时，就改变了 555 定时电路中比较器的基准电压，即改变了施密特触发器电路的回差电压，此时 $V_{T+} = V_{DD}/2$，$V_{T-} = V_{DD}/4$，输出波形的宽度发生了变化，如图 6.16（b）所示。

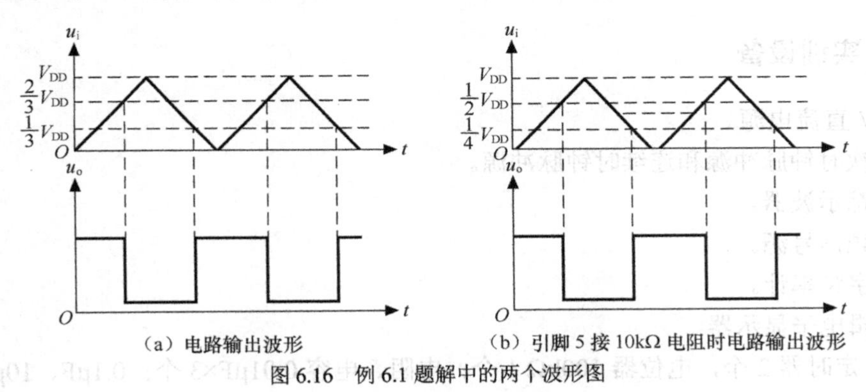

（a）电路输出波形　　（b）引脚 5 接 10kΩ 电阻时电路输出波形

图 6.16　例 6.1 题解中的两个波形图

当 555 定时器用于构成施密特触发器时，其回差特性增强了电路的抗干扰能力，包括在开回路配置中用于抗干扰，以及在闭回路正回授/负回授配置中用于实现多谐振荡器。在脉冲的产生和整形电路中，施密特触发器应用得最为广泛。

思考练习题

1. 施密特触发器的电压传输特性有何特点？其阈值电压有几个？
2. 施密特触发器在数字电路中的主要用途有哪些？

| 项目小结 |

1. 555 定时器通过和外接元件的简单组合，可以组成许多基本实用的电路，最基本且应用最多的是单稳态触发电路、多谐振荡器和施密特触发器三种。以这些基本电路为基础，又可以和其他组合形成各种各样的电子电路，实现各种各样的功能，如定时器、分频器、脉冲信号发生器、玩具游戏机电路、音响报警电路、自动控制电路、电源交换电路等。

2. 单稳态触发电路具有一个稳态、一个暂稳态，主要应用于脉冲整形、定时电路和延时电路以及高通、低通滤波器。由 555 定时器可构成一个性能优良的单稳态触发电路。

3. 多谐振荡器具有两个暂稳态，是一个无稳态电路。多谐振荡器主要用来产生不同频率的信号脉冲。由 555 定时器可构成多谐振荡器。

4. 施密特触发器属于双稳态电路，其突出特点是电压传输具有回差特性，抗干扰能力极强。由 555 定时器构成的施密特触发器主要用于波形的整形和变换。

5. 555 定时器的应用领域十分广泛，小到生活中的方方面面，大到生产、科技领域。学习 555 定时器相关知识，对电子工程师来说十分必要。

| 技能训练 1：555 定时器及其应用 |

一、训练目的

1. 进一步熟悉 555 定时器的组成及工作原理。

2. 掌握用 555 定时器构成单稳态触发电路、多谐振荡器和施密特触发电路的方法。

3. 用示波器对波形进行定量分析，测量波形的周期、脉宽和幅值等。

二、实训设备

1. +5V 直流电源。

2. 单次时钟脉冲源和连续时钟脉冲源。

3. 双踪示波器。

4. 音频信号源。

5. 数字频率计。

6. 逻辑电平显示器。

7. 555 定时器 2 个，电位器 100kΩ 1 个；电阻、电容 0.01μF×3 个；0.1μF、10μF、100μF 电容器各 1 个。

8. 8Ω/0.25W×1 扬声器 1 只。

三、实训相关原理知识

555 定时器是模拟功能和数字逻辑功能相结合的一种中规模集成器件。外加电阻、电容可以组成性能稳定而精确的多谐振荡器、单稳态触发电路、施密特触发器等，应用十分广泛。

1．脉冲波形的概念

广义上，凡不具有连续正弦波形状的信号，几乎都可以称为脉冲信号，例如矩形波、方波、锯齿波等。最常见的脉冲波形是矩形波和方波，广泛应用于数字电路中。

2．555 定时器的功能

555 定时器电路的功能如表 6-3 所示。

表 6-3　555 定时器电路功能表

低触发端 $\overline{TR}$	高触发端 TH	清零端 $\overline{R}$	放电端 D	OUT 输出
	$>2V_{CC}/3$	1	导通	0
$>V_{CC}/3$	$<2V_{CC}/3$	1	保持	保持

$<V_{CC}/3$	×	1	截止	1
×	×	0	导通	0

四、实训步骤

1. 按照本项目中的图 6.13 在实验设备上连接完成 555 定时器构成的施密特触发器电路，并用示波器观察电路的输出波形。

2. 按照图 6.17 在数字电路实训设备上连接完成由 555 定时器构成的单稳态触发电路。当用手触摸 u_i 输入端口的导线后，记录发光二极管的发光时间。

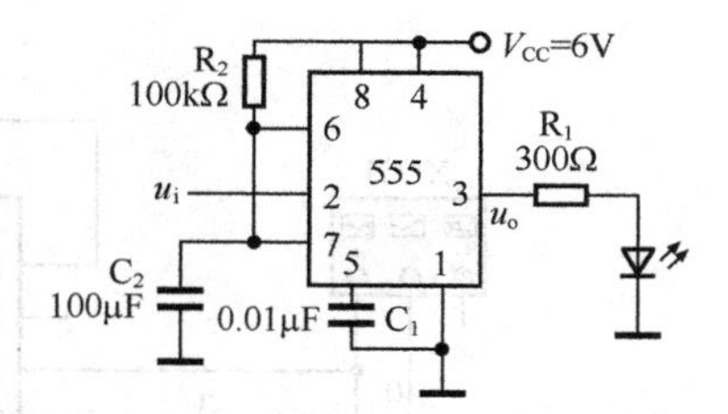

图 6.17　555 定时器构成的单稳态触发器电路

五、实训报告内容

1. 记录和整理实训测试数据。
2. 分析测试结果，并将理论值与实测值进行比较。
3. 总结实训过程中遇到的问题和解决方法。

| 技能训练 2：Multisim 8.0 555 定时器电路仿真 |

一、实训目的

1. 进一步熟悉和掌握 Multisim8.0 电路仿真技能。
2. 学会用 Multisim8.0 仿真测试 555 定时器的功能。
3. 构建 555 定时器构成的单稳态触发电路、多谐振荡器电路和施密特触发器电路。
4. 进一步理解和掌握 555 定时器在实际应用中的作用。

二、实训所需虚拟元器件

1. 2V、5V 直流电压源各 1 个。
2. 555 定时器 1 个。
3. 函数信号发生器 1 个。
4. 双踪示波器 1 台。
5. 0.01μF 电容 1 个。
6. 指示灯（2.5V）1 个。

三、实训预习

1. 555 定时器的结构组成及各部分的作用。
2. 555 定时器的工作原理和功能。

四、实训内容与步骤

1. 在 Multisim8.0 操作平台上建立一个由 555 定时器功能测试电路，如图 6.18 所示。

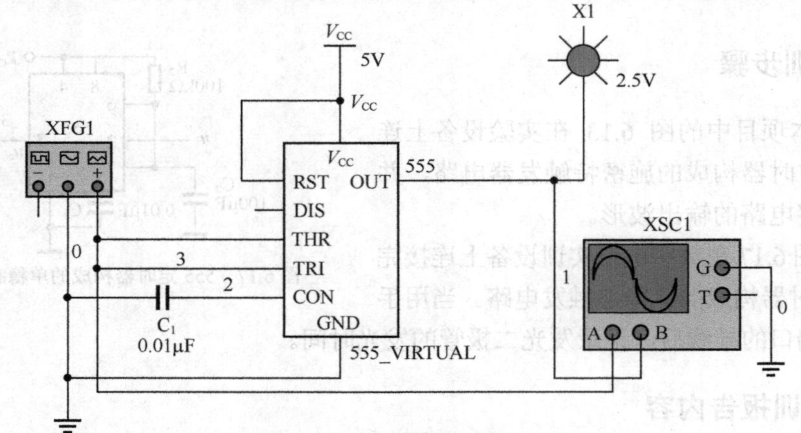

图 6.18　555 定时器的功能测试电路

2. 图 6.18 中 DIS 是 555 定时器的引脚 7（放电端），实验时我们把它悬空处理；RST 是 555 定时器引脚 4（直接置零端）；CON 是电压控制端引脚 5，不用时可通过一个 0.01μF 的电容接地；THR 和 TRI 分别为高触发端 6 和低触发端 2，连在一起和信号源相连；输出端 OUT 与一个指示灯相连，若输出为高电平时，指示灯亮，否则不亮。

3. 函数信号发生器设置输出一个等腰三角波，由于信号源地端不是接在负极上，所以 555 定时器的输出电平变化只发生在正方向三角波的 1/3 处和 2/3 处。函数信号发生器参数设置如图 6.19 所示。

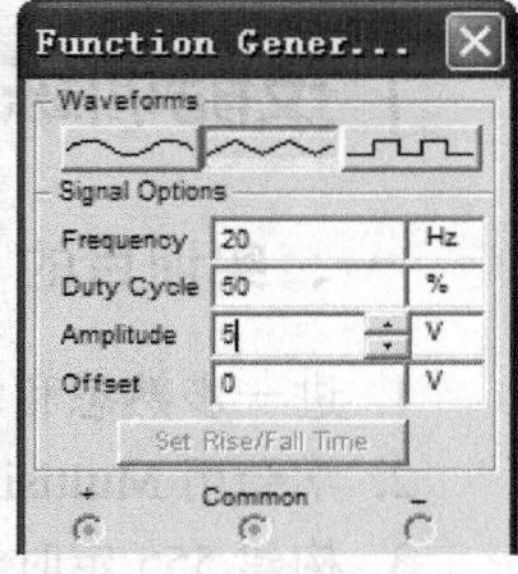

图 6.19　函数信号发生器参数设置示意图

4. 电路图中的双踪示波器参数设置如图 6.20 所示。认真观察示波器中输入（红色曲线）和输出（蓝色曲线）波形，把输出高、低电平跃变点标出来，并与表 6-4 中的状态相对照。

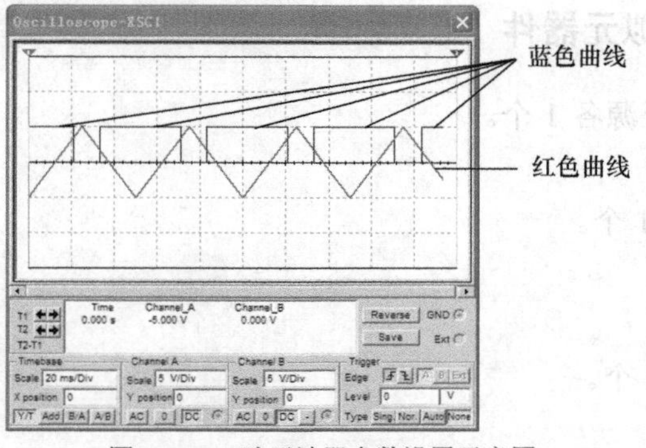

图 6.20　双踪示波器参数设置示意图

表 6-4　　555 定时器的功能特性表

高触发端 TH	低触发端 $\overline{TR}$	复位端 $\overline{R}$	输出端 OUT	放电开关管 VT 的功能
×	×	0	0	导通

$>2V_{DD}/3$	$>V_{DD}/3$	1	0	导通
$<2V_{DD}/3$	$>V_{DD}/3$	1	原态	原态
$<2V_{DD}/3$	$<V_{DD}/3$	1	1	截止

5. 改变电路，如图 6.21 所示。电压控制端与一个 2V 直流电源相连后，观察输出随输入的变化情况，记录下来。

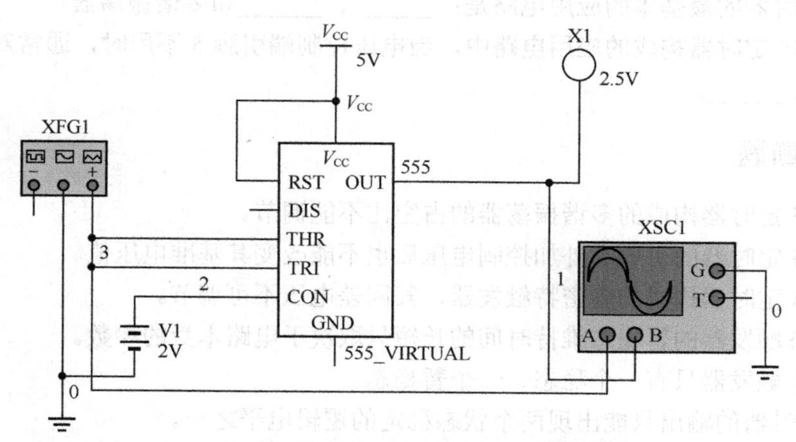

图 6.21 电压控制端与直流电源相连后的实验电路

6. 按照图 6.17 在 Multisim8.0 的操作界面上绘制出相应电路，并进行仿真，将结果与实际测试结果相比较。

7. 按照图 6.13 在 Multisim8.0 的操作界面上绘制出相应电路，并进行仿真，将结果与实测结果相对照。

五、实训思考与分析

1. 555 定时器由哪几部分组成？各部分的作用是什么？

2. 555 定时器如果在电压控制端外接一个 2V 电压，其输出电平的跃变点如何变化？

六、写出实训报告

实训报告主要写出你在实训过程中的思路以及解决问题的方法，并阐述自己的技能掌握情况。

| 能力检测题 |

一、填空题

1. 根据制作工艺的不同，555 定时器可分为______和______两大类。

2. 施密特触发器的固有性能指标是______、______和______。

3. CMOS 型精密单稳态触发器中，定时元件 R 和 C 可在______范围内选择，定时时间 t_W 的范围为：R 取值______，C 取值______。

4. 555 定时器由______、______、______、______以及______几部分组成。

5. 由 555 定时器构成的单稳态触发器中，定时电容的充电时间 t_W 约等于______。

6. TTL 型 555 定时器中的 C_1 和 C_2 是______，C_1 同相端的参考电压是______；C_2 反相端的参考电压是______。

7. 由 555 定时器构成的多谐振荡器，其振荡周期为______，输出脉冲宽度为______。

8. 555 定时器可以构成施密特触发器，施密特触发器具有______特性，主要用于脉冲波形的______和______。

9. 555 定时器的最基本的应用电路是：______、______和多谐振荡器。

10. 由 555 定时器构成的应用电路中，当电压控制端引脚 5 不用时，通常对地接______，其作用是防止______。

二、判断题

1. 用 555 定时器构成的多谐振荡器的占空比不能调节。（　　）
2. 对 555 定时器的引脚 5 外加控制电压后也不能改变其基准电压值。（　　）
3. 用 555 定时器构成的施密特触发器，其回差电压不可调节。（　　）
4. 单稳态触发器的暂稳态维持时间的长短只取决于电路本身的参数。（　　）
5. 单稳态触发器只有一个稳态、一个暂稳态。（　　）
6. 555 定时器的输出只能出现两个状态稳定的逻辑电平之一。（　　）
7. 施密特触发器的作用就是利用其回差特性稳定电路。（　　）
8. 多谐振荡器工作时的状态只有一个暂稳态、一个翻转态。（　　）
9. 555 定时器中的基本 RS 触发器都是由两个与非门构成的。（　　）
10. 555 定时器内部都是数字电路，不存在模拟电路部分。（　　）

三、选择题

1. 为了提高 555 定时器的振荡频率，对外接元件 R 和 C 的改变应该是（　　）。

A. 增大 R 和 C 的取值　　B. 减小 R 和 C 的取值

C. 增大 R 和减小 C 的取值　　D. 减小 R 和增大 C 的取值

2. 定时器最后几位的数码为（　　）的是 CMOS 型 555 定时器。

A. 555　　B. 7555　　C. 556　　D. 7556

3. 施密特触发器具有（　　）。

A. 两个暂稳态　　B. 回差特性

C. 一个稳态，一个暂稳态　　D. 恢复特性

4. 单稳态触发器输出脉冲的宽度在时间上等于（　　）。

A. 稳态持续的时间　　B. 暂稳态持续的时间

C. 稳态和暂稳态时间之和　　D. 稳态和暂稳态时间之差

5. 欲将边沿较差或带有噪声的不规则波形整形，应选择（　　）。

A. 多谐振荡器　　B. 单稳态触发器

C. 施密特触发器　　D. RS 触发器

6. 多谐振荡器具有（　　）。

A. 一个稳定状态　　B. 两个稳定状态

C. 多个稳定状态　　D. 没有稳定状态

7. 数字系统中，常用（　　）电路将输入脉冲信号变为等幅等宽的脉冲信号。

A. 施密特触发器　　B. 单稳态触发器

C. 多谐振荡器　　D. 集成定时器

8. 欲在一串幅度不等的脉冲信号中，剔除幅度不够大的脉冲，可用（　　）电路。

A. 施密特触发器　　B. 单稳态触发器

C. 多谐振荡器　　D. 集成定时器

9. 数字系统中，能自行产生矩形波的电路是（　　）。

A. 施密特触发器　　B. 单稳态触发器

C. 多谐振荡器　　D. 集成定时器

10. 要想改变 555 定时器的电压控制端 CO 的电压值，可改变（　　）。

A. 555 定时器的高、低输出电平　　B. 放电开关管的开关电平

C. 比较器的阈值电压　　D. 置 0 端 $\overline{\mathrm{R}}$ 的电平值

四、简述题

1. 能否用施密特触发器存储 1 位二值代码？为什么？
2. 单稳态触发器输出的脉冲宽度由哪些因素决定？与触发脉冲的宽度和幅度有无关系？
3. 在数字电路系统中，脉冲波形的获取通常有哪些方法？
4. 施密特触发器具有什么显著特征？主要应用有哪些？
5. 555 定时器中的 3 个 5kΩ 电阻的功能是什么？
6. 施密特触发器具有回差特性，其回差电压的大小对电路的性能有什么影响？

五、计算题

1. 由 555 定时器构成的施密特触发器在电压控制端 CO 外接 10V 电压时，则正向阈值电压 V_{T+}、负向阈值电压 V_{T-} 以及回差电压 ΔV_T 各为多大？

2. 由555 定时器构成的多谐振荡器如图 6.22 所示。已知电路中的 R_1=20kΩ，R_2=80kΩ，电容 C=0.1μF，求电路的周期和振荡频率。

3. 图 6.23 所示为由 555 定时器构成的单稳态触发器，已知 V_{CC}=10V，R=33kΩ，C=0.1μF，求输出电压 u_o 的脉冲宽度 t_w。

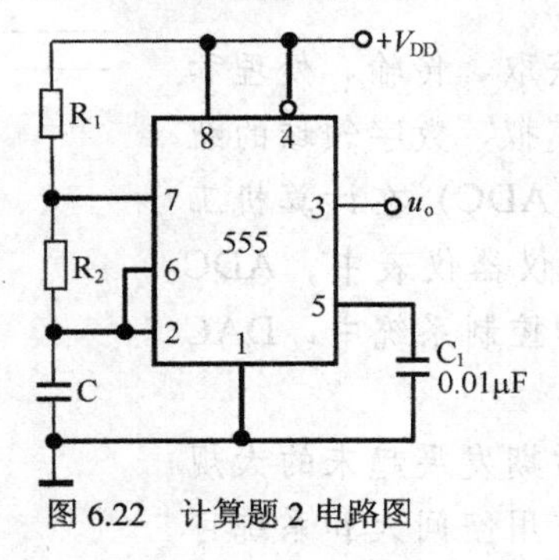

图 6.22　计算题 2 电路图

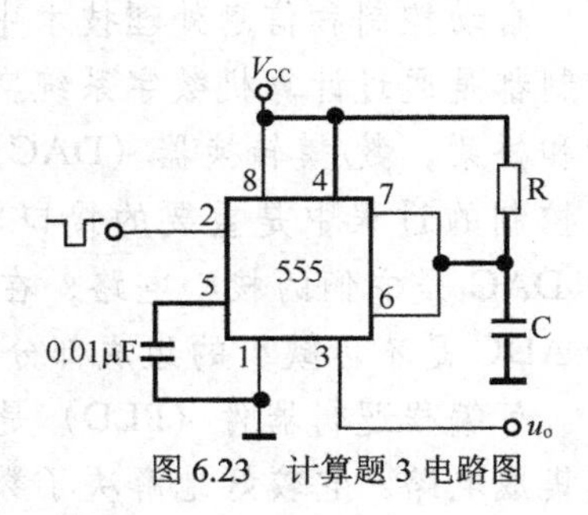

图 6.23　计算题 3 电路图

数/模与模/数转换器和可编程逻辑器件

自动控制和信息处理技术中，模拟信息量的获取、传输、处理和控制都是通过计算机数字系统实现的。作为沟通模拟、数字领域的纽带和桥梁，数/模转换器（DAC）和模/数转换器（ADC）在计算机工业控制的过程中是重要的接口电路；在数字测量仪器仪表中，ADC和DAC是它们的核心电路；在对非电量的测量和控制系统中，DAC和ADC是不可缺少的组成部分。

可编程逻辑器件（PLD）是20世纪70年代后期发展起来的大规模集成电路。它较好地解决了数字系统功耗高、占用空间大和系统可靠性差等问题，并在工业控制和产品开发等方面得到了广泛的应用。

项目七　数/模与模/数转换器

重点知识

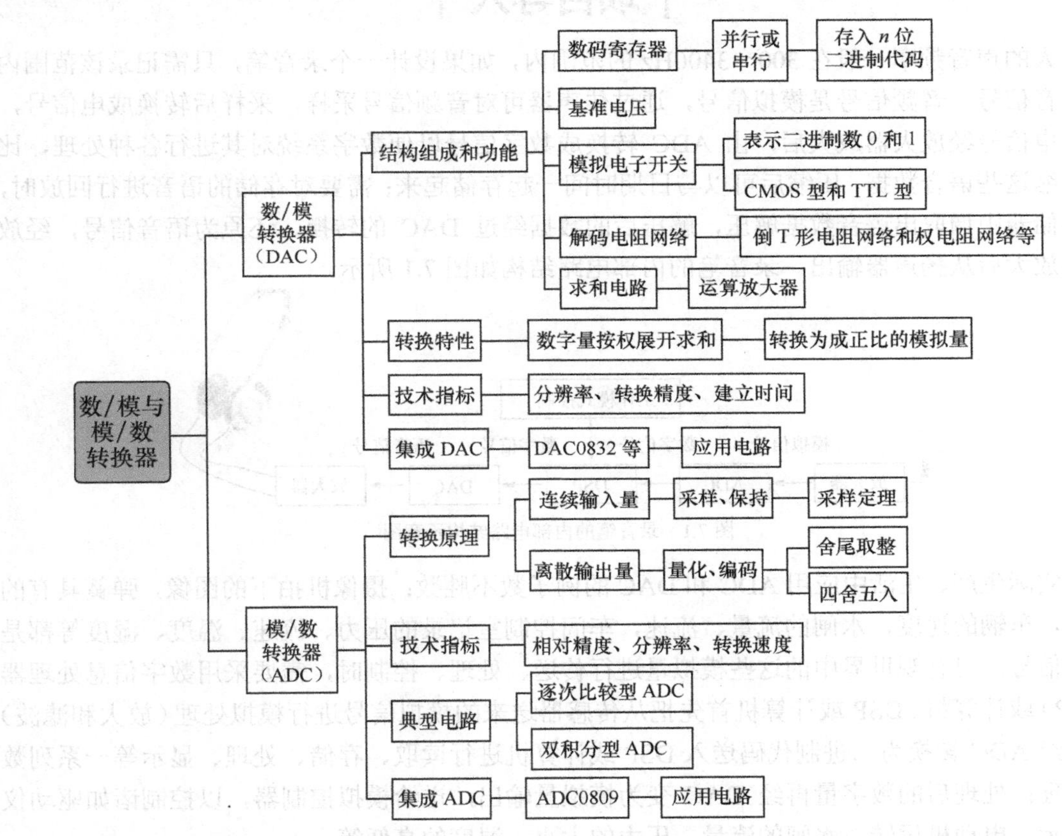

数字量通常用D表示，模拟量用A表示，转换器则用C表示，因此数/模转换器简称为DAC，模/数转换器简称为ADC。DAC和ADC是电子系统中用来连接数字部件与模拟部件的信息转换装置。

学习目标

1. 了解常用DAC的结构组成，理解常用DAC的工作原理，熟悉其主要技术指标。

2. 了解常用 ADC 的结构组成，理解常用 ADC 的工作原理，熟悉其主要技术指标。

3. 熟悉典型集成 DAC 和 ADC，掌握其应用。

能力目标

7-1 数模和模数的相关概念

1. 具有应用集成 ADC 和 DAC 构建实用电路的能力。

2. 具有应用仿真软件测试 ADC 和 DAC 功能的能力。

素养目标

培养团队合作意识，了解人员性格对团队组建的影响。能够结合自身性格，分析个人职业规划，培养社会责任感。

项目导入

人的声音频率一般在 300～3400Hz 的范围内，如果设计一个录音笔，只需记录该范围内的声音信号。音频信号是模拟信号，通过传声器可对音频信号采样，采样后转换成电信号，这个电信号经放大器放大后，由 ADC 转换成数字信号以便数字系统对其进行各种处理，比如压缩这些语音数据，压缩后可以与日期时间一起存储起来；需要对存储的语音进行回放时，从存储器中调取出语音数据解压，解压后的数据经过 DAC 的转换，还原为语音信号，经放大器放大后从扬声器输出。录音笔的内部电路结构如图 7.1 所示。

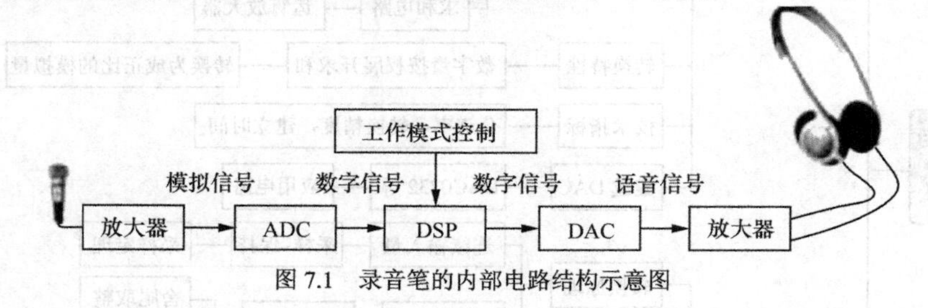

图 7.1 录音笔的内部电路结构示意图

实际生产、生活中应用 ADC 和 DAC 的例子数不胜数：摄像机拍下的图像，弹簧具有的弹力，车辆的速度，水闸的流量、流速，车间控制室记录的压力、流速、温度、湿度等都是模拟信号。对客观世界中的这些模拟量进行传送、处理、控制时，需要采用数字信息处理器（DSP）或计算机。DSP 或计算机首先把从传感器送来的模拟信号进行模拟处理（放大和滤波）后，经 ADC 转换为二进制代码送入 DSP 或计算机进行读取、存储、处理、显示等一系列数字处理；处理后的数字量再经 DAC 变为模拟量输出，送给模拟控制器，以控制诸如驱动仪表指示、电动机运转、水闸的流量、压力的大小、湿度的高低等。

DAC 和 ADC 转换技术还广泛应用于雷达、通信、自动控制、航空航天等科技领域。因此，每一位电子工程技术人员需具备一定的相关知识，才能在电子领域中站稳脚跟和有所发展。

本项目首先介绍常用 DAC 和 ADC 的结构组成、基本工作原理以及主要技术指标。器件内部详细的结构和工作过程容易成为学习中的难点，但这并不是教学和学习的重点，教学和学习的重点应该放在 DAC 和 ADC 的转换原理、应用方法以及如何掌握集成 DAC 和 ADC 构成实用电路的技能上。

| 知识链接 |

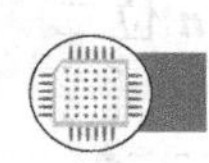

7.1　数/模转换器（DAC）

7.1.1　DAC的结构组成和功能

D/A转换就是将数字量转换成与它成正比的模拟量。实现这一转换的电子器件是DAC。

1．构成DAC的思路

输入DAC的是离散的数字量，输出DAC的则是与输入数字量成正比且连续变化的模拟电压（或电流）。数字量总是用二进制代码按数位组合起来表示的，对于有权码，每位代码都有一定的位权。DAC的任务就是：将代表每一位的代码按其位权的大小转换成相应的模拟量，然后对这些模拟量求和，即可得到与输入数字量成正比的总模拟量，这就是构成DAC的基本指导思想。

7-2　DAC的结构组成和功能

2．DAC的结构原理和分类

基于上述思路，一个DAC转换电路应由能够存储二进制代码的数码寄存器、给DAC提供能量的基准电压、能表示二进制数0或1的模拟电子开关、能反映各位权值大小的解码电阻网络以及比例求和运算电路组成，如图7.2所示。

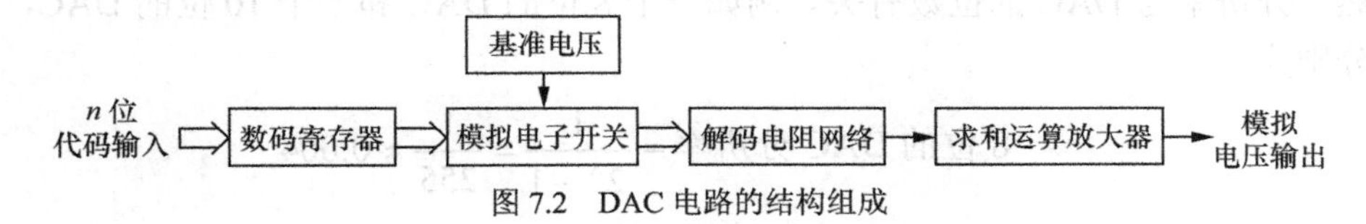

图7.2　DAC电路的结构组成

进行D/A转换时，先将n位二进制代码以串行或并行方式输入并存储在数码寄存器中，由寄存器输出的二进制代码分别控制对应各位的模拟电子开关，使数码为1的位在位权解码电阻网络上产生与其权值成正比的电压（或电流）量，再送入求和运算放大器电路，将各位的权值叠加，从而得到与数字量对应的模拟量输出。

按解码电阻网络结构的不同，DAC可分为T形电阻网络、倒T形电阻网络、权电阻网络DAC等；按模拟电子开关电路的不同，DAC又可分为CMOS开关型和TTL开关型。在速度要求不高的情况下，一般可选用CMOS开关型DAC；如转换速度要求较高，应选用TTL开关型DAC。

7.1.2　DAC的转换特性

7-3　DAC的转换特性

DAC的输出模拟量和输入数字量之间的转换关系称为它的转换特性。

对有权码的转换：先将每位代码按其位权的大小转换成相应的电压（或电流）量，然后求和，即可得到与数字量成正比的总模拟量，即输出模拟量与输入数字量成正比。当输入为n位二进制代码d_{n-1}、d_{n-2}、…、d_1、d_0时，

输出对应的模拟电压（或电流）为

$$u_o(\text{或}i_o)=k_u(\text{或}k_i)(d_{n-1}\cdot 2^{n-1}+d_{n-2}\cdot 2^{n-2}+\cdots+\cdots d_1\cdot 2^1+d_0\cdot 2^0) \tag{7.1}$$

式（7.1）中的 k_u 或 k_i 为电压或电流的转换比例系数，2^{n-1}、2^{n-2}、…、2^1、2^0 是由 n 位二进制数 D 从最高位到最低位的权。式（7.1）体现了构成 DAC 的基本指导思想：将数字量按位权展开求和，即得到与数字量成正比的模拟量。

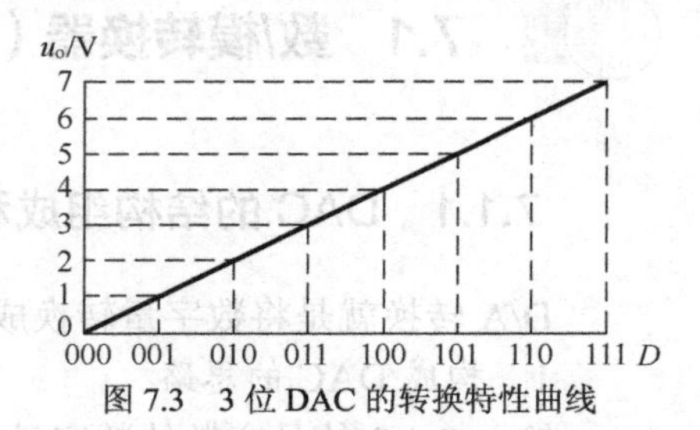

图 7.3　3 位 DAC 的转换特性曲线

当转换系数 k_u（或 k_i）=1、n=3 时，根据式（7.1）可得 DAC 的转换特性曲线，如图 7.3 所示。严格地说，输出的模拟量实际上是连续的阶梯波。

7.1.3　DAC 的主要技术指标

7-4　DAC 的主要技术指标

1．分辨率

分辨率是指 DAC 模拟输出所能产生的最小电压变化量 U_{LSB}（或电流变化量 I_{LSB}）与满刻度输出电压 U_{FSR}（或电流 I_{FSR}）之比。

对于一个 n 位的 DAC，最小输出电压（或电流）的变化量，指的是对应输入数字量的最低位为“1”，其他位均为“0”时的输出电压（或电流）；满刻度输出电压（或电流）指的是对应输入的数字量各位全为“1”时的最大输出电压（或电流），即

$$\text{分辨率}=\frac{U_{LSB}}{U_{FSR}}=\frac{1}{2^n-1} \tag{7.2}$$

显然，分辨率与 DAC 的位数有关。例如一个 8 位的 DAC 和一个 10 位的 DAC，它们的分辨率分别为

$$8\text{位的 DAC 分辨率}=\frac{1}{2^8-1}=\frac{1}{255}\approx 0.004$$

$$10\text{位的 DAC 分辨率}=\frac{1}{2^{10}-1}=\frac{1}{1023}\approx 0.001$$

比较上述两个式子，可看出位数 n 越多，分辨率的数值就越小，电路的分辨能力越高。因此，实用中有时也以输入数字量的有效位数来表示分辨率的高低。

2．转换精度

转换精度是指电路 DAC 输出的实际值与理论值之差，通常用最大误差与满刻度输出电压之比的百分数表示，并要求 DAC 的误差（即绝对精度）应小于 $U_{LSB}/2$。

转换精度是一个综合指标，包括零点误差、增益误差等。它不仅与 DAC 中元件参数的精度有关，还与环境温度、集成运放的温度漂移以及 DAC 的位数有关。

3．建立时间

从 DAC 输入数字量开始，到输出电压（或电流）稳定至最终输出量 $\pm u_{LSB}$（$\pm i_{LSB}$）所需的时间，称为建立时间。由于数字量的变化越大，建立时间就越长，因此，一般产品说明中给出的都是输入从全“0”跳变为全“1”（或从全“1”跳变到全“0”）过程中的建立时间。显然建立时间反映了 DAC 电路转换的速度。目前，在不包含运算放大器的单片集成 DAC 中，建立时间最短可达 0.1μs 以内；在包含运算放大器的集成 DAC 中，建立时间最短的也可达

1.5μs 以内。

除上述 3 个技术指标外，在选用 DAC 器件时，还需要综合考虑其电源电压、输出方式、输出值范围及输入逻辑电平等参数。

7.1.4 DAC 的转换原理

7-5 权电阻网络 DAC 的转换原理

1．权电阻网络 DAC

权电阻网络 DAC 的电路如图 7.4 所示，其解码网络由权电阻网络构成。

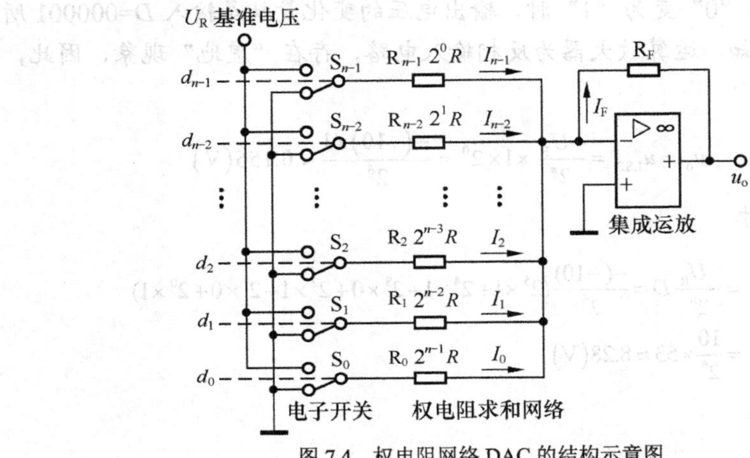

图 7.4 权电阻网络 DAC 的结构示意图

图 7.4 中 n 位二进制数字量 d_0～d_{n-1} 以并行输入方式加到 DAC 的输入端，二进制代码的每一位 d_i 控制一个模拟电子开关 S_i。权电阻网络中的权电阻规律为：从最低位（LSB）到最高位（MSB），每一个位置上的电阻值都是相邻高位电阻值的 2 倍。

转换原理： 权电阻网络和运算放大器构成了一个求和电路，当 $d_i=1$ 时，S_i 接通基准电压 U_R，电阻 R_i 中流过电流 I_i；$d_i=0$ 时，S_i 接地，电阻 R_i 两端电压为 0V，电流为 0。

当 $d_0=1$ 时，流过该支路的电流为 $I_0=\dfrac{U_R}{R_0}=\dfrac{U_R}{2^{n-1}R}$；

当 $d_{n-1}=1$ 时，流过该支路的电流为 $I_{n-1}=\dfrac{U_R}{R_{n-1}}=\dfrac{U_R}{R}$。

权电阻网络流入运算放大器的电流 I 为各支路电流之和，即

$$\begin{aligned}
I&=I_0d_0+I_1d_1+I_2d_2+\cdots+I_{n-2}d_{n-2}+I_{n-1}d_{n-1}\\
&=\frac{U_R}{2^{n-1}R}d_0+\frac{U_R}{2^{n-2}R}d_1+\cdots+\frac{U_R}{2R}d_{n-2}+\frac{U_R}{R}d_{n-1}\\
&=\frac{U_R}{2^{n-1}R}\left(d_0 2^0+d_1 2^1+\cdots+d_{n-2}2^{n-2}+d_{n-1}2^{n-1}\right)\\
&=\frac{U_R}{2^{n-1}R}\sum_{i=0}^{n-1}\left(d_i\cdot 2^i\right)
\end{aligned}$$

所以

$$I=\frac{U_R}{2^{n-1}R}D \tag{7.3}$$

式（7.3）是权电阻网络的电流转换特性，其中 $\dfrac{U_R}{2^{n-1}R}$ 为电流转换系数。

根据运算放大器求和运算的关系，当 $R_F=R/2$ 时，则输出电压 $u_o=-\frac{U_R}{2^n}D$，对应电压转换系数为 $U_R/2^n$。

【例 7.1】 在图 7.4 的权电阻求和网络 DAC 电路中，设基准电源 $U_R=-10V$，反馈电阻 $R_F=R/2$，输入二进制数 D 的位数 $n=6$，试求：

（1）当最低位输入数码（LSB）由“0”变为“1”时，输出电压 u_o 的变化量为何值？

（2）当 D=110101 时，输出电压 u_o 为何值？

（3）当 D=111111 时，输出电压值（最大满刻度电压）u_o 为何值？

【解】① 当 LSB 由“0”变为“1”时，输出电压的变化量就是输入 D=000001 所对应的输出电压，由图 7.4 可知，运算放大器为反相输入电路，存在“虚地”现象，因此，输出电压的数值为

$$u_o=u_{LSB}=\frac{-U_R}{2^n}\times1\times2^0=\frac{-(-10)\times1}{2^6}\approx0.156(V)$$

② 当 $D=110101$ 时

$$\begin{aligned}u_o&=\frac{-U_R}{2^n}D=\frac{-(-10)}{2^6}(2^5\times1+2^4\times1+2^3\times0+2^2\times1+2^1\times0+2^0\times1)\\&=\frac{10}{2^6}\times53\approx8.28(V)\end{aligned}$$

③ 当 $D=111111$ 时

$$u_o=\frac{-U_R}{2^6}(2^6-1)=\frac{10}{64}\times63\approx9.84(V)$$

最大满刻度电压应为 10V。

权电阻网络 DAC 的优点是电路简单、直观，概念清楚，便于理解，缺点是权电阻的种类太多，阻值范围宽，精度要求很高，集成也较为困难，仅应用于位数 n 较少的场合。

7-6 倒 T 形电阻网络 DAC 的转换原理

2．*R*-2*R* 倒 T 形电阻网络 DAC

目前集成 DAC 中采用较为广泛的是 *R*-2*R* 倒 T 形电阻网络 DAC，其电路如图 7.5 所示。

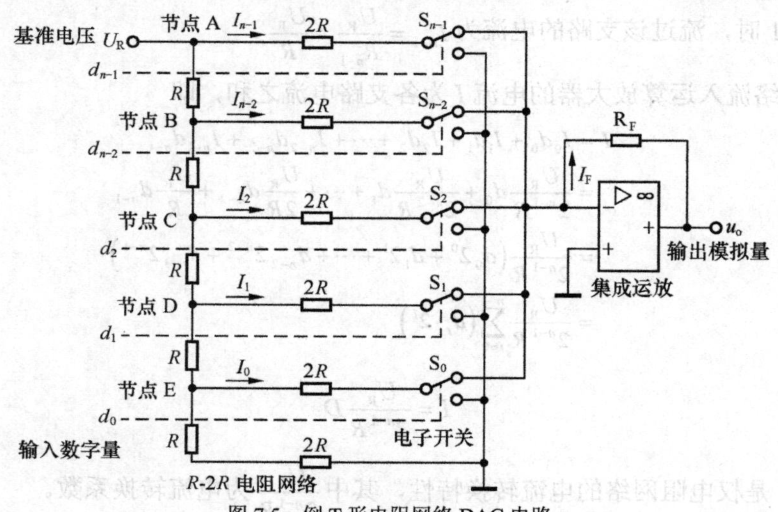

图 7.5 倒 T 形电阻网络 DAC 电路

图 7.5 中 S_0～S_{n-1} 是模拟电子开关，R-$2R$ 倒 T 形电阻网络与权电阻网络完全不同，其呈倒 T 形且电阻均为 R 和 $2R$，由运算放大器组成求和电路。模拟电子开关 S_i 由输入数码 d_i 控制。当 d_i＝1 时，S_i 接运算放大器反相输入端，电流 I_i 流入求和电路；当 d_i＝0 时，S_i 将电阻 $2R$ 接地。

转换原理：图 7.5 所示的电阻网络中有 n 个节点，由电阻构成倒 T 形结构，从每个节点向左和向下看，每个支路的等效电阻均为 $2R$；从基准电压源 U_R 中流出的电流由节点 A→节点 B→……→节点 E→地的过程中，每经过一个节点，就分出 1/2 的电流流入电子开关，所以流入各电子开关的电流比例关系和二进制数各位的位权相对应，流入运算放大器的电流和输入的数字量各位呈线性关系，从而实现了数/模的转换。另外，无论输入数字信号是 0 还是 1，电子开关的右边均为 0 电位，所以电路在工作的过程中，流过电阻网络的电流大小始终不变。R-$2R$ 倒 T 形电阻网络 DAC 的输出电压为

$$u_o = -i_F R_F = -iR_F = -\frac{U_R R_F}{2^n R} D \tag{7.4}$$

如果取 R_F＝R，则输出电压 u_o＝－（$U_R/2^n$）D，显然这时的输出电压仅与基准电压 U_R 和电阻 R_F 有关，从而降低了对 R、$2R$ 等其他参数的要求，对于电路的集成化十分有利。

R-$2R$ 倒 T 形电阻网络由于流过各支路的电流恒定不变，故在开关状态变化时，不需电流建立时间，而且在这种 DAC 转换器中又采用了高速电子开关，所以转换速度很高，在数/模转换器中被广泛采用。

7.1.5　集成 DAC

7-7　集成 DAC0832

目前集成 DAC 很多。采用 R-$2R$ 倒 T 形电阻网络的 DAC 有 DAC0832（8 位）、AD7520（10 位）、DAC1210（12 位）等，采用权电流的 DAC 有 AD1408、DAC0806、DAC0808。

1．集成 DAC0832

（1）DAC0832 的内部电路结构组成

DAC0832 是目前国内用得较普遍的数/模转换器。它是采用 CMOS 工艺制成的双列直插式单片 8 位数/模转换器，是 8 位的电流输出型数/模转换器。当对 DAC0832 输入 8 位数字量后，通过外接运算放大器，即可获得相应的模拟电压。

DAC0832 的逻辑框图如图 7.6 所示。

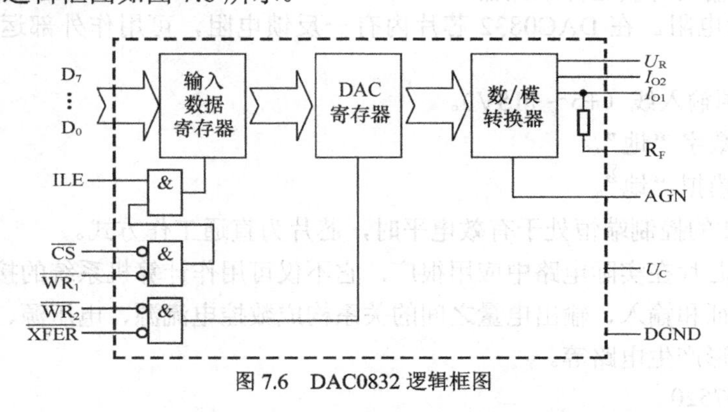

图 7.6　DAC0832 逻辑框图

由图 7.6 可见，DAC0832 由输入数据寄存器、DAC 寄存器和数/模转换器 3 个部分组成。

DAC0832 内部采用倒 T 形电阻网络。输入数据寄存器和 DAC 寄存器用来实现两次缓冲，在输出的同时，可接收下一组数据，从而提高转换速度。当采用多位芯片同时工作时，可用同步信号实现各片模拟量的同时输出。

DAC0832 的主要特性如下：

① 当芯片的控制端恒处于有效电平时，为直通工作方式；

② DAC0832 中无运算放大器，而且是电流输出，使用时必须外接运算放大器；

③ 芯片中已设置了 R_F，只要将 9 脚接到运算放大器的输出端即可；

④ 若运算放大器增益不够，还须外加反馈电阻。

（2）DAC0832 的外部引脚

DAC0832 的外部引脚排列如图 7.7 所示。

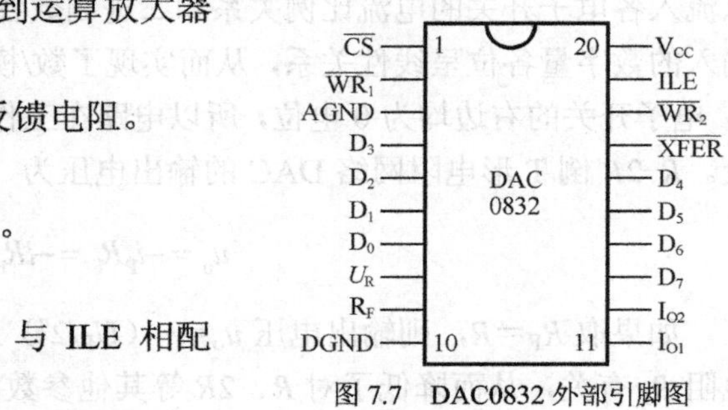

图 7.7 DAC0832 外部引脚图

各引脚的功能如下。

$\overline{CS}$——片选信号输入端，低电平有效。与 ILE 相配合，可对写信号 $\overline{WR_1}$ 是否有效起控制作用。

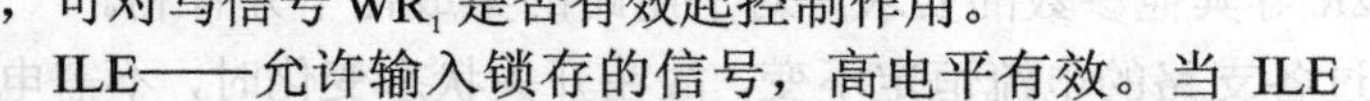

ILE——允许输入锁存的信号，高电平有效。当 ILE 为高电平，$\overline{CS}$ 为低电平，$\overline{WR_1}$ 输入低电平时，输入数据进入输入数据寄存器；ILE 为低电平时，输入数据寄存器处于锁存状态。

$\overline{WR_1}$——写信号 1，低电平有效。当 $\overline{WR_1}$、$\overline{CS}$、ILE 均有效时，可将数据写入 8 位输入数据寄存器。

$\overline{WR_2}$——写信号 2，低电平有效。当 $\overline{WR_2}$ 有效时，在 $\overline{XFER}$ 传送控制信号作用下，可将锁存在输入数据寄存器的 8 位数据写入 DAC 寄存器。

$\overline{XFER}$——数据传送信号，低电平有效。当 $\overline{WR_2}$、$\overline{XFER}$ 均为“0”时，DAC 寄存器处于寄存状态，$\overline{WR_2}$、$\overline{XFER}$ 均为“1”时，DAC 寄存器处于锁存状态。

U_R——基准电源输入端，它与 DAC 内部的倒 T 形电阻网络相连，U_R 可在±10V 范围内调节。

D_0～D_7——8 位数字量输入端，D_7 为最高位，D_0 为最低位。

I_{O1}——DAC 的电流输出端 1，当 DAC 寄存器电位全为“1”时，输出电流为最大；当 DAC 寄存器各位全为“0”时，输出电流为零。

I_{O2}——DAC 的电流输出端 2，它使 $I_{O1}+I_{O2}$ 恒为一个常数。一般在单极性输出时，I_{OWT2} 接地，在双极性输出时接运算放大器。

R_F——反馈电阻。在 DAC0832 芯片内有一反馈电阻，可用作外部运算放大器的反馈电阻。

V_{CC}——电源输入线（+5～+15V）。

DGND——数字“地”。

AGND——模拟“地”。

当 DAC0832 的控制端恒处于有效电平时，芯片为直通工作方式。

集成 DAC 芯片在实际电路中应用很广，它不仅可用作计算机系统的接口电路，还可利用其电路结构特征和输入、输出电量之间的关系构成数控电流源、电压源、数字式可编程增益控制电路和波形产生电路等。

2．集成 AD7520

AD7520 是 10 位的 DAC 集成芯片，与微处理器完全兼容。该芯片因接口简单、转换控制容易、通用性好、性价比高而得到了广泛应用。其内部逻辑电路结构如图 7.8 所示。

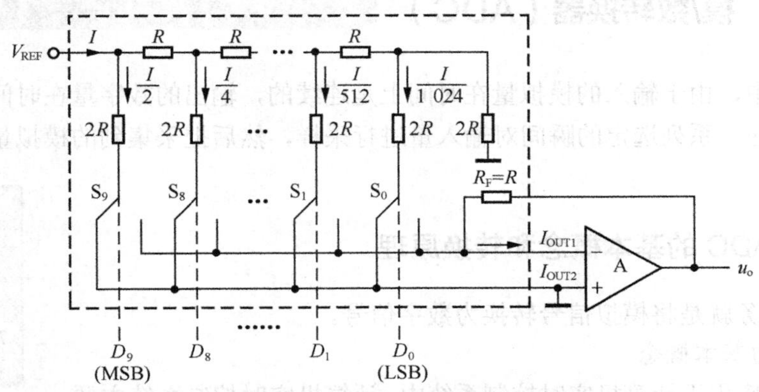

图 7.8　AD7520 内部逻辑电路结构示意图

该芯片只含 R-$2R$ 倒 T 形电阻网络、电流开关和反馈电阻，不含运算放大器，输出端为电流输出。具体使用 AD7520 时需要外接集成运算放大器和基准电压源。

AD7520 的主要性能参数如下。

分辨率——0.001。

线性误差——±（1/2）LSB（LSB 表示输入数字量最低位），若用输出电压满刻度值 U_{FSR} 的百分数表示则为 $0.05\%U_{FSR}$。

转换速度建立时间——500ns。

温度系数——0.001%/℃。

AD7520 和计数器、集成运算放大器可组成锯齿波发生器，如图 7.9 所示。

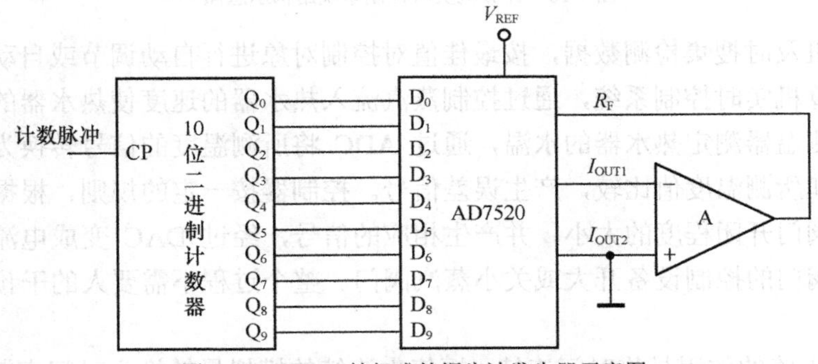

图 7.9　AD7520 等组成的锯齿波发生器示意图

图 7.9 中，10 位二进制加法计数器从全“0”加到全“1”，电路的模拟输出电压 u_o 从 0V 增加到最大值。如果计数脉冲不断，则可在电路的输出端得到周期性的锯齿波。

思考练习题

1. 试述 DAC 电路转换特性的概念，并写出其转换表达式。
2. DAC 的主要技术指标有哪些？
3. DAC0832 采用了什么制造工艺？内部主要由哪几部分组成？
4. R-$2R$ 倒 T 形电阻网络具有什么特点？

7.2 模/数转换器（ADC）

在 ADC 中，由于输入的模拟量在时间上是连续的，输出的数字量在时间上是离散的，所以转换只能在一系列选定的瞬间对输入量进行采样，然后把采集到的模拟量转换成相应的输出数字量。

7.2.1 ADC 的基本概念和转换原理

7-8 ADC 的基本概念

ADC 的任务就是将模拟信号转换为数字信号。

1．ADC 的基本概念

ADC 广泛应用于计算机实时控制系统中。计算机实时控制系统主要由传感器、计算机、执行机构及 ADC 和 DAC 组成。传感器相当于眼睛，计算机相当于大脑，控制系统通过传感器获得关于被控对象的信息，如温度、速度等，经过计算机分析、比较、判断后，指挥执行机构采取相应动作，保证被控制对象能及时达到某种状态。计算机实时控制系统结构如图 7.10 所示。

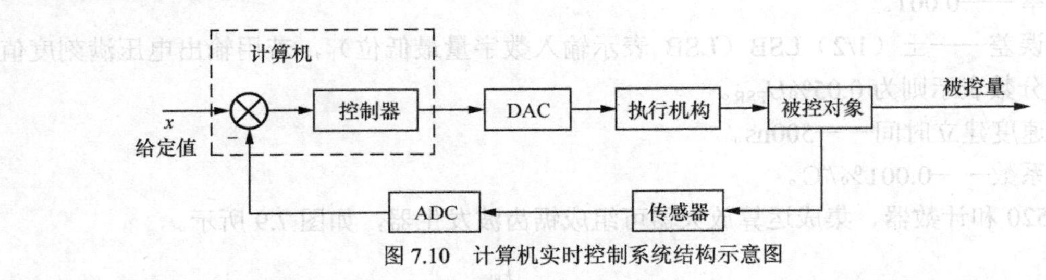

图 7.10　计算机实时控制系统结构示意图

利用计算机及时搜集检测数据，按最佳值对控制对象进行自动调节或自动控制。例如，热水器温度计算机实时控制系统，通过控制蒸汽流入热水器的速度使热水器的水保持一定的温度。用一个测温器测定热水器的水温，通过 ADC 将所测温度的信号转换为数字信号，送到计算机中，和所测温度值比较，产生误差信号。控制器按一定的规则，根据误差信号的大小，决定蒸汽阀门开闭程度的大小，并产生相应的信号，经过 DAC 变成电流（或电压）信号，驱动蒸汽阀门的控制设备开大或关小蒸汽阀门。整个过程不需要人的干预，且响应速度快，效果很好。

ADC 转换电路的作用是将时间连续、幅值也连续的模拟量转换为时间离散、幅值也离散的数字信号。因此，在模/数转换过程中，只能在一系列选定的瞬间对输入模拟量采样后再转换为输出的数字量。

2．ADC 的转换原理

7-9 ADC 的转换原理

一个模拟量转换为对应的数字量需通过采样、保持、量化和编码 4 个步骤完成。

（1）采样保持电路

所谓采样就是采集模拟信号的样本。

采样是将时间上、幅值上都连续的模拟信号，通过采样脉冲的作用，转换成时间上离散、但幅值上仍连续的离散模拟信号，所以采样又称为波形的离散化过程。

采样过程通过模拟电子开关 S 来实现。

模拟电子开关每隔一定的时间（周期 T）闭合一次，当一个连续的模拟信号通过这个电子开关时，就会转换成若干个离散的脉冲信号。

采样保持电路如图 7.11 所示。其中，采样电子开关 S 受时钟脉冲 CP 的控制；C 是存储电容，输入的模拟量为 $u_{\mathrm{i}}(t)$。

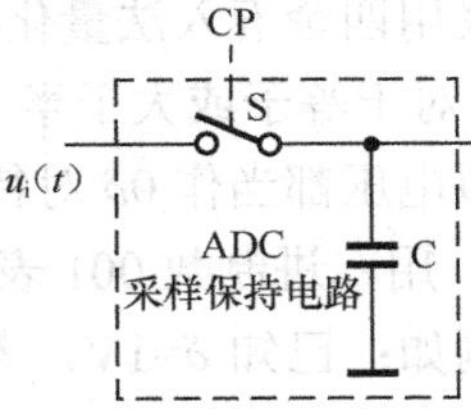

当 CP=1 时，采样电子开关 S 接通，$u_{\mathrm{i}}(t)$ 信号被采样，并送到电容 C 中暂存；当 CP=0 时，采样电子开关 S 断开，在 CP=1 期间采集到的模拟电压量在电容 C 上保持。

图 7.11　采样保持电路

随着一个一个固定时间间隔的 CP=1 信号到来，电路不断对模拟电压信号进行一个一个的采样，由于 A/D 转换需要一定的时间，在每次采样以后，需要把采样电路保持一段时间。在电子开关 S 接通的有效时间内，$u_{\mathrm{i}}(t)$ 向电容 C 充电，输出电压 $u_{\mathrm{i}}'(t)$ 跟随 $u_{\mathrm{i}}(t)$ 的变化而变化；在电子开关 S 无效期间，电容 C 上所存储的电荷没有泄放，输出电压 $u_{\mathrm{i}}'(t)$ 保持不变，转换成在时间上离散的模拟量，直到下次采样。采样保持电路中输入模拟电压采样保持前后的波形如图 7.12 所示。

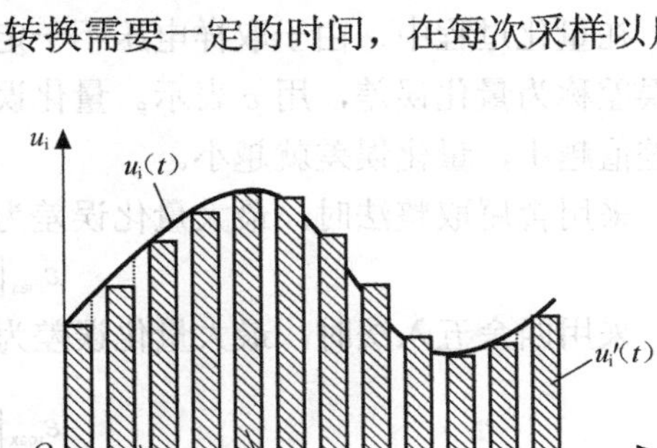

图 7.12　采样保持前后的波形图

（2）采样定理

由图 7.12 可见，为了保证采样信号 $u_{\mathrm{i}}'(t)$ 能够基本上真实地保留原始模拟信号 $u_{\mathrm{i}}(t)$ 的信息，采样信号必须有足够高的频率，必须满足

$$f_{\mathrm{S}} \geqslant 2f_{\mathrm{imax}} \tag{7.5}$$

式中，f_{S} 为采样频率，通常取 $f_{\mathrm{S}}=(2.5\sim3)f_{\mathrm{imax}}$；$f_{\mathrm{imax}}$ 为输入模拟信号中最高频率分量的频率。

采样定理：为保证采样信号最大限度不失真地保留被转换的输入模拟量，采样电路的频率必须至少为输入模拟量中最高频率成分 f_{imax} 的 2 倍。

采样定理是采样电路的基本法则。采样保持电路不仅要遵守采样定理，还要求采样路的电子开关特性尽量趋于理想化，以保证最大限度不失真地恢复输入电压 $u_{\mathrm{i}}(t)$。

3．量化编码电路

量化过程中所取的最小数量单位称为量化当量，用 δ 表示。将采样保持电路的输出电压归化为量化当量的整数倍的过程称为量化。

编码的概念：用二进制代码来表示各个量化电平的过程，称为编码。这个经编码后得到的二进制代码就是 ADC 的数字输出量。

显然，量化编码电路的作用是先将幅值连续可变的采样信号量化成幅值有限的离散信号，再将量化后的信号用对应该量化电平的一组二进制代码表示。δ 是数字量最低位为“1”时所对应的模拟量，即 U_{LSB}。量化常采用两种近似量化方式：舍尾取整法和四舍五入法。

（1）舍尾取整法

以 3 位 ADC 为例，设输入信号 $u_i(t)$ 的变化范围为 0～8V，采用舍尾取整法量化方式时，若取 δ=1V，则量化中不足量化单位部分统统舍弃，如 0～1V 之间的小数部分的模拟电压都当作 0δ，用二进制数 000 表示；1～2V 之间的小数部分也舍弃，对应的模拟电压当作 1δ，用二进制数 001 表示；以此类推。这种量化方式的最大误差为 δ。

（2）四舍五入法

采用四舍五入法量化时，若取量化当量 δ=8V/15，量化过程将不足半个量化当量的部分舍弃，对于等于或大于半个量化当量部分按一个量化当量处理，即将数值在 0～8V/15 范围内的模拟电压都当作 0δ 对待，用二进制数 000 表示；而数值在 8V/15～24V/15 的模拟电压均当作 1δ，用二进制数 001 表示；以此类推。

例如：已知 δ=1V，若采样电压=2.5V 时，用舍尾取整法得到的量化电压是 2V；若采用四舍五入法，得到的量化电压是 3V。

从上述分析可得，δ 的数值越小，量化的等级越细，ADC 的位数就越多。

在量化过程中，由于取样电压不一定能被 δ 整除，所以量化前后不可避免地存在误差，此误差称为量化误差，用 ε 表示。量化误差属原理误差，无法消除。但是，各离散电平之间的差值越小，量化误差就越小。

采用舍尾取整法时，最大量化误差为

$$|\varepsilon_{\max}| = \delta = 1U_{\mathrm{LSB}}$$

采用四舍五入法时，最大量化误差为

$$|\varepsilon_{\max}| = \frac{1}{2}\delta$$

显然四舍五入法量化误差比舍尾取整法量化误差小，故为多数 ADC 所采用。

若要减小量化误差，则需要在测量范围内减小量化当量 δ，增加数字量 D 的位数和模拟电压的最大值 U_{imax}。四舍五入法量化方式的 δ 值应按下式选取。

$$\delta = \frac{2U_{\mathrm{imax}}}{2^{n+1}-1}$$

如 u_{i}=0～10V，U_{imax}=1V，用 ADC 电路将它转换成 n=3 的二进制数，采用四舍五入量化法，其量化当量

$$\delta = \frac{2U_{\mathrm{imax}}}{2^{n+1}-1} = \frac{2}{2^4-1} = \frac{2}{15}(\mathrm{V})$$

根据量化当量，取 $\frac{1}{2}\delta$ 为最小比较电平之后，相邻比较电平之间相差 δ，得到各级的比较电平为：$\frac{1}{15}$V、$\frac{3}{15}$V、$\frac{5}{15}$V、$\frac{7}{15}$V、$\frac{9}{15}$V、$\frac{11}{15}$V、$\frac{13}{15}$V。

7.2.2 ADC 的主要技术指标

7-10 ADC 的主要技术指标

1．相对精度

相对精度是指 ADC 实际输出数字量与理论输出数字量之间的最大差值。通常用最低有效位 U_{LSB} 的倍数来衡量。当相对精度不大于 $U_{\mathrm{LSB}}/2$ 时，说明实际输出数字量与理论输出数字量的最大误差不超过 $U_{\mathrm{LSB}}/2$。

在满刻度范围内，偏离理想转换特性的最大值称为非线性误差。非线性误差与满刻度时最大值之比称为非线性度，常用百分比表示。

2．分辨率

分辨率是指 ADC 输出数字量的最低位变化一个数码时，对应输入模拟信号的变化量。通常用 ADC 输出的二进制位数来表示。位数越多，误差越小，转换精度越高。

3．转换速度

ADC 完成一次转换所需要的时间，即从转换开始到输出端出现稳定的数字信号所需要的时间。转换速度反映了 ADC 转换的快慢程度。

此外，ADC 还有输入电压范围等参数。选用 ADC 时，必须根据参数合理选择，否则就可能达不到技术要求，或者不经济。

双积分型 ADC 的转换时间在几十毫秒至几百毫秒；逐次比较型 ADC 的转换时间大都在 10～50μs；并行比较型 ADC 的转换时间可达 10ns。

7.2.3 逐次比较型 ADC

7-11 逐次比较型 ADC

直接式的 ADC 通过一套基准电压与采样保持信号进行比较，从而直接转换为数字量。逐次比较型 ADC 是直接式中最常用的一种。其基本思想是：将大小不同的参考电压与采样保持后的电压逐次进行比较，比较结果以相应的二进制代码表示。

1．电路组成

图 7.13 所示是逐次比较型 ADC 的电路结构框图。

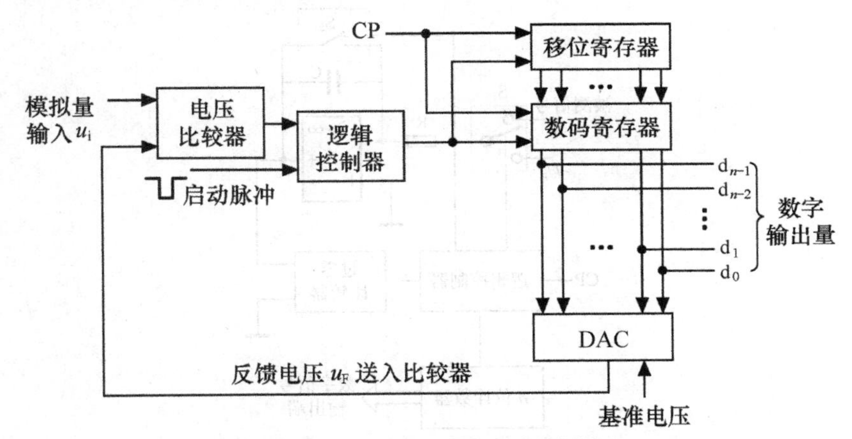

图 7.13 逐次比较型 ADC 电路框图

逐次比较型 ADC 电路内部有电压比较器、逻辑控制器、移位寄存器、数码寄存器、DAC 等。由于内部有数/模转换器 DAC，因此可使用在输出接有数据总线的场合。逐次比较型 ADC 通过对输入量的多次比较，最终得到输入模拟电压的量化编码输出。

2．转换原理

模/数转换开始前，各寄存器首先清零。转换开始后，在时钟脉冲 CP 作用下，逻辑控制器首先使数码寄存器最高有效位处高电平“1”，使输出数字为 100…0。

这个数字量经 DAC 转换后产生相应的模拟电压 u_F，回送到电压比较器中与输入信号 u_i 进行比较，当 $u_i \geqslant u_F$ 时，比较器输出“0”，逻辑控制器控制寄存器保留最高位的“1”，次高位置“1”；当 $u_i \leqslant u_F$ 时，比较器输出“1”，逻辑控制器控制寄存器最高位置“0”，次高位置“1”。数码寄存器存储的数据经 DAC 电路转换后输出反馈信号再到比较器，进行第 2 次比较，并将比较结果送入逻辑控制器，送入“0”时保留寄存器中高两位的值，并将第 3 位置“1”，若送入“1”保留最高位，次高位置“0”，第 3 位置“1”，寄存器内数据经 DAC 电路后输出反馈信号到比较器……经过逐次比较，直至得到寄存器中最低位的比较结果。比较完毕，数码寄存器中的状态就是所要求的ADC输出的数字量。

逐次比较型ADC在逐次比较过程中，将与输出数字量对应的离散模拟电压 $u_i'(t)$ 和不同的参考电压做多次比较，使转换所得的数字量在数值上逐次逼近输入模拟量对应值，因此也称为逐次逼近型ADC。

直接式的逐次逼近型ADC比间接式的ADC转换速度快得多，而且电路简单，只用一个比较器，精度也很高，因此得到了广泛应用。

7-12 双积分型ADC

7.2.4 双积分型ADC

双积分型ADC属于间接法转换电路，它将采样保持的模拟信号首先转换成与模拟量成正比的时间 T 或频率 f，然后再将中间量 T 或 f 转换成数字量。

1．结构组成

图7.14所示为双积分型ADC的结构框图。由图7.14可知，它由电子开关、积分器、过零比较器、逻辑控制器、计数器等组成。

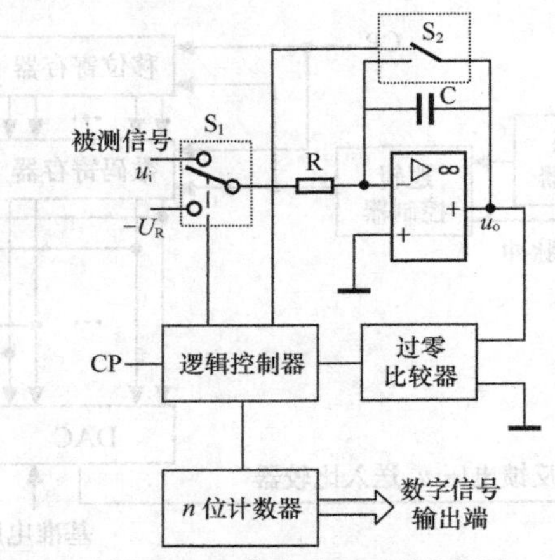

图7.14 双积分型ADC结构框图

由电容和运算放大器构成的积分器是双积分ADC的核心部分，其输入端所接开关 S_1 由定时信号控制。当定时信号为不同电平时，极性相反的输入电压 u_i 和参考电压 U_R 将分别加到积分器的输入端，进行两次方向相反的积分，积分时间常数 $\tau=RC$。

过零比较器用来确定积分器的输出电压过零的时刻。当积分器输出电压大于0时，比较器输出为低电平“0”；当积分器输出电压小于0时，比较器输出为高电平。比较器的输出信号接至时钟控制逻辑门作为关门和开门信号。

计数器由（n+1）个接成计数器的触发器 FF_0～FF_{n-1} 串联组成。触发器 FF_0～FF_{n-1} 组成 n 级计数器，对输入时钟脉冲CP计数，以便把与输入电压平均值成正比的时间间隔转变成数字信号输出。当计数到 2^n 个时钟脉冲时，FF_0～FF_{n-1} 均回到0态，而 FF_n 翻转到1态，Q_n=1后，开关 S_1 位置发生转换。

时钟脉冲源采用标准周期，作为测量时间间隔的标准时间。当 U_0=1时，门打开，时钟脉冲通过门加到触发器 FF_0 的输入端。

2．转换原理

双积分型 ADC 在积分前，计数器应先清零，然后闭合电子开关 S_2，随后再把 S_2 打开，把电容 C 上储存的电荷电压释放掉。

在采样阶段，开关 S_1 与被测电压接通，S_2 打开。被测电压被送入积分器进行积分，积分器输出电压小于 0，比较器输出高电平“1”，逻辑控制器控制计数器开始计数，对被测电压的积分持续到计数器由全“1”变为全“0”的瞬间。当计数器为 n 位时，计数时间 $T_1=2^nT_C$（T_C 是时钟脉冲的周期）。这时积分器的输出电压为

$$u_{o1}=-\frac{1}{C}\int_0^{T_1}\frac{u_i}{R}\mathrm{d}t=-\frac{T_1}{RC}u_i$$

当计数器由全“1”变为全“0”时，进入比较阶段，控制器使 S_1 与参考电压 $-U_R$ 相接，这时积分器对 $-U_R$ 反向积分，电压 u_o 逐渐上升，计数器又从“0”开始计数。当积分器积分至 $u_o=0$ 时，比较器输出低电平“0”，控制器封锁 CP 脉冲，使计数器停止计数。若计数器的输出数码为 D，此时积分器的输出电压与计数器的输出数码之间的关系为

$$-\frac{T_1}{RC}u_i+\frac{1}{C}\int_0^{T_2}\frac{U_R}{R}\mathrm{d}t=\frac{1}{RC}\left(T_2U_R-T_1u_i\right)=0$$

而 $T_2=D\cdot T_C$，所以

$$D=\frac{T_1u_i}{T_CU_R}=\frac{2^n}{U_R}u_i$$

即计数器输出的数码与被测电压成正比，可以用来表示模拟量的采样值。

双积分型 ADC 突出的优点是工作性能比较稳定和抗干扰能力较强。因为双积分型 ADC 在转换过程中先后进行了两次积分，只要两次积分的时间常数不变，那么转换结果就不会受时间常数的影响，因此其转换精度很高；由于双积分型 ADC 的输入端使用了积分器，因此，它对交流噪声有很强的抑制能力。

双积分型 ADC 的缺点是转换速度较慢，不适用于高速应用场合。但是双积分型 ADC 的电路不复杂，在数字万用表等对速度要求不高的场合下，仍然得到了较为广泛的应用。

7-13 集成 ADC0809

7.2.5 集成 ADC

集成 ADC 规格品种繁多，常见的有 ADC0809、ADC0801、ADC0804 等。

1．集成 ADC0809

集成 ADC0809 内部包括模拟多路转换开关和 A/D 转换电路两大部分。

模拟多路转换开关由 8 路模拟电子开关、3 位地址锁存器和译码器组成。地址锁存器允许信号 ALE 将 3 位地址信号 ADDC、ADDB 和 ADDA 进行锁存，然后由译码器选择其中一路模拟信号加到 A/D 转换部分进行转换。A/D 转换部分包括比较器、逐次逼近寄存器 SAR、256R 电阻网络、树状电子开关、控制电路与时序电路等，另外还具有三态输出锁存缓冲器，其输出数据线可直接与 CPU 的数据总线相连。

ADC0809 是采用 CMOS 工艺制成的 8 位 ADC，内部采用逐次逼近比较结构形式。ADC0809 具有 28 个引脚，其集成芯片引脚图如图 7.15 所示。

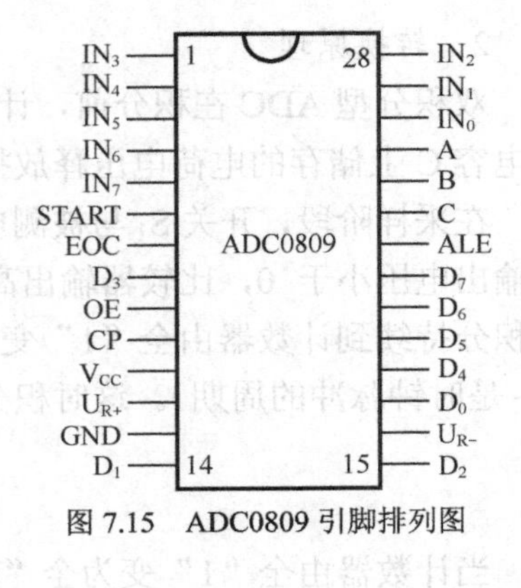

图 7.15 ADC0809 引脚排列图

ADC0809 各引脚的功能如下。

IN_0～IN_7——8 个模拟信号输入端。由地址译码器控制，将其中一路送入转换器进行转换。

A、B、C——模拟信道的地址选择。

ALE——地址锁存允许信号，高电平时可进行模拟信道的地址选择。

START——启动信号。上升沿将寄存器清零，下降沿开始进行转换。

EOC——模/数转换结束，高电平有效。

CP——时钟脉冲输入。

OE——输出允许。高电平时将转换结果送到数字量输出端口。

D_0～D_7——数字量输出端口。

U_{R+}——正参考电压输出端。

U_{R-}——负参考电压输出端。

V_{CC}——电源端。

GND——接地端。

ADC0809 内部由树状开关和 256*R* 电阻网络构成 8 位 DAC，其输入为逐次逼近寄存器 SAR 的 8 位二进制数据，输出为 U_{ST}，变换器的参考电压为 U_{R+}和 U_{R-}。

在比较前，SAR 为全“0”，变换开始，先使 SAR 的最高位为“1”，其余仍为“0”，此数字控制树状开关输出 U_{ST}，U_{ST} 和模拟输入 U_{IN} 送入比较器进行比较。若 $U_{ST}>U_{IN}$，则比较器输出“0”，SAR 的最高位由“1”变为“0”；若 $U_{ST}\leqslant U_{IN}$，则比较器输出“1”，SAR 的最高位保持“1”。此后，SAR 的次高位置“1”，其余较低位仍为“0”，而以前比较过的高位保持原来值。再将 U_{ST} 和 U_{IN} 进行比较。此后的过程与上述过程类似，直到最低位比较完为止。

转换结束后，SAR 的数字送入三态输出锁存器，以供读出。

2．集成 ADC0804

集成 ADC0804 是一种逐次比较型 ADC 芯片，引脚排列如图 7.16 所示。

（1）各引脚功能

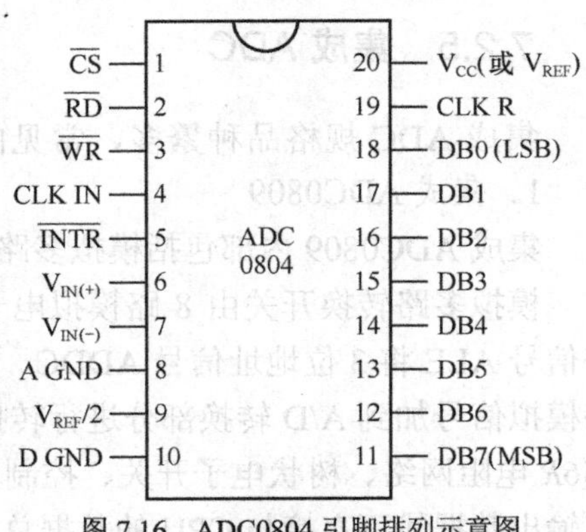

图 7.16 ADC0804 引脚排列示意图

引脚 $6V_{IN(+)}$ 和引脚 $7V_{IN(-)}$——模拟信号输入端，可接收单极性、双极性和差模输入信号。

引脚 $9V_{REF}/2$——基准电压输入端。

引脚 4CLK IN——时钟信号输入端。

引脚 19CLK R——内部时钟发生器外接电阻端，与 CLK 端配合可由芯片产生时钟脉冲。

引脚 11～$18DB_7$～DB_0——数据输出端，有三态功能，能与计算机总线相接。

引脚 8A GND——模拟信号地。

引脚 10D GND——数字信号地。

引脚 1$\overline{CS}$——片选信号输入端，低电平有效。

引脚 2$\overline{RD}$——读信号输入端，低电平有效。当 CS 和 RD 均有效时，可读取转换后的输出数据。

引脚 3 $\overline{WR}$——写信号输入端，低电平有效。当 CS 和 WR 同时有效时，启动 A/D 转换。

引脚 5 $\overline{INTR}$——转换结束信号输出端，低电平有效。转换开始后，INTR 为高电平，转换结束时，该信号变为低电平。因此该信号可作为转换器的状态查询信号，也可作为中断请求信号，以通知 CPU 取走转换后的数据。

（2）ADC0804 的主要参数

① 分辨率为 8 位。

② 线性误差为±（1/2）LSB。

③ 三态锁存输出，输出电平与 TTL 兼容。

④ +5V 单电源供电，模拟电压输入范围为 0～5V。

⑤ 功耗小于 20mW。

⑥ 不必进行零点和满刻度调整。

⑦ 转换速度较高，可达 100μs。

（3）ADC0804 的应用举例（组成计算机数据采集系统）

在工业测控及仪器仪表应用中，经常需要由计算机对模拟信号进行分析、判断、加工和处理，从而达到对被控对象进行实时检测、控制等目的。

由 ADC0804 构成的计算机数据采集系统如图 7.17 所示。

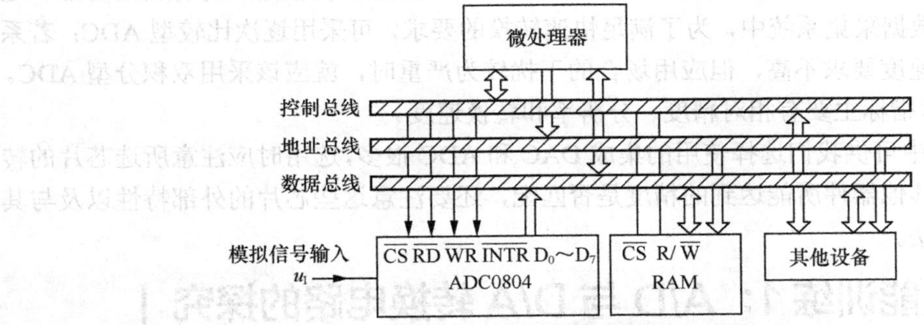

图 7.17　计算机数据采集系统示意图

当需要采集数据时，微处理器首先选中 ADC0804，并执行一条写指令操作，此时 ADC0804 的$\overline{CS}$和$\overline{WR}$同时被置为低电平，启动 A/D 转换，此后，微处理器可以去做其他工作。100μs 后，ADC0804 的$\overline{INTR}$端由高变低，向微处理器提出中断申请，微处理器在响应中断后，再次选中 ADC0804，并执行一条读指令操作，此时 ADC0804 的$\overline{CS}$和$\overline{RD}$同时被置为低电平，即可取走 A/D 转换后的数据，进行分析或将其存入存储器中。此时系统便完成了一次数据采集。

随着近年来数字技术水平的不断提升，高速 ADC 应运而生，这一技术为 SDR 架构的实现铺平了道路。SDR 是使用软件进行无线信号调制解调的无线通信系统。它允许宽范围、多种信号的应用与接收。无线电平台 SDR 架构示意图如图 7.18 所示。

相对于传统设计，SDR 具有更高的灵活性与更低的成本，被广泛运用于蜂窝基站或军用无线电等众多领域中。

已经研制出来的集成 DAC 和 ADC 芯片很多，应通过查阅手册，在理解其工作原理的基础上，重点把握这些芯片的外部特性以及与其他电路的连接方法。

图 7.18　无线电平台 SDR 架构示意图

思考练习题

1. 试述采样定理。采样保持电路的作用是什么？

2. ADC 的量化分别采用哪两种方式？其量化当量 δ 各按什么公式选取？

3. 如果输入电压的最高次谐波频率为 100kHz，请选择最小采样周期为 T_S。

| 项目小结 |

1. DAC 和 ADC 作为模拟量和数字量之间的转换电路，在信号检测、控制、信息处理等方面发挥着越来越重要的作用。

2. 实现 D/A 转换的方法较多，依据解码网络的不同，DAC 可分为倒 T 形电阻网络和权电阻网络等。衡量 DAC 转换器的主要技术指标是分辨率、转换精度和建立时间。

3. ADC 转换器可分为逐次比较型和双积分型等。每种 ADC 转换器具有各自的特点和适用场合。如高速数据采集系统中，为了满足快速转换的要求，可采用逐次比较型 ADC；若系统对完成转换的速度要求不高，但应用场合的干扰较为严重时，就应该采用双积分型 ADC。衡量 ADC 的技术指标主要有相对精度、分辨率和转换速度。

4. 实际应用中可供我们选择使用的集成 DAC 和 ADC 很多，选用时应注意所选芯片的转换精度与系统中其他器件所能达到的精度是否匹配，还要注意这些芯片的外部特性以及与其他电路的接口方法。

| 技能训练 1：A/D 与 D/A 转换电路的探究 |

一、实训目的

1. 了解 ADC 和 DAC 的基本结构和基本工作原理。

2. 掌握 DAC0832、AD7520 和 ADC0804、ADC0809 的功能及其典型应用。

二、实训主要仪器设备

1. +5V 直流电源及数字电路实验装置一套。

2. 双踪示波器一台。

3. 数字万用表一块。

4. 集成数/模转换器 DAC0832、集成模/数转换器 ADC0809、集成运算放大器μA741、电阻、电容、电位器等。

5. 相关实验设备及连接导线若干。

三、实验原理电路

DAC 用来将数字量转换成模拟量；ADC 用来将模拟量转换成数字量。目前 ADC 和 DAC 较多，本实验选用大规律集成电路 DAC0832 和 ADC0809 分别实现 D/A 转换和 A/D 转换。

1. 集成 DAC0832 和集成 ADC0809 实验原理电路

前面的教学内容中已经讲到 DAC0832 是一个具有 20 个引脚的集成电路，其引脚功能可参看课本前面所述。

DAC0832 实训转换原理电路如图 7.19 所示。

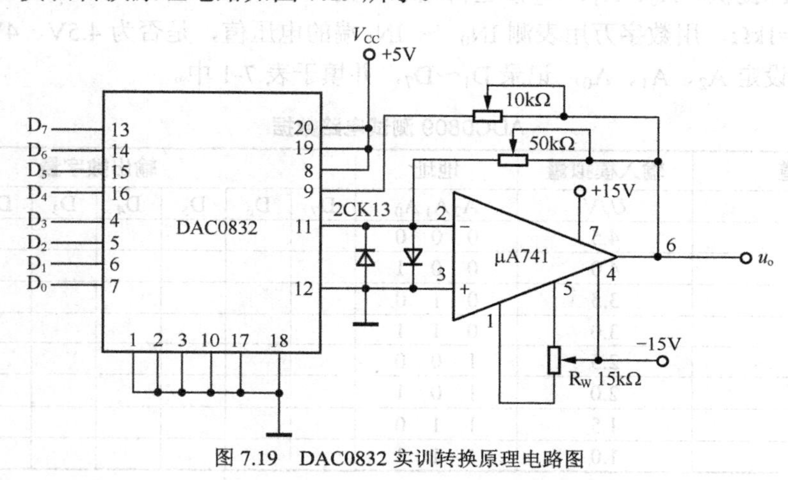

图 7.19 DAC0832 实训转换原理电路图

2. 集成 ADC0809

集成 ADC0809 是采用 CMOS 工艺制成的 8 位 8 通道逐次渐近型 A/D 转换器。其引脚排列及引脚功能如本项目前面所述。

OE——输入允许信号，高电平有效。

Clock（CP）——时钟，外接时钟频率一般为 640kHz。

V_{CC}——+5V 单电源供电端。

$V_{REF(+)}$、$V_{REF(-)}$——基准电压，通常 $V_{REF(+)}$ 接 15V、$V_{REF(-)}$ 接 0V。

D_0～D_7——数字信号输出端。

地址线 A_0、A_1、A_2——分别对应 3 条输入线。

ADC0809 实训原理电路如图 7.20 所示。

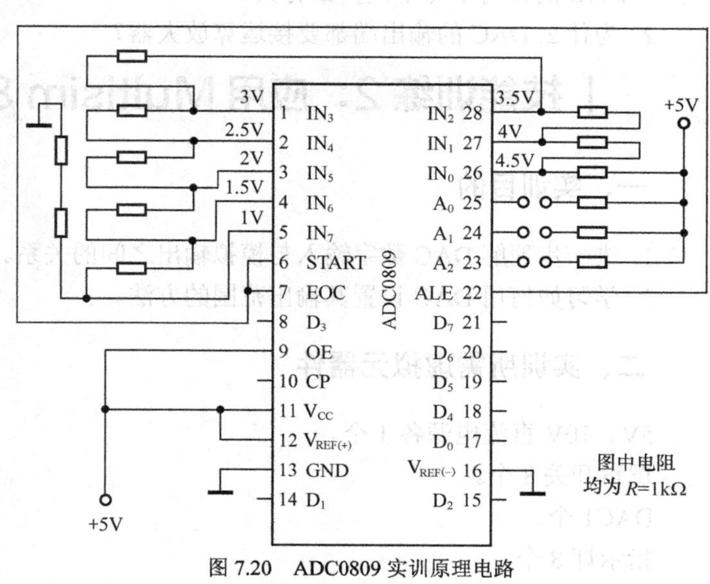

图 7.20 ADC0809 实训原理电路

四、实训步骤

1. 按数/模转换实训电路连线：D0～D7 接数字实验箱上的电平开关的输出端。输出端 V_0 接数字电压表。

2. 让 D_0～D_7 均为低电平“0”。对运算放大器 μA741 调零，调节调零电位器，使 V_0=0V。

3. 在 D_0～D_7 输入端依次输入数字信号，用数字电压表测量输出电压 V_0，并记录在自制表格中。

4. 按图 7.20 连接电路。其中，让 D_7～D_0 接 LED 逻辑电平输入插口，时钟脉冲 CP 由 1kHz 连续脉冲信号源提供，A_0、A_1、A_2 接逻辑电子开关。

（1）取 R=1kΩ，用数字万用表测 IN_0 ～ IN_7 端的电压值，是否为 4.5V、4V、…、1V。

（2）依次设定 A_2、A_1、A_0，记录 D_1～D_7，并填于表 7-1 中。

表 7-1　ADC0809 测试电路数据

模拟通道	输入模拟量	地址	输出数字量							
IN	U_i/V	A_2 A_1 A_0	D_7	D_6	D_5	D_4	D_3	D_2	D_1	D_0
IN_0	4.5	0 0 0								
IN_1	4.0	0 0 1								
IN_2	3.5	0 1 0								
IN_3	3.0	0 1 1								
IN_4	2.5	1 0 0								
IN_5	2.0	1 0 1								
IN_6	1.5	1 1 0								
IN_7	1.0	1 1 1								

五、思考题

1. DAC 的分辨率与哪些参数有关？

2. 为什么 DAC 的输出端都要接运算放大器？

| 技能训练 2：应用 Multisim 8.0 仿真 DAC |

一、实训目的

1. 进一步理解 DAC 数字输入与模拟输出之间的关系。

2. 学习如何用 DAC 设置其输出范围的方法。

二、实训所需虚拟元器件

5V、10V 直流电源各 1 个。

逻辑开关 8 个。

DAC1 个。

指示灯 8 个。

2 kΩ 电阻 1 个。

三、实训预习

1. DAC 的转换特性。
2. 权电阻网络 DAC 的转换原理。

四、实训内容与步骤

1. 在 Multisim8.0 操作平台上构建一个 ADC 功能测试电路，如图 7.21 所示。

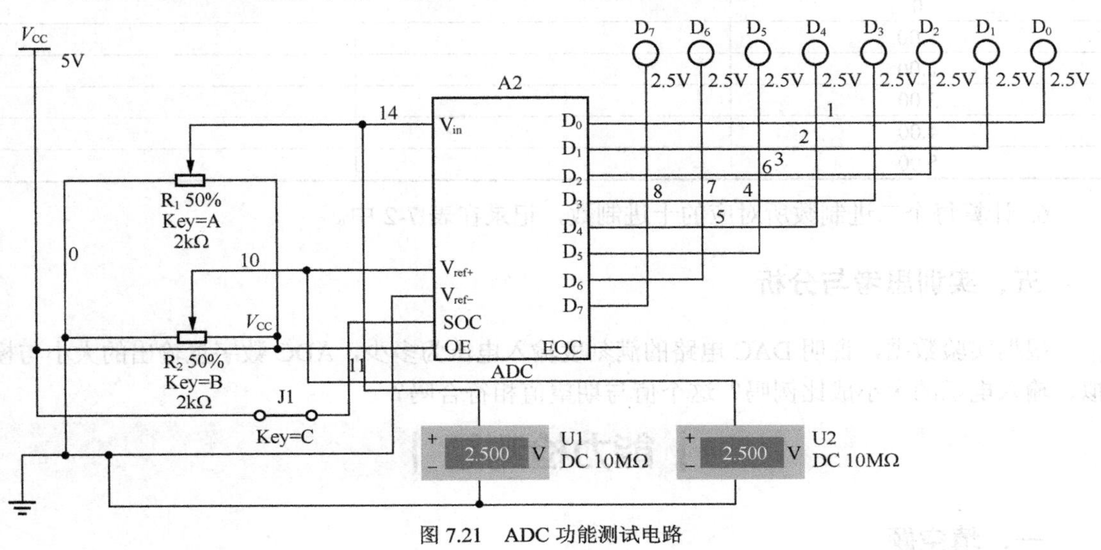

图 7.21　ADC 功能测试电路

2. 单击“放置混合杂项元件”按钮，弹出对应的对话框，在其中选择“ADC”，如图 7.22 所示。

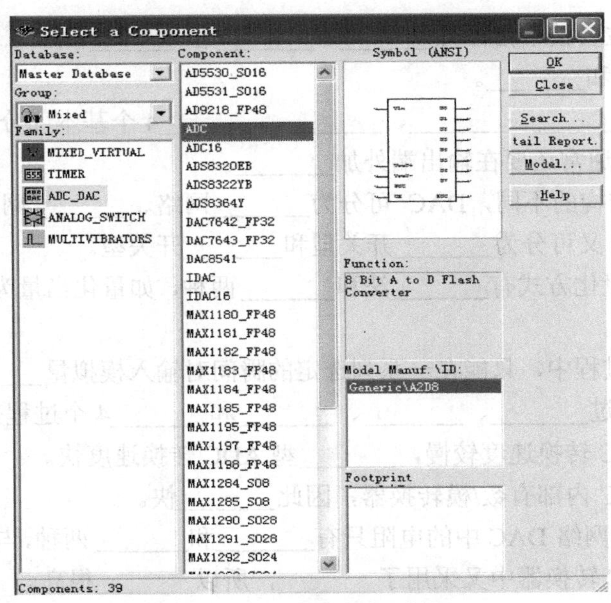

图 7.22　ADC 的选择示意图

3. 调节电位器 R_1，使输入电压尽可能接近 0～5V，即满刻度电压为 5V。

4. 调整电位器 R_2，使输入电压尽可能接近 2.00V。按计算机键盘上的“C”键，使开关闭合，置高电平“1”，ADC 开始转换。再按一次“C”键，使开关打开，记录 ADC 在输入为 2.00V 模拟输入电压时对应的数字量输出。

5. 在表 7-2 中记录相应的数字量（二进制数）输出。

表 7-2　　ADC 数字量输出

输入电压/ V	输出二进制数	等效十进制数
0		
1.00		
2.00		
3.00		
4.00		
5.00		

6. 计算每个二进制数所对应的十进制数，记录在表 7-2 中。

五、实训思考与分析

根据实验数据，说明 DAC 电路的满刻度输入电压为多少，ADC 数字量输出的大小与模拟、输入电压的大小成比例吗？这个值与期望值相符合吗？

| 能力检测题 |

一、填空题

1. DAC 电路的作用是将________量转换成________量。ADC 电路的作用是将________量转换成________量。

2. DAC 电路的主要技术指标有________、________和________；ADC 电路的主要技术指标有________、________和________。

3. DAC 通常由________、________、________、________4 个基本部分组成。为了将模拟电流转换成模拟电压，通常还要在输出端外加________。

4. 按解码网络结构的不同，DAC 可分为________网络、________网络等。按模拟电子开关电路的不同，DAC 又可分为________开关型和________开关型。

5. 模/数转换的量化方式有________法和________两种，如量化当量为 δ，则量化误差分别为________和________。

6. 在模/数转换过程中，只能在一系列选定的瞬间对输入模拟量________后再转换为输出的数字量，通常需经过________、________、________和________4 个过程来完成模/数转换。

7.________型 ADC 转换速度较慢，________型 ADC 转换速度快。

8.________型 ADC 内部有数/模转换器，因此________快。

9.________型电阻网络 DAC 中的电阻只有________和________两种，与________网络完全不同。而且在这种 DAC 转换器中又采用了________，所以________很高。

10. ADC0809 是采用________工艺制成的________位 ADC，内部采用________结构形式。DAC0832 采用的是________工艺制成的双列直插式单片 8 位数/模转换器。

二、判断题

1. DAC 的输入数字量的位数越多，分辨能力越低。（　　）
2. 原则上说，R-2R 倒 T 形电阻网络 DAC 输入和二进制位数不受限制。（　　）
3. 若要减小量化误差 ε，就应在测量范围内增大量化当量 δ。（　　）
4. 量化的两种方法中，舍尾取整法较好些。（　　）
5. ADC0809 二进制数据输出是三态的，允许直接与 CPU 的数据总线相连。（　　）
6. 逐次比较型模/数转换器转换速度较慢。（　　）
7. 双积分型 ADC 中包括数/模转换器，因此转换速度较快。（　　）
8. δ 的数值越小，量化的等级越细，A/D 转换器的位数就越多。（　　）
9. 在满刻度范围内，偏离理想转换特性的最大值称为相对精度。（　　）
10. 采样定理告诉我们：采样电路的频率必须至少为输入模拟量中最高频率成分 f_{imax} 的 2 倍。（　　）

三、选择题

1. ADC 的转换精度取决于（　　）。

A. 分辨率　　B. 转换速度　　C. 分辨率和转换速度

2. 对于 n 位 DAC 来说，其分辨率可表示为（　　）。

A. $\frac{1}{2^n}$　　B. $\frac{1}{2^{n-1}}$　　C. $\frac{1}{2^n-1}$

3. R-2R 倒 T 形电阻网络 DAC 中，基准电压 U_R 和输出电压 u_o 的极性关系为（　　）。

A. 同相　　B. 反相　　C. 无关

4. 采样保持电路中，采样信号的频率 f_S 和原信号中最高频率成分 f_{imax} 之间的关系必须满足（　）。

A. $f_S \geqslant 2f_{\text{imax}}$　　B. $f_S < f_{\text{imax}}$　　C. $f_S = f_{\text{imax}}$

5. 如果 u_i=0～10V，U_{imax}=1V，若用 ADC 电路将它转换成 n=3 的二进制数，采用四舍五入量化法，其量化当量为（　　）。

A. 1/8（V）　　B. 2/15（V）　　C. 1/4（V）

6. DAC0832 属于（　　）网络的 DAC。

A. R-2R 倒 T 形电阻　　B. T 形电阻　　C. 权电阻

7. 和其他 ADC 相比，双积分型 ADC 转换速度（　　）。

A. 较慢　　B. 很快　　C. 极慢

8. 如果 u_i=0～10V，U_{imax}=1V，若用 ADC 电路将它转换成 n=3 的二进制数，采用四舍五入量化法的最大量化误差为（　　）。

A. 1/15（V）　　B. 1/8（V）　　C. 1/4（V）

9. ADC0809 输出的是（　　）

A. 8 位二进制数码　　B. 10 位二进制数码　　C. 4 位二进制数码

10. ADC0809 属于（　　）的 ADC。

A. 双积分型　　B. 逐次比较型

四、简答题

1. 试述采样定理。
2. 试述量化的概念。
3. 何谓DAC的建立时间？
4. 权电阻网络DAC和R-$2R$倒T形电阻网络DAC相比，哪一个转换速度更高？为什么？

五、计算设计题

1. 已知某DAC电路的最小分辨电压$U_{LSB}=40mV$，最大满刻度输出电压$U_{FSR}=0.28V$，试求该电路输入二进制数字量的位数n。

2. 如图7.23所示电路中，$R=8k\Omega$，$R_F=1k\Omega$，$U_R=-10V$，试求：

（1）在输入4位二进制数$D=1001$时，网络输出u_o的值。

（2）在$u_o=1.25V$时输入的4位二进制数D。

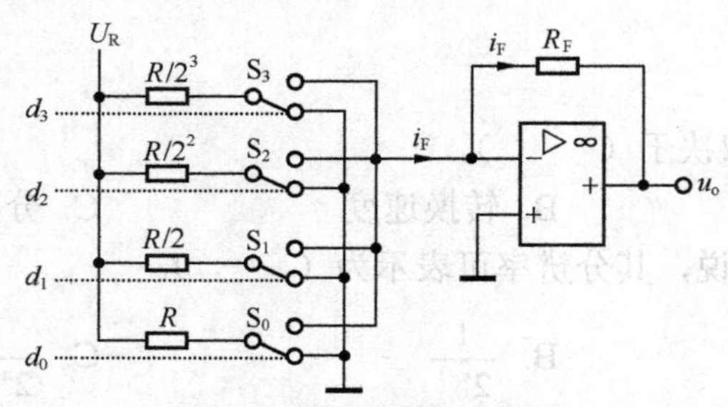

图7.23　计算设计题2电路图

3. 在倒T形电阻网络DAC中，若$U_R=10V$，输入10位二进制数字量为“1011010101”，试求其输出模拟电压。（已知$R_F=R=10k\Omega$）

4. 如图7.24所示的权电阻网络DAC电路中，若$n=4$，$U_R=5V$，$R=100\Omega$，$R_F=50\Omega$，试求此电路的电流转换系数和电压转换系数。若输入4位二进制数$D=1001$，试求它的输出电压u_o。

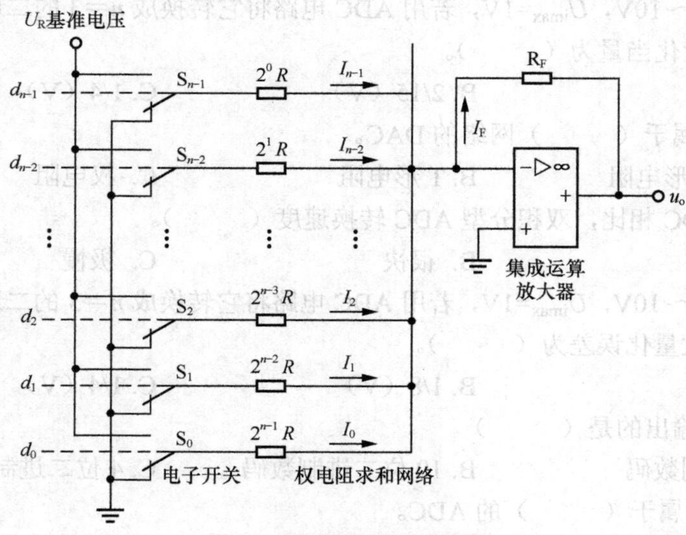

图7.24　计算设计题4电路图

项目八 可编程逻辑器件

重点知识

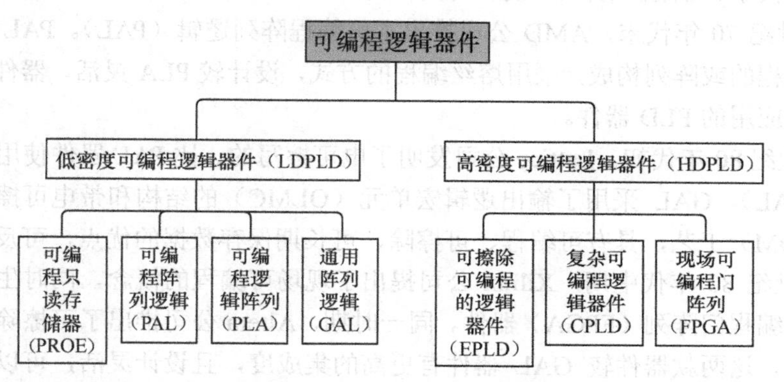

可编程逻辑器件属于大规模集成电路范畴。由于大规模集成电路集成度高，往往能将一个较复杂的逻辑部件或数字系统集成到一块芯片上，从而有效缩小设备体积、减轻设备重量、降低功耗、提高系统稳定性和可靠性，所以可编程逻辑器件作为一种通用器件，在产品的开发、工业控制以及高科技电子产品各方面都得到了广泛的应用。

学习目标

知识目标

1. 了解和熟悉 PROM 的结构，理解 PROM 的工作原理，掌握 PROM 的应用。
2. 了解低密度可编程逻辑器件 PLA、PAL 和 GAL 的结构和用途。
3. 了解高密度可编程逻辑器件 EPLD、CPLD 和 FPGA 的结构和用途。

能力目标

1. 具有用可编程逻辑器件的编程方式进行编程的能力。
2. 具有用可编程逻辑器件作为开发工具设计一些不太复杂逻辑电路的能力。

素养目标

通过学习中国集成电路产业的现状及存储器技术的变革等内容，能够认识到实现我国芯片自主权的时代重任，培养科技报国、人才强国的价值观和人生观。

项目导入

首先，我们要解决的问题是：什么是可编程逻辑器件？

可编程逻辑器件（Programmable Logic Device，PLD）是作为一种通用集成电路产生的，其逻辑功能按照用户对器件的编程来确定。自从第一个 PLD 问世以来，PLD 技术一直在不断地发展，大体可分为 6 个发展阶段。

8-1 可编程逻辑器件概述

（1）20 世纪 70 年代初，熔丝编程的只读存储器（PROM）和可编程逻辑阵列（PLA）成为最早的可编程逻辑器件。无论是 PROM 还是 PLA，实际上它们都是“与或”两级结构的器件，其阵列规模小、编程麻烦，并没有得到广泛应用。

（2）20 世纪 70 年代末，AMD 公司推出了可编程阵列逻辑（PAL）。PAL 由可编程的与阵列和不可编程的或阵列构成，采用熔丝编程的方式，设计较 PLA 灵活，器件速度快，是第一种得到普遍应用的 PLD 器件。

（3）20 世纪 80 年代初，Lattice 公司发明了电可擦写的、比 PAL 器件使用更灵活的通用阵列逻辑（GAL）。GAL 采用了输出逻辑宏单元（OLMC）的结构和带电可擦可编程只读存储器（EEPROM）工艺，具有可编程、可擦除、可长期保存数据的优点，可反复多次编程。

（4）20 世纪 80 年代中期，Xilinx 公司提出了现场可编程的概念，同时生产出了世界上第一个现场可编程门阵列（FPGA）器件。同一时期，Altera 公司推出了可擦除可编程的逻辑器件（EPLD），这两款器件较 GAL 器件有更高的集成度，且设计灵活，可以用紫外线或电擦除，因此可多次反复编程。自此，PLD 器件进入了一个快速发展的阶段，不断地向着大规模、高速度、低功耗的方向发展。

（5）20 世纪 80 年代末，Lattice 公司又提出了在系统可编程的概念，即 ISP（图像信号处理器）技术，并且推出了一系列具备在系统可编程能力的复杂可编程逻辑器件（CPLD），将可编程逻辑器件的性能和应用技术推向了一个全新的高度。

（6）进入 20 世纪 90 年代后，集成电路技术进入飞速发展时期，可编程逻辑器件的规模超过了百万逻辑门，并且出现了内嵌复杂功能块，如加法器、乘法器、随机存取存储器（RAM）、PLLCPU 核、DSP 核等超大规模器件 SOPC（可编程的片上系统），目前已经成为当今世界上最富有吸引力的半导体器件。

目前，可编程逻辑器件仍是一门正在发展着的创新技术。它改变了数字系统的设计方法、设计过程和设计观念。可编程逻辑器件的未来会向着高密度、大规模、低电压、低功耗、系统内可重构、可预测延时的方向发展。可以断定，随着工艺和结构的改进，可编程逻辑器件的集成度将进一步提高，性能将进一步完善，成本将逐渐下降，在现代电子系统设计中将起到越来越重要的作用。

那么，PLD 究竟能做些什么呢？

PLD 包含一个与门阵列和一个或门阵列。不同类型的 PLD，内部的与门阵列和或门阵列存在差异。例如规模较小的 PROM 芯片只能作为可编程逻辑器件使用，而密度高达 200 万位的大规模集成 PROM，通常作为存储器使用。

可编程逻辑器件能够为客户提供范围广泛的多种逻辑能力、特性、速度和电压特性的标准成品部件，而且此类器件可在任何时间改变，从而完成任何数字器件的功能。例如构成高性能的微处理器（CPU）、中规模集成电路等，都可以用PLD来实现。

PLD 分为标准逻辑器件和半定制逻辑器件两类。半定制逻辑器件 PLD 如同一张白纸或是一堆积木，内部的数字系统可以在出厂后由用户根据需求自行利用软、硬件开发工具对器件进行设计和编程，使之实现所需要的逻辑功能。例如，某工厂要对传统的Z3040摇臂钻床的电气控制电路进行改造，计划用数字系统实现对钻床各电动机的电气控制，就购买了一个半定制电路的PLD芯片。设计人员根据自身需求通过传统的原理图输入法（或是硬件描述语言）开发设计能完成控制任务的专用控制模块，如图8.1所示。

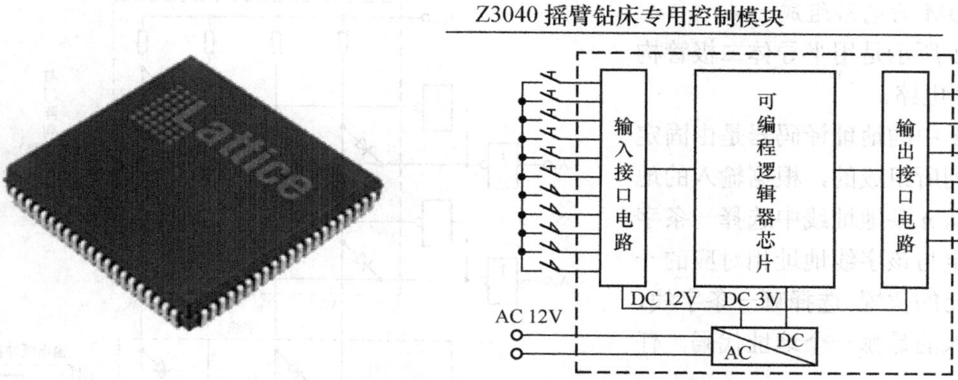

图 8.1　可编程逻辑器件作为专用控制模块的示意图

设计人员完成设计后，通过软件仿真，事先验证设计的正确性，之后在印制电路板（PCB）上进一步验证。完成验证以后，利用PLD的在线修改能力，随时修改设计而不必改动图示硬件电路。

半定制逻辑器件PLD芯片与标准逻辑器件PLD成品（如网络路由器、调制解调器、DVD播放器、汽车导航系统等）完全相同，只是节省了NRE成本（指集成电路产品的研制开发费，新产品开发过程中的设计人工费，设计用计算机软硬件设备折旧费以及试制过程中所需的制版、工艺加工、测试分析等费用），最终的设计要比采用定制固定逻辑器件完成得更快。

一般PLD的集成度都很高，足以满足任意一款数字系统的设计。由设计人员自行编程把一个数字系统“集成”到一个PLD芯片上，而不必去请芯片制造厂商设计和制作专用的集成电路芯片，是PLD产品突出的贡献。这一突出贡献使得PLD技术在20世纪90年代以后得到飞速发展，同时也大大推动了EDA软件和硬件描述语言VHDL的进步。学习可编程逻辑器件，显然是每一位电子工程技术人员刻不容缓的任务。

| 知识链接 |

PLD的应用和发展不仅简化了电路设计，降低了成本，提高了系统的可靠性和保密性，而且给数字系统的设计方法带来了革命性的变化。PLD的发展变化十分迅速，在学习时应注意掌握基本的概念、结构和分析方法。本项目主要介绍PLD的基本结构、工作原理、相关工艺以及应用。

8.1 可编程只读存储器（PROM）

用户可直接写入信息的只读存储器，称为可编程只读存储器（PROM）。因为 PROM 是在固定 ROM 的基础上发展起来的，因此在介绍 PROM 之前，应先熟悉一下 ROM 的电路组成。

8.1.1 ROM 的电路组成和功能

1．ROM 的电路组成

图 8.2 所示是用半导体二极管构成的 ROM 电路。

图 8.2 中的地址译码器是由固定的与门阵列所组成的，根据输入的地址代码，从 n 条地址线中选择一条字线，以确定与该字线地址相对应的一组存储单元的位置。选择哪一条字线，取决于输入的是哪一个地址代码。任何时刻，只能有一条字线被选中。于是，被选中的那条字线所对应的一组存储单元中的各位数码，经位线传送到数据线上输出。n 条地址输入线可得到 $N=2^n$ 个可能的地址。

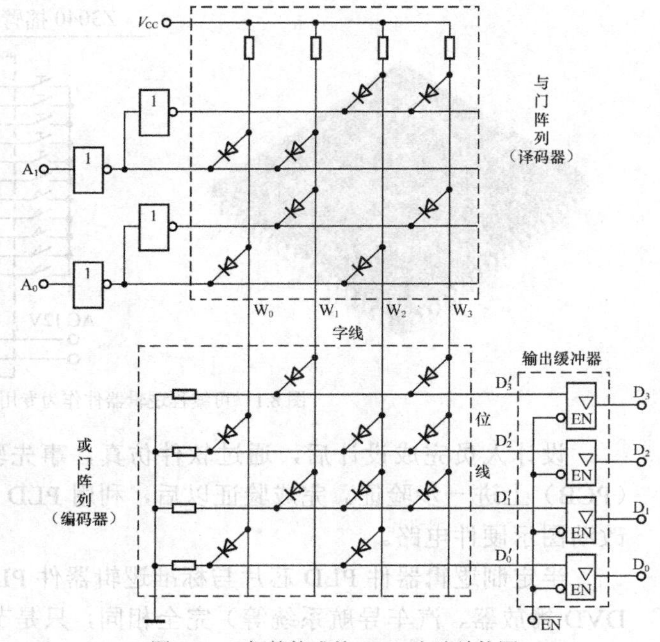

图 8.2 二极管构成的 ROM 电路结构图

由或门阵列组成的存储矩阵是 ROM 的核心部件和主体，内部含有大量的存储单元电路。存储矩阵中的数据和指令都是用一定位数的二进制数表示的。存储器中存储 1 位二进制代码（0 或 1）的点称为存储单元，存储器中总存储单元数即为 ROM 的存储容量。

设某 ROM 中，通过译码器输出的字线数 $m=2^{10}=1\,024$ 根，当位线数=8 时，总的存储量应是 1 024×8=8 192 个存储单元，简称 8KB。

输出缓冲器又称作读/写控制电路。它是为了增加 ROM 的带负载能力，同时提供三态控制，将被选中的 M 位数据输出至位上，以便和系统的总线相连。图 8.2 中存储矩阵有 4 条字线 W_0～W_3 和 4 条位线 D_0～D_3，共有 16 个交叉点，每个交叉点都可看作一个存储单元。交叉点处接有二极管时相当于存入“1”，没有接二极管时相当于存入“0”。例如，字线 W_0 与位线有 4 个交叉点，其中只有两处接有二极管。当 W_0 为高电平、其余字线为低电平时，使位线 D_0 和 D_2 为“1”，这相当于交叉点处的存储单元存入了“1”，另外两个交叉点由于没有接二极管，位线 D_1 和 D_3 为“0”，相当于交叉点处的存储单元存入了“0”。

ROM 中存储的信息究竟是“1”还是“0”，通常在设计和制造时根据需要已经确定和写入了，而且当信息一旦存入后就不能改变，即使断开电源，所存信息也不会丢失。

2．简化的阵列图

8-3 简化的阵列图

从图 8.2 所示的二极管 ROM 电路可知，电路中元件数目众多，所以画出的电路图结构比较复杂。

实际应用中，为了既能说明问题，又能使电路结构清晰明了，常常采用简化符号表示连接关系。画简化图时，一般把接有二极管存储单元的点用“·”或“×”进行表示。其中“·”表示固定连接，“×”表示逻辑连接，没有固定连接和逻辑连接处通常认为是逻辑断开，如图 8.3（a）所示，逻辑运算关系如图 8.3（b）所示。

采用简化连接符号后，图 8.2 所示电路可用图 8.4 表示。

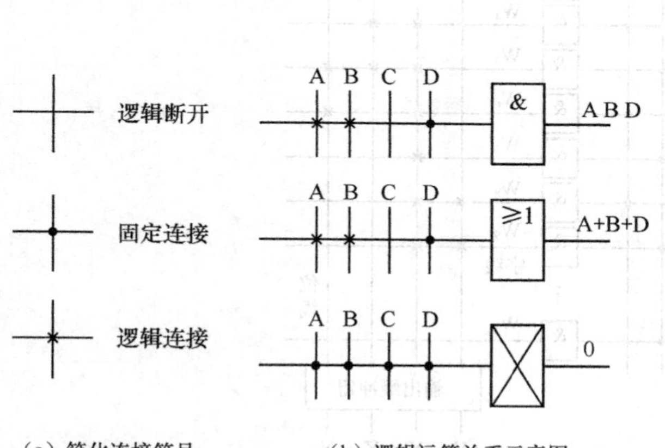

图 8.3 阵列图的简化连接符号和逻辑运算关系示意图

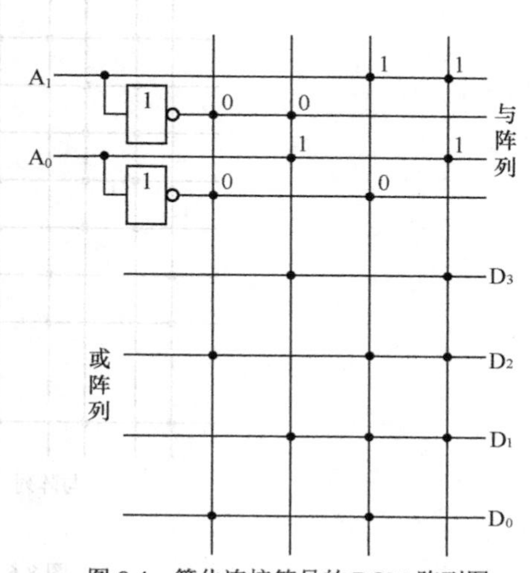

图 8.4 简化连接符号的 ROM 阵列图

可见，简化的阵列图比原来的电路图简单明了多了。

8.1.2 PROM 的结构组成和工作原理

8-4 PROM 电路及工作原理

1．PROM 的结构组成

PROM 的结构组成和图 8.2 所示的 ROM 结构基本相同，不同的是，在存储矩阵的二极管开关电路中串接了一个熔丝，如图 8.5 所示。

在 PROM 的存储矩阵中，每个字线和位线的交叉点都接有一个熔丝，编程之前全部熔丝都是连通的，所有存储单元都存储了高电平“1”。用户编程时，只需按自己的需求，借助一定的编程工具，将不需要连接的开关元件上串联的熔丝烧断即可。熔丝烧断后，便不可恢复，故这种可编程的存储器只能进行一次编程。PROM 编程后，只能读出，不能再写入。

字线
位线
图8.5 PROM的熔丝结构示意图

2．PROM 的工作原理

图 8.6 所示为 PROM 的电路阵列结构示意图。

图 8.6 中，PROM 存储单元的结构仍然是用二极管、双极型三极管、CMOS 管作为受控开关，地址译码器仍是由固定的与阵列构成，存储矩阵则是用可编程的或阵列构成，输出缓冲器由或门构成。

图 8.6 中 A、B、C、D 为地址输入线，$n=4$ 根，其代码是按 4 位二进制数进行编码的，称为地址码。通过地址译码器译出相应地址码的字线为 W_0～W_{15} 共计 16 根，字线的下标对应地址译码器输出的十进制数，字线与地址码的关系是 $m=2^n$。位线上的数据输出是被选中存储单元的数据。

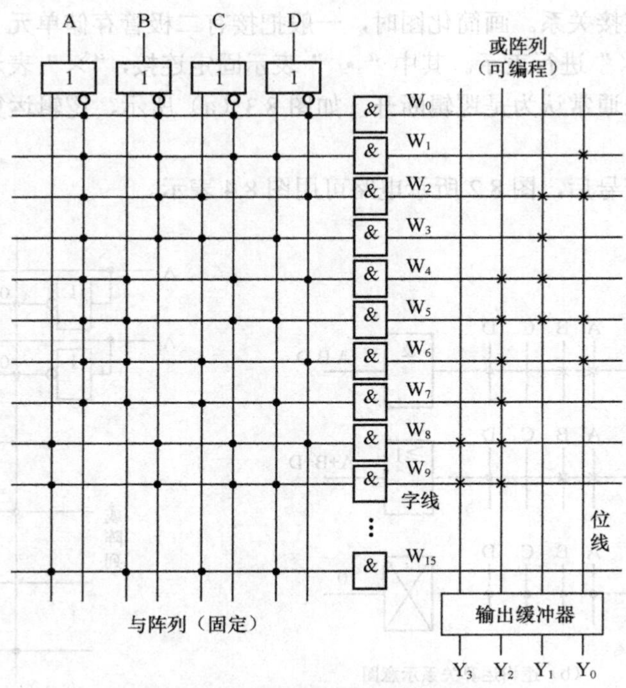

图 8.6　PROM 的电路阵列结构示意图

图 8.6 所示电路中，输入地址码是 ABCD，输出数据是 $Y_3Y_2Y_1Y_0$。输出缓冲器用的是或门，或门的作用是提高带负载能力和实现对输出端状态的控制，以便和系统总线连接。图 8.6 中，地址译码器由与门阵列组成，与门阵列的输出表达式如下。

$W_0=\overline{A}\,\overline{B}\,\overline{C}\,\overline{D}$　　$W_1=\overline{A}\,\overline{B}C$　　$W_2=\overline{A}\,\overline{B}C\overline{D}$　　$W_3=\overline{A}\,\overline{B}CD$

$W_4=\overline{A}B\overline{C}\,\overline{D}$　　$W_5=\overline{A}B\overline{C}D$　　$W_6=\overline{A}BC\overline{D}$　　$W_7=\overline{A}BCD$

$W_8=A\overline{B}\,\overline{C}\,\overline{D}$　　$W_9=A\overline{B}\,\overline{C}D$　　$W_{10}=A\overline{B}C\overline{D}$　　$W_{11}=A\overline{B}CD$

$W_{12}=AB\overline{C}\,\overline{D}$　　$W_{13}=AB\overline{C}D$　　$W_{14}=ABC\overline{D}$　　$W_{15}=ABCD$

存储矩阵则是一个或门阵列，每一列可看作一个二极管或门电路，用来构成存放地址编号的存储单元阵列，其输出表达式为：

$$Y_3=W_8+W_9$$
$$Y_2=W_4+W_5+W_6+W_7+W_8+W_9$$
$$Y_1=W_2+W_3+W_4+W_5$$
$$Y_0=W_1+W_2+W_5+W_6$$

对应二极管 PROM 电路的输出信号真值表见表 8-1。

表 8-1　PROM 输出信号真值表

A	B	C	D	Y_3	Y_2	Y_1	Y_0
0	0	0	0	0	0	0	0
0	0	0	1	0	0	0	1

（续表）

A	B	C	D	Y_3	Y_2	Y_1	Y_0
0	0	1	0	0	0	1	1
0	0	1	1	0	0	1	0
0	1	0	0	0	1	1	0
0	1	0	1	0	1	1	1
0	1	1	0	0	1	0	1
0	1	1	1	0	1	0	0
1	0	0	0	1	1	0	0
1	0	0	1	1	1	0	0
1	0	1	0	0	0	0	0
1	0	1	1	0	0	0	0
1	1	0	0	0	0	0	0
1	1	0	1	0	0	0	0
1	1	1	0	0	0	0	0
1	1	1	1	0	0	0	0

从存储器角度看，ABCD 是地址码，$Y_3Y_2Y_1Y_0$ 是数据。表 8-1 说明：在地址码号“0000”中存放的数据是“0000”；地址码“0001”中存放的数据是“0001”；地址码“0010”中存放的是“0011”；地址码“0011”中存放的是“0010”；在地址码“0100”中存放的数据是“0110”；地址码“0101”中存放的数据是“0111”；地址码“0110”中存放的是“0101”；地址码“0111”中存放的是“0100”；在地址码“1110”中存放的是“0000”。

从函数发生器角度看，A、B、C、D 是 4 个输入变量，Y_3、Y_2、Y_1、、Y_0 是 4 个输出函数。当变量 A、B、C、D 取值为“0101”时，函数 $Y_3=0$、$Y_2=1$ $Y_1=1$、$Y_0=1$；当变量 A、B、C、D 取值为“1001”时，函数 $Y_3=1$、$Y_2=1$、$Y_1=0$、$Y_0=0$；以此类推。

从译码编码角度看，与门阵列先对输入的二进制代码 ABCD 进行译码，得到 16 个输出信号 W_0～W_{15}，再由或门阵列对 W_0～W_{15} 这 16 个信号进行编码，得到相应地址码存入存储单元中。表 8-1 表明：W_0 的地址码是“0000”；W_1 的地址码是“0001”；W_2 的地址码是“0010”；W_3 的地址码是“0011”；W_4 的地址码是“0100”；W_5 的地址码是“0101”；W_6 的地址码是“0110”；W_7 的地址码是“0111”；W_8 的地址码是“1000”；W_9 的地址码是“1001”；W_{10} 的地址码是“1010”；W_{11} 的地址码是“1011”；W_{12} 的地址码是“1100”；W_{13} 的地址码是“1101”；W_{14} 的地址码是“1110”；W_{15} 的地址码是“1111”。

8.1.3 ROM 的分类

8-5 ROM 的分类

只读存储器（ROM）按照存储信息的写入方式，分类如下。

1．掩模只读存储器

在采用掩模工艺制作 ROM 时，其存储数据是由制作过程中使用的掩模板决定的，存入数据的过程称为“编程”。掩模编程是由生产厂家采用掩模工艺专门为用户制作出的一种固定ROM，因此在出厂时内部存储的数据就已经“固化”在存储器中，用户无法改变所存储的数据。

掩模ROM的电路结构很简单，且性能可靠，所以集成度可以做得很高，由于成本较低，一般都是批量生产。但是，掩模固定存储器的ROM由于使用时只能读出，不能写入，所以只能存放固定数据、固定程序或函数表等。

2．现场编程的PROM

在开发数字电路新产品的过程中，设计人员往往需要按照自己的构思迅速得到存有所需内容的ROM，因此通过现场编程得到要求的ROM称为PROM。

3．可擦除可编程的EPROM

早期制造的PROM存储单元是利用其内部熔丝是否被烧断来写入数据的，因此只能写入一次，使其应用受到很大限制。目前使用的光可擦除可编程的EPROM只需将此器件置于紫外线下，即可擦除，因此可多次写入。

EPROM的存储单元是在MOS管中置入浮置栅的方法实现的，如图8.7所示。

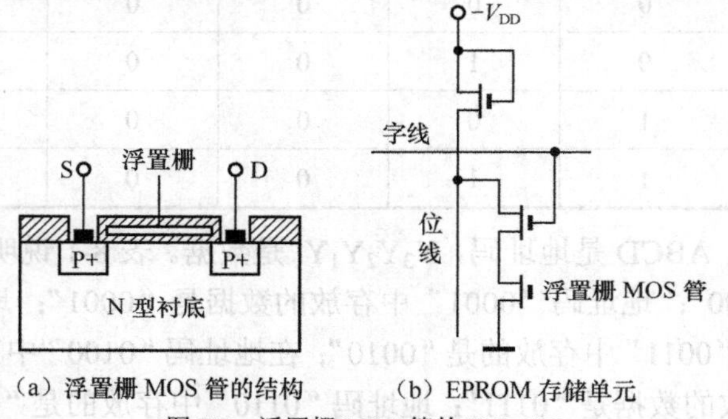

（a）浮置栅MOS管的结构　（b）EPROM存储单元

图8.7　浮置栅MOS管的EPROM

图8.7（a）是浮置栅PMOS管的结构图，MOS管为P沟道增强型，其栅极“浮置”于二氧化硅绝缘层内，与其他部分均不相连，处于完全绝缘的状态。写入程序时，在漏极和衬底之间加足够高的反向脉冲电压，一般在-30～-45V，就可使PN结产生雪崩击穿，雪崩击穿产生的高能电子穿透二氧化硅绝缘层进入浮置栅中。脉冲电压消失后，浮置栅中的电子无放电回路而被保留下来。这种雪崩注入式写入的程序，在+125℃的环境温度下，70%以上的电荷能保存10年以上。

当用户需要改写存储单元的内容时，只需将集成芯片中的浮置栅MOS管用紫外光线下照射20min，在光的作用下，浮置栅上注入的电子获得足够的能量后穿过氧化层回到衬底中，即形成光电流而泄漏掉，当浮置栅上的电子消失后，MOS管便恢复到原来未写入时的状态，这一过程称为光擦除。擦除后的存储单元又可写入新信息。EPROM重新写入数据后，带电荷的浮置栅使PMOS管的源极和漏极之间导通，当字线选中某一存储单元时，该单元位线即为低电平；若浮置栅中无电荷（未写入）新信息时，浮置栅PMOS管截止，位线为高电平。

4．电可擦除可编程的EEPROM

EPROM需要两个MOS管，编程电压偏高；P沟道管的开关速度较低，且利用光照擦除写入内容需要20～30min，时间较长。为了缩短擦除时间，人们又研制出了电可擦除可编程方式的EEPROM。

电可擦除可编程的 EEPROM，其擦除/写入周期一般为毫秒数量级，其擦除过程就是改写的过程，改写以字为单位进行。EEPROM 不但在掉电时不丢失数据，又可随时改写已经写入的数据，重复擦除和改写的次数高达 1 万次以上。EEPROM 既具有 ROM 的非易失性，又具备类似 RAM 的功能，可以随时改写。目前，大多数 EEPROM 的可编程逻辑器件集成芯片内部都备有升压电路。因此，只需提供单电源供电，便可进行读操作、写操作和擦除操作，为数字系统的设计和在线调试提供了极大方便。现在使用的光盘存储器就有很多属于 EEPROM。

5．快闪存储器 FMROM（U 盘）

快闪存储器一方面吸收了 EPROM 结构简单、编程可靠的优点，另一方面保留了 EEPROM 用隧道效应擦除的快捷特性，而且集成度很高。

图 8.8 所示为快闪存储器的结构示意图和存储单元。

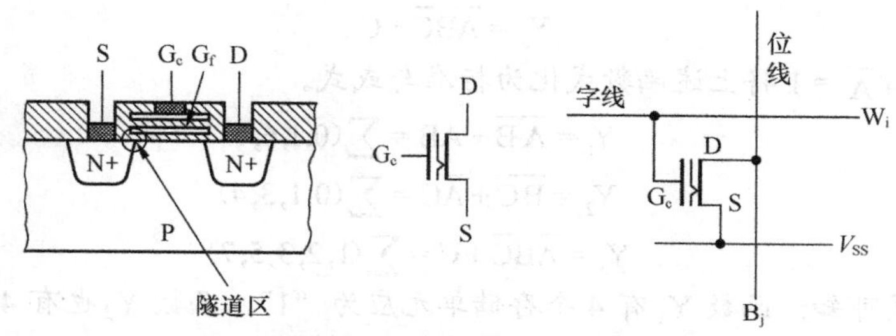

图 8.8 快闪存储器的结构示意图和存储单元

从结构上来看，快闪存储器属于 N 沟道增强型 MOS 管，有控制栅和浮置栅两个栅极。其浮置栅与漏区之间有一个极薄的氧化层，称为隧道区。当隧道区的电场大到一定程度时，如大于 10^7V/cm 时，就会在漏区和浮置栅之间出现导电隧道，电子可以双向通过，形成电流，这种现象称为隧道效应。

加到控制栅 G_c 和漏极 D 上的电压，是通过浮置栅（G_f）-漏极之间的电容和浮置栅-控制栅之间的电容分压后加到隧道上的。为使加到隧道上的电压尽量大，需要尽可能地减小浮置栅和漏区之间的电容，故而要求把隧道区的面积做得非常小。因此，在制作工艺上，快闪存储器对隧道区氧化层的厚度、面积和耐压要求都较高。

FMROM 是通过二氧化硅形状的变化来记忆数据的。由于二氧化硅稳定性大大强于磁存储介质，因此快闪存储器存储数据的可靠性大大提高。同时二氧化硅还可以通过增加微小的电压来改变形状，从而达到反复擦写的目的。

快闪存储器的工作原理和磁盘、光盘完全不同。如果使用的 Flash Memory 材质品质优良，一个 U 盘甚至能够达到擦写百万次的寿命。从 U 盘的外部来看，轻便小巧，便于携带；从内部来说，由于无机械装置，其结构坚固、抗振性极强。U 盘还有一个最突出的特点，就是它不需要驱动器。使用 U 盘只需用一个 USB 接口，就可以十分方便地做到文件共享与交流，即插即用，热插拔也没问题。作为新一代的存储设备，快闪存储器 FMROM 具有很好的发展前景。

8-6 PROM 的应用

8.1.4 PROM 的应用

PROM 不仅可以用来存放计算机中的二进制信息，也可以在数字系统中实现代码的转换、函数运算、时序控制以及作为各种波形的信号发生器等。

1．用 PROM 实现组合逻辑函数

因为 PROM 的地址译码器是一个与阵列，存储矩阵是可编程或阵列，所以易于实现“与或”形式的逻辑函数。其方法如下。

首先，把 PROM 中的 n 位地址端作为逻辑函数的输入变量，则 PROM 的 n 位地址译码器的输出就是由输入变量组成的 2^n 个最小项，即实现了逻辑变量的与运算。其次，PROM 中的存储矩阵把与运算后输出的最小项相或后输出，从而实现了最小项的或运算。举例说明。

【例 8.1】用 PROM 实现下列逻辑函数。

$$Y_1 = \overline{A}\,\overline{B} + AB$$
$$Y_2 = \overline{B}\,\overline{C} + \overline{A}C$$
$$Y_3 = \overline{A}B\overline{C} + C$$

【解】利用 $A + \overline{A} = 1$ 将上述函数式化为标准与或式。

$$Y_1 = \overline{A}\,\overline{B} + AB = \sum(0,1,6,7)$$
$$Y_2 = \overline{B}\,\overline{C} + \overline{A}C = \sum(0,1,3,4)$$
$$Y_3 = \overline{A}B\overline{C} + C = \sum(1,2,3,5,7)$$

由上述标准式可知：函数 Y_1 有 4 个存储单元应为“1”，函数 Y_2 也有 4 个存储单元应为“1”，函数 Y_3 有 5 个存储单元应为“1”，实现这 3 个函数的逻辑电路图如图 8.9 所示。

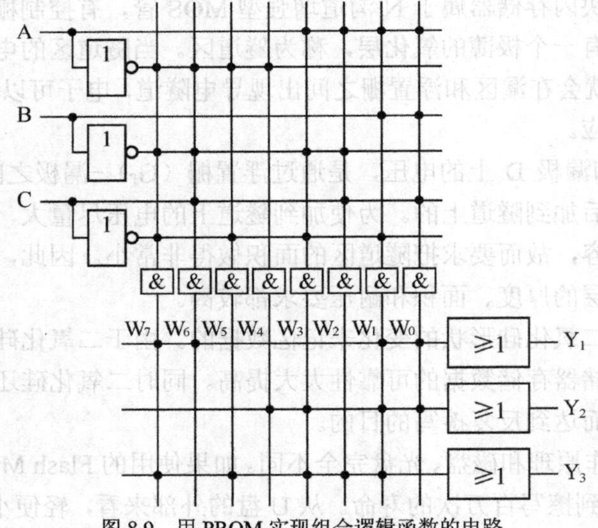

图 8.9　用 PROM 实现组合逻辑函数的电路

PROM 中的与阵列中，垂直线代表与逻辑，交叉圆点代表与逻辑的输入变量；或阵列中的水平线代表或逻辑，交叉圆点代表字线输入。从这个例子可以看出，用 PROM 能够实现任何与或标准式的组合逻辑函数。实现方法非常简单，只要将该函数的真值表列出，使其有关的最小项相或，即可直接画出存储矩阵的编程图。

2．代码转换

【例 8.2】用 PROM 组成一个码制变换器，把 8421 码转换成格雷码，其代码转换要求如

表 8-2 所示。

表 8-2 8421 码转换为格雷码的转换真值表

4 位二进制码				4 位格雷码			
B_3	B_2	B_1	B_0	G_3	G_2	G_1	G_0
0	0	0	0	0	0	0	0
0	0	0	1	0	0	0	1
0	0	1	0	0	0	1	1
0	0	1	1	0	0	1	0
0	1	0	0	0	1	1	0
0	1	0	1	0	1	1	1
0	1	1	0	0	1	0	1
0	1	1	1	0	1	0	0
1	0	0	0	1	1	0	0
1	0	0	1	1	1	0	1
1	0	1	0	1	1	1	1
1	0	1	1	1	1	1	0
1	1	0	0	1	0	1	0
1	1	0	1	1	0	1	1
1	1	1	0	1	0	0	1
1	1	1	1	1	0	0	0

【解】让代码转换真值表 8-2 中的 B_3、B_2、B_1、B_0 作为地址输入量，格雷码 G_3、G_2、G_1、G_0 定义为输出量，存储矩阵的内容由具体的格雷码决定，则该 PROM 的容量为 4×4。按表 8-2 给定的输出值对存储矩阵进行编程，烧断与“0”对应的单元中的熔丝。例如，$B_3B_2B_1B_0$=0010 时，字线 W_2 为高电平，输出为 $G_3G_2G_1G_0$=0011，故应保留 W_2 和 G_1、G_0 交叉点上的熔丝“×”，烧断 W_2 和 G_3、G_2 交叉点上的熔丝。

据此，我们可得到图 8.10 所示的 PROM 编程图。

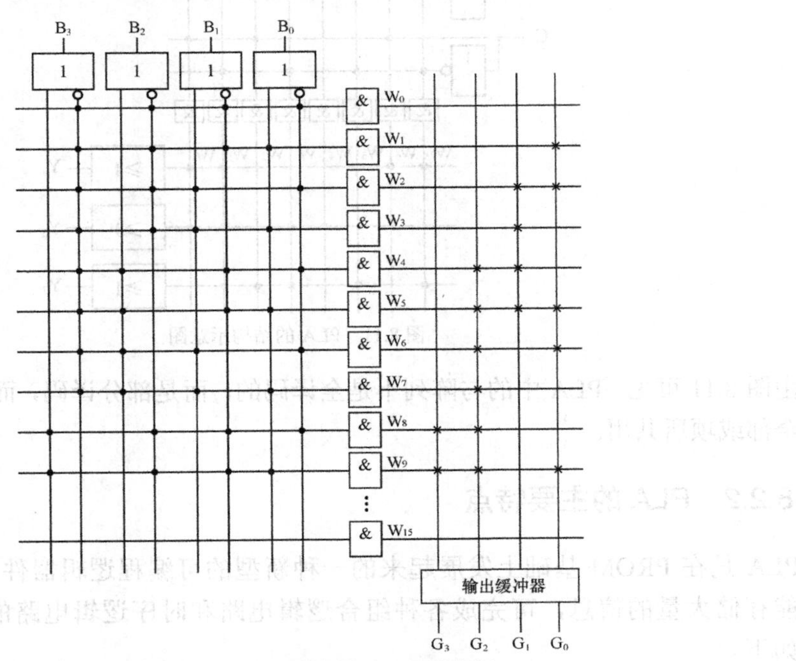

图 8.10 例 8.2 代码转换的 PROM 编程图

由于输入变量的增加会引起存储容量的增加，所以多输入变量的组合电路函数并不适合用单个 PROM 编程表达。实际上，PROM 只能用于组合逻辑电路的构建。

思考练习题

1. 存储器的容量由什么来决定？
2. 可编程的含义是什么？PROM 有哪几种编程方式？
3. 目前使用的 EPROM，其存储单元是用什么方法实现的？

8.2 可编程逻辑阵列（PLA）

PROM 的与阵列是全译码器，产生的是全部最小项，因此体积较大，成本较高。

8-7 可编程逻辑阵列 PLA

实际应用中，绝大多数组合逻辑函数并不需要所有的最小项，可编程逻辑阵列（PLA）对 PROM 进行了改进。

8.2.1 PLA 的结构组成

PLA 也是由一个与阵列和一个或阵列组成的，但它的与阵列和或阵列都是可编程的，如图 8.11 所示。

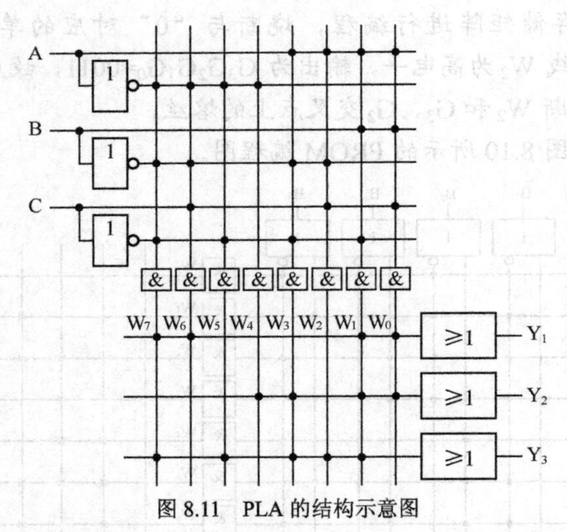

图 8.11 PLA 的结构示意图

由图 8.11 可见，PLA 中的与阵列不是全译码的，而是部分译码，而且它的与项可由任一个或全部或项所共用。

8.2.2 PLA 的主要特点

PLA 是在 PROM 基础上发展起来的一种新型的可编程逻辑器件，它用较少的存储单元就能存储大量的信息，可完成各种组合逻辑电路和时序逻辑电路的功能。PLA 的主要特点如下。

（1）PLA 有一个与阵列构成的地址译码器，是一个非完全译码器。

（2）PLA 中存储信息是经过化简、压缩后存入的。

（3）PLA 中的与阵列和或阵列都可编程。

（4）PLA 中与阵列编程产生变量最少的与项，或阵列编程完成相应最简与项之间的或运算并产生输出，由此大大提高了芯片面积的有效利用率。

8.2.3 PLA 的应用

构成组合逻辑电路是 PLA 的主要应用之一，下面举例说明。

【例 8.3】用 PLA 实现 4 位二进制码变换成 4 位格雷码的码制转换器。

【解】写出用 PLA 实现 4 位二进制码变换为格雷码的转换真值表，如表 8-3 所示。

表 8-3　　用 PLA 转换成 4 位格雷码的转换真值表

4 位二进制码				4 位格雷码			
B_3	B_2	B_1	B_0	G_3	G_2	G_1	G_0
0	0	0	0	0	0	0	0
0	0	0	1	0	0	0	1
0	0	1	0	0	0	1	1
0	0	1	1	0	0	1	0
0	1	0	0	0	1	1	0
0	1	0	1	0	1	1	1
0	1	1	0	0	1	0	1
0	1	1	1	0	1	0	0
1	0	0	0	1	1	0	0
1	0	0	1	1	1	0	1
1	0	1	0	1	1	1	1
1	0	1	1	1	1	1	0
1	1	0	0	1	0	1	0
1	1	0	1	1	0	1	1
1	1	1	0	1	0	0	1
1	1	1	1	1	0	0	0

可得 G_3、G_2、G_1、G_0 的最简与或表达式如下。

$$G_3 = B_3$$
$$G_2 = B_3\overline{B_2} + \overline{B_3}B_2$$
$$G_1 = B_2\overline{B_1} + \overline{B_2}B_1$$
$$G_0 = B_1\overline{B_0} + \overline{B_1}B_0$$

根据上述逻辑关系式可画出相应的 PLA 阵列逻辑图，如图 8.12 所示。

实际上，PLA 是 PROM 的变种，属于一种特殊的 PROM。虽然 PLA 的利用率较 PROM 高，可是需要有逻辑函数的与或最简表达式，对于多输出函数需要多次利用公共的与项，使涉及的软件算法比较复杂，尤其是多输入变量和多输出的逻辑函数，处理更加困难。此外，PLA 的两个阵列均可编程，不可避免地使编程后器件的运行速度下降。这些都造成了 PLA 的使用受到了很大的限制，目前，现成的 PLA 芯片基本被淘汰，但由于其资源面积利用率较高，在全定制 ASIC（特殊应用集成路）设计中仍获得了广泛的使用，但这时逻辑函数的化简是需要设计者自己动手的。

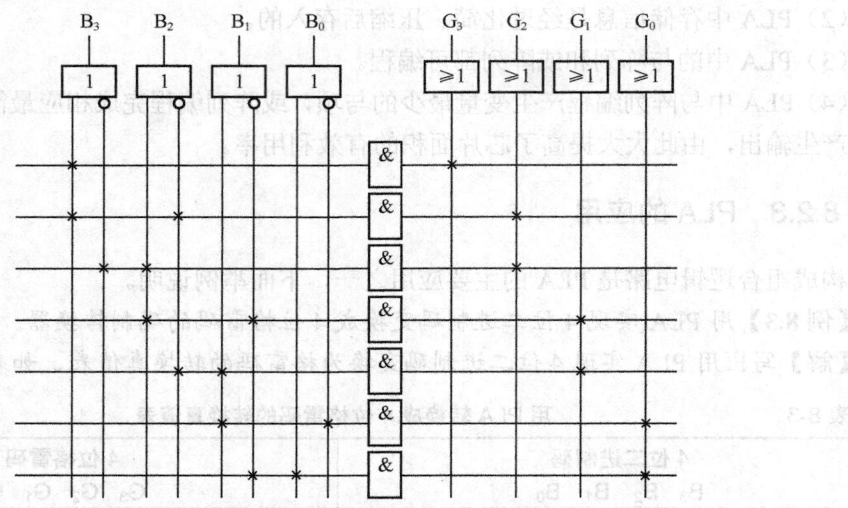

图 8.12　二进制码转换成格雷码的 PLA 阵列逻辑图

思考练习题

1. PLA 的主要用途是什么？

2. 已知 PLA 实现的组合逻辑电路如图 8.13 所示，试写出其逻辑函数表达式。

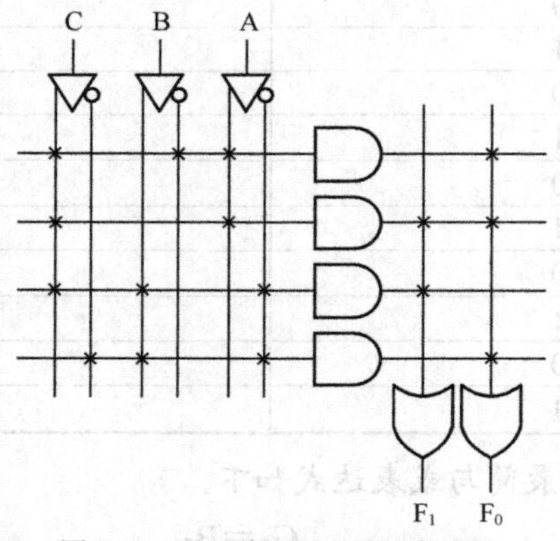

图 8.13　PLA 实现的组合逻辑电路

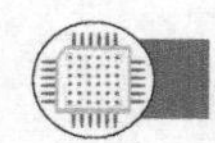

8.3　可编程阵列逻辑（PAL）

人们在 PLA 后又设计了另外一种可编程逻辑器件——可编程阵列逻辑（PAL）。PAL 的结构与 PLA 相似，也包含与阵列、或阵列，但是或阵列是固定的，只有与阵列可编程。

8.3.1　PAL 的结构原理

PAL 采用双极型工艺制作、熔丝编程方式，结构组成如图 8.14 所示。

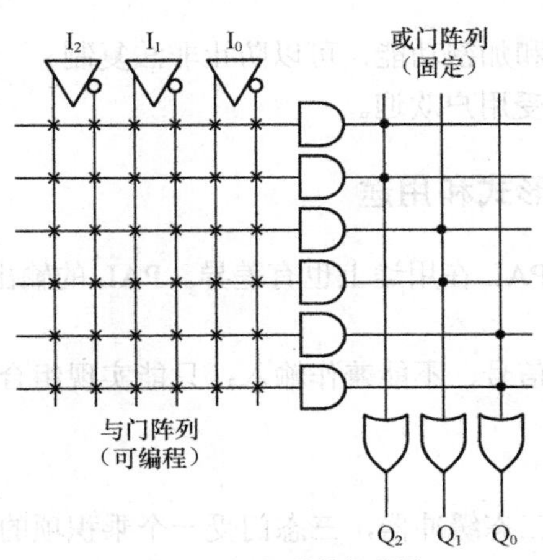

图 8.14　PAL 结构组成图

由图 8.14 可见，PAL 由可编程的与逻辑阵列、固定的或逻辑阵列和输出电路 3 部分组成。常用的 PAL 器件 PAL16V8 的部分结构图如图 8.15 所示。

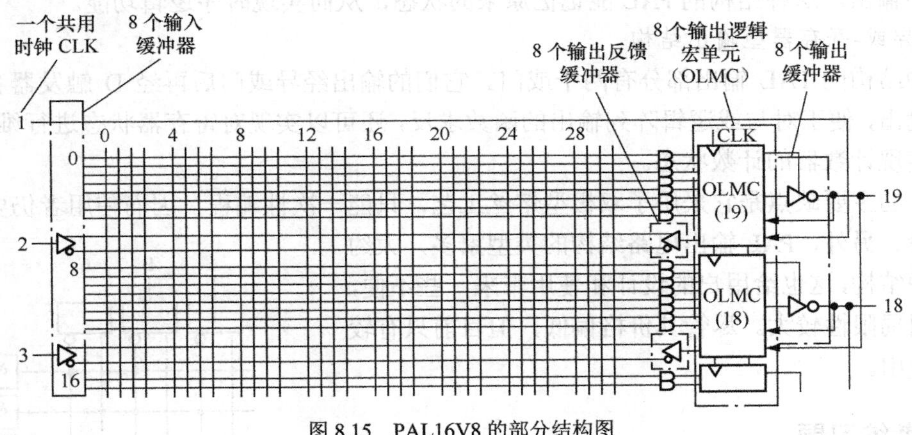

图 8.15　PAL16V8 的部分结构图

从结构图中可看到，PAL 的输出具有反馈环节。PROM 和 PLA 都只能解决组合逻辑电路的可编程问题，而对时序逻辑电路无能为力。由于时序逻辑电路是由组合逻辑电路及存储单元构成的，PAL 加上了寄存器单元后，解决了时序逻辑电路的可编程问题。

8.3.2　PAL 的主要特点

PAL 的存储单元体或阵列不可编程，地址译码器与阵列是用户可编程的。PAL 通过对与逻辑阵列编程可以获得不同形式的组合逻辑函数。为了实现时序逻辑电路的功能，有些型号的 PAL 中，除了设置有基本的与-或形式输出结构外，又在或门和三态门之间设计加入了 D 触发器，并且将 D 触发器的输出反馈到与阵列的 PAL 结构，从而使 PAL 的功能大大增加。与 PROM 和 PLA 相比，PAL 具有 3 个较为显著的优点。

（1）提高了功能密度，节省了空间。通常一个 PAL 可以代替 4～12 个小规模集成电路或 2～4 个中规模集成电路。虽然 PAL 只有 20 多种型号，但可以替代 90%的通用中、小规模集成电路器件，因而进行系统设计时，可以大大减少器件的种类。

（2）提高了运行速度和设计的灵活性，且编程和使用都比较方便。

（3）具有上电复位功能和加密功能，可以防止非法复制。

PAL 因具有上述优点很受用户欢迎。

8.3.3 PAL 的输出形式和用途

根据输出形式的不同，PAL 在用途上也有差异。PAL 的输出结构有以下 4 种形式。

1．专用输出结构形式

这种输出结构只能输出信号，不能兼作输入；只能实现组合逻辑函数。目前常用的产品有 PAL10H8、PAL10L8 等。

2．可编程 I/O 结构

该结构的输出端有一个三态缓冲器，三态门受一个乘积项的控制。当三态门禁止，输出呈高阻状态时，I/O 引脚作输入用；当三态门被选通时，I/O 引脚作输出用。

3．寄存器输出结构

寄存器输出结构的输出端有一个 D 触发器，在使能端的作用下，触发器的输出信号经三态门缓冲输出。这种结构的 PAL 能记忆原来的状态，从而实现时序逻辑功能。

4．异或-寄存器型输出结构

这种结构的 PAL 输出部分有两个或门。它们的输出经异或门后再经 D 触发器和三态门缓冲器输出，便于对与或逻辑阵列输出的函数求反，还可以实现对寄存器状态进行维持操作，适用于实现计数器的计数状态。

PAL 的主要缺点是它采用了双极型熔丝工艺，只能一次性编程，因而使用者仍要承担一定的风险。另外，PAL 输出电路结构的类型繁多，大约有几十种结构，这也给用户的设计和使用带来一些不便，使其应用局限性较大。尽管其价格偏低，但目前只有较少用户使用。

思考练习题

1. 为实现时序逻辑电路的功能，PAL 又设计制造了哪些环节，使 PAL 的功能大大增加？

2. 分析图 8.16 所示 PAL 构成的逻辑电路，试写出输出与输入的逻辑关系式。

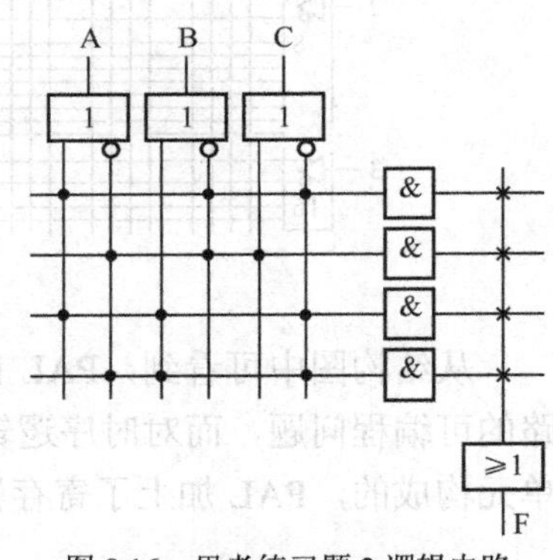

图 8.16 思考练习题 2 逻辑电路

8.4 通用阵列逻辑（GAL）

GAL 是 Lattice 公司于 1985 年首先推出的新型可编程逻辑器件，GAL 在 PLD 上采用 EEPROM 工艺，使得 GAL 具有电可擦除重复编程的特点，彻底解决了熔丝型可编程逻辑器件的一次可编程问题。GAL 在“与-或”阵列结构上沿用了 PAL 的与阵列可编程、或阵列固定的结构，但对 PAL 的 I/O 结构进行了较大的改进，即在 GAL 的输出部分增加了输出逻辑宏单元（OLMC）。

8-9 通用阵列逻辑 GAL

8.4.1 GAL 的结构特点

GAL 可分为普通型和新型两大类。普通型 GAL 的与、或结构类似于 PAL，产品有 GAL16V8、GAL20V8 等。

普通型 GAL 的结构特点是具有 8 个输入缓冲器和 8 个输出反馈/输入缓冲器；8 个输出逻辑宏单元 OLMC 和 8 个三态缓冲器，每个 OLMC 对应一个 I/O 引脚。图 8.17 所示为 GAL16V8 的内部逻辑电路结构（局部）。

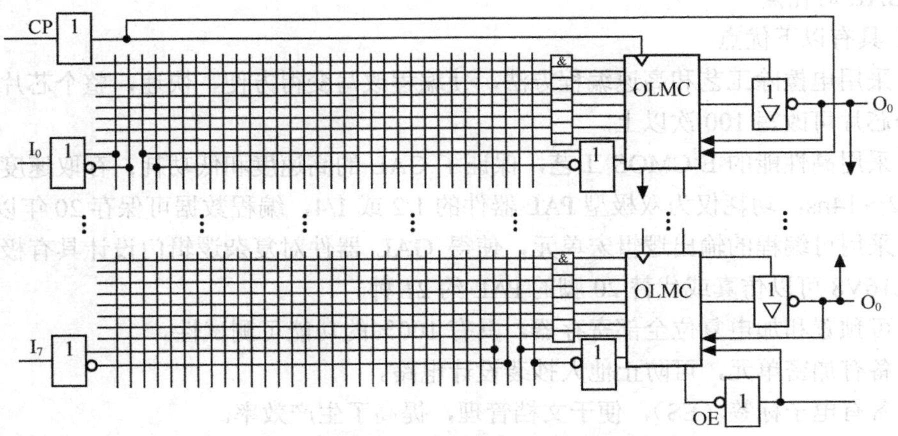

图 8.17 GAL16V8 内部逻辑电路结构图（局部）

图 8.17 所示的 GAL 是由 8×8 个与门构成的与阵列，共形成 64 个与项。每个与门有 32 个输入项，由 8 个输入的原变量、16 个反变量和 8 个反馈信号的原变量、16 个反变量组成，故可编程与阵列共有 32×8×8＝2 048 个可编程单元。GAL 内部电路中还有系统时钟 CP 和三态输出选通信号 OE 的输入缓冲器。GAL 没有独立的或阵列结构，各个或门放在各自的输出逻辑宏单元 OLMC 中。

GAL 的输出逻辑宏单元 OLMC 结构如图 8.18 所示。

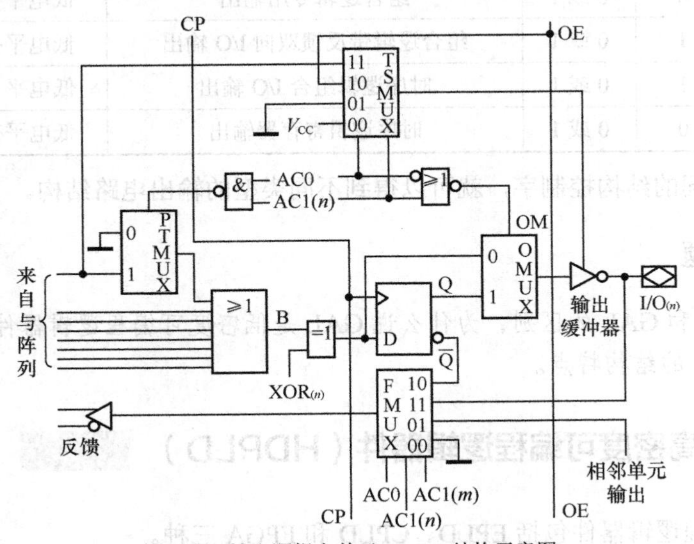

图 8.18 输出逻辑宏单元 OLMC 结构示意图

输出逻辑宏单元OLMC中的或门有来自与阵列的8个输入端，和来自与阵列的8个与项PT相对应。OLMC中的异或门用于选择输出信号的极性，其中D触发器使GAL适用于时序逻辑电路。OLMC中还有4个多路开关MUX，在结构控制字段作用下可设定输出逻辑宏单元的状态。

8.4.2 GAL的优点和工作模式

1．GAL的优点

GAL具有以下优点。

（1）采用电擦除工艺和高速编程方法，使编程改写变得方便、快速，整个芯片只需数秒钟，一个芯片可改写100次以上。

（2）采用高性能的E^2CMOS工艺，保证了GAL的高速度和低功耗；存取速度（建立时间）为12～14ns，功耗仅为双极型PAL器件的1/2或1/4，编程数据可保存20年以上。

（3）采用可编程的输出逻辑宏单元，使得GAL器件对复杂逻辑门设计具有极大的灵活性。GAL16V8可以仿真或代替20脚的PAL约21种。

（4）可预置和加电复位全部寄存器，具有100%的功能可测试性。

（5）备有加密单元，可防止他人抄袭设计电路。

（6）备有电子标签（ES），便于文档管理，提高了生产效率。

GAL器件的上述优点使其获得了广泛应用，从而成为低密度可编程逻辑器件的代表。

2．GAL的工作模式

GAL具有5种工作模式，如表8-4所示。

表8-4　GAL的5种工作模式

SYN	AC0	AC1	XOR	功能	输出极性
1	0	1	/	组合逻辑专用输入三态门禁止	/
1	0	0	0或1	组合逻辑专用输出	低电平有效或高电平有效
1	1	1	0或1	组合逻辑带反馈双向I/O输出	低电平有效或高电平有效
0	1	1	0或1	时序逻辑组合I/O输出	低电平有效或高电平有效
0	1	0	0或1	时序逻辑寄存器输出	低电平有效或高电平有效

只要写入不同的结构控制字，就可以得到不同类型的输出电路结构。

思考练习题

1. 简述PAL和GAL的区别，为什么说GAL是低密度可编程逻辑器件的代表？
2. 试述GAL的结构特点。

8.5 高密度可编程逻辑器件（HDPLD）

8-10 高密度可编程逻辑器件

高密度可编程逻辑器件包括EPLD、CPLD和FPGA三种。

8.5.1 可擦除可编程逻辑器件（EPLD）

可擦除可编程逻辑器件（EPLD）是 Altera 公司于 20 世纪 80 年代中期推出的一种大规模可编程逻辑器件。其内部结构组成如图 8.19 所示。

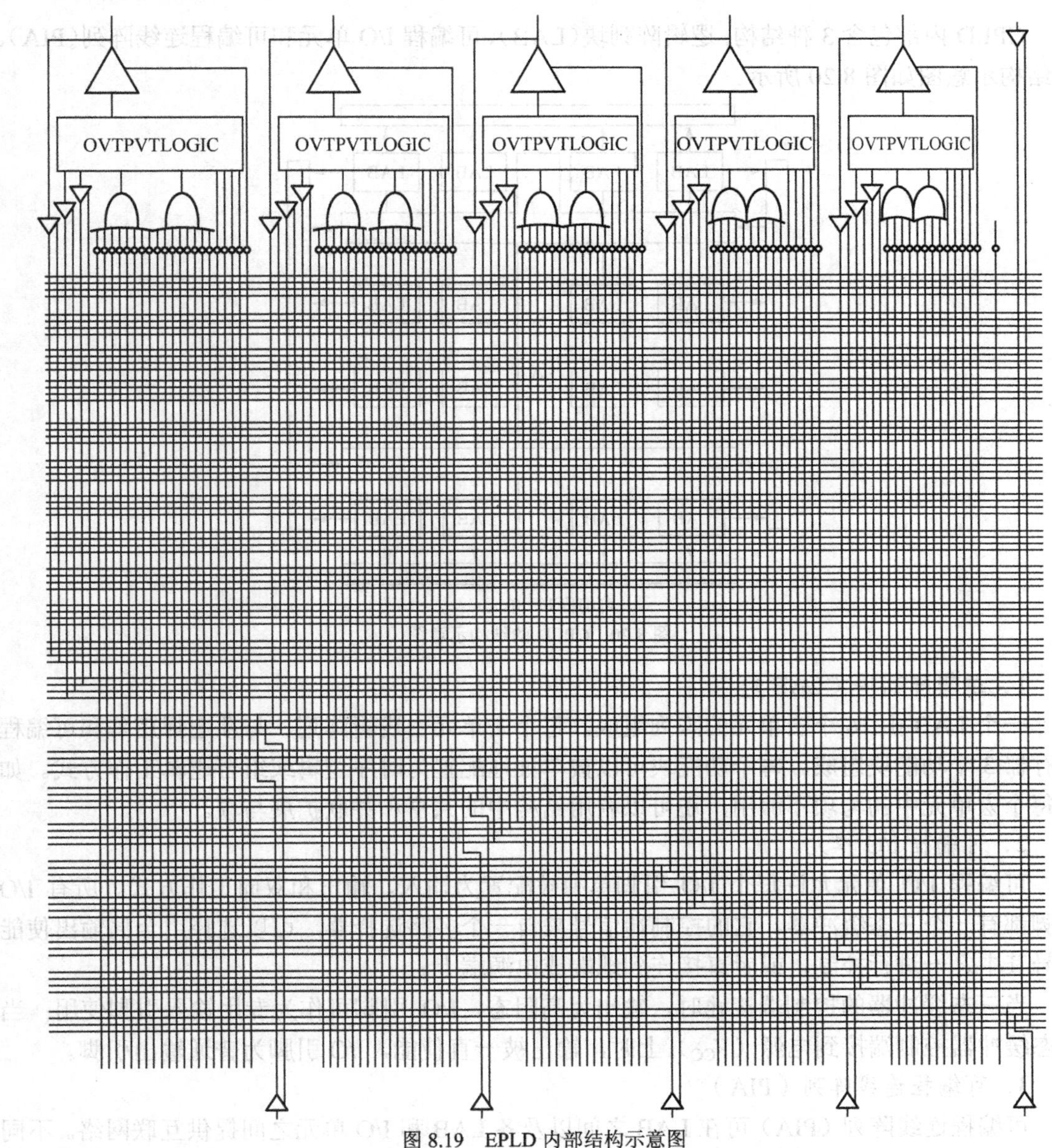

图 8.19 EPLD 内部结构示意图

从图 8.19 来看，EPLD 的基本结构与 GAL 并无本质上的区别，但集成密度比 GAL 高得多，使其在一个芯片内能够实现更多的逻辑功能。比较有代表性的 EPLD 是 Atmel 公司的 ATV750、ATV2500 和 ATV5000。

EPLD 采用的是 UVCMOS 工艺，其集成规模远大于普通 GAL。目前规模最大的 EPLD 产品的集成度最高已达 1 万门以上，可擦写万次以上。EPLD 具有异步时钟、异步清零、独立的 I/O 端、独立的反馈通道、触发器隐埋功能以及或门的组合运用等优点，使得 EPLD

的使用更加灵活，适应性更强，等效门的利用率更高，成为现代逻辑 ASIC 设计的最佳选择之一。

8.5.2 复杂可编程逻辑器件（CPLD）

CPLD 内部包含 3 种结构：逻辑阵列块（LAB）、可编程 I/O 单元和可编程连线阵列（PIA）。其结构示意图如图 8.20 所示。

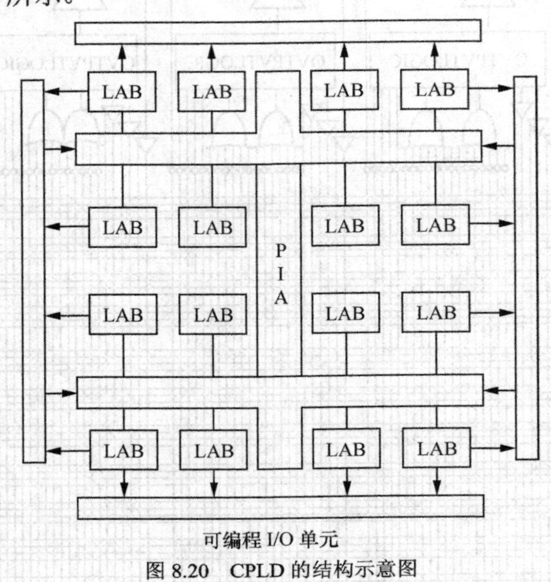

图 8.20 CPLD 的结构示意图

1．逻辑阵列块（LAB）

一个 LAB 由 16 个宏单元的阵列组成。每个宏单元由逻辑阵列、与项选择矩阵和可编程寄存器 3 个功能块组成。每个功能块可以被单独地配置为时序逻辑或组合逻辑工作方式。如果每个宏单元中的与项不够用，还可以利用结构中的共享和并联扩展与项。

2．可编程 I/O 单元

可编程 I/O 单元允许每个 I/O 引脚单独被配置为输入、输出和双向工作方式。所有 I/O 引脚都有一个三态缓冲器。它的控制端信号来自一个多路选择器，可以选择用全局输出使能信号其中之一进行控制，或者直接连到地端或电源端上。

当三态缓冲器的控制端接地时，输出为高阻态，I/O 引脚可作为专用输入引脚使用；当三态缓冲器控制端接到电源（V_{CC}）上时，输出被一直使能，I/O 引脚为普通输出引脚。

3．可编程连线阵列（PIA）

可编程连线阵列（PIA）可在 LAB 之间以及各 LAB 和 I/O 单元之间提供互联网络。不同的 LAB 通过在 PIA 上布线，以相互连接构成所需的逻辑。这个全局总路线是一种可编程的通道，可以把器件中任何信号连接到其目的地。所有 MAX3000 器件的专用输入、I/O 引脚和宏单元输出都连接到 PIA，而 PIA 可把这些信号送到整个器件内的各个地方。只有每个 LAB 需要的信号才布置到该 LAB 的连线。

PIA 的上述互连机制有很大的灵活性，它允许在不影响引脚分配的情况下改变内部的设计。

8.5.3　现场可编程门阵列（FPGA）

基于 SRAM 结构的现场可编程门阵列（FPGA）采用类似于掩模编程门阵列的通用结构，其内部由许多独立的可编程逻辑模块组成。用户可以通过编程将这些模块连接成所需要的数字系统。

1．结构组成

FPGA 是新型可擦除、可编程逻辑器件。它引用了 UVEPROM 工艺，以叠栅注入 MOS 管作为编程单元，不仅可靠性高，可以改写，而且集成度高、造价便宜。FPGA 主要由可编程逻辑模块（CLB）、可编程 I/O 单元和布线资源（IR）等组成。其基本结构如图 8.21 所示。

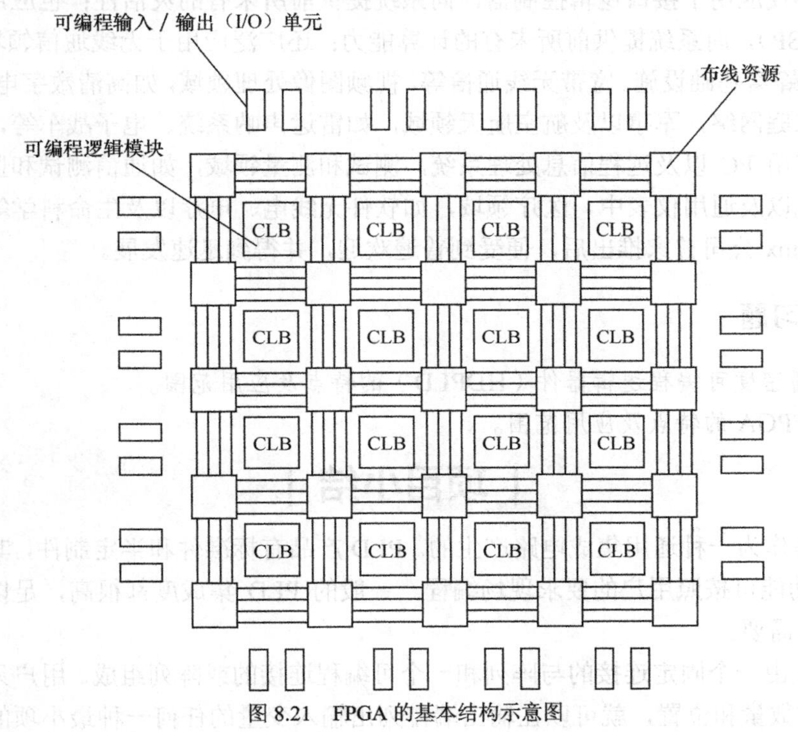

图 8.21　FPGA 的基本结构示意图

（1）可编程逻辑模块（CLB）

可编程逻辑模块（CLB）是实现逻辑功能的基本单元，主要由逻辑函数发生器、触发器、数据选择器等电路组成。它们通常规则地排列成一个阵列，散布于整个芯片中。功能强大的 CLB，不仅能实现逻辑函数，还可以配置成 RAM 等复杂形式。

（2）可编程 I/O 单元

可编程 I/O 单元主要由输入触发器、输入缓冲器和输出触发/锁存器、输出缓冲器组成。它提供了器件引脚和内部逻辑阵列的接口电路，每一个可编程 I/O 单元控制一个引脚（除电源线和地线引脚外），可将它们定义为输入、输出或者双向传输信号端。可编程 I/O 单元通常排列在芯片四周。

（3）布线资源（IR）

布线资源（IR）又叫作可编程互连资源，由许多金属线段构成。这些金属线段带有可编程开关，通过自动布线实现各种电路的连接。布线资源 IR 可实现 FPGA 内部的 CLB 和 CLB

之间或CLB和I/O之间的连接，以构成特定功能的电路。

2．FPGA的用途

FPGA是基于SRAM结构的现场可编程门阵列，具有容量大、设计灵活、密度高、编程速度快和可再配置等许多优点，但是一旦断电就会丢失所有的功能，因此，每一次上电时都要进行数据加载。FPGA比较适合用在需要存储大容量数据的、以时序逻辑电路为主的数字系统。目前使用的包括74系列或54系列的集成电路大多由FPGA设计，例如74LS148编码器、74LS154译码器、74LS193计数器、74LS194寄存器等。目前，FPGA已成为设计数字电路或系统的首选器件之一。

FPGA不仅应用于接口逻辑控制器，向系统提供前所未有的灵活性；也应用于高速数字信号处理（DSP），向系统提供前所未有的计算能力；还广泛应用于无线通信领域，如软件无线电（SDR）、蜂窝基础设施、宽带无线通信等，视频图像处理领域，如高清数字电视（HDTV）、机顶盒以及家庭网络，军事以及航空航天领域，如雷达声呐系统、电子战车等，汽车中的网关控制器、车用PC以及远程信息处理系统，测试和测量领域，如通信测试和监测系统、半导体自动测试以及通用仪表中，医疗领域，如软件无线电、电疗以及生命科学等。FPGA自1985年由Xilinx公司首家推出后，便受到普遍欢迎，并得到迅速发展。

思考练习题

1. 试述高密度可编程逻辑器件（HDPLD）的特点及应用范围。
2. 试述FPGA的特点及应用范围。

项目小结

1. PLD是作为一种通用集成电路产生的。PLD产品有标准件和半定制件，其中半定制件PLD的逻辑功能可按照用户的要求现场编程。一般的PLD集成度都很高，足以满足设计常规数字系统的需要。

2.. PROM由一个固定连接的与阵列和一个可编程连接的或阵列组成。用户只要改变或阵列上连接点的数量和位置，就可以在输出端排列出输入变量的任何一种最小项的组合，实现不同的逻辑函数。

3. PAL的电路结构包括固定的或阵列和可编程的与阵列，其输出电路结构形式与型号有关。

4. GAL在电路结构上与PAL的主要区别是增加了输出逻辑宏单元（OLMC）。正是由于OLMC的可编程结构，使它能够被设置成不同输出结构形式，通用性极强，而且设计灵活，成为低密度可编程逻辑器件的代表。

5. 现场可编程门阵列（FPGA）逻辑器件的结构模块包括I/O单元、CLB、IR等，其中CLB是实现逻辑功能的基本单元。FPGA更适合于实现时序逻辑功能。

项目拓展：关于可编程逻辑器件在数字电路实验中的作用

目前，在数字电路的实验中，大量使用基本逻辑门、触发器、中规模集成电路编码器、译码器、计数器、寄存器等，进行一次数字电路实验课，往往需要准备大量的集成芯片，有些芯片只是在实验中使用一次就损坏或不再用了，不但造成资源的浪费，显然还增加了器件的选购和管理工作。

如果在数字电路的实验中，使用半定制的 PLD，在相关实验中把 PLD 按照实验所要求的组合逻辑电路编写电路结构，它可构成几乎所有的中规模组合集成电路，如译码器、编码器、数据选择器和数值比较器等。在时序逻辑电路实验中，还可以用一个可编程器件芯片 GAL16V8 同时实现 RS 触发器、JK 触发器、D 触发器等。

可见，把 PLD 用于数字电路实验，一般实验只要准备 PLD 一种集成芯片即可，这大大减少了器件的选购、管理的工作量及经费开支。

此外，可编程逻辑器件在很大程度上改变了数字系统的设计方式，最显著的特点是它使硬件的设计工作更加简单方便。因为，电路的逻辑功能可以由编程设定，而且能在线装入和修改，硬件的设计和安装可以一次完成。

| 能力检测题 |

一、填空题

1. 可编程只读存储器（PROM）的______是一个全译码的固定阵列，具有 n 个地址输入变量，有 2^n 个译码输出，即有______根字线。PROM 的存储矩阵是一个______的或阵列。

2. 按照可擦除可编程方式的不同，在 PROM 的基础上又研制出了 EPROM 和 EEPROM，其中利用紫外线擦除的是______，采用电擦除可编程方式的是______。

3. 逻辑功能从厂家生产出来后就不能更改的逻辑器件称为______。

4. PLA、PAL 和 GAL 这一类为半定制为______逻辑器件。其中具有硬件加密功能的是______。

5. PAL 是一种阵列型的低密度逻辑器件，它的与阵列是______的，或阵列是______的。

6. GAL 和 PAL 的最大区别是：它的每一个输出端上都有一个______单元。

7. 高密度可编程逻辑器件包括______、______和______ 3 种。

8. 基于 SRAM 结构的高密度可编程逻辑器件是______。

9. 一旦断电，就会丢失所有逻辑功能的高密度可编程逻辑器件是______。

10. 可擦除可编程的高密度逻辑器件是______，复杂可编程的高密度逻辑器件是______。

二、判断题

1. 27 系列 EPROM 存储的数据是熔丝可擦除的。（ ）

2. GAL 可实现时序逻辑电路的功能，也可实现组合逻辑电路的功能。（ ）

3. 在系统可编程是指对位于用户电路板的可编程逻辑器件进行编程。（ ）

4. EPROM 是采用浮置栅技术工作的可编程存储器。（ ）

5. PLA 的与阵列和或阵列都可以根据用户的需要进行编程。（ ）

6. 存储器的容量指的是存储器所能容纳的最大字节数。（ ）

7. FPGA 比较适合用在以控制为主的数字系统。（ ）

8. 可编程逻辑器件的写入电压和正常工作电压相同。（ ）

9. 一旦断电，就会丢失所有逻辑功能的逻辑器件是 EPLD。（ ）

10. 高密度的可编程逻辑器件通常集成规模大于 10 000 逻辑门。（ ）

三、选择题

1. 图 8.22 输出端表示的逻辑关系为（ ）。

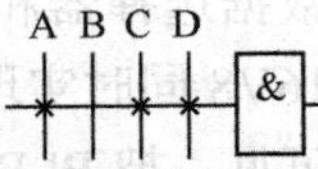

A. ACD　　B. $\overline{ACD}$

C. B　　D. $\overline{B}$

图 8.22 选择题 1 示意图

2. 低密度可编程逻辑器件通常集成规模小于（ ）逻辑门。

A. 100　　B. 1 000　　C. 10 000　　D. 100 000

3. 高密度可编程逻辑器件通常集成规模大于（ ）逻辑门。

A. 100　　B. 1 000　　C. 10 000　　D. 100 000

4. 已知存储器的容量为 2^{10} 位/片，则该存储器的容量为（ ）字节。

A. 1 024　　B. 4　　C. 4 096　　D. 8

5. 一个容量为 1024B×4 位的存储器，表示有（ ）个存储单元。

A. 1 024　　B. 4　　C. 4 096　　D. 8

6. FPGA 比较适合用在以（ ）的数字系统。

A. 复杂为主　　B. 控制为主　　C. 时序为主　　D. 简单为主

7. 低密度可编程逻辑器件中具有硬件加密功能的器件是（ ）。

A. PROM　　B. PLA　　C. PAL　　D. GAL

8. 要对一用户电路板上的 3 个在系统可编程芯片编程，最好的方法是（ ）。

A. 在专用编程器上逐片编程

B. 在专用编程器上同时编程

C. 通过编程线对板上的 HDPLD 逐片编程

D. 通过编程线对板上的所有 HDPLD 一次编程

四、简答题

1. PAL 的结构特点是什么？PAL 有哪几种输出类型？

2. 若存储器的容量为 256KB×8 位，其地址线为多少位？数据线数为多少？若存储器的容量为 512MB×8 位，其地址线又为多少位？

五、计算题

用 PLA 实现全加器的逻辑函数，并画出编程后的阵列图。

$$F_1 = \overline{A}\,\overline{B}C + \overline{A}B\overline{C} + A\overline{B}\,\overline{C} + ABC$$

$$F_2 = \overline{A}BC + A\overline{B}C + AB$$

附 录

附录A 常用集成电路型号及其引脚排列图

1．74LS 系列

功能	型号及其引脚排列图	功能	型号及其引脚排列图
四2输入与门	14 13 12 11 10 9 8 V_{CC} 4A 4B 4Y 3A 3B 3Y 74LS08 74LS09 集电极开路 1A 1B 1Y 2A 2B 2Y GND 1 2 3 4 5 6 7	双4输入与门	14 13 12 11 10 9 8 V_{CC} 2D 2C NC 2B 2A 2Y 74LS21 1A 1B NC 1C 1D 1Y GND 1 2 3 4 5 6 7
三3输入与门	14 13 12 11 10 9 8 V_{CC} 1C 1Y 3C 3B 3A 3Y 74LS15 1A 1B 2A 2B 2C 2Y GND 1 2 3 4 5 6 7	六2输入与门缓冲器	20 19 18 17 16 15 14 13 12 11 V_{CC} 6B 6A 6Y 5B 5A 5Y 4B 4A 4Y 74LS808 1A 1B 1Y 2A 2B 2Y 3A 3B 3Y GND 1 2 3 4 5 6 7 8 9 10
四2输入或门	14 13 12 11 10 9 8 V_{CC} 4B 4A 4Y 3B 3A 3Y 74LS32 1A 1B 1Y 2A 2B 2Y GND 1 2 3 4 5 6 7	六反相器(非门)	14 13 12 11 10 9 8 V_{CC} 6A 6Y 5A 5Y 4A 4Y 74LS04 74LS14 1A 1Y 2A 2Y 3A 3Y GND 1 2 3 4 5 6 7
双4输入与非门	14 13 12 11 10 9 8 V_{CC} 2D 2C NC 2B 2A 2Y 74LS13 施密特 74LS18 施密特 74LS20 1A 1B NC 1C 1D 1Y GND 1 2 3 4 5 6 7	四2输入与非门	14 13 12 11 10 9 8 V_{CC} 4A 4B 4Y 3A 3B 3Y 74LS00 74LS37 与非缓冲器 1A 1B 1Y 2A 2B 2Y GND 1 2 3 4 5 6 7
三3输入与非门	14 13 12 11 10 9 8 V_{CC} 1C 1Y 3C 3B 3A 3Y 74LS10 74LS11 74LS12 1A 1B 2A 2B 2C 2Y GND 1 2 3 4 5 6 7	六反相器/驱动器	14 13 12 11 10 9 8 V_{CC} 6A 6Y 5A 5Y 4A 4Y 74LS16 1A 1Y 2A 2Y 3A 3Y GND 1 2 3 4 5 6 7

（续表）

功能	型号及其引脚排列图	功能	型号及其引脚排列图
可扩展的双4输入与非门	14 13 12 11 10 9 8 V_{CC} 2D 2C NC 2B 2A 2Y 74LS23 1A 1B NC 1C 1D 1Y GND 1 2 3 4 5 6 7	六2输入或非门	20 19 18 17 16 15 14 13 12 11 V_{CC} 6B 6A 6Y 5B 5A 5Y 4B 4A 4Y 74LS805 1A 1B 1Y 2A 2B 2Y 3A 3B 3Y GND 1 2 3 4 5 6 7 8 9 10
12输入或非门	16 15 14 13 12 11 10 9 V_{CC} $\overline{OC}$ L K J I H Y 74LS134 A B C D E F G GND 1 2 3 4 5 6 7 8	8输入与非门	14 13 12 11 10 9 8 V_{CC} NC H G NC NC Y 74LS30 A B C D E F GND 1 2 3 4 5 6 7
13输入与非门	16 15 14 13 12 11 10 9 V_{CC} M L K J I H Y 74LS133 A B C D E F G GND 1 2 3 4 5 6 7 8	四2输入与非缓冲器	14 13 12 11 10 9 8 V_{CC} 4Y 4B 4A 3Y 3B 3A 74LS37 1Y 1A 1B 2Y 2A 2B GND 1 2 3 4 5 6 7
四2输入或非门	14 13 12 11 10 9 8 V_{CC} 4Y 4B 4A 3Y 3B 3A 74LS02 74LS28或非缓冲器 1Y 1A 1B 2Y 2A 2B GND 1 2 3 4 5 6 7	三3输入或非门	14 13 12 11 10 9 8 V_{CC} 1C 1Y 3C 3B 3A 3Y 74LS27 1A 1B 2A 2B 2C 2Y GND 1 2 3 4 5 6 7
双4输入或非门	16 15 14 13 12 11 10 9 V_{CC} $1\overline{X}$ 2D 2C 2G 2B 2A 2Y 74LS23 可扩展 1X 1A 1B 1G 1C 1D 1Y GND 1 2 3 4 5 6 7 8	双4输入或非门	14 13 12 11 10 9 8 V_{CC} 2D 2C 2G 2B 2A 2Y 74LS25 带选通端 1A 1B 1G 1C 1D 1Y GND 1 2 3 4 5 6 7
双5输入与扩展器	14 13 12 11 10 9 8 V_{CC} 1E 1D 2E 2D 2C 2B 74LS260 1A 1B 1C 2A 1Y 2Y GND 1 2 3 4 5 6 7	双4输入与或非门	14 13 12 11 10 9 8 V_{CC} H G F E NC Y 74LS55 A B C D NC NC GND 1 2 3 4 5 6 7
四2输入异或门	14 13 12 11 10 9 8 V_{CC} 4B 4A 4Y 3B 3A 3Y 74LS86 74LS136 1A 1B 1Y 2A 2B 2Y GND 1 2 3 4 5 6 7	四2输入异或非门	14 13 12 11 10 9 8 V_{CC} 4B 4A 4Y 3Y 3B 3A 74LS266 （OC） 1A 1B 1Y 2Y 2A 2B GND 1 2 3 4 5 6 7

（续表）

功能	型号及其引脚排列图	功能	型号及其引脚排列图
主从型双 JK 触发器	74LS111（主从型） 16 V_{CC}, 15 2K, 14 $2\overline{S_D}$, 13 $2\overline{R_D}$, 12 2J, 11 2CP, 10 $2\overline{Q}$, 9 2Q 1 1K, 2 $1\overline{S_D}$, 3 $1\overline{R_D}$, 4 1J, 5 1CP, 6 $1\overline{Q}$, 7 1Q, 8 GND	下降沿触发双 JK 触发器	74LS112（边沿型） 16 V_{CC}, 15 $1\overline{R_D}$, 14 $2\overline{R_D}$, 13 $2\overline{CP}$, 12 2K, 11 2J, 10 $2\overline{S_D}$, 9 2Q 1 $1\overline{CP}$, 2 1K, 3 1J, 4 $1\overline{S_D}$, 5 1Q, 6 $1\overline{Q}$, 7 $2\overline{Q}$, 8 GND
下降沿触发双 JK 触发器	74LS113（边沿型） 14 V_{CC}, 13 $2\overline{CP}$, 12 2K, 11 2J, 10 $2\overline{S_D}$, 9 2Q, 8 $2\overline{Q}$ 1 $1\overline{CP}$, 2 1K, 3 1J, 4 $1\overline{S_D}$, 5 1Q, 6 $1\overline{Q}$, 7 GND	下降沿触发双 JK 触发器	74LS114 14 V_{CC}, 13 $\overline{CP}$, 12 2K, 11 2J, 10 $2\overline{S_D}$, 9 2Q, 8 $2\overline{Q}$ 1 $\overline{R_D}$, 2 1K, 3 1J, 4 $1\overline{S_D}$, 5 1Q, 6 $1\overline{Q}$, 7 GND
与输入上升沿 JK 触发器	74LS114 14 V_{CC}, 13 $\overline{S_D}$, 12 CP, 11 2K, 10 1K, 9 3K, 8 Q 1 NC, 2 $\overline{R_D}$, 3 1J, 4 2J, 5 3J, 6 $\overline{Q}$, 7 GND	3 输入 JK 触发器	74LS110（主从型） 14 V_{CC}, 13 $\overline{S_D}$, 12 $\overline{CP}$, 11 3K, 10 2K, 9 1K, 8 Q 1 NC, 2 $\overline{R_D}$, 3 1J, 4 2J, 5 3J, 6 $\overline{Q}$, 7 GND
四 JK 触发器	74LS276 20 V_{CC}, 19 4J, 18 $4\overline{CP}$, 17 4K, 16 4Q, 15 3Q, 14 3K, 13 $3\overline{CP}$, 12 3J, 11 $\overline{S_D}$ 1 $\overline{R_D}$, 2 1J, 3 $1\overline{CP}$, 4 1K, 5 1Q, 6 2Q, 7 2K, 8 $2\overline{CP}$, 9 2J, 10 GND	双 D 触发器	74LS74 14 V_{CC}, 13 $2\overline{R_D}$, 12 2D, 11 2CP, 10 $2\overline{S_D}$, 9 2Q, 8 $2\overline{Q}$ 1 $1\overline{R_D}$, 2 1D, 3 1CP, 4 $1\overline{S_D}$, 5 1Q, 6 $1\overline{Q}$, 7 GND
双 JK 触发器	74LS73（边沿型） 16 V_{CC}, 15 2Q, 14 $2\overline{Q}$, 13 2CP, 12 $2\overline{R_D}$, 11 2K, 10 2J, 9 $2\overline{S_D}$ 1 1Q, 2 $1\overline{Q}$, 3 1CP, 4 $1\overline{R_D}$, 5 1K, 6 1J, 7 $1\overline{S_D}$, 8 GND	四 D 触发器	74LS171 16 V_{CC}, 15 1Q, 14 1D, 13 $\overline{R_D}$, 12 CP, 11 4D, 10 4Q, 9 $4\overline{Q}$ 1 $1\overline{Q}$, 2 $2\overline{Q}$, 3 2Q, 4 2D, 5 3D, 6 3Q, 7 $3\overline{Q}$, 8 GND
六 D 寄存器	74LS174（边沿型） 16 V_{CC}, 15 6Q, 14 6D, 13 5D, 12 5Q, 11 4D, 10 4Q, 9 CP 1 $1\overline{R_D}$, 2 1Q, 3 1D, 4 2D, 5 2Q, 6 3D, 7 3Q, 8 GND	四 D 寄存器	74LS175（边沿型） 16 V_{DD}, 15 4Q, 14 $4\overline{Q}$, 13 4D, 12 3D, 11 $3\overline{Q}$, 10 3Q, 9 CP 1 $\overline{MR}$, 2 1Q, 3 $1\overline{Q}$, 4 1D, 5 2D, 6 $2\overline{Q}$, 7 2Q, 8 V_{SS}
八 D 触发器	74LS377（带使能端） 20 V_{CC}, 19 8Q, 18 8D, 17 7D, 16 7Q, 15 6Q, 14 6D, 13 5D, 12 5Q, 11 CP 1 $\overline{EN}$, 2 1Q, 3 1D, 4 2D, 5 2Q, 6 3Q, 7 3D, 8 4D, 9 4Q, 10 GND	九 D 触发器	74LS823 24 V_{CC}, 23 1Q, 22 2Q, 21 3Q, 20 4Q, 19 5Q, 18 6Q, 17 7Q, 16 8Q, 15 9Q, 14 $\overline{CE}$, 13 CP 1 $\overline{OC}$, 2 1D, 3 2D, 4 3D, 5 4D, 6 5D, 7 6D, 8 7D, 9 8D, 10 9D, 11 $\overline{CR}$, 12 GND

（续表）

功能	型号及其引脚排列图	功能	型号及其引脚排列图
4位双稳态锁存器	16 15 14 13 12 11 10 9 1Q 2Q $2\overline{Q}$ G_{12} GNG $3\overline{Q}$ 3Q 4Q 74LS75 $1\overline{Q}$ 1D 2D G_{34} V_{CC} 3D 4D $4\overline{Q}$ 1 2 3 4 5 6 7 8	4位双稳态锁存器	16 15 14 13 12 11 10 9 V_{CC} 4D $4\overline{Q}$ 4Q G_{34} 3Q $3\overline{Q}$ 3D 74LS375 1D $1\overline{Q}$ 1Q G_{12} 2Q $2\overline{Q}$ 2D GND 1 2 3 4 5 6 7 8
10线-4线优先编码器	16 15 14 13 12 11 10 9 V_{CC} NC $\overline{Y_3}$ $\overline{I_3}$ $\overline{I_2}$ $\overline{I_1}$ $\overline{I_9}$ $\overline{Y_0}$ 74LS147 $\overline{I_4}$ $\overline{I_5}$ $\overline{I_6}$ $\overline{I_7}$ $\overline{I_8}$ $\overline{Y_2}$ $\overline{Y_1}$ GND 1 2 3 4 5 6 7 8	8线-3线优先编码器	16 15 14 13 12 11 10 9 V_{CC} Y_R $\overline{Y_{EX}}$ $\overline{I_3}$ $\overline{I_2}$ $\overline{I_1}$ $\overline{I_0}$ $\overline{Y_0}$ 74LS148 74LS348 $\overline{I_4}$ $\overline{I_5}$ $\overline{I_6}$ $\overline{I_7}$ $\overline{ST}$ $\overline{Y_2}$ $\overline{Y_1}$ GND 1 2 3 4 5 6 7 8
3线-8线译码器	16 15 14 13 12 11 10 9 V_{CC} $\overline{Y_0}$ $\overline{Y_1}$ $\overline{Y_2}$ $\overline{Y_3}$ $\overline{Y_4}$ $\overline{Y_5}$ $\overline{Y_6}$ 74LS138 A_0 A_1 A_2 $\overline{S_3}$ $\overline{S_2}$ S_1 $\overline{Y_7}$ GND 1 2 3 4 5 6 7 8	双2线-4线译码器/转换器	16 15 14 13 12 11 10 9 V_{CC} $2\overline{S}$ $2\overline{A_0}$ $2\overline{A_1}$ $2\overline{Y_0}$ $2\overline{Y_1}$ $2\overline{Y_2}$ $2\overline{Y_3}$ 74LS139 $1\overline{S}$ $1\overline{A_0}$ $1\overline{A_1}$ $1\overline{Y_0}$ $1\overline{Y_1}$ $1\overline{Y_2}$ $1\overline{Y_3}$ GND 1 2 3 4 5 6 7 8
4线-16线多路分配器/译码器	24 23 22 21 20 19 18 17 16 15 14 13 V_{CC} A B C D $\overline{G_2}$ $\overline{G_1}$ $\overline{Y_{15}}$ $\overline{Y_{14}}$ $\overline{Y_{13}}$ $\overline{Y_{12}}$ $\overline{Y_{11}}$ 74LS154 74LS159（OC输出） $\overline{Y_0}$ $\overline{Y_1}$ $\overline{Y_2}$ $\overline{Y_3}$ $\overline{Y_4}$ $\overline{Y_5}$ $\overline{Y_6}$ $\overline{Y_7}$ $\overline{Y_8}$ $\overline{Y_9}$ $\overline{Y_{10}}$ GND 1 2 3 4 5 6 7 8 9 10 11 12	BCD十进制译码器	20 19 18 17 16 15 14 13 12 11 V_{CC} Y_3 Y_4 A_2 $\overline{G_4}$ $\overline{G_3}$ G_2 G_1 AL Y_7 74LS537 Y_2 Y_1 Y_0 AL $\overline{OE}$ A B Y_5 Y_6 GND 1 2 3 4 5 6 7 8 9 10
BCD十进制译码器/驱动器	16 15 14 13 12 11 10 9 V_{CC} A_0 A_1 A_2 A_3 $\overline{Y_9}$ $\overline{Y_8}$ $\overline{Y_7}$ 74LS45(OC) 74LS145 $\overline{Y_0}$ $\overline{Y_1}$ $\overline{Y_2}$ $\overline{Y_3}$ $\overline{Y_4}$ $\overline{Y_5}$ $\overline{Y_6}$ GND 1 2 3 4 5 6 7 8	BCD 7段译码显示驱动器	16 15 14 13 12 11 10 9 V_{CC} f g a b c d e 74LS347 74LS447 B C $\overline{LT}$ $\overline{BI}/\overline{RBO}$ $\overline{RBI}$ D A GND 1 2 3 4 5 6 7 8
共阳极7段码译码驱动器	16 15 14 13 12 11 10 9 V_{CC} f g a b c d e 74LS46 74LS47 B C $\overline{LT}$ $\overline{BI}/\overline{RBO}$ $\overline{RBI}$ D A GND 1 2 3 4 5 6 7 8	共阴极7段码译码驱动器	16 15 14 13 12 11 10 9 V_{CC} f g a b c d e 74LS48 74LS49 B C $\overline{LT}$ $\overline{BI}/\overline{RBO}$ $\overline{RBI}$ D A GND 1 2 3 4 5 6 7 8
四总线缓冲门	U_{CC} $4\overline{C}$ 4A 4Y $3\overline{C}$ 3A 3Y 14 13 12 11 10 9 8 74LS125 1 2 3 4 5 6 7 $1\overline{C}$ 1A 1Y $2\overline{C}$ 2A 2Y GND	8选1数据选择器	U_{CC} D_4 D_5 D_6 D_7 A_0 A_1 A_2 16 15 14 13 12 11 10 9 74LS151 1 2 3 4 5 6 7 8 D_3 D_2 D_1 D_0 W $\overline{W}$ $\overline{S}$ GND

（续表）

功能	型号及其引脚排列图
双4选1数据选择器	74LS153：16 U_{CC}，15 $2\overline{S}$，14 A_0，13 $2D_3$，12 $2D_2$，11 $2D_1$，10 $2D_0$，9 2Q；1 $1\overline{S}$，2 A_1，3 $1D_3$，4 $1D_2$，5 $1D_1$，6 $1D_0$，7 1Q，8 GND
四位十进制计数器	74LS290：14 U_{CC}，13 $R_{0(2)}$，12 $R_{0(1)}$，11 $\overline{CP}_B$，10 $\overline{CP}_A$，9 Q_A，8 Q_D；1 $S_{9(1)}$，2 NC，3 $S_{9(2)}$，4 Q_C，5 Q_B，6 NC，7 GND
四位双向通用移位寄存器	74LS194：16 U_{CC}，15 Q_A，14 Q_B，13 Q_C，12 Q_D，11 CP，10 S_1，9 S_0；1 $\overline{CR}$，2 D_R，3 D_A，4 D_B，5 D_C，6 D_D，7 D_L，8 GND
555定时器芯片	NE555 / CC7555：8 V_{CC}，7 D，6 TH，5 CO；1 V_{SS}，2 TR，3 OUT，4 R
555定时器芯片	μA741：8 空脚，7 $+V_{CC}$，6 U_O，5 调零端；1 调零端，2 U−，3 U+，4 $-V_{CC}$
4位二进制全加器	74LS83：16 B_4，15 S_4，14 C_4，13 C_0，12 GND，11 B_1，10 A_1，9 S_1；1 A_4，2 S_3，3 A_3，4 B_3，5 V_{CC}，6 S_2，7 B_2，8 A_2
4位数值比较器	74LS85：16 V_{CC}，15 A_3，14 B_2，13 A_2，12 A_1，11 B_1，10 A_0，9 B_0；1 B_3，2 $I_{A<B}$，3 $I_{A=B}$，4 $I_{A>B}$，5 $F_{A>B}$，6 $F_{A=B}$，7 $F_{A<B}$，8 GND
四位二进制计数器	74LS161：16 U_{CC}，15 CO，14 Q_A，13 Q_B，12 Q_C，11 Q_D，10 $T(S_2)$，9 $\overline{L}_D$；1 $\overline{CR}$，2 CP，3 A，4 B，5 C，6 D，7 $P(S_1)$，8 GND
同步可逆十进制计数器	74LS190：16 V_{CC}，15 D_0，14 CP，13 $\overline{RC}$，12 CO/BO，11 $\overline{LD}$，10 D_2，9 D_3；1 D_1，2 Q_1，3 Q_0，4 $\overline{CT}$，5 $\overline{U}$/D，6 Q_2，7 Q_3，8 GND
双555定时器	NE556：14 V_{CC}，13 2D，12 2TH，11 2CO，10 2R，9 2OUT，8 2TR；1 1D，2 1TH，3 1CO，4 1R，5 1OUT，6 1TR，7 GND
双进位保留全加器	74LS183：14 V_{CC}，13 2A，12 2B，11 $2C_N$，10 $2C_{N+1}$，9 NC，8 2S；1 1A，2 NC，3 1B，4 $1C_N$，5 $1C_{N+1}$，6 1S，7 GND
单稳态多谐振荡器	74LS121：14 V_{CC}，13 NC，12 NC，11 R_{ext}，10 C_{ext}，9 R_{int}，8 NC；1 $\overline{Q}$，2 NC，3 $\overline{A}_1$，4 $\overline{A}_2$，5 B，6 Q，7 GND

（续表）

功能	型号及其引脚排列图	功能	型号及其引脚排列图
双单稳态多谐振荡器	74LS123/221 16 V_{CC}, 15 $1R_{ext}$, 14 $1C_{ext}$, 13 1Q, 12 $2\overline{Q}$, 11 $2\overline{CR}$, 10 2B, 9 $2\overline{A}$ 1 $1\overline{A}$, 2 1B, 3 $1\overline{CR}$, 4 1Q, 5 2Q, 6 $2C_{ext}$, 7 $2R_{ext}$, 8 GND	四2输入与非施密特触发器	74LS132 14 V_{CC}, 13 4A, 12 4B, 11 4Y, 10 3A, 9 3B, 8 3Y 1 1A, 2 1B, 3 1Y, 4 2A, 5 2B, 6 2Y, 7 GND
8位数值比较器	74LS520 74LS521 20 V_{CC}, 19 $\overline{EQ}$, 18 Q_7, 17 P_7, 16 Q_6, 15 P_6, 14 Q_5, 13 P_5, 12 Q_4, 11 P_4 1 $\overline{G}$, 2 P_0, 3 Q_0, 4 P_1, 5 Q_1, 6 P_2, 7 Q_2, 8 P_3, 9 Q_3, 10 GND	16选1数据选择器	74LS250 24 V_{CC}, 23 D_8, 22 D_9, 21 D_{10}, 20 D_{11}, 19 D_{12}, 18 D_{13}, 17 D_{14}, 16 D_{15}, 15 A, 14 B, 13 C 1 D_7, 2 D_6, 3 D_5, 4 D_4, 5 D_3, 6 D_2, 7 D_1, 8 D_0, 9 S, 10 W, 11 D, 12 GND
可预置十进制计数器	74LS176 74LS196 14 V_{CC}, 13 $\overline{CR}$, 12 Q_3, 11 D_3, 10 D_1, 9 Q_1, 8 $\overline{CP}_1$ 1 CNT/LD, 2 Q_2, 3 D_2, 4 D_0, 5 Q_0, 6 $\overline{CP}_2$, 7 GND	十进制计数器	74LS290 14 V_{CC}, 13 R_{02}, 12 R_{01}, 11 $\overline{CP}_2$, 10 $\overline{CP}_1$, 9 Q_0, 8 Q_3 1 R_{91}, 2 NC, 3 R_{92}, 4 Q_2, 5 Q_1, 6 NC, 7 GND
4位并入并出移位寄存器	74LS95 14 V_{CC}, 13 Q_0, 12 Q_1, 11 Q_2, 10 Q_3, 9 CLKR, 8 CLKL 1 S_0, 2 D_0, 3 D_1, 4 D_2, 5 D_3, 6 MODE, 7 GND	并行存取移位寄存器	74LS195 16 V_{CC}, 15 Q_0, 14 Q_1, 13 Q_2, 12 Q_3, 11 $\overline{Q}_3$, 10 CLK, 9 $S/\overline{L}$ 1 CLR, 2 J, 3 K, 4 D_0, 5 D_1, 6 D_2, 7 D_3, 8 GND
电可编程只读存储器	74LS2764 28 V_{CC}, 27 PRG, 26 NC, 25 A_8, 24 A_9, 23 A_{11}, 22 $\overline{OE}$, 21 A_{10}, 20 $\overline{CE}$, 19 DO_7, 18 DO_6, 17 DO_5, 16 DO_4, 15 DO_3 1 V_{PP}, 2 A_{12}, 3 A_7, 4 A_6, 5 A_5, 6 A_4, 7 A_3, 8 A_2, 9 A_1, 10 A_0, 11 DO_0, 12 DO_1, 13 DO_2, 14 GND	电可编程只读存储器	74LS27128 28 V_{CC}, 27 PRG, 26 A_{13}, 25 A_8, 24 A_9, 23 A_{11}, 22 $\overline{OE}$, 21 A_{10}, 20 $\overline{CE}$, 19 DO_7, 18 DO_6, 17 DO_5, 16 DO_4, 15 DO_3 1 V_{PP}, 2 A_{12}, 3 A_7, 4 A_6, 5 A_5, 6 A_4, 7 A_3, 8 A_2, 9 A_1, 10 A_0, 11 DO_0, 12 DO_1, 13 DO_2, 14 GND
数/模转换器	DAC0832 20 V_{CC}, 19 ILE, 18 $\overline{WR}_2$, 17 $\overline{XFER}$, 16 D_4, 15 D_5, 14 D_6, 13 D_7, 12 I_{02}, 11 I_{01} 1 $\overline{CS}$, 2 $\overline{WR}_1$, 3 AGND, 4 D_3, 5 D_2, 6 D_1, 7 D_0, 8 U_R, 9 R_F, 10 GND	模/数转换器	ADC0809 28 IN_2, 27 IN_1, 26 IN_0, 25 A, 24 B, 23 C, 22 ALE, 21 D_7, 20 D_6, 19 D_5, 18 D_4, 17 D_3, 16 U_R, 15 D_2 1 IN_3, 2 IN_4, 3 IN_5, 4 IN_6, 5 IN_7, 6 START, 7 EOC, 8 D_3, 9 OE, 10 CP, 11 V_{CC}, 12 U_R, 13 GND, 14 D_1
模/数转换器	ADC0804 20 V_{CC}, 19 CLKR, 18 D_7, 17 D_6, 16 D_5, 15 D_4, 14 D_3, 13 D_2, 12 D_1, 11 D_0 1 $\overline{CS}$, 2 $\overline{RD}$, 3 $\overline{WR}$, 4 OLK IN, 5 $\overline{INTR}$, 6 U_{IN+}, 7 U_{IN-}, 8 AGND, 9 $U_{REF}/2$, 10 DGND	数/模转换器	DAC902 28 CLK, 27 $+V_D$, 26 DGND, 25 NC, 24 $+V_A$, 23 BYP, 22 I_{OUT}, 21 $\overline{I_{OUT}}$, 20 AGND, 19 BW, 18 FSA, 17 REF_{IN}, 16 $\overline{INT}$/EXT, 15 PD 1 Bit_1, 2 Bit_2, 3 Bit_3, 4 Bit_4, 5 Bit_5, 6 Bit_6, 7 Bit_7, 8 Bit_8, 9 Bit_9, 10 Bit_{10}, 11 Bit_{11}, 12 Bit_{12}, 13 NC, 14 NC

2．CC40 系列

功能	型号及其引脚排列图	功能	型号及其引脚排列图
四 2 输入与门	CC4081 14 V_{DD}, 13 4B, 12 4A, 11 4Y, 10 3Y, 9 3B, 8 3A 1 1A, 2 1B, 3 1Y, 4 2Y, 5 2A, 6 2B, 7 V_{SS}	四 2 输入或门	CC4071 14 V_{DD}, 13 4B, 12 4A, 11 4Y, 10 3B, 9 3A, 8 3Y 1 1A, 2 1B, 3 1Y, 4 2Y, 5 2A, 6 2B, 7 V_{SS}
四 2 输入或非门	CC4001 14 V_{DD}, 13 4B, 12 4A, 11 4Y, 10 3Y, 9 3B, 8 3A 1 1Y, 2 1A, 3 1B, 4 2Y, 5 2A, 6 2B, 7 V_{SS}	双 2 输入与非门	CC40107 14 V_{DD}, 13 NC, 12 NC, 11 2A, 10 2B, 9 2Y, 8 NC 1 NC, 2 NC, 3 1A, 4 1B, 5 1Y, 6 NC, 7 V_{SS}
四 2 输入异或门	CC4030 CC4070 14 V_{DD}, 13 4B, 12 4A, 11 4Y, 10 3Y, 9 3B, 8 3A 1 1A, 2 1B, 3 1Y, 4 2A, 5 2B, 6 2Y, 7 V_{SS}	4 路输入与或非门	CC4086 14 V_{DD}, 13 H, 12 G, 11 J, 10 I, 9 F, 8 E 1 A, 2 B, 3 Y, 4 NC, 5 C, 6 D, 7 V_{SS}
双 JK 触发器	CC4027 16 U_{DD}, 15 2Q, 14 $2\overline{Q}$, 13 2CP, 12 $2R_D$, 11 2K, 10 2J, 9 $2S_D$ 1 1Q, 2 $1\overline{Q}$, 3 1CP, 4 $1R_D$, 5 1K, 6 1J, 7 $1S_D$, 8 U_{SS}	四 2 输入异或非门	CC4077 14 V_{DD}, 13 4B, 12 4A, 11 4Y, 10 3Y, 9 3B, 8 3A 1 1A, 2 1B, 3 1Y, 4 2Y, 5 2A, 6 2B, 7 V_{SS}
双 D 触发器	CC4013 14 V_{DD}, 13 2Q, 12 $2\overline{Q}$, 11 2CP, 10 $2R_D$, 9 2D, 8 $2S_D$ 1 1Q, 2 $1\overline{Q}$, 3 1CP, 4 $1R_D$, 5 1D, 6 $1S_D$, 7 V_{SS}	三 JK 触发器	CC4095 14 V_{DD}, 13 S_D, 12 CP, 11 K_1, 10 K_2, 9 K_3, 8 Q 1 NC, 2 R_D, 3 J_1, 4 J_2, 5 J_3, 6 $\overline{Q}$, 7 V_{SS}
4 位锁存 D 型器触发器	CC4042 16 V_{DD}, 15 $4\overline{Q}$, 14 4D, 13 3D, 12 $3\overline{Q}$, 11 3Q, 10 2Q, 9 $2\overline{Q}$ 1 4Q, 2 1Q, 3 $1\overline{Q}$, 4 1D, 5 CP, 6 POL, 7 2D, 8 V_{SS}	四 D 型触发器	CC40175 16 V_{DD}, 15 4Q, 14 $4\overline{Q}$, 13 4D, 12 3D, 11 $3\overline{Q}$, 10 3Q, 9 CP 1 $\overline{R_D}$, 2 1Q, 3 $1\overline{Q}$, 4 1D, 5 2D, 6 2Q, 7 $2\overline{Q}$, 8 V_{SS}

（续表）

功能	型号及其引脚排列图	功能	型号及其引脚排列图
三态RS锁存触发器	CC4043 16 V_{DD}, 15 4R, 14 4S, 13 NC, 12 3S, 11 3R, 10 3Q, 9 2Q 1 4Q, 2 1Q, 3 1R, 4 1S, 5 OE, 6 2S, 7 2R, 8 V_{SS}	六施密特触发器	CC4584 14 V_{DD}, 13 6A, 12 6Y, 11 5A, 10 5Y, 9 4A, 8 4Y 1 1a, 2 1Y, 3 2A, 4 2Y, 5 3A, 6 3Y, 7 V_{SS}
双单稳态触发器	CC4098 CC4528 CC4538 16 V_{DD}, 15 $2C_{out}$, 14 $2R_{ext}/C_{ext}$, 13 $2\overline{R}_D$, 12 2TR+, 11 2TR−, 10 2Q, 9 $2\overline{Q}$ 1 $1C_{ext}$, 2 $1R_{ext}/C_{ext}$, 3 $1\overline{R}_D$, 4 1TR+, 5 1TR−, 6 1Q, 7 $1\overline{Q}$, 8 V_{SS}	双2线-4线译码器	CC4555 CC14555 16 V_{DD}, 15 $2\overline{S}$, 14 $2A_0$, 13 $2A_1$, 12 $2Y_0$, 11 $2Y_1$, 10 $2Y_2$, 9 $2Y_3$ 1 $1\overline{S}$, 2 $1A_0$, 3 $1A_1$, 4 $1Y_0$, 5 $1Y_1$, 6 $1Y_2$, 7 $1Y_3$, 8 V_{SS}
BCD码十进制译码器	CC4028 16 V_{DD}, 15 Y_3, 14 Y_1, 13 A_1, 12 A_2, 11 A_3, 10 A_0, 9 Y_8 1 Y_4, 2 Y_2, 3 Y_0, 4 Y_7, 5 Y_9, 6 Y_5, 7 Y_6, 8 V_{SS}	BCD 7段译码液晶驱动器	CC4055 16 V_{DD}, 15 Y_f, 14 Y_g, 13 Y_e, 12 Y_d, 11 Y_c, 10 Y_b, 9 Y_a 1 f_{DD}, 2 A_1, 3 A_2, 4 A_3, 5 A_4, 6 f_{DF}, 7 V_{RR}, 8 V_{SS}
10线-4线优先编码器	CC40147 16 V_{DD}, 15 I_0, 14 Y_3, 13 I_3, 12 I_2, 11 I_1, 10 I_9, 9 Y_8 1 I_4, 2 I_5, 3 I_6, 4 I_7, 5 I_8, 6 Y_2, 7 Y_1, 8 V_{SS}	4位超前进位全加器	CC4008 16 V_{DD}, 15 B_4, 14 C_4, 13 S_4, 12 S_3, 11 S_2, 10 S_1, 9 C_0 1 A_4, 2 B_3, 3 A_3, 4 B_2, 5 A_2, 6 B_1, 7 A_1, 8 V_{SS}
4位数值比较器	CC4063 16 V_{DD}, 15 A_3, 14 B_2, 13 A_2, 12 A_1, 11 B_1, 10 A_0, 9 B_0 1 B_3, 2 $A<B$, 3 $A=B$, 4 $A>B$, 5 $F_{A>B}$, 6 $F_{A=B}$, 7 $F_{A<B}$, 8 V_{SS}	16选1模拟开关	CC4067 24 V_{CC}, 23 I/O_8, 22 I/O_9, 21 I/O_{10}, 20 I/O_{11}, 19 I/O_{12}, 18 I/O_{13}, 17 I/O_{14}, 16 I/O_{15}, 15 INH, 14 A_2, 13 A_3 1 I/O, 2 I/O_7, 3 I/O_6, 4 I/O_5, 5 I/O_4, 6 I/O_3, 7 I/O_2, 8 I/O_1, 9 I/O_0, 10 A_0, 11 A_1, 12 V_{SS}
8选1模拟开关	CC4051 16 V_{DD}, 15 X_2, 14 X_1, 13 X_0, 12 X_3, 11 S_0, 10 S_1, 9 S_2 1 X_4, 2 X_6, 3 X, 4 X_7, 5 X_5, 6 ENAB, 7 V_{EE}, 8 V_{SS}	双4选1模拟开关	CC4052 16 V_{DD}, 15 X_2, 14 X_1, 13 X, 12 X_0, 11 X_3, 10 S_0, 9 S_1 1 Y_0, 2 Y_2, 3 Y, 4 Y_3, 5 Y_1, 6 ENAB, 7 V_{EE}, 8 V_{SS}

（续表）

功能	型号及其引脚排列图	功能	型号及其引脚排列图
BCD可预置加计数器	CC40160 CC40162 16 V_{DD}, 15 CO, 14 Q_0, 13 Q_1, 12 Q_2, 11 Q_3, 10 CT_T, 9 $\overline{LD}$ 1 $\overline{CR}$, 2 CP, 3 D_0, 4 D_1, 5 D_2, 6 D_3, 7 CP_T, 8 V_{SS}	双BCD同步加计数器	CC4518 CC14518 16 V_{DD}, 15 2CR, 14 $2Q_3$, 13 $2Q_2$, 12 $2Q_1$, 11 $2Q_0$, 10 2CP, 9 2EN 1 1CP, 2 1EN, 3 $1Q_0$, 4 $1Q_1$, 5 $1Q_2$, 6 $1Q_3$, 7 1CR, 8 V_{SS}
可预置可逆同步计数器	CC4029 16 V_{DD}, 15 CP, 14 Q_2, 13 D_2, 12 D_1, 11 Q_1, 10 $U/\overline{D}$, 9 $BIN/\overline{DEC}$ 1 LD, 2 Q_3, 3 D_3, 4 D_0, 5 Ci, 6 Q_0, 7 $\overline{C}_0$, 8 V_{SS}	可预置BCD同步1/N双向计数器	CC4522 CC14522 16 V_{DD}, 15 V_2, 14 D_2, 13 CF, 12 Q_{CF}, 11 D_1, 10 CR, 9 Q_1 1 Q_3, 2 D_3, 3 LD, 4 NE, 5 D_0, 6 CP, 7 Q_0, 8 V_{SS}
可预置二进制加计数器	CC40161 CC40163 16 V_{DD}, 15 CO, 14 Q_0, 13 Q_1, 12 Q_2, 11 Q_3, 10 CT_T, 9 $\overline{LD}$ 1 $\overline{CR}$, 2 CP, 3 D_0, 4 D_1, 5 D_2, 6 D_3, 7 CT_P, 8 V_{SS}	7位二进制串行计数/分频器	CC4024 14 V_{DD}, 13 NC, 12 Q_0, 11 Q_1, 10 NC, 9 Q_2, 8 NC 1 $\overline{CP}$, 2 CR, 3 Q_6, 4 Q_5, 5 Q_4, 6 Q_3, 7 V_{SS}
8位串入/并出移位寄存器	CC4014 CC4021 16 V_{DD}, 15 P_6, 14 P_5, 13 P_4, 12 Q_6, 11 S, 10 CLK, 9 P/S 1 P_7, 2 Q_5, 3 Q_7, 4 P_3, 5 P_2, 6 P_1, 7 P_0, 8 V_{SS}	先进先出FI/FD寄存器	CC40105 16 V_{DD}, 15 SO, 14 DOR, 13 Q_0, 12 Q_1, 11 Q_2, 10 Q_3, 9 CR 1 EN, 2 DIR, 3 SI, 4 D_0, 5 D_1, 6 D_2, 7 D_3, 8 V_{SS}

附录B　集成电路型号及其功能——按型号索引

1．74LS 系列

型号	功能
74LS00	四 2 输入与非门
74LS01	集电极开路的四 2 输入与非门
74LS02	四 2 输入或非门
74LS03	六反相器
74LS04	集电极开路的六反相器
74LS05	集电极开路的六反相器
74LS06	集电极开路的六反相缓冲器/驱动器
74LS07	集电极开路的六缓冲器/驱动器
74LS08	四 2 输入与门
74LS09	集电极开路的四 2 输入与门
74LS10	三 3 输入与非门
74LS11	三 3 输入与非门

（续表）

型号	功能
74LS12	三3输入与非门
74LS13	双4输入与非门（施密特）
74LS14	六反相器（施密特）
74LS15	三3输入与门
74LS16	六反相器/驱动器
74LS17	集电极开路的六反相器/驱动器
74LS18	双4输入与非门（施密特）
74LS19	六反相器（施密特）
74LS20	双4输入与非门
74LS21	双4输入与门
74LS22	集电极开路的双4输入与非门
74LS23	可扩展的双4输入与非门
74LS24	四2输入与非门
74LS25	双4输入或非门
74LS26	四2输入与非门
74LS27	三3输入或非门
74LS28	四2输入或非缓冲器
74LS30	8输入与非门
74LS31	延时单元电路
74LS32	四2输入或门
74LS33	4输入与非缓冲器
74LS34	六缓冲器
74LS36	四4输入或非门
74LS37	四2输入与非缓冲器
74LS38	集电极开路的双2输入与非缓冲器
74LS40	双4输入与非缓冲器
74LS42	BCD码-十进制译码器
74LS43	余3码-十进制计数器
74LS44	余3格雷码-十进制计数器
74LS45	BCD码-十进制译码/驱动器
74LS46	BCD码-7段译码/驱动器（共阳极、OC）
74LS47	BCD码-7段译码/驱动器（共阳极、OC、15V）
74LS48	BCD码-7段译码/驱动器（共阴极）
74LS49	BCD码-7段译码/驱动器（共阴极）
74LS50	二2输入双与或非门
74LS51	2/3输入双与或非门
74LS52	4输入可扩展与或门
74LS54	4输入与或非门
74LS55	双4输入与或非门
74LS58	2/3输入双与或非门
74LS60	双5输入与扩展器
74LS61	三3输入与扩展器
74LS62	4输入与扩展器
74LS63	六电流读出接口门

（续表）

型号	功能
74LS64	4/2/3/2 输入与或非门（图腾柱）
74LS65	4/2/3/2 输入与或非门
74LS68	双十进制计数器
74LS70	与输入上升沿 JK 触发器
74LS71	与输入 RS 主从触发器
74LS73	双 JK 触发器
74LS74	双 D 触发器
74LS75	4 位双稳态锁存器
74LS76	双 JK 触发器
74LS77	4 位双稳态锁存器
74LS78	双 JK 触发器
74LS80	门输入全加器
74LS82	2 位二进制全加器
74LS83	4 位二进制全加器
74LS85	4 位数值比较器
74LS86	四 2 输入异或门
74LS90	4 位十进制计数器
74LS91	8 位移位寄存器
74LS92	12 分频计数器
74LS93	二进制计数器
74LS94	4 位移位寄存器
74LS95	4 位并入并出移位寄存器
74LS96	5 位移位寄存器
74LS97	6 位二进制同步系数乘法器
74LS107	双 JK 触发器
74LS108	双 JK 下降沿触发器
74LS109	上升沿触发的双 JK 触发器
74LS110	与输入双 JK 主从型触发器
74LS111	主从型双 JK 触发器（带数据锁定）
74LS112	下降沿触发的双 JK 触发器
74LS113	下降沿触发的双 JK 触发器
74LS114	下降沿触发的双 JK 触发器
74LS116	双 4 位锁存器
74LS120	双脉冲同步器
74LS121	单稳态多谐振荡器
74LS122	单稳态多谐振荡器
74LS123	双单稳态多谐振荡器
74LS125	四总路线缓冲门
74LS126	四 3 态总路线缓冲器
74LS128	双 2 输入端或非线驱动器
74LS132	四 2 输入与非施密特触发器
74LS133	13 输入与非门
74LS134	12 输入与非门
74LS135	4 输入异或/异或非门

（续表）

型号	功能
74LS136	四 2 输入异或门
74LS137	3 线-8 线译码器
74LS138	3 线-8 线译码器/转换器
74LS139	双 2 线-4 线译码器/转换器
74LS140	双 4 输入非门线驱动器（50Ω）
74LS141	BCD 码-十进制译码器/驱动器
74LS142	BCD 码-计数/锁存、译码/驱动器
74LS143	4 位计数/7 段译码显示驱动器
74LS144	4 位计数/7 段译码显示驱动器（OC）
74LS145	BCD 码-十进制译码/驱动器
74LS147	10 线-4 线优先编码器
74LS148	8 线-3 线优先编码器
74LS149	8 线-3 线优先编码器
74LS150	16 选 1 数据选择器
74LS151	8 选 1 数据选择器
74LS152	8 选 1 数据选择器
74LS153	双 4 选 1 数据选择器
74LS154	4 线-16 线多路分配器
74LS155	双 2 线-4 线分路分配器
74LS156	双 2 线-4 线分路分配器（OC）
74LS157	四 2 选 1 数据选择器（同相）
74LS158	四 2 选 1 数据选择器（反相）
74LS159	4 线-16 线译码/多路分配器（OC）
74LS160	同步 BCD 码十进制计数器
74LS161	4 位二进制计数器
74LS162	同步 BCD 码十进制计数器
74LS163	4 位二进制计数器
74LS164	8 位串入并出移位寄存器
74LS165	8 位移位寄存器
74LS166	8 位移位寄存器
74LS167	BCD 码同步系数乘法器
74LS168	4 位可逆同步计数器
74LS169	4 位可逆同步计数器
74LS170	4×4 位寄存器堆
74LS171	4D 触发器
74LS172	16 位多通道寄存器堆（三态）
74LS173	4D 寄存器
74LS174	6D 寄存器
74LS175	4D 寄存器
74LS176	可预置十进制计数器
74LS178	4 位并行存取寄存器
74LS180	9 位奇偶校验/发生器
74LS181	运算器/函数发生器
74LS182	超前进位发生器

（续表）

型号	功能
74LS183	双进位保存全加器
74LS184	BCD 码-二进制转换器
74LS185	二进制-BCD 转换器
74LS189	64 位随机存储器
74LS190	同步可逆十进制计数器
74LS191	二进制同步可逆计数器
74LS192	同步 BCD 码可逆计数器
74LS193	二进制可逆计数器
74LS194	四位双向通用移位寄存器
74LS195	并行存取移位寄存器
74LS196	可预置十进制计数器
74LS197	可预置二进制计数器
74LS198	8 位移位寄存器
74LS199	8 位移位寄存器
74LS221	双单稳态多谐振荡器
74LS226	4 位并行总线收发器
74LS237	3 线-8 线译码/多路转换器
74LS238	3 线-8 线译码/多路转换器
74LS239	双 2 线-4 线译码/多路转换器
74LS240	八缓冲/驱动/接收器
74LS241	八缓冲/驱动/接收器
74LS242	4 总线收发器
74LS243	4 总线收发器
74LS244	8 缓冲/驱动/接收器
74LS245	8 总线收发器
74LS246	BCD 码-7 段译码驱动器（30V）
74LS247	BCD 码-7 段译码驱动器（15V）
74LS248	BCD 码-7 段译码驱动器
74LS249	BCD 码-7 段译码驱动器（OC）
74LS250	16 选 1 数据选择器
74LS251	三态 8-1 数据选取选择器
74LS253	双三态 4-1 数据选择器
74LS256	双 4 位选址锁存器
74LS257	四 2 选 1 数据选择器（三态）
74LS258	四 2 选 1 数据选择器
74LS259	8 位可寻址锁存器
74LS260	双 5 输入或非门
74LS261	2×4 位二进制乘法器
74LS265	4 互补输出电路
74LS266	四 2 输入异或非门
74LS273	8D 型触发器
74LS274	4×4 二进制乘法器（三态）
74LS276	4JK 触发器
74LS278	4 位级联优先寄存器

（续表）

型号	功能
74LS279	4RS 锁存器
74LS280	9 位奇偶校验/发生器
74LS281	4 位并行二进制累加器
74LS283	4 位二进制全加器
74LS284	4×4 二进制并行乘法器
74LS285	4×4 二进制并行乘法器
74LS290	十进制计数器
74LS292	可编程分频器/数字定时器
74LS293	4 位二进制计数器
74LS295	4 位双向通用移位寄存器
74LS297	数字锁相环
74LS298	四 2 选 1 数据选择器
74LS299	8 位双向移位寄存器
74LS320	晶体控制振荡器
74LS321	晶体控制振荡器
74LS322	带符号扩展的 8 位移位寄存器
74LS323	8 位双向移位寄存器
74LS324	压控振荡器（双向输出）
74LS325	双压控振荡器（双向输出）
74LS326	双压控振荡器（双向输出）
74LS327	双压控振荡器（单向输出）
74LS340	8 缓冲/线驱动器
74LS341	8 缓冲/线驱动器
74LS344	8 缓冲/线驱动器
74LS347	BCD 码-7 段译码/显示驱动器
74LS348	（三态）8 线-3 线优先编码器
74LS351	双 8 选 1 数据选择器
74LS352	双 4 选 1 数据选择器（反相）
74LS353	双 4 选 1 数据选择器（三态、反相）
74LS354	8 选 1 数据选择器（三态、地址锁存）
74LS356	双 8 选 1 数据选择器（三态、地址锁存）
74LS362	四相时钟发生/驱动器
74LS363	8D 锁存器（三态）
74LS364	8D 锁存器（三态）
74LS365	6 缓冲器/总线驱动器（三态、反相）
74LS366	6 缓冲器/总线驱动器（三态、同相）
74LS367	6 缓冲器/总线驱动器（三态、反相）
74LS368	6 缓冲器/总线驱动器（三态、同相）
74LS373	8D 锁存器（三态）
74LS374	8D 锁存器（三态）
74LS375	4 位双稳态锁存器
74LS376	4JK 触发器
74LS377	8D 型触发器
74LS378	6D 型触发器

（续表）

型号	功能
74LS379	4D 型触发器
74LS381	算术逻辑单元/函数发生器
74LS382	算术逻辑单元/函数发生器
74LS384	8×1.2 位补码乘法器
74LS385	四串行加/减法器
74LS386	四 2 输入异或门
74LS390	双 4 位十进制计数器
74LS393	双 4 位十进制计数器
74LS395	4 位级联优先移位寄存器（三态输出）
74LS396	8 位存储寄存器
74LS398	四 2 选 1 数据选择器（双端输出）
74LS399	四 2 选 1 数据选择器（单端输出）
74LS412	多模式缓冲/锁存器
74LS422	单可重触发单稳态多谐振荡器（双端输出）
74LS423	单可重触发单稳态多谐振荡器（单端输出）
74LS425	4 门总线驱动器（三态）
74LS426	4 门总线驱动器（三态）
74LS428	系统控制器/总线驱动器
74LS438	系统控制器/总线驱动器
74LS440	四 3 向总线收发器（OC）
74LS441	四 3 向总线收发器（OC）
74LS442	四 3 向总线收发器（三态）
74LS443	四 3 向总线收发器（三态）
74LS444	四 3 向总线收发器（三态）
74LS445	BCD 码-十进制译码/驱动器
74LS447	BCD 码-7 段译码/驱动器
74LS448	四 3 向总线收发器（三态）
74LS465	8 总线缓冲器（同相门控、三态）
74LS466	8 总线缓冲器（反相门控、三态）
74LS467	8 总线缓冲器（同相门控、三态）
74LS468	8 总线缓冲器（反相门控、三态）
74LS490	双 4 位十进制计数器
74LS520	8 位数值比较器
74LS521	8 位数值比较器
74LS533	8 位三态 D 型锁存器
74LS534	8D 触发器（三态、反相）
74LS537	BCD 码-十进制译码器（三态）
74LS538	3 线-8 线多路分配器（三态）
74LS540	8 位输出缓冲器
74LS541	8 位三态输出缓冲器
74LS563	8 位锁存器（三态、反相）
74LS691	可预置二进制同步计数器/寄存器
74LS692	可预置十进制同步计数器/寄存器
74LS693	可预置二进制同步计数器/寄存器

（续表）

型号	功能
74LS696	十进制同步可逆计数器
74LS697	二进制同步可逆计数器
74LS698	十进制同步可逆计数器（同步清零、三态）
74LS699	二进制同步可逆计数器（同步清零、三态）
74LS795	8 总线缓冲器（同相门控）
74LS796	8 总线缓冲器（反相门控）
74LS797	8 总线缓冲器（同相 4 线、4 线允许）
74LS798	8 总线缓冲器（反相 4 线、4 线允许）
74LS805	六 2 输入或非门驱动器
74LS808	六 2 输入与门缓冲器
74LS823	9D 触发器
74LS827	十缓冲器（三态）
74LS942	300 波特率调制解调器（双电源）
74LS943	300 波特率调制解调器（单电源）

2．CD（CC）40 系列

型号	功能
CD4000	双 3 输入或非门+单非门
CD4001	四 2 输入或非门
CD4002	双 4 输入或非门
CD4006	18 位串入/串出移位寄存器
CD4007	双互补对加反相器
CD4008	4 位超前进位全加器
CD4009	六反相缓冲/变换器
CD4010	六同相缓冲/变换器
CD4011	四 2 输入与非门
CD4012	双 4 输入与非门
CD4013	双主从型 D 触发器
CD4014	8 位串入/并入-串出移位寄存器
CD4015	双 4 位串入-并出移位寄存器
CD4016	4 传输门
CD4017	十进制计数/分配器 T
CD4018	可预制 1/N 计数器
CD4019	四与或选择器
CD4020	14 级串行二进制计数/分频器
CD4021	8 位串入/并入-串出移位寄存器
CD4022	八进制计数/分配器
CD4023	三 3 输入与非门
CD4024	7 位二进制串行计数/分频器
CD4025	三 3 输入端或非门
CD4026	十进制计数/7 段译码器
CD4027	双 JK 触发器
CD4028	BCD 码十进制译码器
CD4029	可预置可逆同步计数器

（续表）

型号	功能
CD4030	四异或门
CD4031	64 位串入/串出移位存储器
CD4032	3 串行加法器
CD4033	十进制计数/7 段译码器
CD4034	8 位通用总线寄存器
CD4035	4 位并入/串入-并出/串出移位寄存
CD4038	3 串行加法器
CD4040	12 级二进制串行计数/分频器
CD4041	4 同相/反相缓冲器
CD4042	4 锁存型 D 触发器
CD4043	三态 RS 锁存触发器(“1”触发)
CD4044	4 三态 RS 锁存触发器(“0”触发)
CD4046	锁相环
CD4047	无稳态/单稳态多谐振荡器
CD4048	4 输入可扩展多功能门
CD4049	6 反相缓冲/变换器
CD4050	6 同相缓冲/变换器
CD4051	8 选 1 模拟开关
CD4052	双 4 选 1 模拟开关
CD4053	三组二路模拟开关
CD4054	液晶显示驱动器
CD4055	BCD 码-7 段译码/液晶驱动器
CD4056	液晶显示驱动器
CD4059	“N”分频计数器
CD4060	14 级二进制串行计数/分频器
CD4063	4 位数值比较器
CD4066	4 传输门
CD4067	16 选 1 模拟开关
CD4068	8 输入与非门/与门
CD4069	6 反相器
CD4070	4 异或门
CD4071	四 2 输入或门
CD4072	双 4 输入或门
CD4073	三 3 输入与门
CD4075	三 3 输入或门
CD4076	四 D 寄存器
CD4077	四 2 输入异或非门
CD4078	8 输入或非门/或门
CD4081	四 2 输入与门
CD4082	双 4 输入与门
CD4085	双 2 路 2 输入与或非门
CD4086	4 路输入与或非门
CD4089	二进制比例乘法器
CD4093	四 2 输入端施密特触发器

（续表）

型号	功能
CD4094	8 位移位存储总线寄存器
CD4095	3 输入端 JK 触发器
CD4096	3 输入端 JK 触发器
CD4097	双路 8 选 1 模拟开关
CD4098	双单稳态触发器
CD4099	8 位可寻址锁存器
CD40100	32 位左/右移位寄存器
CD40101	9 位奇偶较验器
CD40102	8 位可预置同步 BCD 码减法计数器
CD40103	8 位可预置同步二进制减法计数器
CD40104	4 位双向移位寄存器
CD40105	先入先出 FI-FD 寄存器
CD40106	6 施密特触发器
CD40107	双 2 输入端与非门
CD40108	4 字×4 位多通道寄存器
CD40109	4 低-高电平位移器
CD40110	十进制加/减计数/锁存/译码驱动器 ST
CD40147	10 线-4 线编码器 NSC/MOT
CD40160	可预置 BCD 码加法计数器 NSC/MOT
CD40161	可预置 4 位二进制加法计数器 NSC/MOT
CD40162	BCD 码加法计数器 NSC/MOT
CD40163	4 位二进制同步计数器 NSC/MOT
CD40174	6 锁存型 D 触发器 NSC/TI/MOT
CD40175	4D 型触发器 NSC/TI/MOT
CD40181	4 位算术逻辑单元/函数发生器
CD40182	超前位发生器
CD40192	可预置 BCD 码加/减法计数器（双时钟）NSC/TI
CD40193	可预置 4 位二进制加/减法计数器 NSC/TI
CD40194	4 位并入/串入-并出/串出移位寄存器
CD40195	4 位并入/串入-并出/串出移位寄存器
CD40208	4×4 多端口寄存器
CD4501	4 输入双与门及 2 输入或非门
CD4502	可选通三态输出 6 反相器/缓冲器
CD4503	6 同相三态缓冲器
CD4504	6 电压转换器
CD4506	双 2 组 2 输入可扩展或非门
CD4508	双 4 位锁存 D 型触发器
CD4510	可预置 BCD 码加/减计数器
CD4511	BCD 码锁存/7 段译码/驱动器（消隐）
CD4512	8 路数据选择器
CD4513	BCD 码锁存/7 段译码/驱动器（消隐）
CD4514	4 位锁存/4 线-16 线译码器
CD4515	4 位锁存/4 线-16 线译码器
CD4516	可预置 4 位二进制加/减计数器

（续表）

型号	功能
CD4517	双 64 位静态移位寄存器
CD4518	双 BCD 码同步加计数器
CD4519	4 位与或选择器
CD4520	双 4 位二进制同步加计数器
CD4521	24 级分频器
CD4522	可预置 BCD 码同步 1/N 双向计数器
CD4526	可预置 4 位二进制同步 1/N 计数器
CD4527	BCD 码比例乘法器
CD4528	双单稳态触发器
CD4529	双 4 路/单 8 路模拟开关
CD4530	双 5 输入优势逻辑门
CD4531	12 位奇偶校验器
CD4532	8 位优先编程器
CD4536	可编程定时器
CD4538	精密双单稳态触发器
CD4539	双 4 路数据选择器
CD4541	可编程序振荡/计时器
CD4543	BCD 码 7 段锁存译码/驱动器
CD4544	BCD 码 7 段锁存译码/驱动器
CD4547	BCD 码 7 段锁存译码/大电流驱动器
CD4549	函数近似寄存器
CD4551	四 2 通道模拟开关
CD4553	3 位 BCD 码计数器
CD4555	双 2 线-4 线译码器
CD4556	双二进制 4 选 1 译码器/分离器
CD4558	BCD 码 8 段译码器
CD4560	“N” BCD 加法器
CD4561	“9” 求补器
CD4573	4 可编程运算放大器
CD4574	4 可编程电压比较器
CD4575	双可编程运放/比较器
CD4583	双施密特触发器
CD4584	6 施密特触发器
CD4585	4 位数值比较器
CD4599	8 位可寻址锁存器

参考文献

[1] 李广明，曾令琴.数字逻辑电路基础[M].北京：人民邮电出版社，2017.

[2] 林涛.数字电子技术基础[M]. 2 版.北京：清华大学出版社，2015.

[3] 程勇，方元春.数字电子技术基础[M].北京：北京邮电大学出版社，2014.

[4] 清华大学电子学教研组，阎石.数字电子技术基础[M].5 版.北京：高等教育出版社，2006.

[5] 康华光.电子技术基础[M]. 5 版.北京：高等教育出版社，2011.

[6] WAKERLY F J.数字设计——原理与实践[M].5 版.北京：机械工业出版社，2019.